"十二五"职业教育国家规划教材

经全国职业教育教材审定委员会审定

高等职业院校教学改革创新示范教材·计算机系列规

计算机组装、维护与维修

第2版

主　编　文光斌

副主编　王小磊　张爱民　王　磊

电子工业出版社

Publishing House of Electronics Industry

北京·BEIJING

内 容 简 介

本书对计算机各部件的组成、原理、性能参数、测试、选购、维护与维修进行了一条龙的讲述,并且对各部件最常见的故障点进行了原理分析,孤立到了芯片级。对非常实用的数据恢复与备份方面的内容进行了阐述,还讨论了维修工具盘的个性化制作,使读者可以使用自己制作的个性化工具盘对计算机进行分区、安装系统、系统备份及使用工具软件进行各种维护和维修,可以大大提高计算机维护、维修的效率,很好地在用户心中树立起电脑维修专家的形象。本书强调理论与实践相结合,每章都精心安排了实验项目,以培养学生的实际动手能力。

本书适合作为高校电子信息、计算机类专业的教材,也可供企事业单位的计算机维护人员和对计算机维护、维修感兴趣的读者阅读参考。

图书在版编目(CIP)数据

计算机组装、维护与维修 / 文光斌主编. —2版. —北京:电子工业出版社,2014.8
"十二五"职业教育国家规划教材

ISBN 978-7-121-23919-9

Ⅰ. ①计… Ⅱ. ①文… Ⅲ. ①电子计算机—组装—高等职业教育—教材②计算机维护—高等职业教育—教材Ⅳ. ①TP30

中国版本图书馆CIP数据核字(2014)第172912号

策划编辑:程超群
责任编辑:郝黎明
印　　刷:涿州市京南印刷厂
装　　订:涿州市京南印刷厂
出版发行:电子工业出版社
　　　　　北京市海淀区万寿路 173 信箱　邮编 100036
开　　本:787×1 092　1/16　印张:20.25　字数:545 千字
版　　次:2011 年 3 月第 1 版
　　　　　2014 年 8 月第 2 版
印　　次:2014 年 8 月第 1 次印刷
定　　价:39.90 元

PREFACE 前言

  随着计算机技术的日益普及，计算机硬件发展日新月异，各企事业单位和政府机关的计算机的使用率进一步提高，迫切需要计算机的维护与维修人员，要求他们具有计算机的选购、硬件、软件、保养、维护与维修等方面的知识和技能。而本书对计算机硬件各部件的组成、原理、性能参数、测试、选购、维护与维修进行了一条龙的讲述，并且对各部件最常见的故障点进行了原理分析，孤立到了芯片级，这样即使读者对常见故障达到了元器件的维修水平，又不必花费很多的时间学习各部件的原理及电子线路。本书对非常实用的数据恢复与备份方面的内容进行了讲述，还讲述了维修工具盘的个性化制作，使读者可以使用自己制作的个性化工具盘对计算机进行分区、安装系统、系统备份和使用工具软件进行各种维护维修，可以大大提高计算机维护、维修的效率，很好地在用户心中树立起电脑维修专家的形象。本书讲述了计算机各部件目前的最新技术及将来的发展方向。强调理论与实践相结合，每章都精心安排了许多实训项目，以培养学生实际动手能力。

  本书由从事计算机维修和维护多年，具有丰富的实践和教学经验的工程师、教师编著。书中的故障举例都是在维修实践中遇到的实际故障，对那些想在企事业单位从事计算机维护的技术人员具有很强的针对性。只要他们按图索骥，就能很快适应工作，轻松排除故障。

  本书可用于普通高校、高职高专、中技技校等各类学校的电子信息、计算机类专业的教材。同样适应企事业单位的计算机维护人员和对计算机维护、维修感兴趣的读者。

  本书在改版过程中，充分征求了广大使用者的意见，特别是深圳职业技术学院计算机工程学院的孙宏伟主任、彭艳、马亲民和邹平辉老师结合教学实践提出了具体的修改建议，同时还得到了深圳职业技术学院计算工程学院和电子工业出版社的大力支持，对此表示衷心的感谢。

  本书由文光斌编写第1、2、3、15章，王小磊编写第4、5、6、7章，张爱民编写第8、9、10、11章，王磊编写第12、13、14章，全书由文光斌统稿。

  由于编者水平有限，错误之处在所难免，敬请读者见谅。若有错误和不足，望读者予以批评指正。

编　者

使 用 说 明

一、环境要求

1. 硬件要求

本课程是一门动手能力很强的专业技术课，一定要有一个专门的实训室或实验室。对实训室可根据资金情况进行配置，一般应包括如下设施：

各种类型的台式电脑、100Mbps 交换机、网线水晶头等，最好每个机位配一套维修工具（包括万用表、钳子、起子等）。此外，还要配一个高清摄像头，让教师的示范通过投影展示出来。

2. 软件要求

准备 Windows Server 2003、Windows XP、Windows 7 等常用操作系统软件；测试硬件的 EVEREST，测试 CPU 的 CPU-Z、SUPER-Π和 CPU-MARK 等，磁盘工具软件 DM、分区魔术师 PM，备份数据的软件 GHOST 等，引导光盘制作软件及杀毒和防火墙等软件。

二、授课教师的技术要求

教员最好具有计算机维修的经验。如果没有，上课前要精心准备，熟悉有关实训的操作规程，对典型故障要预先实验，熟悉故障现象、故障原因，做到胸有成竹，运用自如。

三、授课方法

每次授课为 2 学时，一般性原理讲解 20 分钟，操作示范 20 分钟，其余时间为学生实训操作。每次学生操作，都要布置一些与操作有关的具体问题，让学生解决并回答这些问题，达到巩固、提高、熟能生巧的效果。对于重大的实训，如拆、装机等，可安排一次或两次课。

四、课时安排

本课程根据专业和学生就业需求情况适当安排学时，一般为 40～80 学时，对将来希望从事计算机维护的学生，可视情况适当增加学时。

CONTENTS 目录

第 **1** 章

计算机组装、维护与维修概述

本章简要介绍计算机的硬、软件组成及作用，计算机维护与维修的概念及基本方法，计算机维护与维修的常用工具及使用方法。

▋1.1　计算机的组成

计算机的种类繁多，包括微型计算机（又称个人计算机、台式机、PC）、服务器及工控机等。无论何种计算机，都是由硬件和软件两大部分组成。所谓计算机硬件是指组成计算机的显示器、CPU、主板、内存等物理设备；软件是指计算机运行的程序，包括操作系统、应用软件等。本书所讲的计算机除特殊说明外，一般情况下都是指台式机。

1.1.1　计算机的硬件组成

计算机的硬件主要由主机、显示器等物理设备组成，其组成关系如图 1-1 所示，实物如图 1-2 所示。

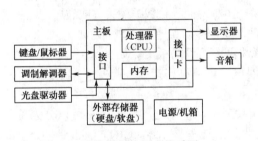

图 1-1　计算机硬件组成关系图　　　　　图 1-2　计算机硬件组成实物图

1. 主机

主机是由机箱、电源、主板、软驱（光驱）、硬盘、内存、CPU 及各种接口卡（如显示卡、声卡）等组成（这里所讲的主机与传统教科书上的主机概念不同，我们把主机箱内的一切设备都归属于主机，而传统教科书的主机只包括 CPU 与内存）。下面分别讲述各主要部件的功用。

（1）机箱。它是主机的外壳，主要用于固定主机内部的各个部件并对各个部件起到保护作用。它的内部有安装固定驱动器的支架，机箱面板上的开关、指示灯及系统主板所用的紧固件等。

（2）电源。安装在机箱内的直流电源，是一个可以提供五种（+3.3V、+5V、-5V、+12V、-12V）直流电压的开关稳压电源，电源本身具有能对电源内部进行冷却的风扇。电源的作用就是将外部的交流电（AC）转换成为计算机内部工作所需要的直流电（DC）。

（3）主板。主板（Motherboard）是计算机系统中最大的一块电路板，又被称为系统板，是安装在机箱底部的一块多层印刷电路板。计算机所有的硬件都是通过主板连接在一起的，它的稳定程度直接影响整个计算机系统的性能。主板上的插槽、接口很多，计算机的各个部件就安装在这些插槽和接口里。具体来说，主板上提供的插槽有用来安装 CPU 的 CPU 插槽，安装显示卡的 PCI-E1 6X（32X）插槽（老机是 AGP 插槽），主要用来安装声卡、网卡、内置 MODEM 卡的 PCI 和 PCI-E 1X 插槽等。主板的接口有 S-ATA、ATA（IDE）接口，可以连接 S-ATA、ATA 接口的硬盘或光驱；FDD 接口，可以连接软驱；PS/2 接口，可以接键盘和鼠标；还有 USB、VGA、HDMA、音频信号等输入、输出接口。总之，主板是各种部件和信号的连接中枢，其质量的好坏，直接影响计算机的性能和稳定。

（4）CPU。CPU 也就是中央处理单元（Central Processing Unit），它是计算机中最重要的一个部分，是计算机的心脏，由运算器和控制器组成。CPU 性能直接决定了计算机的性能。根据 CPU 内运算器的数据宽度，通常会把它分为 8 位、16 位、32 位和 64 位等几种类型。目前市场上的 CPU 一般是 64 位与 32 位的。

（5）内存。内存是存储器的一种，存储器是计算机的重要组成部分，按其用途可以分为主存储器（Main Memory，简称主存）和辅助存储器（Auxiliary Memory，简称辅存）。主存又称为内存储器（内存），辅存又称外存储器（外存）。外存通常是磁性介质或光盘，能长期保存信息，并且不依赖电来保存数据。内存的功能是用来存放程序当前所要用的数据，其存取速度快，但容量小。通常 CPU 的操作都需要经过内存，从内存中提取程序和数据，当计算完后再将结果放回内存，所以内存是计算机不可缺少的一个部分。

（6）存储工具。计算机中的存储工具就是常用的计算机的外部存储器，具有存储信息量大、存取方便、信息可以长期保存等特点。一般来说，就是经常使用的硬盘、软盘及光盘等。硬盘也是计算机中一个不可缺少的组成部分，主要有磁介质硬盘和固态硬盘。硬盘是最常用的数据存储介质，计算机的操作系统和应用程序等都是存储在硬盘里的，硬盘的容量通常以 GB 为单位。光盘驱动器就是光驱，它以光盘为存储介质，具有存储量大、价格便宜、容易携带、保存方便等特点，因此它的应用面极广。软盘驱动器是计算机最原始的移动存储设备，它是以软盘为存储介质的一种存储工具，具有价格便宜、携带方便等特点。但它和光盘相比，最大的缺点就是存储量不足、保存数据时间不长等，并且它的介质表面容易产生霉变而导致数据的丢失或破坏，现在基本上已被淘汰。现在各种"闪存"盘，已经取代软盘，成为移动存储工具的主力。

（7）各类板卡。计算机中，还有许多因为特殊需求而设的板卡，如显示卡、声卡、网卡、内置 MODEM 卡等。这些卡都是通过主板的扩展槽与计算机连接在一起发挥作用的。

2. 显示器

显示器是计算机各个部件中寿命最长的。一般来说，根据它的显示色彩可以分为单色和彩色显示器；按照它的显示硬件的不同可以分为阴极射线管显示器（CRT，Cathode Ray Tube）和液晶显示器（LCD，Liquid Crystal Display）及等离子显示器（PDP，Plasma Display Panel）。显示器是用于输出各种数据和图形信息的设备。显示器的扫描方式分为逐行扫描和隔行扫描两种。逐行扫描比隔行扫描有更加稳定的显示效果，隔行扫描的显示器已经逐步被逐行扫描显示器淘汰。刷新率就是显示器工作时，每秒钟屏幕刷新的次数，刷新率越高，图像的稳定性越好，工作时也就越不容易感到疲劳。

总的来说，在计算机中，CPU 负责指令的执行，存储器负责存放信息，输入/输出设备则负责信息的收集与输出。

1.1.2 计算机的软件组成

计算机软件（Computer Software）是指计算机系统中的程序及其文档。程序是计算任务的处理对象和处理规则的描述；文档是为了便于了解程序所需的阐明性资料。软件是用户与硬件之间的接口界面。用户主要是通过软件与计算机进行交流的。一般来讲，软件由系统软件和应用软件组成。

1. 系统软件

系统软件是负责管理计算机系统中各种独立的硬件，使它们可以协调工作。系统软件使得计算机使用者和其他软件将计算机当作一个整体，而不需要顾及到底层每个硬件是如何工作的。系统软件为计算机使用提供最基本的功能，但是并不针对某一特定应用领域。一般来讲，系统软件包括操作系统和一系列基本的工具（如编译器、存储器格式化、文件系统管理、用户身份验证、驱动管理、网络连接等方面的工具）。常见的操作系统如下：

（1）DOS 操作系统。DOS 操作系统是单用户、单任务的文本命令型操作系统，版本有DOS1.0～7.0，是 PC 最早、最简单的操作系统，计算机的一些维修工具软件经常要用到它。

（2）Windows 操作系统。Windows 操作系统是多用户、多任务、图形命令型的操作系统，版本有 Windows 32、Windows 98、Windows ME、Windows 2000、Windows XP、Windows Vista、Windows 7、Windows NT、Windows 2000 Sever、Windows Server 2003、Windows Server 2008、Windows Server 2012 等。

（3）Linux 操作系统。Linux 操作系统是一个新兴的操作系统。它的优点在于其程序代码完全公开，而且是完全免费使用。

2. 应用软件

应用软件是为了某种特定的用途而被开发的软件。它可以是一个特定的程序（如图像浏览器），也可以是一组功能联系紧密、互相协作的程序的集合（如微软的 Office 软件），还可以是一个由众多独立程序组成的庞大的软件系统（如数据库管理系统）。较常见应用软件的有文字处理软件（如 WPS、Word 等），信息管理软件，辅助设计软件（如 AutoCAD），实时控制软件，教育与娱乐软件等。

1.2　计算机的保养与日常维护

计算机是高精密的电子设备，除了正确使用外，日常的维护保养也十分重要。大量的故障都是由于缺乏日常维护或者维护方法不当造成的。本节主要介绍计算机的适用环境、正确的使用方法、主机的清洁、硬盘的日常维护、显示器的保养和软件系统的日常维护。

1.2.1　计算机的适用环境

要保证计算机系统稳定可靠地工作，就必须使其处于一个良好的工作环境。计算机的工作环境即外部的工作条件，包括温度、湿度、清洁度、交流电压、外部电磁场干扰等。

（1）温度。计算机对环境温度要求不高，在通常的室温下即可工作，室内温度一般应保持在 10～30℃。当温度过高时，会使 CPU 工作温度升高，导致死机，可以用安装空调、风扇等方法降低室内温度，或者用加大 CPU 风扇的功率、增加机箱风扇的方法给 CPU 降温。当温度过低时，可能会造成硬盘等机械部件工作不正常，可以在室内添加取暖设备，以提高室内温度。

（2）湿度。计算机所在房间的相对湿度一般应保持在 45%～65%。如果相对湿度过高，超过 80%，则机器表面容易结露，可能引起元器件漏电、短路、打火、触点生锈、导线霉断等；若相对湿度过低，低于 30%，则容易产生静电，可能损坏元器件、破坏磁盘上的信息等。

有条件的可以在室内安装除湿机，也可以通过多开门窗、多通风来解决这个问题。

（3）清洁度。清洁度指计算机室内空气的清洁程度。如果空气中的尘埃过多，将会附着在印刷电路板、元器件的表面，可能引起元器件的短路、接触不良，也容易吸收空气中的酸性离子而腐蚀焊点。因此，计算机室内要经常打扫卫生，及时清除积尘。有条件的可以在室内进行防尘处理，如购置吸尘器、穿拖鞋、密闭门窗、安装空调等。

（4）交流电压。在我国，计算机的交流供电电源均使用 220V、50Hz 的交流电源。一般要求交流电源电压的波动范围不超过额定值的±10%，如果电压波动过大，会导致计算机工作不稳定。因此，电压不能满足要求时，就应考虑安装交流稳压电源，以提供稳定的 220V 交流电压。

（5）外部电磁场干扰。目前，计算机一般都有一定的抗外部电磁场干扰的能力。但是，过强的外部电磁场干扰会给计算机带来很大的危害，可能导致内存或者硬盘盘片存储的信息丢失、程序执行混乱、外部设备误操作等。

1.2.2　计算机正确的使用方法

个人使用习惯对计算机的影响也很大，有时会因为使用不当，对计算机造成很大的损坏，因此掌握计算机的正确使用方法十分必要。

（1）按正确的顺序开、关计算机。计算机正确的开机顺序是先打开外部设备（如打印机、扫描仪等）电源，再打开显示器电源，最后再打开主机电源；而关机的顺序则相反，先关闭主机电源，再关显示器电源，最后关闭外部设备电源，这样做能尽可能地减少对主机的损害。因为任何电子设备在开、关机时都会产生瞬时冲击电流，对通电的设备影响较大，而主机最为娇贵，因此后开主机、先关主机能有效地消除开、关其他设备时产生的瞬时冲击电流对主机的伤害。

（2）不要频繁地开、关机，避免非法关机，尽量少搬动计算机。频繁地开、关机对计算机各配件的冲击很大，尤其是对硬盘的损伤最为严重。一般关机后距离下一次开机的时间至少为 10s。特别要注意当电脑工作时，应避免进行非法关机操作，如机器正在读/写数据时突然关机，很可能会损坏硬盘。更不能在计算机工作时搬动，即使计算机没有工作时，也要尽量避免搬动计算机，因为过大的振动会对硬盘等一类的配件造成损坏。

（3）按正确的操作规程进行操作。对计算机进行配置等操作时，一定要搞清楚每一步操作对计算机的影响。许多故障都是由于操作和设置不当引起的，如在 BIOS 设置时禁用硬盘，开机时肯定启动不了操作系统；若在"设备管理"中删除了网络适配器或者其驱动程序，一定会导致不能访问网络。因此，在操作计算机时，必须按操作规程和正确的操作方法进行操作，遇到不懂的操作，一定要弄清楚以后再操作，否则，乱操作会导致故障频出，甚至会出现数据丢失、硬件损坏的严重后果。

（4）重要的数据要备份，经常升级杀毒软件。对重要的数据要及时备份，因为计算机的数据保存在硬盘中，一旦硬盘损坏，数据将难以恢复。由于硬盘是机电部件，随时都有发生故障的可能，因此，对重要数据要多做备份，这样即使硬盘损坏，也可以通过修复或更换硬盘，重装系统后，导入备份的数据，使工作可以正常进行，造成的损失可以减少到最小。

由于新的计算机病毒不断涌现，因此，要及时更新防病毒软件的病毒库。这样才能防止计算机病毒对计算机的破坏或者把计算机病毒对计算机的破坏降到最小。

（5）USB 存储器要先进行"安全删除硬件"操作后才能拔出。如果直接拔出 USB 存储器，可能会导致 USB 存储器中的数据丢失。因此，USB 存储器拔出前要先进行"安全删除硬件"操作。

（6）长时间离开时，要关机、断电。计算机长时间工作时，电源变压器和 CPU 温度都会升高，如果因某些不可预知的原因（如市电突然升高）使变压器温度突然升高，会导致电源变压器、CPU 等重要器件被烧毁，甚至会引发火灾。因此，长时间离开计算机时，一定要关机、断电。

1.2.3 主机的清洁

计算机主机一般封闭在机箱内，通过散热风扇和散热孔和外界交换空气。由于机箱内的温度一般比外面高，使得空气中的灰尘被吸附到主机中的元器件上，如果灰尘过多，会引发接触不良、短路、打火等故障。因此，必须及时对主机进行清洁。

1. 机箱内的除尘

对于机箱内表面上的大面积积尘，可用拧干的湿布进行擦拭，擦拭完毕后用电吹风吹干水渍，否则元器件表面会生锈；也可以用皮老虎吹灰，有条件的可用空压机的风枪吹灰，这样效率最好。

2. 插槽、插头、插座的清洁

清洁插槽包括对各种总线（ISA、PCI、AGP、PCI-E），扩展插槽，内存条插槽和各种驱动器接口插头、插座等的清洁。各种插槽内的灰尘一般先用油画笔清扫，然后再用吹气球、皮老虎、电吹风等吹风工具吹尽灰尘。插槽内的金属接触脚如有油污，可用脱脂棉球蘸上电脑专用清洁剂或无水乙醇擦除。电脑专用清洁剂多为四氯化碳加活性剂构成，涂抹去污后清洁剂能自动挥发。购买清洁剂时要注意检查以下两点：

（1）检查其挥发性能，挥发得越快越好；

（2）用 pH 试纸检查其酸碱性，要求呈中性，如呈酸性则对板卡有腐蚀作用。

3. CPU 风扇的清洁

对于较新的电脑，CPU 风扇一般不必取下，直接用油漆刷或者油画笔扫除灰尘即可；而较旧的电脑 CPU 风扇上积尘较多，一般需取下清扫。取下 CPU 风扇后，即可为风扇和散热器除尘，注意散热片缝中的灰尘，一定要仔细清扫。清洁 CPU 风扇时不要弄脏 CPU 和散热片结合面间的导热硅胶，如果弄脏或弄掉了导热硅胶，要用新的导热硅胶在 CPU 的外壳上均匀涂抹一层，否则，会导致 CPU 散热不好，引起计算机运行速度慢，甚至死机。

4. 清洁内存条和显示适配器

内存条和各种适配卡的清洁包括除尘和清洁电路板上的金手指。除尘用油画笔清扫即可。金手指是电路板和插槽之间的连接点，如图 1-3 所示。金手指如果有灰尘、油污或者被氧化均会造成接触不良。陈旧的计算机和国产 P4 以后的品牌新机中大量的故障都是由此引发的。如果内存接触不良，计算机会没有显示，发出短促的"嘟嘟"声；如果显示卡接触不良，会发出长的"嘟"声。解决的方法是用橡皮或软棉布蘸无水酒精来擦拭金手指表面的灰尘、油污或氧化层，

显示适配器的金手指

内存条的金手指

图 1-3　显示适配器和内存条的金手指

切不可用砂纸类的东西来擦拭金手指，这样会损伤其极薄的镀层。

1.2.4 硬盘的日常维护

硬盘是计算机中最重要的数据存储介质，其高速读取和大容量有效数据的存储性能是任

何载体都无法比拟的。由于硬盘技术的先进性和精密性，所以一旦硬盘发生故障，就会很难修复，导致数据的丢失。因此，只有正确地维护和使用，才能保证硬盘发挥最佳性能，减少故障的发生概率。平时对硬盘的维护和使用，一定要做到如下几点：

（1）不要轻易进行硬盘的低级格式化操作，避免对盘片性能带来不必要的影响。低级格式化过多，会缩短硬盘的使用寿命。

（2）避免频繁的高级格式化操作，高级格式化过多同样会对盘片性能带来影响。在不重新分区的情况下，可采用加参数"Q"的快速格式化命令（快速格式化只删除文件和目录）进行操作。

（3）盘片如出现坏道，即使只有一个簇都有可能具有扩散的破坏性。在保修期内应尽快找商家更换或维修；如保修期已过，则应尽可能减少格式化硬盘，以减少坏簇的扩散，也可以用专业的硬盘工具软件把坏簇屏蔽掉。

（4）硬盘的盘片安装及封装都是在无尘的超净化车间装配的，切记不要打开硬盘的盖板，否则，灰尘进入硬盘腔体可能造成磁头或盘片损坏，导致数据丢失。即使硬盘仍可继续使用，其寿命也会大大缩短。

（5）硬盘的工作环境应远离磁场，特别是在硬盘使用时。严禁振动、带电插拔硬盘。

（6）对硬盘中的重要文件特别是应用于软件的数据文件要按一定的策略进行备份，以免因硬件故障、软件功能不完善、误操作等造成数据损失。

（7）建立 RESCUEDISK（灾难拯救）盘。使用 Norton Utilities 等工具软件将硬盘分区表、引导记录及 CMOS 信息等保存到软盘或光盘，以防丢失。

（8）及时删除不再使用的文件、临时文件等，以释放硬盘空间。

（9）经常进行操作系统自带的"磁盘清理"和"磁盘碎片整理程序"操作，以回收丢失簇（扇区的整数倍）和减少文件碎片。所谓丢失簇是指当一个程序的执行被非正常中止时，可能会引起一些临时文件没有得到正常的保存或被删除，结果造成文件分配单位的丢失。日积月累，丢失簇会占据很大的硬盘空间。文件碎片是指文件存放在不相邻的簇上，通过"磁盘碎片整理程序"可以尽可能地把文件存放在相邻的簇上，达到减少文件碎片，提高访问速度的目的。

（10）合理设置虚拟内存。所谓虚拟内存是在硬盘中分出一部分容量，当作内存来使用，以弥补内存容量的不足。虚拟内存越大，计算机处理文件的速度就越快，但如果设置过大则会影响硬盘存储文件的容量。

1.2.5　显示器的保养

显示器的使用寿命可能是计算机的所有部件中最长的，有的计算机主机已经换代升级甚至被淘汰，而显示器依然能有效地工作。但如果在使用过程中不注意妥善保养显示器，将大大缩短其可靠性和使用寿命。要做到正确地保养显示器，必须做到如下几点：

1. 注意防湿

潮湿的环境是显示器的大敌。当室内湿度保持在 30%～80%时，显示器都能正常工作。当室内湿度大于 80%时，可能会导致机内元器件生锈、腐蚀、霉变，严重时会导致漏电，甚至使电路板短路；当室内湿度小于 30%，会在某些部位产生静电干扰，内部元器件被静电破坏的可能性增大，影响显示器的正常工作。因此显示器必须注意防潮，特别是在梅雨季节，即使不使用显示器，也要定期接通计算机和显示器电源，让计算机运行一段时间，以便加热元器件，驱散潮气。

2. 防止灰尘进入

灰尘进入显示器的内部，会长期积累在显示器的内部电路、元器件上，影响元器件散热，使得电路板等元器件的温度升高，产生漏电而烧坏元器件。另外，灰尘也可能吸收水分，腐蚀电路，造成一些莫名其妙的问题。所以灰尘虽小，但对显示器的危害是不可低估的。因此需要尽可能将显示器放置在清洁的环境中，除此之外，最好给显示器买一个专用的防尘罩，关机后及时用防尘罩将其罩上。平时清除显示器屏幕上的灰尘时，一定要关闭电源，还要拔下电源线和信号电缆线，然后用柔软的干布小心地从屏幕中央向外擦拭。千万不能用酒精之类的化学溶液擦拭，因为化学溶液可能会腐蚀显示屏幕；更不能用粗糙的布、硬纸之类的物品来擦拭，否则会划伤屏幕；也不要将液体直接喷到屏幕上，以免水汽侵入显示器内部。对于液晶显示器，在擦拭时不要用力过大，避免损伤屏幕。显示器外壳上的灰尘，可用毛刷、干布等进行清洁。

3. 避免强光照射

强光照射对显示器的危害往往容易被忽略，显示器的机身受强光照射的时间长了，容易老化变黄，而显像管和液晶屏在强光照射下也会老化，降低发光效率。发光效率降低以后，我们会把显示器的亮度、对比度调高，这样会进一步加速老化，最终的结果将是显示器的寿命大大缩短。为了避免造成这样的结果，必须把显示器摆放地日光照射较弱或没有光照的地方，或者悬挂窗帘来减弱光照强度。

4. 保持合适的温度

保持显示器周围的空气畅通、散热良好是非常重要的。在过高的环境温度下，显示器的工作性能和使用寿命将会大打折扣。某些虚焊的焊点可能由于焊锡熔化脱落而造成开路，使显示器的工作不稳定，同时元器件也会加速老化，轻则导致显示器"罢工"，重则可能击穿或烧毁其他元器件。温度过高还会引起变压器线圈发热起火。因此，一定要保证显示器周围有足够的通风空间，来让它散发热量。在炎热的夏季，如条件允许，最好把显示器放置在有空调的房间中，或用电风扇降温。

5. 其他需要注意的问题

（1）在移动显示器时，不要忘记将电源线和信号线拔掉，而插拔电源线和信号线时，应先关机，以免损坏接口电路的元器件。

（2）如果显示器与主机信号连线接触不良，将会导致显示颜色减少或者不能同步；插头的某个引脚弯曲，可能会导致显示器不能显示颜色或者偏向一种颜色，或者可能导致屏幕上下翻滚，甚至不能显示内容。所以插拔信号电缆时应小心操作，注意 D 型接口的方向。若接上信号电缆后有偏色等现象发生，应该检查线缆接头并小心矫正已经弯曲的针脚，避免折断。

（3）显示器的线缆拉得过长，会造成信号衰减，使显示器的亮度变低。

（4）虽然显示器的工作电压适应范围较大，但也可能由于受到瞬时高压冲击而造成元器件损坏，所以尽可能使用带熔断器（保险丝）的插座。

1.2.6 计算机软件系统的日常维护

计算机除了硬件要正确使用之外，软件系统的日常维护保养也是十分重要的。大量的软件故障都是由于日常使用或者维护方法不当造成的，因此，掌握计算机软件系统的日常维护十分必要。

1. 计算机软件系统的工作环境

要使计算机稳定可靠地运行程序，除了要满足程序对硬件的要求外，还要配置合适的软件环境。一个程序需要在哪种及哪个版本的操作系统下运行、如何配置各个系统参数、如何配置内存、需要哪些驱动程序或驱动库的支持等，都是该程序所需要的软件环境。需要指出的是软件工作环境不符合要求是引起软件故障的重要原因之一。因此，安装软件时一定要按顺序安装，否则，会造成软件安装冲突，导致软件不能安装，甚至会引起死机。一般的正确顺序是先装操作系统，再装硬件驱动程序，然后再装支撑软件（如数据库、工具软件等），最后再装应用软件。此外，关机时必须先关闭所有的程序，再按正确的顺序进行关机，否则有可能破坏应用程序。

2．计算机软件系统日常维护的内容

（1）病毒防治。计算机病毒是计算机系统的杀手，它能感染应用软件、破坏系统，有的病毒甚至还能毁坏硬件。因此，必须安装防病毒软件，并实时开启，及时升级病毒库，及时查杀新出现的病毒。

（2）系统备份。把装有操作系统的分区，用 GHOST 等软件，做成一个映像文件，备份到其他分区。这样，某些不可预知的原因一旦造成系统崩溃或损坏，就能利用备份的映像文件很快地恢复系统。对硬盘参数、分区表、引导记录等系统文件也要做好备份，以便发生系统故障时恢复计算机的正常工作。

（3）计算机操作系统的维护。为了保证操作系统稳定安全的运行，有必要对操作系统进行维护。及时升级操作系统补丁程序、及时删除临时文件及一些垃圾文件、及时进行磁盘碎片整理才能使系统稳定、安全、可靠地工作。

（4）开启防火墙软件。要实时开启防火墙软件，以防御木马程序和黑客的攻击。

1.3　计算机维护、维修的概念

计算机的维护、维修，就是对计算机系统各硬件组成和各软件组成进行日常维护保养，当系统出现故障时，能迅速判断故障部位，准确、果断排除故障，尽快恢复计算机系统的正常运行。

1.3.1　计算机的维护

计算机的维护就是对计算机系统的各组成部分的软、硬件进行日常保养，定期调试各参数，及时对计算机系统软件进行日常整理与升级，使其处于良好的工作状态。计算机维护包括硬件的清洁、性能参数的调整、驱动程序和操作系统的升级、病毒的及时查杀和防病毒软件的及时更新等工作。

1.3.2　计算机的维修

1．维修的定义

计算机的维修是指对计算机系统的各组成部分的硬件、软件损伤或失效等原因造成的故障，进行分析、判断、孤立、排除，恢复系统正常运行的操作。

2．计算机硬件的一级维修与二级维修

一级维修是指在计算机出现故障后，通过软件诊断及测量观察确定故障原因或故障部件，对硬故障通过更换板卡的方法予以排除，也称板卡级维修。二级维修是由一定维修经验的硬件技术人员，负责修复一级维修过程中替换下来的坏卡或坏设备，通过更换芯片和元器件及修复故障部件的方法所进行的工作，又称为芯片级维修。本书主要讲述一级维修，而二级维修只对各部件最常见的故障点进行原理分析，孤立到了元器件。这样既使读者对常见故障达到了芯片级的维修水平，又不必花费很多的时间学习各部件的原理及电子线路。

3. 维修的三个过程

（1）故障分析判断。依据故障现象，对故障的原因和大致部位做出初步估计。

（2）故障查找定位。指通过运用多种有效的技术手段和方法找到故障的具体位置和主要原因的操作过程。

（3）修理恢复。排除故障。

4. 维修的一般步骤

计算机维修的一般步骤是由系统到设备，由设备到部件，由部件到器件，由器件到故障点。

（1）由系统到设备。指当计算机系统出现故障时，首先要进行综合分析，然后检查判断是系统中哪个设备的问题。对于一个配置完整的大系统而言，出现故障后，首先需要判断是主机、显示器、网络还是其他外部设备的问题，通过初步检查将查找故障的重点落实到某一设备上。该步检查主要是确定以设备为中心的故障大范围。

（2）由设备到部件。指在初步确定有故障的设备上，对产生故障的具体部件进行检查判断，将故障孤立定位到故障设备的某个具体部件的过程。这一步检查，对复杂的设备来说，常常需要花费很多时间。为使分析判断比较准确，要求维修人员对设备的内部结构、原理及主要部件的功能有较深入的了解。假如故障设备初步判断为主机，则需要对与故障相关的主机箱内的有关部件做重点检查；若电源电压不正常，首先要检查机箱电源输出是否正常；若计算机不能正常启动，则检查的内容更多、范围更宽，故障可能来自电源电压不正常，CPU、内存条、主板、显示卡等硬件，也可能来自 CMOS 参数设置不当等方面。

（3）由部件到器件。当查出故障部件后，作为板卡级维修，据此可进行更换部件的操作。但有时为了避免浪费，或一时难以找到备件等原因，不能对部件做整体更换时，需要进一步查找到部件中有故障的元器件，以便修理更换。这些元器件可能是电源中的整流管、开关管、滤波电容或稳压器件，也可能是主板上的 CPU 供电电路、时钟电路的元器件等。这一步是指从故障部件（如板、卡、条等）中查找出故障器件的过程。进行该步检查常常需要采用多种诊断和检测方法，使用一些必需的检测仪器，同时需要具备一定的电子方面的专业知识和专业技能。

（4）由器件到故障点。指对重点怀疑的器件，从其引脚功能或形态的特征（如机械、机电类元器件）上找到故障位置的操作过程。现在，该步检查常因器件价廉易得或查找费时费事得不偿失而被放弃，但若能对故障做些进一步的具体检查和分析，对提高维修技能必将很有帮助。

以上对故障检查孤立分析的步骤，实际运用时十分灵活，完全取决于维修者对故障分析、判断的经历经验和工作习惯。从何处开始检查、采用何种手段和方法检查，完全因人而异，因故障而异，并无严格规定。

1.3.3 维护、维修的注意事项

维修计算机时，一定要做到沉着、冷静、胆大心细。要注意安全，切莫慌乱、粗枝大叶，造成不必要的损失，甚至事故。具体来说要做到如下几点：

（1）注意维修场所的安全。维修时一定要把维修用的工具、仪器、待修计算机及部件等摆放整齐、放好放牢，以防这些东西脱落，伤人伤设备。要注意不要触及电烙铁、热风枪等发热工具，以防灼伤。

（2）严禁带电插拔。动手维修时，首先要做的就是断电，注意一定要拔掉电源线，如果

只关机，主机电源仍有 5V 电压输出。若没有断电就去插拔内存条等部件，会造成短路起火、烧毁部件的严重后果。

（3）对于严重故障，查清原因再通电。如果贸然通电，会使故障进一步扩大，烧毁更多器件。

（4）在故障排除后，一切都要复原。要养成良好的习惯和严谨的工作作风，每次故障排除后，一定要把各种仪器、工具整理好，主机盖好，清理好工作台上的卫生才能离开。

（5）使用仪器仪表，应正确选择量程和接入极性。在使用仪器仪表测试硬件参数时，一定要遵守操作规程，正确选择量程和接入极性，否则可能会造成严重的后果。如误用万用表的电阻挡测量主板 CPU 电压时，相当于 CPU 的供电电压经过万用表中一个很小的内阻适中短路到地，不但会烧毁万用表中的电路，而且会烧毁主板上 CPU 的供电电路，甚至烧毁 CPU。

（6）开机箱前注意是否过了保修期。一般品牌计算机的保修期为 1～3 年，在保修期内厂商一般免费保修和更换部件。机箱盖与箱体的连接处都有厂家贴的防开启的不干胶封签，一旦损坏，厂家就不会保修。

（7）开机箱前要先释放静电。由于静电很容易击穿集成电路，因此，进行维修前必须先放掉手上的静电。具体做法是可以触摸机箱的金属外表或房间里的水管，或者洗手，最安全的还是佩戴防静电手环。

（8）各部件要轻拿轻放。板卡尽量拿边缘，不要用手触摸金手指和芯片，以防金手指氧化和静电击穿芯片。

（9）拆卸时要记住各接线的方向与部位。特别是主板与机箱面板的连接线较多，最好在拆机时用笔记录好各连接线的位置。否则安装时造成连线接错，导致人为故障的产生。

（10）用螺丝钉固定部件时，一定要对准位置，各部件放置正确后再拧，不要用蛮力，否则，轻则会使螺丝剐丝，重则损坏部件。

1.4 计算机维护、维修的工具与设备

要维护、维修计算机，必须要有维护、维修的工具与设备，否则，"巧媳妇难为无米之炊"，即使维修水平很高，但打不开机箱，没有工具软件，也只能望机兴叹。因此，掌握维修工具、工具软件及设备的使用，对提高计算机的维护水平和维修技能来说是十分重要的。

1.4.1 常用的维修工具

计算机常用的维修工具（分别如图 1-4、图 1-5 和图 1-6 所示），应包括：

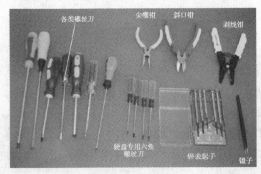

图 1-4 各种拆卸工具

图 1-5 焊接工具

（1）旋具。旋具是指各种规格的十字螺丝刀和一字螺丝刀，主要是在拆、装机时用来拧机箱、主板、电源、CPU 风扇及固定架等部件上的螺丝。螺丝刀最好选择磁性的，这样当螺丝掉到机箱里时就能很快地吸出来，使用起来比较方便。此外，如果要拆卸硬盘，要用梅花（六角）螺丝刀。

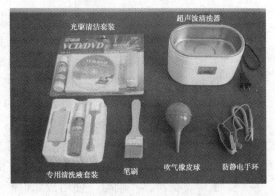

图 1-6　清洁工具及防静电手环

（2）钳子。常用的有用于协助安装较小螺丝钉和接插件的尖嘴钳和用于剪线、剪扎带的斜口钳，还有用于剥除导线塑料外壳的剥线钳。

（3）镊子。用于在维修工作中捡拾和夹持微小部件，在清洗和焊接时用作辅助工具。

（4）电烙铁和电焊台。用于电缆线接头、线路板、接插件等接触不良、虚焊等方面的焊接工作，还可用于拆卸和焊接电路上的电子元器件。电烙铁可根据需要接上不同大小的烙铁头，电焊台还能快速升温，并可根据需要控制烙铁头的温度大小。

（5）热风台。热风台又叫热风枪、吹风机，是现代电子设备维修的必备工具，能吹出温度可控的热风，主要用作拆卸管脚多的元器件和贴片元件，还可以通过给焊点加热，排除虚焊等故障。

（6）清洁、清洗工具。清洁、清洗工具通常包括套软盘驱动器和光盘驱动器的清洗盘，以及清扫灰尘的笔刷、吹气橡皮球（吸耳球）、无水酒精或专用清洗液、脱脂棉等。此外对于小器件可用超声波清洗器清除严重的油污、锈斑等。

（7）防静电工具。防静电工具用于消除人体产生的静电对计算机中芯片的高压冲击，如有线静电手环等。

（8）常用的工具软件。工具软件主要用于检测计算机的软、硬件性能及参数，磁盘分区与维护，系统安装及病毒防御等。主要包括各种版本的系统安装盘，如 DOS、红旗 Linux、Windows XP 等；各种性能及参数测试软件，如测试 CPU 的 CPU-Z、测试内存的 MEMTEST、测试主板及整体性能的 EVEREST 等；硬盘工具软件，如 DM、PQMagic、GHOST 等；防病毒软件，如江民 KV 系列、瑞星等。为了提高维修效率，最好把这些工具制作到一张带启动菜单的 DVD 工具盘上，这样在维修时会得心应手、事半功倍。在第 15 章，将讲述工具盘的具体制作方法。

1.4.2　常用的维修设备

计算机常用的维修设备是指检测计算机硬件电气参数的工具和仪器，主要有万用表、逻辑笔、故障诊断卡等，如图 1-7 所示。如果条件许可，还可配置价格昂贵，用于测量电路波形的示波器、拆焊 BGA 封装形式集成电路的 BGA 返修台、开启硬盘更换盘片的无尘开盘空气净化工作台及硬盘开盘机等。

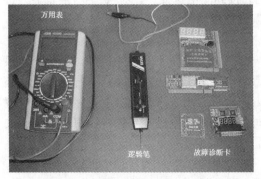
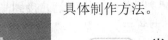

图 1-7　常用的维修设备

（1）万用表。万用表是计算机维修工作中必备的测量工具，它可以测量电压、电流和电阻等参数，分为数字式和指针（模拟）式两大类，现在一般用数字式万用表。万用表通过加电测量电路板各器件的焊脚电压，并与正常电压进行比较，维修者再凭自己的知识和经验，可初步判断存在故障的器件，然后通过焊下怀疑的器件，测量其各脚的电阻，就可以完全确定器件是否被损坏。对于维修高手，只要有万用表在手就能排除所有电子设备的"疑难杂症"。

（2）逻辑笔。逻辑笔可以测试 TTL（Transister-TransisterLogic）和 CMOS 集成电路各引脚的高低电平，从而可以分析和判断故障部位。逻辑笔能测量逻辑电路的高低电平，起到分析逻辑电路的工作状态，部分取代示波器的作用。

（3）故障诊断卡。故障诊断卡又叫 POST（Power On Self Test）卡，其工作原理是利用主板中 BIOS 内部自检程序的检测结果，通过故障诊断卡上的 LED 数码管以十六进制形式显示出来，结合说明书的代码含义速查表就能很快地知道电脑故障所在。尤其在 PC 不能引导操作系统、黑屏、扬声器不响时，使用故障诊断卡会更加快捷。

1.4.3 万用表的使用方法

万用表又叫三用表，是一种多功能、多量程的测量仪表，一般万用表可测量直流电流、直流电压、交流电压、交流电流、电阻和音频电平等，有的还可以测电容量、电感量及半导体的一些参数（如β）。目前的万用表分为指针式和数字式两大类，它们各有方便之处，很难区分谁好谁坏，最好是两类万用表都配备。

1. 指针式万用表的使用

（1）熟悉表盘上各符号的意义及各个旋钮和选择开关的主要作用。

（2）进行机械调零。

（3）根据被测量的种类及大小，选择转换开关的挡位及量程，找出对应的刻度线。

（4）选择表笔插孔的位置。

（5）测量电压。测量电压时要选择好量程，如果用小量程去测量大电压，则会有烧表的危险；如果用大量程去测量小电压，那么指针偏转太小，无法读数。量程的选择应尽量使指针偏转到满刻度的 2/3 左右。如果事先不清楚被测电压的大小时，应先选择最高量程挡，然后逐渐减小到合适的量程。

① 交流电压的测量。将万用表的一个转换开关置于交、直流电压挡，另一个转换开关置于交流电压的合适量程上，万用表的两表笔和被测电路或负载并联即可。

② 直流电压的测量。将万用表的一个转换开关置于交、直流电压挡，另一个转换开关置于直流电压的合适量程上，且"+"表笔（红表笔）接到高电位处，"-"表笔（黑表笔）接到低电位处，即让电流从"+"表笔流入，从"-"表笔流出。若表笔接反，表头指针会反方向偏转，容易撞弯指针。

（6）测电流。测量直流电流时，将万用表的一个转换开关置于直流电流挡，另一个转换开关置于 50μA～500mA 的合适量程上，电流的量程选择和读数方法与电压一样。测量时必须先断开电路，然后按照电流从"+"到"-"的方向，将万用表串联到被测电路中，即电流从红表笔流入，从黑表笔流出。如果误将万用表与负载并联，则因表头的内阻很小，会造成短路，烧毁仪表。其读数方法如下：

实际值=指示值×量程/满偏

（7）测电阻。用万用表测量电阻时，应按下列方法操作：

① 选择合适的倍率挡。万用表欧姆挡的刻度线是不均匀的，所以倍率挡的选择应使指针停留在刻度线较稀的部分为宜，且指针越接近刻度尺的中间，读数越准确。一般情况下，应使指针指在刻度尺的 1/3～2/3。

② 欧姆调零。测量电阻之前，应将两个表笔短接，同时调节"欧姆（电气）调零旋钮"，

使指针刚好指在欧姆刻度线右边的零位。如果指针不能调到零位，说明电池电压不足或仪表内部有问题。每换一次倍率挡，都要再次进行欧姆调零，以保证测量准确。

③ 读数。表头的读数乘以倍率，就是所测电阻的电阻值。

（8）注意事项：

① 在测电流、电压时，不能带电换量程。

② 选择量程时，要先选大的，后选小的，尽量使被测值接近于量程。

③ 测电阻时，不能带电测量。因为测量电阻时，万用表由内部电池供电，如果带电测量则相当于接入一个额外的电源，可能损坏表头。

④ 使用完毕后，应使转换开关在交流电压最大挡位或空挡上。

2. 数字式万用表的使用

目前，数字式测量仪表已成为主流，有取代指针式仪表的趋势。与指针式仪表相比，数字式仪表灵敏度高、准确度高、显示清晰、过载能力强、便于携带、使用更简单。下面以 VC9802 型数字万用表为例，简单介绍其使用方法和注意事项。

（1）使用方法：

① 使用前，应认真阅读有关的使用说明书，熟悉电源开关、量程开关、插孔、特殊插口的作用。

② 将电源开关置于"ON"位置。

③ 交、直流电压的测量。根据需要将量程开关拨至 DCV（直流）或 ACV（交流）的合适量程，红表笔插入 V/Ω孔，黑表笔插入 COM 孔，并将表笔与被测线路并联，读取显示的数值即可。

④ 交、直流电流的测量。将量程开关拨至 DCA 或 ACA 的合适量程，红表笔插入 mA 孔（<200mA 时）或 10A 孔（>200mA 时），黑表笔插入 COM 孔，并将万用表串联在被测电路中即可。测量直流量时，数字式万用表能自动显示极性及数值。

⑤ 电阻的测量。将量程开关拨至Ω的合适量程，红表笔插入 V/Ω孔，黑表笔插入 COM 孔。如果被测电阻值超出所选择量程的最大值，万用表将显示"1"，这时应选择更高的量程。测量电阻时，红表笔为正极，黑表笔为负极，这与指针式万用表正好相反。因此，测量晶体管、电解电容器等有极性的元器件时，必须注意表笔的极性。

（2）使用注意事项：

① 如果无法预先估计被测电压或电流的大小，则应先拨至最高量程挡测量一次，再视情况逐渐把量程减小到合适位置。测量完毕，应将量程开关拨到最高电压挡，并关闭电源。

② 满量程时，仪表仅在最高位显示数字"1"，其他位均消失，这时应选择更高的量程。

③ 测量电压时，应将数字式万用表与被测电路并联；测电流时应与被测电路串联；测直流量时不必考虑正、负极性。

④ 当误用交流电压挡去测量直流电压，或者误用直流电压挡去测量交流电压时，显示屏将显示"000"，或低位上的数字出现跳动。

⑤ 禁止在测量高电压（220V 以上）或大电流（0.5A 以上）时换量程，以防止产生电弧，烧毁开关触点。

⑥ 当显示为空或"BATT"、"LOW BAT"时，表示电池电压低于工作电压。

3. 数字式万用表的使用技巧

（1）电容的测量。数字式万用表一般都有测电容的功能，但只能测量程以内的电容，对于大于量程的电容，只能使用测电阻的方法来判断电容的好坏。

① 用电容挡直接检测。数字式万用表一般具有测量电容的功能，其量程分为 2000p、20n、200n、2μ 和 20μ 五挡。测量时可将已放电的电容两引脚直接插入表板上的 Cx 插孔，选取适当的量程后就可读取显示数据。2000p 挡，宜于测量小于 2000pF 的电容；20n 挡，宜于测量 2000pF～20nF 的电容；200n 挡，宜于测量 20～200nF 的电容；2μ 挡，宜于测量 200nF～2μF 的电容；20μ 挡，宜于测量 2～20μF 的电容。

如果事先对被测电容的范围没有概念，应将量程开关转到最高挡位，然后根据显示值转到相应的挡位上。当用大电容挡测严重漏电或击穿的电容时，则显示数值会不稳定。

② 用电阻挡测量。对于超过量程的大容，能用电阻挡测量其好坏。具体方法是先将电容两极短路（用一支表笔同时接触两极，使电容放电），然后将万用表的两支表笔分别接触电容的两个极，观察显示的电阻读数。若一开始时显示的电阻读数很小（相当于短路），然后电容开始充电，显示的电阻读数逐渐增大，最后显示的电阻读数变为"1"（相当于开路），则说明该电容是好的。若按上述步骤操作，显示的电阻读数始终不变，则说明该电容已损坏（开路或短路）。特别注意的是，测量时要根据电容的大小选择合适的电阻量程，如 47μF 用 200k 挡，而 4.7μF 则要用 2M 挡等。

（2）二极管的测量。数字式万用表有专门的二极管测试挡，当把量程开关放置在该挡时，红表笔接万用表内部正电源，黑表笔接万用表内部负电源。当红表笔接被测二极管正极，黑表笔接接被测二极管负极，则被测二极管正向导通，万用表显示二极管的正向导通电压，通常好的硅二极管正向导通电压应为 500～800mV，好的锗二极管正向导通电压应为 200～300mV。假若显示"000"，则说明二极管击穿短路；假若显示"1"，则说明二极管正向不通开路。将两表笔交换接法，若显示"1"，该二极管反向截止，说明二极管正常；若显示"000"或其他值，则说明二极管已被反向击穿。同样也可以用电阻挡根据二极管的正向电阻较小、反向电阻很大的原理，测量二极管的好坏。

（3）三极管的测量。三极管的内部相当于两个二极管，如图 1-8 所示，因此可用二极管测试挡来判断三极管的好坏及管脚的识别。测量时，先将一支表笔接在某一认定的管脚上，另外一支表笔则先后接到其余两个管脚上，如果这样测得两次均导通或均不导通，然后对换两支表笔再测，两次均不导通或均导通，则可以确定该三极管是好的，而且可以确定该认定的管脚就是三极管的基极。若是用红表笔接在基极，黑表笔分别接在另外两极均导通，则说明该三极管是 NPN 型，反之，则为 PNP 型。最后比较两个 PN 结正向导通电压的大小，读数较大的是 be 结，读数较小的是 bc 结，由此集电极和发射极就识别出来了。

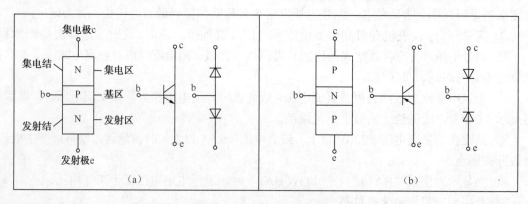

图 1-8 三极管结构示意图

数字式万用表还可用来测量三极管的放大系数，其方法是首先用上述方法确定待测三极管是 NPN 型还是 PNP 型，然后将其管脚正确地插入对应类型的测试插座中，功能量程开关转到 β 挡，即可以直接从显示屏上读取 β 值，若显示"000"，则说明三极管已坏。当然三极管同样也能用电阻挡来判断三极管的好坏以及管脚的识别。

（4）场效应晶体管的测量。场效应晶体管（FET，Field Effect Transistor）简称场效应管。它属于电压控制型半导体器件，具有输入电阻高、噪声小、功耗低、动态范围大、易于集成、没有二次击穿现象、安全工作区域宽等优点，在计算机中它主要用于主板和显示卡的供电电路，发挥功率开关管的作用。其内部结构如图 1-9 所示。

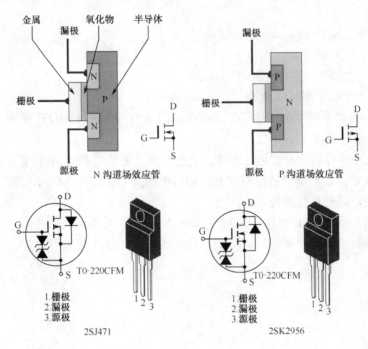

图 1-9　场效应晶体管的内部结构

在场效应管内部，D、S 极之间相当于一个二极管，G 与 D、S 极之间相当于电阻无穷大，一般测试场效应管只要测试 D、S 之间是否开路或击穿，G 与 D、S 极之间是否击穿。其中间极为 D 极，它与散热金属面相通。测试方法为用红表笔接 D 极，黑表笔分别接另外两极，如果有阻值或电压（二极管挡测量），则表示此极为 S 极，且为 N 沟道场效应管；如果都不通，再用黑表笔接 D 极，红表笔分别接另外两极，如果有阻值或电压（二极管挡测量），则表示此极为 S 极，且为 P 沟道场效应管。

1.4.4　逻辑笔的使用

逻辑笔有很多种型号，其外形和显示灯的个数各有不同。最简单的逻辑笔只有两只发光二极管指示灯。绿色灯亮时表示测试点的电位小于 0.8V，测量信号为低电平；红色灯亮时表示测试点的电位大于 3V，测量信号为高电平。如果红、绿显示灯交替闪烁，则测量的信号是脉冲，脉冲频率越高，闪烁的频率越高，脉冲频率很低时，脉冲频率和闪烁频率相等。有的逻辑笔有专门的脉冲测试开关与指示灯，测试脉冲信号更方便。

由于计算机系统的时钟频率很高，被测信号的持续时间在毫秒级到纳秒级，用万用表无法测出瞬时数值，甚至用示波器也不易观测。因此，逻辑笔不仅价格低廉，而且用其观测瞬间的脉冲跳变和数字信号更有它的独特之处，在某些方面甚至能取代昂贵示波器的作用。下面将讲述一款逻辑笔的具体使用方法。

这款逻辑笔可以测试 TTL 和 CMOS 集成电路各引脚的高低电平及其脉冲信号，从而可以分析和判断故障部位，其使用方法如下。

（1）将红色鳄鱼夹夹在被测电路的正极，黑色鳄鱼夹夹在被测电路的负极，两端电压应小于 18V。

（2）要测 TTL 和 DTL 电路（二极管—三极晶体管集成电路）时，选择开关放在 TTL 位置（测 CMOS 电路时放在 CMOS 位置），然后将逻辑笔的探针与测试点接触，发光二极管显示的状态如下：

① 全部发光二极管不亮——高阻抗。

② 红色发光二极管亮——高电平（1）。

③ 绿色发光二极管亮——低电平（0）。

④ 橙色发光二极管亮——脉冲。

注意： TTL 输出高电平大于 2.4V，输出低电平小于 0.4V；CMOS1 逻辑电平电压接近于电源电压，0 逻辑电平接近于 0V。

（3）测试脉冲并存储脉冲或电压瞬变，先把选择开关放在 PULSE 位置，用探针测试要测点，则发光二极管会显示该点的原有状态。然后把选择开关放在 MEM 位置，如测到有脉冲出现或电压瞬变，则橙色灯长亮。

若用信号发生器为 TTL 电路芯片的输入端加入信号，用逻辑笔测试输出端，如果有信号，则表示芯片是好的；如果没有信号，则表示芯片或外接元器件有故障。

实验 1

1. 实验项目

（1）认识主机箱内各部件。

（2）用万用表判断二极管、三极管的好坏并测试主机电源的各输出电压。

2. 实验目的

（1）对主机箱内的各部件有一个初步的认识，能准确说出各部件的名称。

（2）掌握万用表测交、直流电压的方法，认清主机电源的输出压有哪些，实测数据是多少。

（3）掌握用数字式万用表的电阻挡、二极管挡、三极管挡，测试二极管和三极管的方法，并能判断其好坏。

3. 实验准备及要求

（1）以两人为一组进行实验，每组配备一个工作台、一台主机、一个万用表和拆机的工具。

（2）每组准备好的二极管、三极管及坏的二极管、三极管各一只。

（3）实验时一个同学独立操作，另一个同学要注意观察和记录实验数据。

（4）实验前实训教师要做示范操作，讲解操作要领与注意事项，学生要在教师的指导下独立完成。

4. 实验步骤

（1）拆开主机箱，观察和认识机箱内电源、主板、硬盘、光驱、CPU、内存的形状及安装位置。

（2）拔下电源与主板的连接插座，用万用表的直流电压挡测量电源的输出电压并与电源标签上的标准值比较。

（3）用万用表的电阻挡分别测量好、坏二极管和三极管并进行比较。

（4）用万用表的二极管挡分别测量好、坏二极管和三极管并进行比较。

（5）用万用表的三极管挡测量好三极管的放大系数。

5. 实验报告

要求学生写出主机内各部件的名称，实测的电源各输出电压的数值，各晶体二极管、三极管的正反向电阻值和正反向电压值。

说明： 可根据实验内容，每个实验可编制实验项目单，让学生按照实验项目单规定的内容完成实验并填写实验数据。下面提供一个实验项目单的范例，仅供参考。

深 圳 职 业 技 术 学 院
Shenzhen Polytechnic
实训（验）项目单
Training Item

编制部门：计算机工程学院　编制人：王小磊　审核人：文光斌　编制日期：2010-7-27　修改日期：2010-7-30

项目编号 Item No.	NO.1	项目名称 Item	主机中各部件的认识、电源及二极管、三极管测试	训练对象 Class		学时 Time	2
课程名称 Course	计算机组装、维护与维修			教材 Textbook		计算机组装、维护与维修	
目的 Objective	1. 对主机箱内的各部件有一个初步的认识，能准确说出各部件的名称。 2. 掌握万用表测交、直流电压的方法，认清主机电源的输出压有哪些，实测数据是多少。 3. 掌握用数字式万用表的电阻挡、二极管挡、三极管挡，测试二极管和三极管的方法，并能判断其好坏						

内容（方法、步骤、要求或考核标准及所需工具、设备等）

一、实训设备与工具

十字螺丝刀，万用表，主机，好、坏二极管和三极管各一只，工作台等。

二、实训步骤、方法与要求

步骤与方法：1. 拆开主机箱，观察和认识机箱内电源、主板、硬盘、光驱、CPU、内存的形状及安装位置。

2. 拔下电源与主板的连接插座，用万用表的直流电压挡测量电源的输出电压并与电源标签上的标准值比较。

3. 用万用表的电阻挡分别测量好、坏二极管和三极管并进行比较。

4. 用万用表的二极管挡分别测量好、坏二极管和三极管并进行比较。

5. 用万用表的三极管挡测量好三极管的放大系数。

要求：1. 实验时一个同学独立操作，另一个同学要注意观察和记录实验数据。

2. 实验前实训教师要做示范操作，讲解操作要领与注意事项，学生要在教师的指导下独立完成。

三、评分方法

1. 填空题每空 1 分，计 40 分。

2. 问答题每题 10 分。

3. 会使用万用表测电压 10 分。

4. 会使用万用表测晶体二极管、三极管 15 分。

5. 打开机箱观察 5 分

项目编号 Item No.	NO.1	项目名称 Item	主机中各部件的认识、电源及二极 管、三极管测试	训练对象 Class		学时 Time	2
评语 Comment		教师签字		日期		成绩 Score	
						学时 Time	2
姓名 Name		学号 Student No.		班级 Class		组别 Group	

实训（实验）报告（注：由指导教师结合项目单设计）

1. 计算机主机箱上的编号＿＿＿＿＿＿＿＿＿

2. 该主机所采用电源的生产厂家是＿＿＿＿＿，标签上的输出电压有＿＿＿＿＿、＿＿＿＿＿、＿＿＿＿＿、＿＿＿＿＿，实测数值为＿＿＿＿＿、＿＿＿＿＿、＿＿＿＿＿、＿＿＿＿＿。

3. 好的二极管正向电阻为＿＿＿＿＿、反向电阻为＿＿＿＿＿，坏的二极管正向电阻为＿＿＿＿＿、反向电阻为＿＿＿＿＿，好的三极管 be 间正向电阻为＿＿＿＿、be 间反向电阻为＿＿＿＿、bc 间正向电阻为＿＿＿、bc 间反向电阻为＿＿＿＿，坏的三极管 be 间正向电阻为＿＿＿＿、be 间反向电阻为＿＿＿＿、bc 间正向电阻为＿＿＿＿、bc 间反向电阻为＿＿＿＿。

4. 好的二极管正向电压为＿＿＿＿＿、反向电压为＿＿＿＿＿，坏的二极管正向电压为＿＿＿＿＿、反向电压为＿＿＿＿＿，好的三极管 be 间正向电压为＿＿＿＿、be 间反向电压为＿＿＿＿、bc 间正向电压为＿＿＿＿、bc 间反向电压为＿＿＿＿、ce 间电压为＿＿＿＿，坏的三极管 be 间正向电压为＿＿＿＿、be 间反向电压为＿＿＿＿、bc 间正向电压为＿＿＿＿、bc 间反向电压为＿＿＿＿、ce 间电压为＿＿＿＿。

5. 好的三极管放大系数为＿＿＿＿＿＿＿＿，坏的三极管放大系数为＿＿＿＿＿＿＿＿＿＿＿。

6. 如何判断二极管的好坏？

7. 如何判断三极管的好坏？

8. 如何确定三极管的 b、c、e 极？

习题 1

一、填空题

（1）计算机都是由＿＿＿＿＿＿和＿＿＿＿＿＿两大部分组成的。

（2）计算机的硬件主要由＿＿＿＿＿＿＿＿＿＿＿、＿＿＿＿＿＿＿＿＿＿＿等物理设备组成，软件是由＿＿＿＿＿＿＿＿＿和＿＿＿＿＿＿＿组成。

（3）Windows 是＿＿＿＿＿＿、＿＿＿＿＿＿、图形命令型的操作系统。

（4）计算机所在室内的相对湿度一般应保持在＿＿＿＿＿＿。如果相对湿度过高，超过＿＿＿＿＿＿，则机器表面容易结露，可能引起元器件漏电、短路、打火、触点生锈、导线霉断等；若相对湿度过低，低于＿＿＿＿＿＿，则容易产生静电，可能损坏元器件、破坏磁盘上的信息等。

（5）计算机的正确的开机顺序是先打开＿＿＿＿＿＿电源，再打开＿＿＿＿＿＿电源，最后再打开＿＿＿＿＿＿电源。

（6）内存接触不良，解决的方法是用＿＿＿＿＿＿或＿＿＿＿＿＿蘸无水酒精来擦拭金手指表面的灰尘、油污或氧化层，切不可用＿＿＿＿＿＿类的东西来擦拭金手指，这样会损伤其极薄的镀层。

（7）硬盘是计算机中最重要的_____存储介质，其高速读取和大容量有效数据的_____性能是任何载体都无法比拟的。由于硬盘技术的先进性和精密性，一旦硬盘发生故障，就会很难修复，导致_____的丢失。

（8）计算机维修的一般步骤是由系统到_____；由设备到_____；由部件到_____；由器件到_____。

（9）万用表是计算机维修工作中必备的测量工具，它可以测量_____、_____和电阻等参数，分为_____和指针（模拟）式两大类。

（10）逻辑笔可以测试_____和 CMOS 集成电路各引脚的_____电平，从而可以分析和判断_____故障部位。

二、选择题

（1）计算机的硬件主要由（　　）组成。

    A．主机和应用软件   B．控制器、运算器、硬盘、光驱

    C．键盘、显示器、音箱和鼠标器   D．主机、显示器等物理设备

（2）安装在机箱内的直流电源，是一个可以提供五种直流电压的开关稳压电源，其数值分别为（　　）。

    A．+3.3V、+5V、-5V、+12V、-12V   B．-3.3V、+5V、-5V、+12V、-12V

    C．+3.3V、+5V、-5V、+10V、-10V   D．-3.3V、+5V、-5V、+10V、-10V

（3）常见的操作系统有（　　）。

    A．Windows、Linux、DOS   B．Windows、Linux、Office

    C．Windows、WPS、DOS   D．AutoCAD、Linux、DOS．

（4）在我国，计算机的交流供电电源均使用 220V、50Hz 的交流电源。一般要求交流电源电压的波动范围不超过额定值的（　　）。

    A．±5%   B．±10%   C．±15%   D．±20%

（5）计算机的正确使用方法有（　　）。

    A．长时间离开时，要关机，断电

    B．按正确的顺序开、关计算机

    C．按正确的操作规程进行操作

    D．USB 存储器要先安全删除硬件才能拔出

（6）在平时对硬盘的维护和使用时，一定要做到（　　）。

    A．硬盘的工作环境应远离磁场   B．不要轻易进行硬盘的低级格式化操作

    C．必要时可打开硬盘的盖板   D．及时备份重要数据

（7）对主机进行清洁包括（　　）。

    A．机箱内的除尘   B．插槽、插头、插座的清洁

    C．CPU 风扇的清洁   D．清洁内存条和显示适配器

（8）计算机软件系统日常维护内容有（　　）。

    A．病毒防治   B．系统备份

    C．计算机操作系统的维护   D．安装应用软件

（9）计算机维修时需要注意的问题有（　　）。

    A．注意维修场所的安全

    B．严禁带电插拔

    C．各部件要轻拿轻放

D．使用仪器仪表，应正确选择量程和接入极性

（10）计算机常用的维修设备有（　　　）。

A．万用表　　　　B．逻辑笔　　　　C．故障诊断卡　　　　D．系统安装盘

三、判断题

（1）计算机的种类繁多，包括微型计算机（又称个人计算机、台式机、PC），服务器及工控机等。无论何种计算机，都是由硬件和软件两大部分组成的。　　　　　　　（　　　）

（2）系统软件是负责管理计算机系统中各种独立的硬件，使得它们可以不协调工作。

（　　　）

（3）如果显示器与主机信号连线接触不良将会导致显示颜色减少或者不能同步。

（　　　）

（4）工具软件不能用于检测计算机的软硬件性能及参数、磁盘分区与维护、系统安装及病毒防御等。　　　　　　　　　　　　　　　　　　　　　　　　　　（　　　）

（5）用万用表的电阻挡测量电压时，万用表将会被烧毁。　　　　　　　（　　　）

四、简答题

（1）什么是计算机的硬件和软件？系统软件和应用软件的作用是什么？

（2）计算机的维护与维修有何区别？什么是一级维修？什么是二级维修？

（3）维修计算机时应注意什么问题？

（4）常用的计算机维修工具有哪些？各有哪些作用？

（5）用万用表如何判断三极管的基极、集电极、发射极和类型（NPN 或 PNP）？

第2章

计算机的拆卸与组装

计算机的拆装主要是指主机的拆装，因为显示器和外设是一个封闭的整体，一般只要连接电源和信号线即可。本章主要讲述主机的拆装方法及需要注意的问题，目的是为了提高学生拆装计算机的技能，熟悉主机内各部件的连接方法。

2.1 主机的拆卸

2.1.1 拆卸主机应注意的问题

1. 场地和工具的准备

拆卸主机前应整理好拆卸的工作场所，清理好工作台、关闭电源、准备好工具。工具一般要有十字螺丝刀（中号、小号各一把）、平头螺丝刀（中号、小号各一把）、尖嘴钳、镊子、软性但不易脱毛的刷子（如油漆刷、油画笔）、导热硅胶、无水乙醇（酒精）、脱脂棉球、橡皮擦等。

2. 做好静电释放工作

由于计算机中的电子产品对静电高压相当敏感，当人接触到与人体带电量不同的载电体（如计算机中的板卡）时，就会产生静电释放。所以在拆装电脑之前，需断开所有电源，然后双手通过触摸地线、墙壁、自来水管等金属的方法来释放身上的静电。

3. 注意事项

一定要先拔掉电源，再拆卸。拆装部件时要轻拿轻放，注意搞清各种卡扣的作用再拆卸，不要蛮干。一定要注意人身安全，防止触电、被东西砸伤和把手弄伤。主板拆下后，一定要先在桌上放一张纸，然后再将主板放在纸上，再拆主板上的内存与CPU，以防主板上的印刷电路板被损坏。拆CPU的散热器时，对于针脚式CPU，由于导热硅胶使CPU和散热器紧紧地粘在一起，拔散热器时会把CPU一同拔出，因此拔散热器一定要小心地垂直往上拔。如果CPU与散热器粘在一起可用一字起子小心地将CPU撬下；若CPU针脚已弯，可用镊子或钟表起子小心地将其拨正。

2.1.2 拆卸主机的一般步骤

1. 拆卸主机所有外部连线

首先要切断所有与计算机及其外设相连接的电源，然后拔下机箱后侧的所有外部连线。在拔除这些连线时要注意使用正确的方法。

电源线、PS/2 键盘数据线、PS/2 鼠标数据线、USB 数据线、音箱等连线可以直接往外拉，如图 2-1 所示。

串口数据线、显示器数据线、打印机数据线连接到主机一头，这些数据线在插头两端可能会有固定螺钉，所以需要用手或螺丝刀松开插头两边的螺钉，如图 2-2 所示。

图 2-1　电源线、PS/2 键盘数据线、PS/2 鼠标数据线、
USB 数据线等的拆除方法

图 2-2　串口数据线、显示器数据线、
打印机数据线的拆除方法

图 2-3　接头处有防呆设计的连接线的拆除方法

网卡上连接的双绞线、MODEM 上连接的电话线，这些数据线的接头处均有防呆设计，先按住防呆片，然后将连线直接往外拉，如图 2-3 所示。如果网卡上连接的是同轴电缆，那么需要松开同轴电缆接头的卡口，然后将连线直接往外拉。

2．打开机箱外盖

无论是品牌机还是兼容机，卧式机箱还是立式机箱，固定机箱外盖的螺钉大多在机箱后侧或左右两侧的边缘上。用适用的螺丝刀拧开这些螺钉，取下立式机箱的左右两片外盖（有些立式机箱还可以拆卸上盖）或卧式机箱的一片"∩"形外盖。如果机箱外盖与机箱连接比较紧密，要取下机箱外盖就不大容易，这时需要用平口螺丝刀从接缝边缘小心地撬开。

有些品牌电脑不允许用户自己打开机箱，如果擅自打开机箱可能就会无法享受到保修的服务，这点要特别注意；有些品牌电脑不用工具即可打开机箱外盖，具体的拆卸方法请参照安装说明书；有些机箱不用螺钉而是用卡扣，一定要搞清楚卡扣的原理，方可拆开，切莫用蛮力。

3．拆卸驱动器

驱动器（如硬盘、软驱、光驱）上都连接有数据线、电源线及其他连线。先用手握紧驱动器一头的数据线，然后平稳地沿水平方向向外拔出。千万不要拉着数据线向下拔，以免损坏数据线。硬盘、光驱电源插头是大四针梯形插头，软驱电源插头是小四针梯形插头，用手握紧电源插头，并沿着水平方向向外拔出即可，如图 2-4 所示。如果驱动器上还有其他连线（如光驱的音频线），也要一并拔除。对于 SATA 驱动器的电源线，其拆法与数据线的拆法一样。

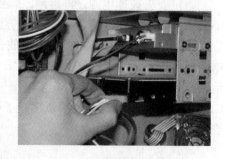

图 2-4　驱动器的拆除

一般来说，硬盘、软驱、光驱都直接固定在机箱面板内的驱动器支架上，有些驱动器还会加上附加支架。拆卸的过程很简单，先拧开驱动器支架两侧固定驱动器的螺钉（有些螺钉是固定在机箱前面板的），即可抽出驱动器。也有些机箱中的驱动器是不用螺钉固定的，而是将驱动器固定在弹簧片中，然后插入机箱的某个部位，这种情况下只要按下弹簧

片就可以抽出驱动器。取下各个驱动器时要小心轻放，尤其是硬盘，而且最好不要用手接触硬盘电路板的部位。

4. 拆卸板卡

拔下板卡上连接的各种插头，主要的插头有 IDE 和 SATA 数据线、USB 数据线、软驱数据线、CPU 风扇电源插头、音频线插头、主板与机箱面板插头、ATX 电源插头（或 AT 电源插头）等，如图 2-5 所示。

拔除所有插头后，接着用螺丝刀拧开主板总线插槽上接插的适配卡（如显示卡、声卡、MODEM 卡等）面板顶端的螺钉，然后用双手捏紧适配卡的边缘，平直地向上拔出，最后再用螺丝刀拧开主板与机箱固定的螺钉，就可以取出主板。拆卸主板和其他接插卡时，应尽量拿住板卡的边缘，尽量不要用手直接接触板卡的电路板部位。

有的主板上的显示卡插槽带有防呆设计（一般是 PCI-E16X 或 AGP8X 插槽），如果要取下显示卡，先要按下显示卡插槽末端的防呆片，如图 2-6 所示，然后才能拔出显示卡。切不可鲁莽地拔出显示卡，否则有可能损坏显示卡与插槽。

图 2-5　拆除板卡上连接的各种插头

图 2-6　显示卡的拆卸

此外，拔主板与机箱面板的连接线时，一定要做好标记，以防安装时接错线。

5. 拆卸内存条

用双手同时向外按压内存插槽两端的塑胶夹脚，直至内存条从内存插槽中弹出，如图 2-7 所示，然后从内存插槽中取出内存条。

6. 拆卸 CPU 散热器与 CPU

一般来说，CPU 风扇和 CPU 散热器是固定在一起的，而散热器和 CPU 外壳紧密接触才能保证散热效果，使散热器和 CPU 外壳紧密接触的方式主要有卡扣式与螺钉固定式。因此在拆卸 CPU 散热器时一定要搞清它的固定方式和原理，才能顺利拆出。切莫蛮干，以防损坏散热器固定架和 CPU。接口为 LGA775 以后的 CPU 一般为螺钉固定式，只要拧开四个固定螺钉就能拆下 CPU 风扇和散热器，如图 2-8 所示。

图 2-7　内存条的拆卸

图 2-8　CPU 风扇和散热器的拆卸

图 2-9 CPU 的拆卸

CPU 散热器取出后再取出 CPU。在 Socket 7、Socket 370、Socket 462、Socket 423、Socket 478 等 CPU 插座中都有一根拉杆，只需将这根拉杆稍微向外扳动，然后拉起拉杆并呈 90°的角度，就可以取出 CPU；LGA 系列 CPU 插座中还有一个金属盖，要把拉杆拉到大于 90°的角度，再掀起金属盖板，才能取出 CPU，如图 2-9 所示。

拆卸好主机当中的配件后，最好将它们进行清洁，特别是风扇附近囤积的大量灰尘会影响到风扇的转动，最终影响散热。一般用较小的毛刷轻拭 CPU 散热风扇（或散热片）、电源风扇及其他散热风扇，并用吹气球将灰尘吹干净；各类板卡则用毛刷刷掉表面的灰尘，并用吹气球将灰尘吹干净；适配卡和内存条的金手指则用橡皮擦来擦拭。

2.2 主机的安装

在动手组装计算机前，应先了解计算机的基本知识，包括硬件结构、日常使用维护知识、常见故障处理、操作系统和常用软件安装等。

2.2.1 安装主机应注意的问题

在进行主机安装时要注意以下问题。

1. 在主机安装前要准备好工具和部件

工具主要准备一字和十字螺丝刀、大小镊子、尖嘴钳、平口钳及导热硅胶等，部件主要有机箱、电源、主板、CPU、内存条、显示卡、声卡（有的显示卡及声卡已集成在主板上）、硬盘、光驱、软驱、网卡等。

2. 注意释放静电

在安装主机前，不要急于接触电脑配件，应先用手接触房间的金属管道或机箱的金属表面，放掉身上所带静电后方可接触电脑部件，因为部件上的 CMOS 器件很容易被静电击穿。

3. 安装时操作要合理，不要损坏部件

在安装过程中，对所有的板卡及其他部件都要轻拿轻放，尽量拿部件的两边，不要触到金手指和电路板。用螺丝刀紧固螺钉时，一定要对正螺丝和螺孔，用力应做到适可而止，不要用力过猛或用蛮力，以防损坏板上的元器件。

4. 插接各连接线时应对准卡扣的位置

在插接各连接线时一定要看清插头和插座的卡扣位置，然后再对准插入。特别是电源线，如果插错将造成烧毁器件的严重后果。例如，专为 CPU 供电的四芯插头，不注意就容易接错，一旦接错将导致+12V 电压接地，轻则烧毁主板 CPU 的供电电路，重则导致 CPU 与供电电路一起烧毁。

2.2.2 安装主机的一般步骤

组装计算机时，可参照如下步骤进行：

（1）仔细阅读主板及其他板卡的说明书，熟悉主板的特性及各种跳线的设置。

（2）安装 CPU 及散热风扇，在主板 CPU 插座上安装所需的 CPU，并且装好散热风扇。

（3）安装内存条，将内存条插入主板内存插槽中。

（4）设置主板相关的跳线。

（5）安装主板，将主板固定在机箱里。

（6）安装扩展板，将显示卡、网卡、声卡、内置 MODEM 等插入扩展槽中。

（7）把电源安装在机箱里。

（8）安装驱动器，主要是安装硬盘、光驱和软驱。

（9）连接机箱与主板之间的连线，即各种指示灯、电源开关线、PC 扬声器的连接线。

（10）连接外设，将键盘、鼠标、显示器等连接到主机上。

（11）重新检查各项连接线，准备进行加电测试。

（12）开机加电，若屏幕显示正常，进入 BIOS 设置程序对 CMOS 参数进行必要的设置。

（13）安装操作系统及系统升级补丁。

（14）系统运行正常后，安装主板、显示卡及其他设备的驱动程序。

（15）如果是新装主机，最好连续开机 72 小时，进行 72 小时考机，因为如果新的部件有问题，一般会在 72 小时考机时发现。

BIOS 设置、系统及驱动程序的安装本章将不作介绍，这部分内容会在后续的章节中进行详细叙述。计算机组装流程图如图 2-10 所示。

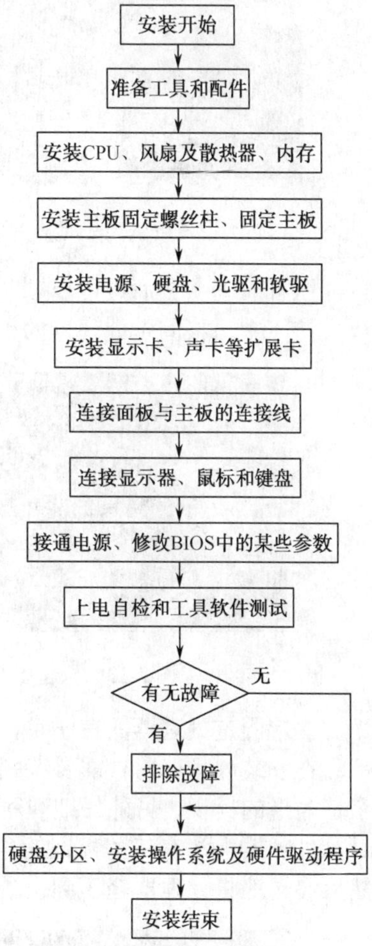

图 2-10　计算机组装流程图

2.2.3　安装主机的过程和方法

1．熟悉主板

先打开主板的包装盒，将主板从防静电塑料袋中取出，放在绝缘的泡沫塑料板上或类似的绝缘板上。对照主板仔细阅读主板说明书，熟悉主板各主要部件的安装位置，各种跳线的设置方法。不同的主板，可能有一些特殊的设置要求，不能凭经验安装，一定要参照说明书，养成良好的习惯。花一点时间阅读主板说明书，做到心中有数，很有必要。

2．安装 CPU 及散热风扇

（1）CPU 的安装。目前市场上的 CPU 主要有 INTEL 和 AMD 两种类型，Intel 公司的 CPU 现在均为 LGA 型接口，主要有 LGA775、LGA1156 和 LGA1155 等接口；而 ADM 公司的 CPU 仍是 Socket 接口，主要有 SocketAM3、SocketAM2 等接口。因 Intel 公司 CPU 的市场占有率达 85%以上，所以以 LGA 型接口为例说明 CPU 的安装过程。

如图 2-11 所示，为 LGA 接口 CPU 的正反面。从图 2-11 可以看到，LGA 接口的英特尔处理器全部采用了触点式设计，与 Socket 接口的针管式设计相比，最大的优势是不用担心针脚折断和弯曲的问题，但对处理器的插座要求则更高。

在安装 CPU 之前，要先打开插座，用适当的力向下微压固定 CPU 的压杆，同时用力往外推，使其脱离固定卡扣，如图 2-12 所示。

图 2-11　LGA 接口 CPU 的正反面 　　　　　图 2-12　打开 CPU 压杆卡扣

压杆脱离卡扣后，可以顺利地将压杆拉起，如图 2-13 所示。

接下来，将固定处理器的盖子与压杆反方向提起，如图 2-14 所示。

图 2-13　拉起压杆 　　　　　　　　　　图 2-14　提起固定处理器的盖子

提起固定处理器的盖子后，LGA 插座就会展现出全貌，如图 2-15 所示。

在安装处理器时，需要特别注意。通过仔细观察可以发现，在 CPU 处理器的一角上有一个三角形的标识，另外仔细观察主板上的 CPU 插座，同样会发现一个三角形的标识。在安装时，处理器上印有三角标识的角要与主板上印有三角标识的角对齐，再对齐两边的凹凸口，然后慢慢地将处理器轻压到位，如图 2-16 所示。

 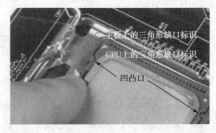

图 2-15　LGA 插座全貌 　　　　　　　图 2-16　对准 CPU 与插座的位置

将 CPU 安放到位以后，盖好扣盖，并反方向微用力扣下处理器的压杆，直到压杆与卡扣完全扣好，如图 2-17 所示。

至此 CPU 便被稳稳地安装到主板上，如图 2-18 所示。

图 2-17　扣好处理器的压杆与卡扣 　　　　　图 2-18　安装到位的 CPU

（2）风扇及散热器的安装。由于 CPU 运行时的发热量相当惊人，因此，选择一款散热性能出色的散热器特别关键。如果散热器安装不当，散热的效果也会大打折扣。安装散热器前，先要在 CPU 表面均匀地涂上一层导热硅脂（很多散热器在购买时已经在底部与 CPU 接触的部分涂上了导致硅脂，这时就没有必要再涂了）。

CPU 的风扇和散热器一般买来时就已经是一个整体，它与主板的固定方式有螺钉式和卡扣式。对于螺钉式散热器，只需将四颗螺钉对正拧紧，使螺钉受力均衡即可。对于卡扣式散热器，安装时，将散热器的四角对准主板相应的位置，然后用力压下四角扣具即可。将散热器上的四个扣具压入主板之后，为了保险及安全考虑，可以轻晃几下散热器确认是否已经安装牢固，如图 2-19 所示。

最后，将散热器和风扇的电源接在主板的相应位置，如标有 CPU FAN 的电源接口，如图 2-20所示。

图 2-19　风扇和散热器的安装　　　　图 2-20　连接散热器和风扇的电源

3．安装内存条

在内存成为影响系统整体系统的最大瓶颈时，双通道的内存设计大大解决了这一问题。提供 Intel 64 位处理器支持的主板，目前均提供双通道功能，因此建议在选购内存条时尽量选择两条相同规格的内存条来搭建双通道。主板上的内存插槽一般都采用两种不同的颜色来区分双通道与单通道，如图 2-21 所示。

将两条规格相同的内存条插入相同颜色的插槽中，即可打开双通道功能。

安装内存条时，先用手将内存插槽两端的扣具打开，然后将内存条平行放入内存插槽中（内存插槽也使用了防呆式设计，反方向无法插入，在安装时可以对应内存与插槽上的缺口），用两拇指按住内存条的两端轻轻向下压，听到"啪"的一声响后，即说明内存条安装到位，如图 2-22 所示。

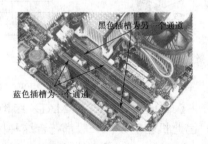 

图 2-21　采用不同的颜色来区分双通道与单通道　　　　图 2-22　内存条的安装

在 BIOS 设置中，打开双通道功能，可以提高系统性能。另外，目前 DDR3 内存已经成为当前的主流，需要特别注意的是 DDR2 与 DDR3 内存接口是不兼容的，不能通用。

4．设置主板相关跳线

目前使用的主板，几乎都能够自动识别 CPU 的类型，并自动配置电压、外频和倍频等参数，所以不需要再进行相关的跳线设置。但有的主板要求进行 CPU 主频、外频、CPU 电压、内存电压等跳线设置，设置时可根据主板说明书进行。

　　有些主板有键盘开机功能选择跳线开关，通过设定跳线的不同状态来设置是否允许键盘开机；对于集成了显示卡、声卡、MODEM 等的主板，可能还有相应的允许与禁用的跳线选择（也有的是通过 CMOS 设置来实现的）；也有的主板设有 BIOS 更新跳线，一般情况下，可设为只读方式。

　　5．安装主板

图 2-23　机箱实物图

　　打开机箱，会看见很多附件（如螺钉、挡片等）及用来安装电源、光驱、软驱的驱动器托架。许多机箱没有提供硬盘专用的托架，通常可安装在软驱的托架上。

　　机箱的整个机架由金属构成，包括可安装光驱、软驱、硬盘的固定架，以及电源固定架（用来固定电源）、底板（用来安装主板）、槽口（用来安装各种扩展卡）、PC 扬声器（可用来发出简单的报警声音）、接线（用来连接各信号指示灯和开关电源）和塑料垫脚等，如图 2-23 所示。机箱结构示意图如图 2-24 所示。

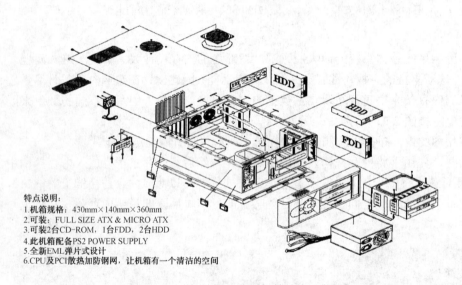

特点说明：
1.机箱规格：430mm×140mm×360mm
2.可装：FULL SIZE ATX & MICRO ATX
3.可装2台CD-ROM，1台FDD，2台HDD
4.此机箱配备PS2 POWER SUPPLY
5.全新EML弹片式设计
6.CPU及PCI散热加防钢网，让机箱有一个清洁的空间

名称	用量
上下板	2
前板	1
后板	1
主机板	1
电源座	1
导风架	1
大磁架	1
电源支架	1
小磁架	1
硬盘架	1
左侧板	1
右侧板	1
面板	1
导风管	1
防尘钢架	1
电源线	1
6CM风扇	1
脚垫	4
电源	1
弹片	32
IO封片	1
介面卡	7

图 2-24　机箱结构示意图

　　熟悉了机箱的内部结构和附件后，开始安装主板。

　　（1）安装固定主板的铜柱和塑料柱。目前，大部分主板的板型为 ATX 或 MATX 结构（注意，小机箱只能装 MATX 板，大机箱两种板都能装），因此机箱的设计一般都符合这种标准。在安装主板之前，先将机箱提供的主板垫脚螺母（铜柱或塑料柱）安装到机箱主板托架的对应位置（有些机箱购买时就已经安装），其结构和安装如图 2-25 所示。

　　固定主板时需要用到铜柱、塑料柱和螺钉，但全部用铜柱或全用塑料柱均不太好。因为全用铜柱时，主板固定太紧，维护或安装新的扩展卡时容易损坏主板；若全部采用塑料柱时，主板又容易松动，造成接触不良。所以最好是用 2～3 个铜柱，再用螺钉固定，其余的全用塑料柱，这样主板比较稳固，同时又具有柔韧性。

（2）固定主板。按正确的方向双手平行托住主板，将主板放入插有塑料柱和铜柱的机箱底座上，并在有铜柱的地方用螺钉固定。在装螺丝时，注意每颗螺丝不要一次性就拧紧，等全部螺钉安装到位后，再将每颗螺钉拧紧，这样做的好处是随时可以对主板的位置进行调整。可以通过机箱背部的主板挡板来确定主板是否安装到位，如图 2-26 所示。

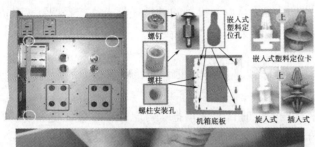

图 2-25　主板垫脚螺母的结构和安装　　　　　　图 2-26　主板的安装

6．安装电源

ATX 电源的主板供电插座如图 2-27 所示，这种设计可避免插错，因为插接方向不正确时是无法插入的。

另外，ATX 电源主板供电插座的一侧有一个挂钩，ATX 电源插头有一个带弹性扳手的挂套，将电源插头插到主板插座上后，挂套正好套在挂钩上，从而使连接紧固。当需要拔下电源插头时，应先按住弹性扳手，解开挂套，然后不用太费力就可拔出插头。注意不能硬拔，否则有可能会伤及主板。

机箱中放置电源的位置通常位于机箱尾部的上端。电源末端 4 个角上各有一个螺丝孔，通常呈梯形排列，所以安装时要注意方向性，如果装反了就不能固定螺钉。可先将电源放置在电源托架上，并将 4 个螺丝孔对齐，然后再拧上螺钉即可（为便于调整位置，螺钉不要拧得太紧），如图 2-28 所示。

图 2-27　ATX 电源的主板供电插座　　　　　　图 2-28　电源的安装

把电源装上机箱时，要注意电源一般都是反过来安装，即上下颠倒，最后，要把有标签的那面朝外。

7．安装驱动器

主要包括硬盘、光驱和软驱的安装，它们的安装方法几乎相同。

（1）规划好硬盘、软驱、光驱的安装位置。根据机箱的结构及驱动器电源和数据线的长度，选择一个合适的位置来安装硬盘、软驱、光驱和内置光盘刻录机等设备。

（2）如果是 IDE 的硬盘和光驱，设置好主从跳线，SATA 驱动器无需设置。如果一根 IDE 数据线上要接两个 IDE 驱动器，必须设置一个为主驱动器，另一个为从驱动器。一般把速度快、工作量大的驱动器设为主驱动器。如果将硬盘和光驱同接在一个 IDE 接口上，一般把硬盘设为主驱动器，光驱设为从驱动器。主从跳线的设置驱动器都画有说明图，按其进行设置即可。

（3）安装硬盘。对于普通的机箱，只需要将硬盘放入机箱的硬盘托架上，拧紧螺钉使其固定即可。有些机箱，使用了可拆卸的 3.5 寸机箱托架，这样安装起硬盘来就更加简单。具体安装方法如下：

① 在机箱内找到硬盘驱动器槽，再将硬盘插入驱动器槽内，并使硬盘侧面的螺丝孔与驱动器舱上的螺丝孔对齐。

② 用螺钉将硬盘固定在驱动器舱中。在安装时，要尽量把螺钉上紧，以便固定得更稳，因为硬盘经常处于高速运转的状态，这样做可以减少噪声并防止振动，如图 2-29 所示。

通常机箱内都会预留两个以上硬盘的空间，假如只需要装一个硬盘，应该把它装在距离软驱和光驱较远的位置，这样更加有利于散热。

（4）安装光驱。光盘驱动器包括 CD-ROM、DVD-ROM 和刻录机，其外观与安装方法基本上都一样。

① 先把机箱面板的挡板去掉，然后将光驱反向从机箱前面板装进机箱的 5.25 英寸槽位，确认光驱的前面板与机箱对齐平整。应该尽量把光驱安装在最上面的位置，如图 2-30 所示。

图 2-29　硬盘的安装

图 2-30　安装光驱

图 2-31　安装抽拉式设计的光驱

② 在光驱的两侧各用两颗螺钉初步固定，先不要拧紧，这样可以对光驱的位置进行细致的调整，然后再把螺钉拧紧。

③ 将光驱安装到机箱支架上，并用螺钉固定好。

④ 如果是抽拉式设计的光驱托架，在安装前，先要将类似于抽屉设计的托架安装到光驱上，然后像推拉抽屉一样，将光驱推入机箱托架中，如图 2-31 所示。

（5）安装软盘驱动器。软盘驱动器现在基本已经退出了历史舞台，但有些老机上仍装有软驱，对于它的安装只做简要的介绍。安装软驱与安装光驱基本相似，只不过是从里向外拉放入软驱，把软驱对准机箱面板上软驱槽口相对应的托架上（因为只有这样，才可以在软驱中插入软盘），接着再拧好螺钉。软驱固定好后最好用软盘来测试可否顺利地插入、弹出，以确定是否到位。

安装软驱时应注意，有的软驱数据线的彩边（红色）与电源插座紧邻，有的则正好相反，不要将其接反。接反后的现象是软驱指示灯一直呈点亮状态，但不会损坏软驱。

8．安装扩展板卡

将显示卡、网卡、声卡、内置 MODEM 等插入扩展槽中。这些插卡的安装方法都一样，下面以显示卡为例做具体说明。目前，PCI-E 显示卡已经成为市场主力军，AGP 基本上已经见不到了。因此，接下来将讲述 PCI-E 显示卡的安装过程。

（1）将机箱后面的 PCI-E 插槽挡板取下。

（2）将显示卡插入主板 PCI-E 插槽中，如图 2-32 所示。

注意：要把显示卡以垂直于主板的方向插入 PCI-E 插槽中，用力适中并要插到底部，保证显示卡和插槽的接触良好，若有卡扣一定要保证卡扣卡到位。

（3）显示卡插入插槽中后，用螺丝固定显示卡。固定显示卡时，要注意显示卡挡板下端不要顶在主板上，否则无法插到位。拧紧挡板螺钉时要松紧适度，注意不要影响显示卡插脚与 PCI-E 槽的接触，以避免引起主板变形。

（4）如果显示卡有专用的供电接口，插好显示卡供电口的电源线。现在有些高档显示卡，由于功率大，设计有专用的 12V 供电插口，要接上专用的供电电源线才能正常工作，如图 2-33 所示。

图 2-32　显示卡的安装

图 2-33　高档显示卡的专用电源线

安装声卡、网卡、内置 MODEM 等，与安装显示卡的方法一样，只不过现在的这些插卡多数为 PCI 总线，需要插入 PCI 插槽并拧紧螺钉。

9. 连接主板上的各种连接线

主板的连接线主要有主板与机箱面板的连接线、主板与驱动器的数据传输线和电源线。

（1）连接主板与机箱面板的连接线。主板与面板的连接线主要有控制指示信号线、前面板 USB 连接线和音频信号线。

① 控制指示信号线的连接。控制指示信号线的连接，在主板的说明书上会有详细的说明，大多数主板在线路板上也都有标记，如图 2-34 所示。

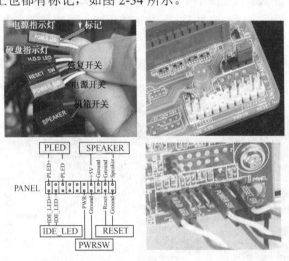
图 2-34　控制指示信号线的连接

a. 连接电源指示灯。从机箱面板上的电源指示灯引出两根导线，导线前端为分离的两接头或封装成两孔的母插头。其中标有"↓"标记的线接 PLED+，与此对应，在主板上找到标有 PLED+标记的插针并进行连接即可。电源指示灯连接线有线序限制，接反后，指示灯会不亮。

b. 连接复位开关。RESET 连接线是两芯接头，连接机箱的 RESET 按钮，将其接到主板的 RESET 插针上，此接头无方向性，只需插上即可。

c. 连接扬声器线。SPEAKER 为机箱的前置报警扬声器接口，从主机箱内侧的扬声器引出两根导线，导线前端为分离的两接头或封装成 4 孔的母插头，可以看到是四针的结构，其中红线为+5V 供电线，与主板上的+5V 接口相对应，其他的三针也就很容易插入了。

d. 连接硬盘指示灯。主机箱面板上标有 H.D.D LED 标记的指示灯引出的两根线被封装成两孔的母插头，其中一条标有"↓"标记的线为 HDD LED+线，与此对应，在主板上找到标有 HDD LED+（IDE 硬盘有的为 IDE_LED+）、HDD LED-标记的两针插针并对号插入。此连接线有线序限制，接反后，硬盘指示灯不亮。如果计算机运行正常，而硬盘指示灯从未亮过，则肯定是插反了，反过来重接即可。

e. 连接 PWR SW。ATX 结构的机箱上有一个电源开关接线，是一个两芯的接头，它和 RESET 一样，按下时就短路，松开时就开路，该连接线无线序限制。按一下计算机的电源就会接通，再按一下就关闭。从面板引入机箱中的连接线中找到标有 PWR SW 字样的接头，在主板信号插针中，找到标有 PWR SW 字样的插针，然后对应插好即可。

② 前面板 USB 接口的连接。前面板 USB 接口的连接线及插座如图 2-35 所示。USB 是一种常用的 PC

图 2-35　前面板 USB 接口的连接线及插座

接口，只有 4 根线，一般从左到右排列为红线、白线、绿线、黑线，其中红线 VCC（有的标为 Power、5V、5VSB 等字样）为+5V 电压，用来为 USB 设备供电；白线 USB-（有的标为 DATA-、USBD-、PD-、USBDT-等字样）和绿线 USB+（有的标为 DATA+、USBD+、PD+、USBDT+等字样）分别是 USB 的数据-与数据+接口，+表示发送数据线，-表示接收数据线；黑线 GND 为接地线，NC 为空脚不用，每一横排四个脚为一个 USB 接线。在连接 USB 接口时一定要参见主板的说明书，仔细地对照，如果连接不当，很容易造成主板的烧毁。

③ 前面板音频信号线的连接。HD Audio 音频信号为双排，10 线接口，一般前面板 9 根音频线都放在一个 10 芯防呆插头里，按主板说明，把这个接头插到主板的音频信号插座上即可，如图 2-36 所示。

HP_HD：耳机插座感应信号线
Jack_Sense：插座感应信号线
PRESENSE：前面板接入感应线
MIC2_JD：话筒插座感应信号线
MIC2_L：话筒左声道接口
MIC2_R：话筒右声道接口
HP_R：耳机右声道接口
HP_L：耳机左声道接口
AGND：模拟信号地线

图 2-36　前面板音频信号线的连接

如果要启动前面板 HD Audio 音频信号的功能，还需在 HD Audio 驱动程序中选择前面板。

（2）连接硬盘、光盘等驱动器电源线和数据线。连接硬盘、光盘等驱动器电源线和数据线都有 SATA（串口）和 IDE（并口）两种类型，但它们的接口都有防呆设计，只需将插头对准插座的防呆点插入即可，如图 2-37 所示。

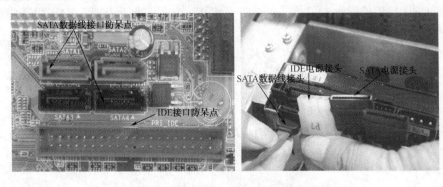

图 2-37 连接硬盘、光盘等驱动器电源线和数据线

（3）连接主板电源线。主板上有 20 针或 24 针主电源插座，还有 4 针、6 针或 8 针 CPU 电源插头等，它们都是防呆设计，只要对准防呆卡扣插入即可。注意一定要看准卡扣的位置，如果插错了，将会烧毁主板或电源，如图 2-38 所示。

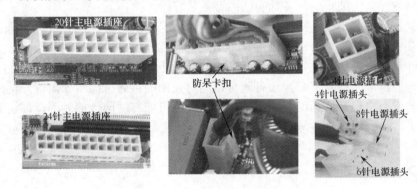

图 2-38 主板电源插座与插头

10. 整理主机内部连线

整理机箱内部连线的具体操作步骤如下：

（1）面板信号线的整理。面板信号线都比较细，而且数量较多，平时都是乱作一团。不过，整理它们也很方便，只要将这些线用手理顺，然后折几个弯，再找一根狼牙线或细的捆绑绳将它们捆起来即可。

（2）先用手将电源线理顺，将不用的电源线放在一起，这样可以避免不用的电源线散落在机箱内，妨碍以后插接硬件。

（3）固定音频线。因为音频线用来传送音频信号，所以最好不要将它与电源线捆在一起，避免产生干扰。

（4）在购机时，硬盘数据线、软驱数据线是由主板附送的，一般都比较长，过长的线不仅占据空间，还影响信号的传输，因此可用剪刀剪去一截。

经过一番整理后，机箱内部整洁了很多，这样做不仅有利于散热，而且方便日后各项添加或拆卸硬件的工作；同时，整理机箱的连线还可以提高系统的稳定性。

装机箱盖时，要仔细检查各部分的连接情况，确保无误后，再把主机的机箱盖盖上。

11. 连接外设

主机安装完成以后，还要把键盘、鼠标、显示器、音箱等外设同主机连接起来，具体操作步骤如下：

（1）将键盘插头接到主机的 PS/2 或 USB 插孔中。

（2）将鼠标插头接到主机的 PS/2 或 USB 插孔中，鼠标的 PS/2 插孔紧靠在键盘插孔旁边。如果是 USB 接口的键盘或鼠标，则更容易连接了，只需把该连接口对着机箱中相对应的 USB 接口插进去即可。

（3）连接显示器的数据线。因其有方向性，接的时候要和插孔的方向保持一致。

（4）连接显示器的电源线。根据显示器的不同，有的将电源连接到主板电源上，有的则直接连接到电源插座上。

（5）连接主机的电源线。

另外，还有音箱的连接，该连接有两种情况。通常有源音箱接在主机箱背部标有 Line out 的插口上；无源音箱则接在标有 SPEAKER 的插口上。

12．通电试机

通电前重新检查各配件的连接，特别是以下各项是否均已连接正确。

（1）确认市电供电正常。

（2）确认主板已经固定，上面无其他金属杂物。

（3）确认 CPU 及风扇安装正确，相关跳线设置正确。

（4）确认内存条安装正确，并且确认内存条是好的。

（5）确认显示卡与主板连接良好，显示器与显示卡连接正确。

（6）确认主板内的各种信号连线正确。

所有的计算机部件都安装好后，就可以加电启动计算机。启动计算机后，可以听到 CPU 风扇和主机电源风扇转动的声音，还有硬盘启动时发出的声音，显示器出现开机画面，并且进行自检。若没有出现开机画面，说明在组装过程中可能有的部件接触不良，切断电源后，认真检查以上各步骤，将可能接触不良的部件重新插拔后，再加电调试。

实验 2

1．实验项目

主机的拆卸与安装。

2．实验目的

（1）认识主机箱内各部件。

（2）认识主机内各部件的连接插座和插头，并掌握其连接线的接法。

（3）熟悉主机的安装流程和步骤，掌握主机箱内各部件的安装方法。

3．实验准备及要求

（1）以两人为一组进行实验，每组配备一个工作台、一台主机、拆装机的各种旋具、钳子及清洁工具。

（2）老师先示范拆卸步骤，并讲明注意事项和操作要领，然后学生按照老师的示范独立完成拆卸。所有部件拆卸完后，放到工作台上摆好。老师检查无误后，再示范主机的安装过程，学生按照老师的示范完成安装后，经老师检查后才能通电。

（3）实验时一个同学独立操作，另一个同学要注意观察和配合。当操作完成后，互换位置再做一次。

4．实验步骤

（1）主机的拆卸：

① 拔掉主机电源，拆除主机和外设的连接线。

② 拆开主机箱，观察各部件及连接线。

③ 拆除主机电源线、数据线及控制线。

④ 拆卸电源及硬盘、光驱等驱动器。

⑤ 拆卸显示卡等扩展卡。

⑥ 拆卸主板。

⑦ 拆卸内存。

⑧ 拆卸 CPU 风扇散热器及 CPU。

⑨ 把所有拆下的部件在工作台上摆好备查。

（2）主机的安装：

① 安装 CPU 及 CPU 风扇散热器。

② 安装内存条。

③ 安装主板。

④ 安装电源及硬盘、光驱等驱动器。

⑤ 安装显示卡等扩展卡。

⑥ 连接主机电源线、数据线及控制线。

⑦ 检查安装接线是否正确，并请老师复查。

⑧ 盖好机箱盖板，接好主机电源线及与显示器等外设的连接线。

⑨ 通电测试。

5．实验报告

（1）写出主机箱内拆卸部件的名称和接口类型。

（2）主板的连接口有哪些，安装时应注意什么？

（3）在拆卸和安装主机的过程遇到了什么问题？是如何解决的？

习题 2

一、填空题

（1）在拆装电脑之前，需断开所有_____，然后双手通过触摸地线、墙壁、自来水管等金属的方法来释放身上的_____。

（2）一定要搞清_____的原理，方可拆开，切莫用蛮力。

（3）拆卸主板和其他接插卡时，应尽量拿住板卡的_____，尽量不要用手直接接触的电路板部位。

（4）拔主板与机箱面板的连接线时，一定要做好_____，以防安装时接错线。

（5）用螺丝刀紧固螺钉时，螺钉和螺孔一定要_____，用力应做到适可而止，不要用力过猛或用蛮力，防止_____板上的元器件。

（6）专为 CPU 供电的四芯插头，不注意就容易_____，一旦接错将导致+12V 电压接地，轻则_____主板 CPU 的供电电路，重则导致 CPU 与供电电路一起烧毁。

（7）在装螺钉时，注意每颗螺钉不要_____性就拧紧，等全部螺钉安装到位后，再将每颗螺钉拧紧，这样做的好处是随时可以对主板的_____进行调整。

（8）主板上的内存插槽一般都采用两种不同的_____来区分双通道与单通道。将两条规格相同的内存条插入到相同_____的插槽中，即打开了双通道功能。

（9）主板的连接线主要有主板与机箱_____的连接线、主板与驱动器的_____传输线和_____线。

（10）整理机箱的连线可以提高系统的_____性，不仅有利于_____，而且方便日后各项添加或_____硬件的工作。

二、选择题

（1）拆卸主机前应整理好拆卸的工作场所，清理好工作台，关闭电源，准备好（　　）。
　　A．工具　　　　　　B．起子　　　　　　C．钳子　　　　　　D．刷子

（2）IDE 硬盘、光驱电源插头是大（　　）针梯形插头。
　　A．3　　　　　　　B．4　　　　　　　C．5　　　　　　　D．6

（3）LGA 系列 CPU 插座中还有一个（　　）盖。
　　A．塑料　　　　　　B．纸质　　　　　　C．散热　　　　　　D．金属

（4）USB 是一种常用的 PC 接口，只有（　　）根线。
　　A．2　　　　　　　B．3　　　　　　　C．4　　　　　　　D．5

（5）HD Audio 音频信号为双排，（　　）线接口。
　　A．10　　　　　　　B．20　　　　　　　C．14　　　　　　　D．8

（6）使散热器和与 CPU 外壳紧密接触的方式主要有（　　）固定式。
　　A．卡扣　　　　　　B．螺钉　　　　　　C．粘贴　　　　　　D．拴绳

（7）主板上有（　　）针主电源插座。
　　A．25　　　　　　　B．18　　　　　　　C．20　　　　　　　D．24

（8）连接硬盘、光盘等驱动器电源线和数据线都有（　　）两种类型。
　　A．SATA　　　　　　B．USB　　　　　　C．IDE　　　　　　D．1394

（9）Intel 公司的 CPU 现在均为 LGA 型接口，主要有（　　）等接口。
　　A．LGA775　　　　　B．LGA1156　　　　C．LGA1366　　　　D．LGA1155

（10）在进行主机安装时要注意（　　）问题。
　　A．在主机安装前要准备好工具和部件
　　B．释放静电
　　C．安装时操作要合理，不要损坏部件
　　D．插接各连接线时应对准卡扣的位置

三、判断题

（1）如果主板上的显示卡插槽带有防呆设计，可以直接取下显示卡。　　（　　）
（2）一条 IDE 数据线上接两个硬盘，必须对硬盘进行主、从跳线设置。　（　　）
（3）装 CPU 散热器时，即使没有装平也不影响散热效果。　　　　　　（　　）
（4）接 CPU 电源线时，一定要注意对准防呆卡扣，否则接错会产生严重后果。
　　　　　　　　　　　　　　　　　　　　　　　　　　　　　　　（　　）
（5）主机安装完成后，可以立即通电试机。　　　　　　　　　　　　（　　）

四、简答题

（1）主机的拆卸要注意什么问题？
（2）试述主机的拆卸过程。如果 CPU 与散热器粘在一块如何进行处理？
（3）主机安装要做哪些准备？
（4）试述主机的安装步骤，并画出安装流程图。
（5）如何整理主机内部连线？这样做有什么好处？

第 3 章

主 板

本章将讲述主板的定义与分类、主板的结构与组成、主板的总线与接口、主板的测试、主板的选购及主板故障的分析与排除等内容，并对主板最容易出现故障的供电电路与时钟电路进行介绍。通过对本章的学习，使读者既能够掌握主板的性能参数、测试与选购，又能排除主板出现的绝大多数故障。

3.1 主板的定义与分类

3.1.1 主板的定义

主板又称系统板或母板，是装在主机箱中的一块最大的多层印刷电路板，上面分布着构成计算机的主机系统电路的各种元器件和接插件，是计算机的连接枢纽。计算机的整体运行速度和稳定性在相当程度上取决主板的性能。由于主板上的芯片、元器件密布，接口繁多，因此是计算机中发生故障概率最大的部件，又由于主板一般占计算机 1/3 左右的成本，因此主板具有可维修的价值。

3.1.2 主板的分类

按物理结构可分为 XT（eXtended Type，286 以前，1981—1984 年）、AT（Advanced Technology，286～586，1984—1995 年）、ATX（Advanced Technology eXternal，Pentium～Core i7，1995 年至现在）和 BTX（Balanced Technology eXtended，2003 年力推的产品）。这里只介绍目前在用的两种主板 ATX 与 BTX。

如图 3-1、图 3-2 和图 3-3 所示是 PC 发展历史中已被淘汰的主板，把这些主板的图片展示出来是为了扩大读者的知识面。

IBMPC8086主机

XT主板

图 3-1 IBMPC8086 主机和 XT 主板

1. ATX 结构标准

（1）定义。ATX 结构标准是 Intel 公司 1995 年 7 月提出的一种主板标准，是对主板上 CPU、RAM、长短卡的位置进行优化设计而成的。

（2）特点。使用 ATX 电源和 ATX 机箱，把 2 个串口、1 个并口、1 个 PS/2 鼠标口、1 个 PS/2 键盘口（小口）、USB 口（通用串行接口）和 AVC 口（音频接口）全部集成在主板上。部分厂商对这些接口还进行了扩充，增加了 RJ-45 接口（LAN 网络接口）、IEEE 1394 接口（火线接口）、e-SATA 接口（串行硬盘外接口）、HDMI（高清晰度多媒体）接口和光纤接口等。由于 I/O 接口信号直接从主板引出，取消了连接线缆，使得主板上可以集成更多的功能，同时也减少了电磁干扰，节约了主板空间，进一步提高了系统的稳定性和可维护性。

386AT主板（1986年）

486AT主板（1980年）

支持Pentium MMX的华硕TX97-XE AT主板（1997年）

图 3-2　386AT 主板与 486AT 主板　　　　　图 3-3　TX97-XE AT 主板

（3）优点。

① 当板卡过长时，不会触及其他元件。ATX 结构标准明确规定了主板上各个部件的高度限制，避免了部件在空间上的重叠现象。

② 外设线和硬盘线变短，更靠近硬盘。这是由于 ATA 结构标准将各种接口都集成到了主板上，这样硬盘、光驱与其主板上的接口距离很近，可以使用短的数据连接线，简化了机箱内部的连线，降低了电磁干扰的影响，有利于提高接口的传输速率。

③ 散热系统更加合理。ATX 结构标准规定了电源的散热风向是将空气向外排出，这样可以减少过去将空气向内抽入所发生的积尘问题。

④ 为 USB 接口提供了支持。ATX 结构标准首次提出对 USB 接口的支持。

（4）适用范围。适用于 Pentium 至现在所有类型的 CPU。

（5）ATX 的规格（如图 3-4 所示是目前市场上流行的三种 ATX 主板）。

技嘉 GA-EX58-Extreme ATX主板

技嘉MicroATX主板

翔升迷尔 H55TMini-ITX主板

图 3-4　目前市场上流行的三种 ATX 主板

① ATX 标准板：尺寸为 305mm×244mm。

② MinATX 主板：尺寸为 284mm×208mm。

③ Micro ATX 主板：尺寸为 244mm×244mm，用于紧凑机。

④ Flex ATX 主板：尺寸为 229mm×191mm，用于低档机。

⑤ Mini-ITX 主板：Mini-ITX 超微型主板是近年来兴起的高集成的原生 x86ATX 主板，尺寸只有 170mm×170mm，它比 Flex ATX 主板小 33%，功率小于 100W，一般只有一个 PCI-E 插槽和 1～2 个内存插槽。Mini-ITX 主板向下兼容先前的 Micro ATX 和 Flex ATX 主板，致力于轻薄客户机、无线网络设备、数字多媒体系统、机顶盒等更多设备的发展。

⑥ WTX 主板：尺寸为 425mm×356mm，用于服务器。

注意： 小板可以装在大机箱中，而大板肯定是装不进小机箱的。

2．BTX 结构标准

随着 Serial ATA 和 PCI Express 等新技术、新总线的出现，ATX 架构在散热性能、抗信号干扰、噪声控制等方面的表现已经很难让人满意，于是 Intel 公司于 2003 年 9 月提出了一种新的主板标准 BTX 技术规范，它具有以下特点。

（1）出色的散热性能。在 BTX 架构中，CPU 与大风扇装在一起，风可以吹向南北桥、内存与显示卡。BTX 主板实物及散热示意图如图 3-5 所示。

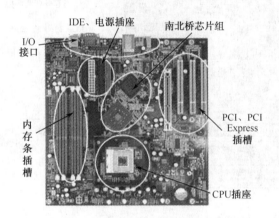
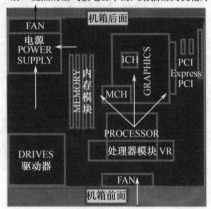

图 3-5　BTX 主板实物及散热示意图

（2）更科学的安装与固定方式。在 BTX 规范中，出现了新的螺丝孔布置方式，使主板受力均匀、方便安装，BTX 主板会更加牢固、稳定。

（3）大量采用新型总线及接口。在 BTX 规范中，大量采用新型总线及接口，而老的总线及接口将会消失，如串口和并口，新的 BTX 规范甚至有可能抛弃 PS/2 接口。为了接替传统的 I/O 接口，BTX 规范增加了面板上 USB 接口的数量，当然空余出来的位置将用于以太网、蓝牙等新型设备或接口。在标准 BTX 主板的 7 个扩展槽中，有一个 PCI Express X16 插槽，两个 PCI Express X1 插槽和 4 个 32 位的 PCI 插槽，如图 3-6 所示。

图 3-6　大量采用新型总线及接口

BTX 主板目前只见于 DELL、HP 等品牌机中，在兼容机中还没有流行，很少有这种板。但是从实际使用情况来看，由于散热性能出色，BTX 主板很少出现硬件故障，其故障率确实大大低于 ATX 主板。

3.2 主板的结构与组成

主板由印刷电路板（PCB）、控制芯片组、BIOS 芯片、供电电路、时钟电路、CPU 插座、内存插槽、扩充插槽及各种输入/输出接口等组成。图 3-7 所示为 2010 年流行的中高端主板——华硕 P6X58D-E 主板中各器件的组成，图 3-8 为 2012 年上市的华硕 P8Z77-V LX 主板。

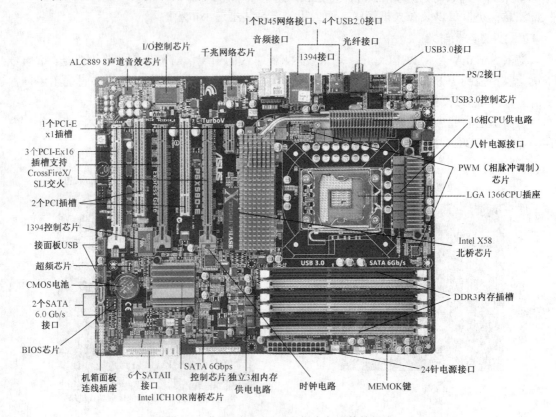

图 3-7 华硕 P6X58D-E 主板中各器件的组成

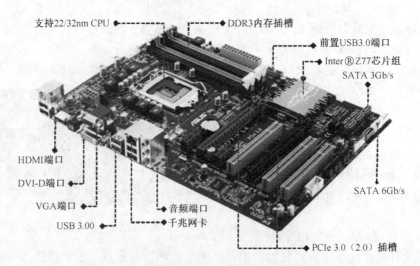

图 3-8 华硕 P8Z77-V LX 主板中各器件的组成

3.2.1 主板的芯片组

1. 定义

芯片组是与 CPU 相配合的系统控制集成电路，通常分为南桥与北桥两个芯片。北桥（靠近 CPU）连接主机的 CPU、内存、显示卡等，南桥连接总线、接口等。随着 AMD 公司的 Fusion 整合型处理器的出现，PC 核心将由传统的中央处理器/北桥/南桥等三颗芯片，转变为中央处理器/南桥等两颗芯片，北桥芯片或图形芯片的功能都内建至处理器中。通过对图 3-7 和图 3-8 的对比可以看到，新一代的主板已经没有北桥芯片。

2. 功用

北桥芯片通过前端总路线与 CPU 进行数据交换，并将处理过的数据信号的控制信号传送给内存、南桥和显示卡的图形控制芯片。南桥与 BIOS 芯片相通，主要负责对外部设备数据的传输与处理，管理所有设备及接口。

3. 目前市场流行的芯片组简介

2013 年，Intel CPU 正处于新旧交替时，流行的主板芯片组也种类繁多，大体可分为三大类，一类为支持 LGA 1155 接口 CPU 的 Intel 7 系列主板芯片组，如 H61、Z77、H77、Z75、B75 等；另一类为今年新推出的支持 LGA 1150 接口 CPU 的 Intel 8 系列芯片组，分别是高性能可超频的 Z87、主流的 H87、低端的 B85 等；支持 AMD 公司的 CPU 的主板芯片组也可分为三类。分别为支持 AM3+ 接口的 AMD 900 系列主板包括 990FX、990X、970；支持第一代 APU 接口 FM1 的 A55、A75 以及支持第二代 APU 接口 FM2 的 A55、A75、A85X 等。由于 AMD 主要是占据低端市场，且份额越来越小。因此我们只介绍两种最流行的芯片组 AMD 790GX990 和 AMD 890GXA85X。

（1）Intel 7 系列主板芯片组。Intel 7 系列主板芯片组主要包括 Z77、H77、Z75、B75 四种型号，下面先对这四种主板芯片组与 Intel6 系的 H61 主板的规格对比，接着对 7 系的四种规格进行比较，然后重点介绍 H77 芯片组。

① Intel 7 系列主板芯片组规格对比如表 3-1 所示。

表 3-1　市售 Intel 7 系列主板芯片组规格对比

7 系列主板规格一览					
	H61	B75	H77	Z68	Z77
CPU 接口	LGA 1155				
内存插槽	2 DDR3 DIMM	4 DDR3 DIMM			
核显输出	有				
CPU/内存超频	不支持			支持	
快速存储	不支持		支持		
智能响应	不支持		支持		
快速启动	不支持	支持		不支持	
USB2.0/3.0	14/0	8/4	10/4	14/0	10/4
SATA2.0/3.0	6/0	5/1	4/2	4/2	4/2
多显卡支持	无			×8+×8	×8+×8/
					×8+×8+×4

详细对比起来，6 系列与 7 系列的同级产品规格都差不多，比如 Z68 和 Z77 很相近，H61

和 B75 很相近，除了新增的功能，7 系列相比 6 系列最明显的规格变化就是原生 SATA3.0 和 USB 3.0 的普及。

对于 7 系的四个规格的主板来说，以 Z 字开头的能够支持 CPU 的超频，除了 B75 外，其他三款主板都能够支持快速存储和智能响应技术。而除了 Z77 外，其他三款都支持快速启动技术。另外就是 Z68 和 Z77 能够支持多显卡。

下面对这几种技术进行简单的介绍。

智能响应：利用 SSD 固态硬盘作机械硬盘缓存，加速常用大型软件和游戏的加载。

快速启动：利用 SSD 固态硬盘保存系统状态，简化启动方式，让电脑更快恢复到工作状态。

智能连接：让待机中的系统定时自动开机联网更新，然后再重新进入待机状态。

② Intel H77 芯片组介绍。

H77 芯片组可以看作是 H67 的接班人，产品主打高清用户，产品主要服务于 Core i3/Core i5 处理器。H77 不支持多路显卡模式（仅单路×16 显卡），另外也不支持 K 系列不锁倍频 CPU 超频，但是支持：双通道 DDR3 1600、4 组 USB 3.0 接口、三屏显示输出一应俱全。

Intel H77 参数：

该芯片组适用于台式机；适用于 Ivy Bridge 架构的处理器；CPU 插槽为 LGA 1155；支持的 CPU 数量为 1 颗；支持超线程技术；支持 DDR3 的内存；支持 PCI Express 2.0 的显卡；支持 USB 2.0 和 3.0 的接口，具体为：支持 10 个 USB 2.0 接口，4 个 USB 3.0 接口；支持 SATA 接口：支持 4 个 SATA II，2 个 SATA III 接口；还支持 RAID 0，1，5，10；支持 PCI-E 信道：8（5GT/s），另外有 1 个 PCI-E 3.0 ×16。

H77 芯片组的数据传递关系如图 3-9 所示。

H77 的实物如图 3-10 所示。

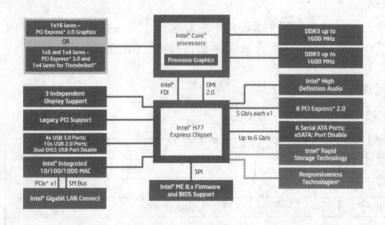

图 3-9　H77 芯片组的数据传递关系图　　　　　　图 3-10　H77 芯片组

（2）Intel 8 系列芯片组

LGA 1150 接口是 Intel 公司 2013 年最新推出的 CPU 接口，相应地 Intel 公司推出支持该接口的 Intel 8 系列芯片组，主要有 Z87、H87、B85 和 H81。

① LGA 1150 接口 Intel 8 系列芯片组规格对比如下：

8 系列主板规格对比			
	Z87	H87	B85	H81
CPU 插槽	LGA 1150	LGA 1150	LGA 1150	LGA 1150
内存插槽	最多 4 条	最多 4 条	最多 4 条	最多 2 条

8 系列主板规格对比				
磁盘接口	4～6 个 SATA 3.0	4～6 个 SATA 3.0	4 个 SATA 3.0 2 个 SATA 2.0	2 个 SATA 3.0 2 个 SATA 2.0
USB 3.0 接口	4～6 个	4～6 个	4 个	2 个
显卡支持	PCI-E 3.0 单卡 /X8+X8/X8+X4+X4	PCI-E 3.0 单卡	PCI-E 3.0 单卡	PCI-E 2.0 单卡
芯片扩展	8xPCI-E 2.0	8xPCI-E 2.0	8xPCI-E 2.0	6xPCI-E 2.0
多屏支持	3 屏	3 屏	3 屏	2 屏

② LGA 1150 接口 Intel 8 系列芯片组的特点。

LGA 1150 接口 Intel 8 系列芯片组的命名延续了过去的规则，Z 代表高端，H 为主流，B 为商用，同时数字越大则定位越高。8 系芯片组的共同特点就是支持 Haswell 架构的 LGA1150 接口处理器，而除此之外的其他功能，比如显卡、内存、硬盘支持上有所差异。

官方提供的芯片组规格其实差异并不算大，Z87 为最高规格的芯片，唯一可以支持超频的芯片组，而 H87 相对而言少了多显卡支持，B85 则相比 H87 减少了 SATA III、USB 3.0 接口数量各 2 个，而 H81 则继续减少两个 SATA III、USB 3.0 接口，内存支持也减少为 2 条。不过除此之外，在主板厂商的产品中，会为了突出芯片组之间的差异而做更多改变，比如在高端型号的 Z87 主板上会增加更多的 USB 3.0、SATA III 接口，增加更多数量的显卡插槽和桥接芯片，甚至配备更为高端的声卡、网卡。而 H87 也会适当增加一些特色功能和扩展接口，至于 B85，大多产品就仅仅保留基本功能，不会增加额外成本。H81 相应的就更会成为各厂家控制成本的主要手段。

③ Intel 双芯片（4 系）与单芯片（5 系）结构比较示意图 。

从 Intel 的 Core i 系列开始，Intel 采用了将内存控制器结成于 CPU 内部的做法，而这种做法一直延续至今，北桥芯片的功能逐渐弱化，最终发展成主板芯片担当传统南桥功能，提供数据传输接口，以及外围扩展支持，而内存控制，显示控制等传统的北桥功能都被集成到 CPU 中。图 3-11 是 Intel 双芯片（4 系）与单芯片（5 系）结构比较示意图。

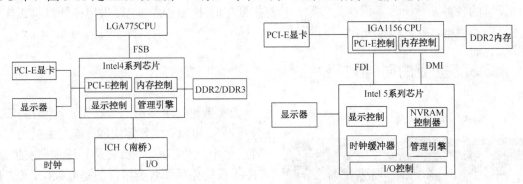

图 3-11　Intel 双芯片（4 系）与单芯片（5 系）结构比较示意图

（3）AMD 990FX 芯片组

AMD 9 系列主板北桥分为 990FX、990X、970 三种型号，区别主要是 PCI-E2.0 插槽数量和带宽不同。990FX 芯片组的标配是采用 990FX+SB950 的南北桥组合，支持 AM3+接口的 CPU，该芯片组不集成显卡。支持双通道 DDR3 内存，支持两条 PCI-E 2.0 x16 全速插槽并可拆分为四条 PCI-E 2.0x8 半速插槽，可组建双路到四路 CrossFireX，另支持一条 PCI-E 2.0 x4

插槽，六条 PCI-E 2.0 x1 插槽。搭配的 SB950 南桥提供了 12 个 USB 2.0 接口，集成 Realtek ALC892 8 声道音效芯片以及 Realtek RTL8111E 千兆网的平台结构，如图 3-12 所示。

（4）A85 芯片组

A85 芯片组面向于 AMD Trinity 架构的 APU 处理器，它支持全新的 FM2 接口，无法向下兼容 FM1 接口的 APU 处理器，采用单芯片的设计。在硬件规格方面，从图 3-13 的 A85X 芯片组架构图我们可以清楚的看到，A85 提供了多达 8 个 SATA 6Gb/s 接口，加入对 RAID 5 的支持，并且在新一代 APU 的支持下可以支持 4 屏连接。支持 10 个 USB 2.0 接口和 4 个 USB 3.0 接口，4 条 PCI-e 2.0 1x 插槽，mSATA/传统 PCI 支持等。

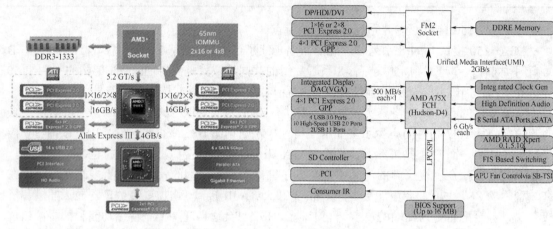

图 3-12　AMD 990FX 平台结构图　　　　　图 3-13　A85 平台结构图

3.2.2　主板 BIOS 电路

主板 BIOS 电路主要由 FLASH ROM 芯片和 CMOS RAM 芯片及电池供电电路组成。

主板 BIOS 芯片里面写有 BIOS 程序，它是硬件但又含软件，这种含有软件的硬件芯片又称为固件，它是系统中硬件与软件之间交换信息的连接器。CMOS RAM 芯片有通过 BIOS 程序设置的各种参数，为了保持此参数，计算机断电时由电池供电电路供电；计算机工作时由主机电源供电，并向电池充电。

3.2.3　主板的时钟电路

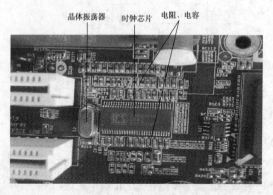

图 3-14　时钟电路

大多数时钟电路由一个晶振、一个时钟芯片（分频器）、电阻、电容等构成，部分主板由一个晶振、多个时钟芯片构成。它是系统频率发生器，产生主板的外频和各类接口的基准频率。其工作原理为晶体振荡器工作之后会输出一个基本频率，由时钟芯片分割成不同频率（周期）的信号，再对这些信号进行升频或降频处理，最后通过时钟芯片旁边的电阻（外围元件）输出。超外频时是通过调整时钟芯片的输出频率达到的。它在主板上的电路如图 3-14 所示。

3.2.4 主板的供电电路

最早的主板直接由电源供电，后来由于 CPU 对直流电源的稳定性、功率要求较高，CPU 核心电压又比较低，而且有着越来越低的趋势，所以电源输出的电压必须经过 CPU 供电电路的进一步稳压、滤波，电流增大才能向 CPU 供电。现在高档的主板，甚至内存、主板芯片组都设计有专门的供电电路，其原理与 CPU 的供电电路一样，因此只讨论 CPU 的供电电路。由于 CPU 是主板上功率最大的器件，因此，主板的大多数故障都是 CPU 供电电路损坏所致。

1. CPU 供电电路的组成

CPU 供电电路是唯一采用电感（线圈）的主板电路，电感附近一般就能找到供电电路。它由电感、场效应管、场效应管驱动和滤波电容组成。通常供电电路环绕在 CPU 四周，整个 CPU 供电电路还有一个 PWM（Pulse Width Modulation，脉冲宽度调制）控制器，如图 3-15 所示。

电感分为铁芯或铁氧体两种，铁芯电感通常是开放的，可以看到里面有一个厚实的铜制线圈；而铁氧体电感是闭合的，通常上面有一个以字母 R 开头的标志。

2. CPU 供电电路的相位

CPU 供电电路的工作中有几个电路平行提供相同的输出电压——CPU 电压，然而，它们在不同的时间工作，因此命名为相位。每一相位有一个较小的集成电路，称为场效应管驱动（MOSFET driver），用来驱动两个 MOSFET。便宜主板会以附加的 MOSFET 替代 driver，所以这种设计的主板，每相位有三个 MOSFET。如果 CPU 供电电路具有两个相位，每个相位将操作 50%的时间以产生 CPU 电压；如果这种相同的电路具有三个相位，每个相位将工作 33.3%的时间；如果具有四个相位，每个相位将会占 25%的工作时间；如果具有六个相位，每个相位将工作 16.6%的时间，以此类推。供电模块电路有更多的相位有几个优点，最明显的是，MOSFET 负载更低，延长了使用寿命，同时降低这些部件的工作温度。另一个好处是，多相位通常的输出电压更稳定、纹波较少。

CPU 供电电路相位数的一般判断标准为一相电路是一个线圈、两个场效应管和一个电容；两相供电回路则是两个电感加上四个场效应管；三相供电回路则是三个电感加上六个场效应管，以此类推，N 相也就是 N 个电感加上 2N 个场效应管。但是有时也有例外，精确的方法是通过查 PWM 芯片参数中能驱动的相位数。如图 3-16 所示为 CPU 三相供电电路。

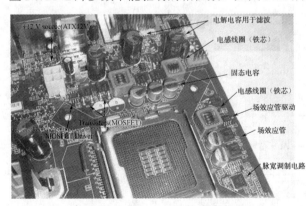

图 3-15 CPU 供电电路组成图

图 3-16 CPU 三相供电电路

3. CPU 供电电路的工作原理

如图 3-17 所示是主板上 CPU 单相供电电路示意图。+12V 是来自 ATX 电源的输入，通过一个由电感线圈和电容组成的滤波电路，然后进入两个晶体管（开关管）组成的电路。此电路受到 PWM Control（可以控制开关管导通的顺序和频率，从而可以在输出端达到电压要求）部分的控制输出所要求的电压和电流，从图中箭头处的波形图可以看出输出随着时间变化的情况。再经过 L2 和 C2 组成的滤波电路后，基本上可以得到平滑稳定的电压曲线（Vcore，Vcore=1.525V 是现在的 P4 处理器）。

CPU 供电电路的基本原理：当开机后，电源管理芯片在获得 ATX 的电源输出的+5V 或+12V 供电后，为 CPU 中的电压自动识别电路（VID）供电，接着 CPU 电压自动识别引脚发出电压识别信号 VID（VID0～VID7，8 位）给电源管理芯片，电源管理芯片再根据 CPU 的 VID 电压，发出驱动控制信号，控制两个场效应管导通的顺序和频率，使其输出的电压与电流达到 CPU 核心供电需求，为 CPU 提供工作需要的核心电压。

单相供电一般最大能提供 25A 的电流，而现在常用的处理器早已超过了这个数字。单相供电无法提供足够可靠的动力，所以现在主板的供电电路设计都采用了两相甚至多相的设计。如图 3-18 所示就是一个 CPU 两相供电电路示意图，其实质就是两个单相电路的并联，因此它可以提供双倍的电流。

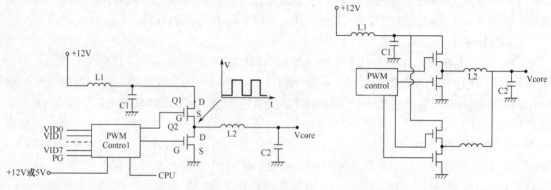

图 3-17　CPU 单相供电电路示意图　　　　图 3-18　CPU 两相供电电路示意图

为了降低开关电源的工作温度，最简单的方法就是把通过每个元器件的电流量降低，把电流尽可能地平均分流到每一相供电回路上，所以又产生了三相、四相电源及多相电源设计。如图 3-19 所示是一个典型的 CPU 三相供电电路示意图，原理与两相供电是一致的，就是由三个单相电路并联而成。三相电路可以非常精确地平衡各相供电电路输出的电流，以维持各功率组件的热平衡，在控制器件发热这方面三相供电具有优势。

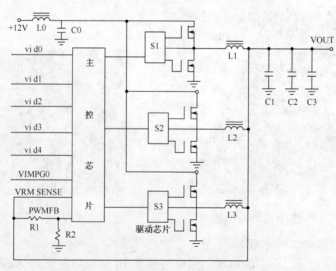

图 3-19　CPU 三相供电电路示意图

电源回路采用多相供电可以提供更平稳的电流,从控制芯片 PWM 发出来的脉冲方波信号,经过振荡回路整形为类似直流的电流。方波的高电位时间很短、相越多,整形出来的准直流电纹波很小。如图 3-20 所示为 CPU 单相、两相、三相供电电路滤波前后的电压波形示意图。

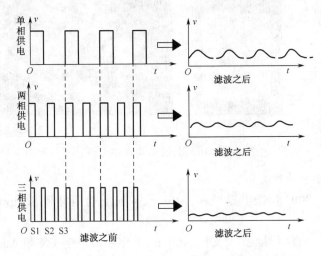

图 3-20　CPU 单相、两相、三相供电电路滤波前后的电压波形示意图

3.2.5　主板 CPU 插座的种类

主板 CPU 插座从 Socket 4、Socket 5 到 Socket 7 都是 Intel 公司和 AMD 公司通用的(CPU 从 486～Pentium、K6,1997 年以前),但从 Pentium 2 开始 Intel 公司和 AMD 公司的 CPU 插座不能共用,分为 Intel 和 AMD 两大系列。

1. Intel CPU 插座的种类

(1) Slot 1(1998—1999 年)。是一个 242 线的插槽,Intel 的 Pentium 2 专用。Slot 是插槽的意思。

(2) Socket 370(1997—2002 年)。支持 Pentium 3、Celeron。Socket 是插座的意思,而后面的数字则代表着所支持 CPU 的针脚数量,也就是说能安装在 Socket 370 插座上的 CPU 有 370 根针脚。

(3) Socket 423(2000—2001 年)。支持 Intel I850 芯片组,支持早期的 Pentium 4 处理器和 Intel I850 芯片组。

(4) Socket 478(2001—2005 年)。支持 Intel 公司的 Pentium 4 系列和 P4 赛扬系列。

(5) LGA 775(2005 年至今)接口。LGA 全称 Land Grid Array(栅格阵列封装),也称为 Socket T,它用金属触点式封装取代了以往的针状插脚,这样装卸 CPU 时不会弄坏管脚,也不会和散热器粘在一起,减少了人为损坏。它有 775 个触点,支持 Pentium 4、Pentium 4 EE、Celeron D 及双核心的 Pentium D 和 Pentium EE、Intel 酷睿双核(Core 2 Duo)、酷睿四核系列(Core 2 Quad)、酷睿 2E 系列和酷睿 2Q 系列等 CPU。

(6) LGA 1366 接口(2009 年启用)。LGA 1366 接口又称 Socket B,比 LGA 775 接口多出约 600 个针脚,这些针脚会用于 QPI 总线、三条 64 位 DDR3 内存通道等的连接。只支持 Intel 第一代 Core i7 9XXCPU。

(7) LGA 1156(2010 年启用)接口。LGA 1156 又称 Socket H,是 Intel 继 LGA 1366 后的 CPU 插座,支持的第一代 Core i7 、 Core i5 和 Core i3CPU,读取速度比 LGA 775 高。

Intel 公司典型的 CPU 插座如图 3-21 所示。

Solt 1   Socket 478   LGA 1366

图 3-21　Intel 公司典型的 CPU 插座

2. AMD CPU 插座的种类

（1）Socket 754（2003 年推出）。支持 Athlon 64 的低端型号和 Sempron（闪龙）的高端型号。

（2）Socket 939（2004 年推出）。支持 Athlon 64 及 Athlon 64 FX 和 Athlon 64 X2，但不支持 DDR2 内存。

（3）Socket AM2。Socket AM2 是 2006 年 5 月底发布的、支持 DDR2 内存的、AMD 64 位桌面 CPU 的接口标准，具有 940 根 CPU 针脚，支持双通道 DDR2 内存、低端的 Sempron、中端的 Athlon 64、高端的 Athlon 64 X2 及顶级的 Athlon 64 FX 等全系列 AMD 桌面 CPU。

（4）Socket AM2+（2007 年推出）。具有 940 根 CPU 针脚，在 AM2 的基础上支持 HyperTransport 3，数据带宽达到 4.0～4.4GT/s。支持现有的 AM2 处理器并兼容 AM3 处理器。

（5）Socket AM3（2009 年推出）。具有 938 根 CPU 针脚，在 AM2+的基础上支持 DDR3 内存，支持新出的 AM3 处理器。AMD 的 CPU 插座至今坚守针孔式设计，这样会给装卸 CPU 带来不便。

（6）LGA 1366 接口（2009 年启用）。LGA 1366 接口又称 Socket B，比 LGA 775A 多出约 600 个针脚，这些针脚会用于 QPI 总线、三条 64bit DDR3 内存通道等连接。只支持 Intel 第一代 Core i7 9XXCPU。

（7）LGA 1156（2010 年启用）接口。LGA 1156 亦称 Socket H，是 Intel 继 LGA 1366 后的 CPU 插座，支持第一代 Core i7、 Core i5 和 Core i3CPU，读取速度比 LGA 775 高。

（8）LGA 1155（2011 年启用），又称 Socket H2，支持第二、第三代 Core i3、Core i5 及 Core i7 处理器，取代 LGA 1156，两者并不相容。

（9）LGA 1150（2013 年启用）又称 Socket H3 是 Intel 最新的桌面型 CPU 插座，供基于 Haswell 微架构的处理器使用，将取代现行的 LGA 1155（Socket H2），支持最新的第四代 Core i3、Core i5 及 Core i7 处理器。

3.2.6　主板的内存插槽

内存插槽是指主板上所采用的内存插槽类型和数量。主板所支持的内存种类和容量都是由内存插槽来决定的。主板的内存最早是直接焊在板上（286 以前）的，后来有 36 线插槽（286～386 时代），72 线插槽（486～586 时代），168 线插槽（Pentium～Pentium 3 时代），直到现在的 184 线插槽和 240 线插槽。所谓的线又叫针，就是内存金手指的个数，也就是内存与插槽接触的触点数。目前，主要应用于主板上的内存插槽如下。

1. DDR SDRAM DIMM（Dual Inline Memory Module，双列直插内存模块）内存插槽

每面金手指有 92Pin，两面有 184 线，金手指上只有一个卡口，主要用于 Socket 478 主板，如图 3-22 所示。

2. DDR2 SDRAM DIMM 插槽

每面金手指有 120Pin，两面有 240 线，与 DDR SDRAM DIMM 的金手指一样，也只有一个卡口，但是卡口的位置稍微有一些不同，因此 DDR 内存是插不进 DDR2 SDRAM DIMM 的，同理 DDR2 内存也是插不进 DDR SDRAM DIMM 的。主要用于 LGA 775 和 Socket AM2/AM2+/AM3 主板，其外形如图 3-23 所示。

图 3-22　184 针 DDR SDRAM DIMM 内存插槽　　　图 3-23　240 针 DDR2 SDRAM DIMM 内存插槽

3. DDR3 SDRAM DIMM 内存插槽

采用 240 Pin DIMM 接口标准，但其电气性能和卡口位置与 DDR2 插槽都不一样，不能互换。有的主板为了兼容，设计有 DDR2 与 DDR3 两种内存插槽，一般有两种颜色，黄色是 DDR3 的，红色是 DDR2 的，可根据卡口位置来确定，但只能插一种内存，否则不工作。DDR3 插槽主要用于 LGA 1156、1155、1150 和 SocketAM3、AM3+、FM1、FM2 主板。其外形如图 3-24 所示。

图 3-24　240 针 DDR3 SDRAM DIMM 内存插槽

注意：当主板上有四个 DDR2 或 DDR3 插槽时，一般有两种颜色，每种颜色两个插槽，如果有两根内存则必须插入同一颜色，以便形成双通道。高档主板还有 6 个 DDR3 插槽，一般也是分成两种颜色，如果有三根内存则必须插入同一颜色，以便形成三通道。

3.3　主板的总线与接口

主板的总线是主板芯片、CPU 与各接口的传输线，接口是主板与其他部件的连接口。它们性能的高低与数量的多少，决定着主板的档次和价格。

3.3.1　总线简介

1. 定义

所谓总线，笼统来讲，就是一组进行互连和传输信息（指令、数据和地址）的信号线。计算机的总线都有特定的含义，如局部总线、系统总线等。

2. 主要的性能参数

（1）总线时钟频率。总线的工作频率，以 MHz 表示，它是影响总线传输速率的重要因素之一。

（2）总线宽度。数据总线的位数，用位表示，如总线宽度为 8 位、16 位、32 位和 64 位。

（3）总线传输速率。在总线上每秒钟传输的最大字节数，用 MB/s 表示，即每秒处理多

少兆字节。可以通过总线宽度和总线时钟频率来计算总线传输速率。其公式为

传输速率=总线时钟频率×总线宽度/8

如 PCI 的总线宽度为 32 位,当总线频率为 66MHz 时,总线数据传输速率是 66×32/8(MB/s)
=266(MB/s)。

3.3.2 常见的主板总线

（1）FSB（Front Side Bus）前端总线。FSB 是 CPU、内存、显示卡之间的数据传输线。

（2）PCI（Peripheral Component Interconnect）外围部件互连总线。CPU 到 PCI 插槽的数据传输线,数据传输速率为 266MB/s。

（3）AGP（Accelerated Graphics Port）加速图形端口。它是一种为了提高视频带宽而设计的总线规范。它支持的 AGP 插槽可以插入符合该规范的 AGP 插卡。其视频信号的传输速率为 266MB/s（×1 模式）或者 532MB/s（×2 模式）到 2128MB/S（×8 模式）。现在基本已被淘汰。

（4）USB（Universal Serial Bus）通用串行总线。USB 1.0 为 12Mb/s,USB 2.0 为 480Mb/s,USB 3.0 为 4.8Gb/s,支持热插拔,已成为主机最主要的外接设备接口。

（5）IEEE 1394 总线。IEEE 1394 是一种串行接口标准,这种接口标准允许把电脑、电脑外部设备、各种家电非常简单地连接在一起。IEEE 1394 在一个端口上最多可以连接 63 个设备,设备间采用树形或菊花链结构。设备间电缆的最大长度是 4.5m,采用树形结构时可达 16 层,从主机到最末端外设总长可达 72m。它的传输速率为 400Mb/s,2.0 版的传输速率为 800Mb/s。

（6）ATA（Advanced Technology Attachment）总线。ATA 总线是主板采用的 IDE 硬盘接口,主要有 ATA 66、ATA 100、ATA 133,传输速率分别为 66MB/s、100MB/s、133MB/s。目前接近淘汰。

（7）SCSI（Small Computer System Interface）小型计算机系统接口。它是一种高速并行接口标准。SCSI 接口用于计算机与 SCSI 外围设备（如硬盘和打印机）相连,也可用于与其他计算机或局域网相连。最快的 SCSI 总线有 320MB/s 的带宽,一根线上最多可接 15 个设备,线最长可达 12m,常见于服务器的主板中。

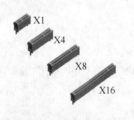

图 3-25　PCI-E 的各种插槽

（8）PCI-Express 总线（以下简称 PCI-E）。PCI-E 根据总线位宽的不同接口也有所不同,包括了 X1、X4、X8 和 X16 接口,而 X2 模式接口用于内部接口而非插槽模式的接口。PCI-E X1 能够提供 250MB/s 的传输速度,显示卡用的 PCI-E X16 则达到了 4GB/s,由于 PCI-E 可以在上、下行同时传输数据,因此通常说 PCI-E X16 的带宽为 8GB/s。如图 3-25 所示为 PCI-E 的各种插槽。

（9）PCI-E 2.0。PCI-E 2.0 在 PCI-E 1.0 的基础上进行了性能的改进,主要性能改进如下:

① 带宽增加。将单通道 PCI-E X1 的带宽提高到了 500MB/s,也就是双向 1GB/s。

② 通道翻倍。显示卡接口标准升级到 PCI-E X32,带宽可达 32GB/s。

③ 插槽翻倍。芯片组和主板默认应该拥有两条 PCI-E X32 插槽,也就是主板上可安装 4 条 PCI-E X16 插槽,实现多显示卡的交火。

④ 速度提升。每条串行线路的数据传输率从 2.5Gb/s 提高至 5Gb/s。

⑤ 更好支持。对于高端显示卡,即使功耗达到 225W 或者 300W 也能很好地应付。

（10）S-ATA 总线（目前流行）。S-ATA 即串行 ATA,它是一种完全不同于并行 ATA（P-ATA）的新型硬盘接口技术,S-ATA 1.0 第一代的数据传输速率高达 150MB/s,S-ATA 2.0 可达 300MB/s,S-ATA 3.0 则达 6Gb/s。S-ATA 可以支持热插拔,连接简单,不需要复杂的跳线和线

缆接头,每个接口能连接一个硬盘。S-ATA 仅用 7 只针脚就能完成所有的工作,分别用于连接电源、连接地线、发送数据和接收数据。如图 3-26 所示为 ATA 和 SATA 连线接口的比较。

(11)QPI(Quick Path Interconnect)总线。是 Intel Core i7 CPU 与内存及北桥之间的传输线,QPI 的传输速率为 6.4Gbps,这样一条 32 位的 QPI 的带宽就能达到 25.6GB/s。QPI 的传输速率是 FSB 的 5 倍。

图 3-26 ATA 和 SATA 连线接口的比较

(12)HT 总线。HT 总线是超传输总线,是 AMD CPU 独有的连接技术,是 AMD CPU 到主板芯片(如果主板芯片组是南北桥架构,则指 CPU 到北桥)之间的连接总线。频率最高分别为:2.0 为 1.4GHz、3.0 为 2.6GHz、3.1 为 3.2GHz。类似于 Intel 平台中的 FSB。

(13)HDMI(High Definition Multimedia)接口。中文的意思是高清晰度多媒体接口,可以提供高达 5Gb/s 的数据传输带宽,可以传送无压缩的音频信号及高分辨率视频信号。

(14)e-SATA 接口。e-SATA 的全称是 External Serial ATA,它是 SATA 接口的外部扩展规范,传输速度和 SATA 完全相同。换言之,e-SATA 就是外置版的 SATA,它是用来连接外部的 SATA 设备的。如拥有 e-SATA 接口,可以轻松地将 SATA 硬盘与主板的 e-SATA 接口连接,而不用打开机箱更换 SATA 硬盘。目前很多台式机的主板上已经提供了 e-SATA 接口。

3.3.3 主板的常见外部接口

主板的外部接口主要有接键盘、鼠标的 PS/2 接口,接外设的 USB、1394 接口,接显示器的 VGA、VDI 等接口,模拟音频输出口,输出数字音频的光纤及同轴线接口。有的主板还有 HDMI 接口、接移动硬盘的 e-SATA 接口等。接口的外形如图 3-27 所示。

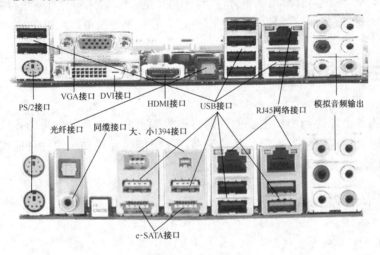

图 3-27 接口的外形

3.4 主板的测试

主板的测试包括主板型号、维修级及整机性能的测试,一般的用户只会遇到主板型号方面的测试和性能测试,维修级的测试要结合很多软件和主板测试卡来综合定位主板的故障。

主板型号的测试的软件有 EVEREST、超级兔子、鲁大师、Windows 优化大师等。主板性能测试的软件有 PCMark、SiSoft Sandra Standard，这两款软件是计算机综合性能评测、系统分析评比工具中的强者，是能进行多项硬件测试软件中的佼佼者，它们也可以用来测试主板的性能。维修级的检测是利用诊断卡对主板点故障进行检索。这里只介绍 EVEREST 和鲁大师两款测试软件，PCMark 软件在讲完所有主机硬件后再进行介绍。

3.4.1　主板测试软件 EVEREST 介绍

EVEREST 是 LAVALYS 公司的一个测试软、硬件系统信息的工具，它可以详细地显示出 PC 每一个方面的信息。支持上千种（3400+）主板，支持上百种（360+）显示卡，支持对并口、串口、USB 这些 PNP 设备的检测，支持对各式各样的处理器的侦测。EVEREST 最新版有最新的硬件信息数据库，拥有最准确和最强大的系统诊断和解决方案，支持最新的图形处理器和主板芯片组。EVEREST 能测出主板型号、总线位宽、速率、芯片组型号、BIOS 版本等信息，还能对内存、CPU 进行性能测试。它的操作简单，一目了然，具体操作不再赘述。

3.4.2　主板测试软件鲁大师介绍

鲁大师是成都奇英公司出品的一款免费软件，拥有专业而易用的硬件检测，不仅准确，而且还提供中文厂商信息，让计算机配置一目了然，可有效避免被奸商蒙蔽。它适用于各种品牌台式机、笔记本电脑、DIY 兼容机，实时的、关键性部件的监控预警，全面的计算机硬件信息，可有效预防硬件故障。

鲁大师能快速升级补丁，安全修复漏洞，系统一键优化、一键清理、驱动更新，更有硬件温度监测功能。它能检测出主板的型号、芯片组型号、BIOS 版本等信息，但没有 EVEREST 软件测试结果详细具体。它能对计算机的整体性能、CPU、游戏、显示器性能等进行测试，并给出性能提升建议。因此它既能测试型号，又有测试性能。它的操作简单，可以在实验中亲自体验。

3.5　主板的选购

在计算机的各个部件当中，主板的选购显得极为重要。但产品的更新换代、推陈出新的速度之快令我们"目瞪口呆"，况且品种繁多，又怎能轻易挑到一块性价比很高的主板呢？下面来讨论主板选购的原则和需要注意的问题。

3.5.1　主板选购的原则

1．按应用与需求来选主板

根据应用与需求决定选购主板的档次。如果购机的目的是为了运行大型软件，制作游戏、动画，建筑设计等，就需选购支持显示卡、内存多的高档主板；如果只要做文字处理、事务应用等工作，选购一般主板即可。同时也要根据 CPU 的档次来决定主板芯片组的档次，还要根据应用需求，来决定是否选购带 1394 接口、HDMI 接口、e-SATA 接口的主板。

2．按品牌来选主板

大品牌、名品牌的产品质量一般可以得到保障，即使出现问题，也可投诉，一般都能得到解决。但选名牌时一定要注意不要选到假冒产品。

3. 按服务质量来选主板

尽量选服务及时、服务态度好的主板厂商，同时还要看售后质量保修期。一般来说，保修期越长，说明厂家对其产品越有信心，质量就会越好。

3.5.2 主板选购需要注意的问题

1. 主板的做工与用料

选用焊接光滑、做工精细的主板。特别要注意内存和显示卡插槽一定要质量好，否则会导致因接触不良而不能开机。在同价位下尽量选 CPU 供电相位数多，且用固态电容滤波的主板。要选芯片的生产日期相差不多的主板，如果芯片的生产日期相差过大，说明这块主板很可能是用边旧料做的，质量会得不到保证。也可以掂其分量，查看厚度，一般重的、厚的主板用料足、质量好。

2. 选购主板要考虑机箱的空间

选购主板一定要考虑机箱的空间，各种接口与插槽要便于安装。如果是小机箱选择大板，肯定是装不上的；如果将来要装扩充卡，一定要选大机箱和大板；如果只是单一的应用，不需要扩展，出于成本与美观的考虑，可以选小机箱和小板。

3. 要选兼容性和扩展性好的主板

有的主板兼容性不好，特别是显示卡，如果不兼容，当显示卡损坏时，换上规格不同的显示卡就不能运行。因此，一定要选兼容性好的主板。一般兼容性好的主板，在出厂时都会通过多种显示卡的测试，会在说明书中注明。

3.5.3 原厂主板和山寨主板的识别方法

一般来说，真假主板可以从用料、做工和包装等方面来识别。真正原厂主板一般元器件的质量好，做工也好；而假主板，一般焊接有毛刺，选用的元器件质量差，如用铝电解电容滤波、电感线圈未封闭等，同时包装盒印刷也不精美。但有些山寨主板和原厂主板的用料、做工和包装几乎一样，很难用眼睛分辨出来，这时可以采用下面的办法：

（1）真主板在开机时都有生产厂商的 LOGO，LOGO 会标明厂家；假主板有时没有 LOGO，开机时显示的是 BIOS 的 LOGO。

（2）真主板上有一个条码号，可以与厂家确认；山寨主板也会有条码号，但与厂家确认后，这个条码号会是错的。

（3）真主板一般有较长的质保期，可长达 3～5 年；山寨主板质保期一般只有半年到一年。

如果经过以上判断仍不放心，可以拿到所在省的厂商总代理处对主板进行真假鉴定。

3.6 主板故障的分析与排除

随着主板电路集成度的不断提高及主板技术的发展，主板的故障呈现越来越集中的现象。主板绝大多数故障集中表现在内存、显示卡接触不良和 CPU 供电电路损坏等方面。接下来将讲述主板故障的分类、产生的原因、常见故障的分析与排除方法。

3.6.1 主板故障的分类

1. 根据对计算机系统的影响可分为非致命性故障和致命性故障

非致命性故障发生在系统上电自检期间，一般给出错误信息；致命性故障也发生在系统上电自检期间，一般导致系统死机、屏幕无显示。

2. 根据影响范围不同可分为局部性故障和全局性故障

局部性故障指系统某一个或几个功能运行不正常，如主板上打印控制芯片损坏仅造成联机打印不正常，并不影响其他功能；全局性故障往往影响整个系统的正常运行，使其丧失全部功能，如时钟发生器损坏将使整个系统瘫痪。

3. 根据故障现象是否固定可分为稳定性故障和不稳定性故障

稳定性故障是由于元器件的功能失效、电路断路、短路引起的，其故障现象稳定重复出现；而不稳定性故障往往是由于接触不良、元器件性能变差，使芯片逻辑功能处于时而正常、时而不正常的临界状态而引起，如由于 I/O 插槽变形，造成显示卡与该插槽接触不良，使显示呈变化不定的错误状态。

4. 根据影响程度不同可分为独立性故障和相关性故障

独立性故障指完成单一功能的芯片损坏；相关性故障指一个故障与另外一些故障相关联，其故障现象为多方面功能不正常，而其故障实质为控制诸功能的共同部分出现故障引起，如软、硬盘子系统工作均不正常，而软、硬盘控制卡上的功能控制较为分离，则故障往往出现在主板上的外设数据传输控制，即 DMA 控制电路。

5. 根据故障产生源可分为电源故障、总线故障、元件故障等

电源故障包括主板上+12V、+5V 及+3.3V 电源和 Power Good 信号故障；总线故障包括总线本身故障和总线控制权产生的故障；元件故障则包括电阻、电容、集成电路芯片及其他元器件的故障。

3.6.2 主板故障产生的原因

（1）人为故障。带电插拔 I/O 卡，以及在装板卡及插头时用力不当造成对接口、芯片等的损害，CMOS 参数设置不正确等。

（2）环境不良。静电常造成主板上芯片（特别是 CMOS 芯片）被击穿；另外，主板遇到电源损坏或电网电压瞬间产生的尖峰脉冲时，往往会损坏系统板供电插头附近的芯片；如果主板上布满了灰尘，也会造成信号短路等。

（3）器件质量问题。由于芯片和其他器件质量不良导致的损坏，特别是显示卡和内存插槽的质量不好，常常造成接触不良。

3.6.3 主板常见故障的分析与排除

1. 主板出现故障后的一般处理方法

（1）观察主板。当主板出现故障后，首先要做的是断电，然后仔细观察主板有无烧糊、烧断、起泡、插口锈蚀的地方，如果有，清除修理好这些地方，再做下一步的检测。

（2）测量主板电源是否对地短路。用万用表测量主板电源接口的 5V、12V、3.3V 等的对地电阻，检测是否短路，如果对地短路，检查引起的短路原因，并排除。

（3）检测开机电路是否正常。如果电源没有对地短路，接上电源，并插上主板测试卡，在无 CPU 的情况下，接通电源加电，检查 ATX 电源是否工作（观察主板测试卡的电源灯是否亮、ATX 电源风扇是否转等），如果 ATX 电源不工作，在 ATX 电源本身正常的情况下，说明主板的开机电路有故障，应维修主板的开机电路。

（4）检查 CPU 供电电路是否正常。开机电路正常，则测试 CPU 供电电路的输出电压是否正常，正常值一般为 0.8～2V，根据 CPU 的型号而定；如果不正常，检查 CPU 的供电电路。

（5）检查时钟电路是否正常。若 CPU 供电正常，则测试时钟电路输出是否正常，其正常值为 1.1～1.9V；如果不正常，检查时钟电路的故障原因。

（6）检测复位电路是否正常。如果时钟输出正常，观察主板测试卡上的 RESET 灯是否正常。正常时为开机瞬间，RESET 灯闪一下，然后熄灭，表示主板复位正常；若 RESET 灯常亮或不亮，说明均为无复位。如果复位信号不正常，则检测主板复位电路的故障。

（7）检测 BIOS 芯片是否正常。如果复位信号正常，接着测量 BIOS 芯片的 CS 片选信号引脚的电压是否为低电平，以及 BIOS 芯片的 CE 信号引脚的电压是否为低电平（此信号表示 BIOS 芯片把数据放在系统总线上），如果不是低电平，检测 BIOS 芯片的好坏。

若经过以上检测后主板还不工作，接着目测是否有断线、CPU 插座是否接触不良等。如果没有，可重刷 BIOS 程序，如果还不正常，接着检查 I/O、南桥、北桥等芯片，直至找到原因，排除故障。

2. 主板供电电路故障的分析与排除

随着 CPU 与主板技术的发展，从 2010 年开始，主板芯片的一些功能，如内存控制、显示卡控制甚至显示卡都有向 CPU 集成的趋势。如果这种趋势发展下去，也许在将来某一天，整个主板将不再有芯片，只有一些分离元件和插槽、接口。因此，随着 CPU 的功率越来越大，主板上 CPU 供电电路的相数将会越来越多，元器件的数量也将越来越多，发生故障的概率也就越大。主板供电电路的故障在主板故障中所占的比例将会进一步加大。而主板供电电路的原理与故障排除方法都很简单，本书进行了重点讲述，希望读者能掌握。

（1）故障现象。主板开机后，CPU 风扇转一下又停，或 CPU 不工作。

（2）故障原因。CPU 供电电路损坏。

（3）分析排除方法。按如图 3-17 所示的电路，首先检测 12V 插座的对地阻值，正常值为 300～700Ω。如果 12V 插座对地阻值正常，则 12V 供电电路中的上管（Q1）正常；如果不正常，先检查 12V 到 Q1 D 极的线路，特别是电容 C1 是否被击穿，如果没问题，则有可能是 Q1 或者是 C2 被击穿。由于主板一般都是十相以上的供电电路，对于上管只能一个个断开测量，对于 C2 一般可根据外表是否起泡、漏油等来判断。如果找到了被击穿的上管，却没有同类管可换，可以直接把坏管取下，一般就能正常供电，因为十几相的电路，少一相影响并不大。

12V 插座对地阻值正常，接着测量 CPU 供电电压，即 C2 的对地电压，正常值为 0.8～1.8V（据 CPU 型号而定）。如果 CPU 供电电压不正常，接着测量 CPU 供电场效应管，即下管（Q2）的对地阻值，正常值为 100～300Ω。如果不正常，将下管全部拆下，然后测量，找到损坏的场效应管将其更换即可。如果场效应管正常，则可能是下管 D 极连接的低通滤波系统有问题，检测其中损坏的电感和电容等元器件并更换。

如果 CPU 供电场效应管对地阻值正常，接着测量 CPU 供电电路电源管理芯片输出端（Q1、Q2 的 G 极）是否为高电平，一般为 3V。如果有电压，说明电源管理芯片向场效应管的 G 极输出了控制信号，故障应该是由于场效应管本身损坏造成的（一般由场效应管的性能下降引起），更换损坏的场效应管即可。

如果场效应管的 G 极无电压，接着检测电源管理芯片的输出端是否有电压。如果有电压，则是电源管理芯片的输出端到上管的 G 极之间的线路故障或场效应管品质下降，不能使用，首先检测 G 极到电源管理芯片的输出端的线路故障（主要检查驱动电路），如果正常，更换场效应管即可。

如果电源管理芯片的输出端无电压，接着检查电源管理芯片的供电引脚电压是否正常（5V 或 12V）。如果不正常，检查电源管理芯片到电源插座的线路中的元器件故障。

如果电源管理芯片的供电正常，接着检查 PG 引脚的电压是否正常（5V）。如果不正常，检查电源插座的第 8 脚到电源管理芯片的 PG 引脚之间的线路中的元器件，并更换损坏的元器件。

如果 PG 引脚的电压正常，接着再检查 CPU 插座到电源管理芯片的 VID0～VID7 引脚间的线路是否正常。如果不正常，检测并更换线路中损坏的元器件；如果正常，则表明电源管理芯片损坏，更换芯片即可。

3. 主板的一些接口不能用

（1）可能产生的原因。主板驱动程序没有装好，某个接口、控制芯片或元件损坏。

（2）解决方法。重装主板驱动，更换坏的接口、芯片或元件。

4. 主板内存、显示卡及各扩展槽接触不良

这是 P4 以后国产品牌机及部分国外品牌机的通病。

（1）判断方法。根据扬声器的响声，内存插槽接触不良，发出短促的"嘀嘀"声；显示卡插槽接触不良，发出长长的"嘀"声。

（2）处理方法。清洁接触不良部分，用橡皮擦或绸布蘸无水酒精擦拭金手指，也可以用小木棒绕绸布蘸无水酒精擦拭插槽。

5. CMOS 设置不当造成的故障

对 CMOS 放电，重启即可。有的病毒会修改 CMOS 设置，导致不启机，因此，遇到不启机故障，可以先对 CMOS 放电。

6. BIOS 版本低或损坏造成的故障

升级或重写 BIOS，有些新的驱动和接口，要升级 BIOS，才能支持。

实验 3

1. 实验项目

（1）熟悉主板的结构、跳线、主要电路及优劣的识别。

（2）用 EVEREST 软件和鲁大师对主板进行测试。

2. 实验目的

（1）认识主板上的南桥、北桥、BIOS 等主要芯片，内存、显示卡及扩展槽。

（2）认识 CPU 供电电路及其组成的场管、电感及电容的位置与管脚的作用。

（3）熟悉主板跳线、面板连线、USB 线及所有插座的接法。

（4）熟悉 EVEREST 软件和鲁大师的安装使用，掌握其测试主板参数与性能的方法。

3. 实验准备及要求

（1）以两人为一组进行实验，每组配备一个工作台、一台主机、拆装机的工具。主机要求能启动系统、能上网。

（2）实验时一个同学独立操作，另一个同学要注意观察，交替进行。

（3）观察时，先拆下主板，看清各芯片型号、插座插槽位置及主要电路元器件后，再装

主机，然后开机，下载软件，对主板进行测试。

（4）实验前实训教师要做示范操作，讲解操作要领与注意事项，学生要在教师的指导下独立完成。

4. 实验步骤

（1）打开主机箱，拔掉所有与主板的连线（注意拔线时一定要做好标记，以免安装时接错线），取出主板。

（2）观察主板上南桥、北桥、BIOS 等主要芯片的型号，以及内存、显示卡及扩展槽的规格与数量并做好记录。

（3）观察主板上 CPU 供电电路及其组成的场管、电感及电容的位置、型号及数量，并做好记录。

（4）观察主板的做工、用料情况。

（5）把主板安装回主机箱，接好各种连线，仔细检查准确无误后，通电开机进入操作系统。

（6）接好网线，下载 EVEREST 和鲁大师软件并安装。

（7）分别运行 EVEREST 和鲁大师，测试主板参数，并与观察的数据进行比较，记录好一些观察不到的参数。

（8）分别运行 EVEREST 和鲁大师测试主板的性能。

（9）比较 EVEREST 和鲁大师测试主板参数和性能的优、缺点。

5. 实验报告

（1）写出主板、芯片组、BIOS 芯片的型号及生产厂家，写出主板所有插槽及接口的名称及规格。

（2）写出 CPU 供电电路的相数，PWM 芯片、场管、电感、电容的型号及数量。

（3）比较 EVEREST 和鲁大师测试主板参数和性能的优、缺点。

（4）分析主板的做工、用料及结构的特点，比较主板在同类主板中的质量等级、性能是否优良。

习题 3

一、填空题

（1）主板是装在主机箱中的一块_____的多层印刷电路板，上面分布着构成计算机的主机系统电路的各种元器件和接插件，是计算机的连接_____。

（2）按物理结构主板可分为_____、_____、_____和_____。

（3）芯片组是与 CPU 相配合的系统控制集成电路，通常分为_____与_____两个芯片。

（4）主板 BIOS 电路主要由_____芯片和_____芯片及电池供电电路组成。

（5）超外频时是通过调整_____芯片的输出_____达到的。

（6）CPU 供电电路是唯一采用_____的主板电路，_____附近一般就能找到供电电路。

（7）两相供电回路是_____电感加上_____场效应管。

（8）主板所支持的内存_____和_____都由内存插槽来决定的。

（9）主板的测试包括主板_____的测试和维修级的测试及_____性能的测试。

（10）根据对计算机系统的影响可分为_____性故障和_____性故障。

二、选择题

（1）ATX 主板使用（　　　）电源和 ATX 机箱。

    A．直流　　　　　　　B．交流　　　　　　　C．AT　　　　　　　　D．ATX

（2）ATX 标准首次提出对（　　　）接口的支持。

    A．USB　　　　　　　B．PS/2　　　　　　　C．IEEE 1394　　　　　D．e-SATA

（3）DDR3 SDRAM 插槽有（　　　）线。

    A．168　　　　　　　B．72　　　　　　　　C．240　　　　　　　　D．184

（4）S-ATA2.0 可达（　　　）MB/s 的传输速率。

    A．150　　　　　　　B．300　　　　　　　C．400　　　　　　　　D．600

（5）CPU 供电电路的输出电压正常值一般为（　　　）。

    A．3～5V　　　　　　B．5～12V　　　　　　C．0.8～2V　　　　　　D．7～9V

（6）BTX 主板的特点有（　　　）。

    A．出色的散热性能　　　　　　　　　　B．更科学的安装与固定方式

    C．大量采用新型总线及接口　　　　　　D．采用 BTX 电源

（7）主板由印刷电路板、（　　　）扩充插槽及各种输入/输出接口等组成。

    A．控制芯片组　　　　　　　　　　　　B．BIOS 芯片

    C．供电电路、时钟电路　　　　　　　　D．CPU 插座、内存插槽

（8）LGA 1156 接口支持的 CPU 类型有（　　　）。

    A．Core 2 Extreme　　　　　　　　　　B．Core i7

    C．Core i5　　　　　　　　　　　　　　D．Core i3

（9）DDR3 内存插槽主要用于（　　　）主板。

    A．LGA 1156　　　B．LGA 1366　　　　C．Socket AM3　　　　D．LGA 775

（10）主板出现故障后的一般处理方法有（　　　）。

    A．测量主板电源是否对地短路　　　　　B．检查 CPU 供电电路是否正常

    C．观察主板　　　　　　　　　　　　　D．检测 BIOS 芯片是否正常

三、判断题

（1）选购主板一定要考虑机箱的空间，各种接口与插槽要便于安装。　　　　　　（　　　）

（2）LGA 1150 接口 Intel 7 系列芯片组成员都是单芯片设计，不分南桥、北桥。　（　　　）

（3）所谓总线，笼统来讲，就是一组导线。　　　　　　　　　　　　　　　　　（　　　）

（4）DDR2 SDRAM 插槽和 DDR3 SDRAM 插槽都采用 240 Pin DIMM 接口标准，所以 DRR3 与 DDR2 内存条可以互换。　　　　　　　　　　　　　　　　　　　　　　　　（　　　）

（5）LGA 1366 要比 LGA 775A 多出 600 个针脚，这些针脚会用于 QPI 总线、三条 64 位 DDR3 内存通道等连接。　　　　　　　　　　　　　　　　　　　　　　　　　　（　　　）

四、简答题

（1）ATX 和 BTX 主板各有何特点？

（2）LGA 1150 接口 Intel 7 系列芯片组的特点是什么？与 Intel 6 系列芯片组相比有何不同？

（3）CPU 供电电路为什么相位数越多输出的电流越大、越稳定？

（4）怎样识别原厂主板和山寨主板？

（5）如何分析和排除 CPU 供电电路的故障？

第 4 章

CPU

本章讲述 CPU 的基本构成和工作原理，并对 CPU 的分类、技术指标和封装形式进行详细的介绍。回顾 PC CPU 的发展史，并介绍目前主流的 CPU，使读者全方位地了解 CPU，从而更好地进行 CPU 的鉴别和维护工作。

4.1 CPU 的基本构成和工作原理

如图 4-1 所示，中央处理器（CPU，Central Processing Unit）是电子计算机的主要设备之一。其功能主要是解释计算机指令及处理计算机软件中的数据。所谓计算机的可编程性主要是指对 CPU 的编程。CPU、内部存储器和输入/输出设备是现代计算机的三大核心部件。

INTEL i7 920 CPU 外观

AMD羿龙 II X4 910e-CPU外观

图 4-1 中央处理器

4.1.1 CPU 的基本构成

CPU 包括运算逻辑部件、寄存器部件和控制部件。下面简单介绍 CPU 的各个组件。

1. 运算逻辑部件

运算逻辑部件可以执行定点或浮点的算术运算操作、移位操作及逻辑操作，也可执行地址的运算和转换。

2. 寄存器部件

寄存器部件包括通用寄存器、专用寄存器和控制寄存器。

通用寄存器又可分定点数和浮点数两类，它们用来保存指令中的寄存器操作数和操作结果。它是中央处理器的重要组成部分，大多数指令都要访问到通用寄存器。其宽度决定计算机内部的数据通路宽度，其端口数目往往可影响内部操作的并行性。

专用寄存器是为了执行一些特殊操作所用的寄存器。

控制寄存器通常用来指示机器执行的状态，或者保持某些指针，有处理状态寄存器、地址转换目录的基地址寄存器、特权状态寄存器、条件码寄存器、处理异常事故寄存器及检错寄存器等。

3. 控制部件

控制部件主要负责对指令译码，并且发出为完成每条指令所要执行的各个操作的控制信号。其结构有两种，一种是以微存储为核心的微程序控制方式；另一种是以逻辑硬布线结构为主的控制方式。

在微存储中保存的是微码，每一个微码对应于一个最基本的微操作，又称微指令。各条指令由不同序列的微码组成，这种微码序列构成微程序。中央处理器在对指令译码以后，发出定时序的控制信号，按给定序列的顺序以微周期为节拍执行由这些微码确定的若干个微操作，即可完成某条指令的执行。简单指令由 3～5 个微操作组成，复杂指令则要由几十个甚至几百个微操作组成。

逻辑硬布线控制器则完全是由随机逻辑组成。指令译码后，控制器通过不同的逻辑门的组合，发出不同序列的控制时序信号，直接去执行一条指令中的各个操作。

4.1.2 CPU 的工作原理

CPU 的工作原理就像一个工厂对产品的加工过程，即进入工厂的原料（程序指令），经过物资分配部门（控制单元）的调度分配，被送往生产线（逻辑运算单元），生产出成品（处理后的数据）后，再存储在仓库（存储单元）中，最后等着拿到市场上去卖（交由应用程序使用）。在这个过程中从控制单元开始，CPU 就开始了正式的工作，中间的过程是通过逻辑运算单元来进行运算处理的，交到存储单元代表工作的结束。

数据从输入设备流经内存，等待 CPU 的处理，这些将要处理的信息是按字节存储的，也就是以 8 位二进制数或 8 位为 1 个单元来存储，可以是数据或指令。数据可以是二进制表示的字符、数字或颜色等，而指令告诉 CPU 对数据执行哪些操作，如完成加法、减法或移位运算。首先，指令指针（Instruction Pointer）会通知 CPU，将要执行的指令放置在内存中的存储位置。因为内存中的每个存储单元都有编号（又称地址），可以根据这些地址把数据取出，通过地址总线送到控制单元中，指令译码器从指令寄存器 IR 中取出指令，翻译成 CPU 可以执行的形式，然后决定完成该指令需要哪些必要的操作，它将告诉算术逻辑单元（ALU）什么时候计算，告诉指令读取器什么时候获取数值，告诉指令译码器什么时候翻译指令等。假如数据被送往算术逻辑单元，数据将会执行指令中规定的算术运算和其他各种运算。当数据处理完毕后将回到寄存器中，通过不同的指令将数据继续运行或者通过 DB 总线送到数据缓存器中。

CPU 就是这样执行读出数据、处理数据和往内存写数据这 3 项基本工作的。但在通常情况下，一条指令可以包含按明确顺序执行的许多操作，CPU 的工作就是执行这些指令，完成一条指令后，CPU 的控制单元又将告诉指令读取器从内存中读取下一条指令来执行。

4.2 CPU 的分类

CPU 的分类方法有许多种，按照其处理信息的字长可以分为 4 位微处理器、8 位微处理器、16 位微处理器、32 位微处理器和 64 位微处理器等。

CPU 也可根据生产厂家的不同而进行分类,其中最主要的用于 PC 的 CPU 由 Intel 公司和 AMD 公司生产, VIA 威盛公司和国产龙芯也分别生产过各自的 CPU。此外在嵌入式领域等方面也有多个公司进行 CPU 的研发,如三星公司等。

各个公司的每一代产品都会根据自身的技术特点进行产品的系列命令,因此也可以根据 CPU 的系列名称进行分类,如 Intel 的主要系列有酷睿 i 系列、酷睿 2 系列、奔腾系列、赛扬系列等;AMD 的主要系列有羿龙系列、速龙系列、闪龙系列等。

此外还可根据 CPU 的制作工艺不同分为 90nm、65nm、45nm、32nm 甚至更先进的 22nm 等;也可根据插槽类型的不同分为 LGA2011 接口、LGA1366 接口、LGA1156 接口、LGA1155、LGA1150、LGA775 接口、AM3+、AM3 接口、AM2+接口、AM2 接口等。

4.3 CPU 的技术指标

1. 主频

主频也叫时钟频率,单位是 MHz,用来表示 CPU 的运算速度。CPU 的主频=外频×倍频系数。CPU 的主频与 CPU 实际的运算能力是没有直接关系的,主频表示在 CPU 内数字脉冲信号振荡的速度。主频和实际的运算速度有关,但只能说主频仅仅是 CPU 性能表现的一个方面,而不代表 CPU 的整体性能。

2. 外频

CPU 的外频是 CPU 与主板之间同步运行的速度,而且目前的绝大部分计算机系统中,外频也是内存与主板之间同步运行的速度。在这种方式下,可以理解为 CPU 的外频直接与内存相连通,实现两者间的同步运行状态。

3. 倍频系数

倍频系数是指 CPU 主频与外频之间的相对比例关系。在相同的外频下,倍频越高,则 CPU 的频率也越高。但实际上,在相同外频的前提下,高倍频的 CPU 本身意义并不大。这是因为 CPU 与系统之间数据传输速度是有限的,一味追求高主频而得到高倍频的 CPU 就会出现明显的"瓶颈"效应——CPU 从系统中得到数据的极限速度不能够满足 CPU 运算的速度。

4. 超频

超频就是把 CPU 的工作时钟调整为略高于 CPU 的规定值,企图使之超高速工作。CPU 工作频率=倍频×外频。提升 CPU 的主频可以通过改变 CPU 的倍频或者外频来实现。

(1) 超频的方式。

① 跳线设置超频。早期的主板多数采用了跳线或 DIP 开关设定的方式来进行超频。

② BIOS 设置超频。是通过 BIOS 设置来改变 CPU 的倍频或外频。

③ 用软件实现超频。是通过控制时钟发生器的频率来达到超频的目的。最常见的超频软件包括 SoftFSB 和各主板厂商自己开发的软件。

(2) CPU 超频秘诀。

① CPU 超频和 CPU 本身的"体质"有关,即与型号、生产批次等有关。

② 倍频低的 CPU 好超。

③ 制作工艺越先进越好超。

④ 温度对超频有决定性影响,散热性能决定 CPU 的稳定性。

⑤ 主板(主板的外频、做工、支持等)是超频的利器。

(3) 锁频。锁频就是 CPU 生产商不允许用户对 CPU 的外频和倍频进行调节,分为锁外频及锁倍频两种方式。对于只锁倍频的 CPU，可以通过提高其外频来实现超频；而对于只锁外频的 CPU，可以通过提高倍频来实现超频；但对于倍频和外频全都锁定的 CPU，通常就不能进行超频了。现在几乎所有的主流主板都是自动识别 CPU 及设置电压的。

5. 前端总线

前端总线（FSB）指 CPU 与北桥芯片之间的数据传输总线，前端总线频率（即总线频率）直接影响 CPU 与内存直接数据交换速度。数据带宽=（总线频率×数据位宽）/8，数据传输最大带宽取决于所有同时传输的数据宽度和传输频率。外频与前端总线频率的区别是前端总线的速度指的是数据传输的速度，外频是 CPU 与主板之间同步运行的速度。然而对于现在使用 HyperTransport 构架的 AMD 的 CPU 来说，CPU 内部整合了内存控制器，它不通过系统总线传给芯片组，而是直接和内存交换数据，这样，前端总线频率在 AMD 处理器中就不知道从何谈起了。

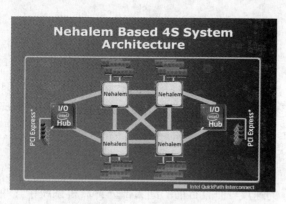

图 4-2　Intel Nehalem 架构的 4 核 CPU 的 QPI 总线的连接

6. QPI 总线

QPI 总线是快速通道互联，取代前端总线的一种点到点连接技术，20 位宽的 QPI 连接其带宽可达惊人的每秒 25.6GB（6.4GT/s×2 B/s×2 = 25.6GB/s），远非 FSB 可比。QPI 最初能够发放异彩的是支持多个处理器的服务器平台，可以用于多处理器之间的互联。Intel Nehalem 架构的 4 核 CPU 的 QPI 总线的连接如图 4-2 所示。

7. 字长

CPU 的字长通常是指内部数据的宽度，单位是二进制的位。它是 CPU 数据处理能力的重要指标，反映了 CPU 能够处理的数据宽度、精度和速度等，因此常常以字长位数来称呼 CPU，如能处理字长为 8 位数据的 CPU 通常就叫 8 位的 CPU；同理，32 位的 CPU 就能在单位时间内处理字长为 32 位的二进制数据。字节和字长的区别：由于常用的英文字符用 8 位二进制就可以表示，所以通常就将 8 位称为一个字节；字长的长度是不固定的，对于不同的 CPU，字长的长度也不一样。8 位的 CPU 一次只能处理 1 字节，而 32 位的 CPU 一次就能处理 4 字节，同理字长为 64 位的 CPU 一次可以处理 8 字节。

8. 缓存

缓存大小也是 CPU 的重要指标之一，而且缓存的结构和大小对 CPU 速度的影响非常大。CPU 内缓存的运行频率极高，一般是和处理器同频运作，工作效率远远大于系统内存和硬盘。实际工作时，CPU 往往需要重复读取同样的数据块，缓存容量的增大，可以大幅度提升 CPU 内部读取数据的命中率，而不用再到内存或者硬盘上寻找，以此提高系统性能。缓存可以分为一级缓存、二级缓存和三级缓存。

L1 Cache（一级缓存）是 CPU 第一层高速缓存，分为数据缓存和指令缓存。内置的 L1 高速缓存的容量和结构对 CPU 的性能影响较大，不过高速缓冲存储器均由静态 RAM 组成，结构较复杂，所以在 CPU 管芯面积不能太大的情况下，L1 高速缓存的容量不可能做得太大。一般 CPU 的 L1 缓存的容量通常为 32～256KB。

L2 Cache（二级缓存）是 CPU 的第二层高速缓存，早期分内部和外部两种芯片。内部的芯片二级缓存运行速度与主频相同，而外部则只有主频的一半。现在的二级缓存都集成到了 CPU 的内部。L2 高速缓存容量也会影响 CPU 的性能，原则是越大越好。以前家庭用 CPU 容量最大的是 512KB，现在酷睿 i 系列的已经可以达到 1.5MB；而服务器和工作站上用 CPU 的

L2 高速缓存更高，可以达到 8MB 以上。

L3 Cache（三级缓存）分为两种，早期的是外置，现在都是内置的。它的实际作用是可以进一步降低内存延迟，同时提升大数据量计算时处理器的性能，这一点对游戏等很有帮助。而在服务器领域增加 L3 缓存在性能方面仍然有显著的提升，如具有较大 L3 缓存的配置利用物理内存会更有效，所以它比较慢的磁盘 I/O 子系统可以处理更多的数据请求；具有较大 L3 缓存的处理器能提供更有效的文件系统缓存行为及较短消息和处理器队列长度。

9. 指令集

CPU 依靠指令来计算和控制系统，每款 CPU 在设计时就规定了一系列与其硬件电路相配合的指令系统。指令的强弱也是 CPU 的重要指标，指令集是提高微处理器效率的最有效工具之一。从现阶段的主流体系结构讲，指令集可分为复杂指令集和精简指令集两部分，而从具体运用看，如 Intel 的 MMX（Multi Media eXtended）、SSE、SSE2 和 AMD 的 3DNow!等都是 CPU 的扩展指令集，分别增强了 CPU 的多媒体、图形图像和 Internet 等处理能力。通常会把 CPU 的扩展指令集称为 CPU 的指令集。

（1）CISC 指令集。CISC（Complex Instruction Set Computer）指令集，也称复杂指令集。在 CISC 微处理器中，程序的各条指令和每条指令中的各个操作都是按顺序串行执行的。顺序执行的优点是控制简单，但计算机各部分的利用率不高、执行速度慢。其实它是 Intel 公司生产的 X86 系列（也就是 IA-32 架构）CPU 及其兼容 CPU，如 AMD、VIA 的 CPU 都是用该指令集。即使是现在新兴的 X86-64（也被成 AMD64）都是属于 CISC 的范畴。

（2）RISC 指令集。RISC（Reduced Instruction Set Computing）指令集，中文意思是精简指令集，它是在 CISC 指令系统基础上发展起来的。有人对 CISC 机进行测试表明，各种指令的使用频度相当悬殊，最常使用的是一些比较简单的指令，它们仅占指令总数的 20%，但在程序中出现的频度却占 80%；复杂的指令系统必然增加微处理器的复杂性，使处理器的研制时间长、成本高，并且需要复杂的操作，必然会降低计算机的速度。基于上述原因，20 世纪 80 年代 RISC 型 CPU 诞生了，相对于 CISC 型 CPU，RISC 型 CPU 不仅精简了指令系统，还采用了超标量和超流水线结构，大大增加了并行处理能力。RISC 指令集是高性能 CPU 的发展方向。它与传统的 CISC 指令集相比而言，RISC 的指令格式统一、种类比较少，寻址方式也比复杂指令集少，当然处理速度就提高了很多。目前在中、高档服务器中普遍采用这一指令系统的 CPU，特别是高档服务器全都采用 RISC 指令系统的 CPU，如 IBM 的 PowerPC、DEC 的 Alpha 等。

（3）MMX 指令集。MMX 指令集即多媒体扩展指令集，是 Intel 公司于 1996 年推出的一项多媒体指令增强技术。MMX 指令集中包括 57 条多媒体指令，通过这些指令可以一次处理多个数据，在处理结果超过实际处理能力时也能进行正常处理，这样在软件的配合下，就可以得到更高的性能。它的优点是操作系统不必做出任何修改便可以轻松地执行 MMX 程序。但是，问题也比较明显，那就是 MMX 指令集与 X87 浮点运算指令不能够同时执行，必须做密集式的交错切换后才可以正常执行，这种情况势必会造成整个系统运行质量的下降。

（4）SSE 指令集。SSE（Streaming SIMD Extensions）指令集即单指令多数据流扩展指令集，是 Intel 在 Pentium 3 处理器中率先推出的。SSE 指令集包括了 70 条指令，其中包含提高 3D 图形运算效率的 50 条 SIMD（单指令多数据技术）浮点运算指令、12 条 MMX 整数运算增强指令、8 条优化内存中连续数据块传输指令。理论上这些指令对目前流行的图像处理、浮点运算、3D 运算、视频处理、音频处理等多媒体应用起到了全面强化的作用。SSE 指令与 3DNow!指令彼此互不兼容，但 SSE 指令集包含了 3DNow!技术的绝大部分功能，只是实现的方法不同。SSE 指令兼容 MMX 指令，它可以通过 SIMD 和单时钟周期并行处理多个浮点数据，有效地提高浮点运算速度。

（5）SSE2 指令集。SSE2 指令集是 Intel 公司在 SSE 指令集的基础上发展起来的。相对于 SSE 指令集，SSE2 指令集使用了 144 个新增指令，扩展了 MMX 技术和 SSE 技术，这些指令提高了广大应用程序的运行性能。随 MMX 技术引进的 SIMD 整数指令从 64 位扩展到了 128 位，使 SIMD 整数类型操作的有效执行率成倍提高。双倍精度浮点 SIMD 指令允许以 SIMD 格式同时执行两个浮点操作，提供双倍精度操作支持，有助于加速内容创建、财务、工程和科学应用。除 SSE2 指令之外，最初的 SSE 指令也得到增强，通过支持多种数据类型（如双字和四字）的算术运算，支持灵活并且动态范围更广的计算功能。SSE2 指令可让软件开发员极其灵活地实施算法，并在运行如 MPEG-2、MP3、3D 图形等软件时增强了性能。Intel 是从 Willamette 核心的 Pentium 4 开始支持 SSE2 指令集的，而 AMD 则是从 K8 架构的 SledgeHammer 核心的 Opteron 开始才支持 SSE2 指令集的。

（6）SSE3 指令集。SSE3 指令集是 Intel 公司在 SSE2 指令集的基础上发展起来的。相对于 SSE2 指令集，SSE3 指令集增加了 13 个额外的 SIMD 指令。SSE3 指令集中 13 个新指令的主要目的是改进线程同步和特定应用程序领域，如媒体和游戏。这些新增指令强化了处理器在浮点转换至整数、复杂算法、视频编码、SIMD 浮点寄存器操作和线程同步五个方面的表现，最终达到提升多媒体和游戏性能的目的。Intel 是从 Prescott 核心的 Pentium 4 开始支持 SSE3 指令集的，而 AMD 则是从 2005 年下半年 Troy 核心的 Opteron 开始才支持 SSE3 指令集的。但是需要注意的是，AMD 所支持的 SSE3 指令集与 Intel 的 SSE3 指令集并不完全相同，主要是删除了针对 Intel 超线程技术优化的部分指令。

（7）3DNow! 指令集。3DNow! 指令集是 AMD 公司开发的 SIMD 指令集，可以增强浮点和多媒体运算的速度，并被 AMD 广泛应用于 K6-2、K6-3 及 Athlon（K7）处理器上。3DNow! 指令集技术其实就是 21 条机器码的扩展指令集。与 Intel 公司的 MMX 技术侧重于整数运算有所不同，3DNow! 指令集主要针对三维建模、坐标变换和效果渲染等三维应用场合，在软件的配合下，可以大幅度提高 3D 处理性能。后来在 Athlon 上开发了 Enhanced 3DNow! 指令集。这些 AMD 标准的 SIMD 指令和 Intel 的 SSE 指令具有相同效能。因为受到 Intel 在商业上及 Pentium 3 的影响，软件在支持 SSE 指令集上比起 3DNow! 指令集更为普遍。Enhanced 3DNow! 指令集继续增加至 52 个指令，包含了一些 SSE 码，因而在针对 SSE 做最佳化的软件中能获得更好的效能。

（8）SSE4 指令集。Intel 将 SSE4 分为了 4.1 和 4.2 两个版本，SSE4.1 的增加了 47 条新指令，主要针对向量绘图运算、3D 游戏加速、视频编码加速及协同处理的加速；SSE4.2 在 SSE4.1 的基础上加入了 7 条新指令，用于字符串与文本及 ATA 的加速。

（9）EM64T 技术。EM64T 技术的官方全名是 Extended Memory 64 Tenchnology，中文解释就是扩展 64 位内存技术。它通过 64 位扩展指令来实现兼容 32 位和 64 位的运算，使 CPU 支持 64 位的操作系统和应用程序。

10. 制造工艺

CPU 的制造工艺通常以 CPU 核心制造的关键技术参数蚀刻尺寸来衡量，蚀刻尺寸是制造设备在一个硅晶圆上所能蚀刻的最小尺寸，现在主要的制作工艺为 180nm、130nm、90nm、65nm、45nm、32nm 和 22nm。

11. 工作电压

从 586 CPU 开始，CPU 的工作电压分为内核电压和 I/O 电压两种，通常 CPU 的核心电压小于等于 I/O 电压。其中内核电压的大小是根据 CPU 的生产工艺而定的，一般制作工艺越小，内核工作电压越低；I/O 电压一般都在 1.6～5V，低电压能解决耗电过大和发热过高的问题。

12. 核心（Die）

核心又称内核，是 CPU 最重要的组成部分。CPU 中心那块隆起的芯片就是核心，是由单晶硅以一定的生产工艺制造出来的，CPU 所有的计算、接受/存储命令、处理数据都由核心执行。各种 CPU 核心都具有固定的逻辑结构，一级缓存、二级缓存、执行单元、指令级单元和总线接口等逻辑单元都有科学的布局。Pentium D、Core 2 Duo 内有两个核心，Core 2 Quad、i5、i7 有四个核心，2010 年三月上市的 i7 980X 有六个核心。

13. 核心类型

CPU 制造商对各种 CPU 核心给出了相应的代号，这就是所谓的 CPU 核心类型。不同的 CPU（不同系列或同一系列）都会有不同的核心类型，甚至同一种核心都会有不同版本的类型。核心版本的变更是为了修正上一版存在的错误，并提升一定的性能，而对于这些变化普通消费者是很少注意的。每一种核心类型都有其相应的制造工艺（如 0.25μm、0.18μm、0.13μm 及 0.09μm 等）、核心面积（决定 CPU 成本的关键因素，成本与核心面积基本上成正比）、核心电压、电流大小、晶体管数量、各级缓存的大小、主频范围、流水线架构和支持的指令集（这两点是决定 CPU 实际性能和工作效率的关键因素）、功耗和发热量的大小、封装方式（如 S.E.P、PGA、FC-PGA、FC-PGA2 等）、接口类型（如 Socket 370、Socket A、Socket 478、Socket T、Slot 1、Socket 940 等）、前端总线频率等。因此，核心类型在某种程度上决定了 CPU 的工作性能。

14. CPU 核心微架构

CPU 架构指的是内部结构，也就是 CPU 内部各种元件的排列方式和元件的种类。一般一种架构包括几种核心类型或代号，如所有 i 系列的 CPU 都是 Nehalem 微架构，所有酷睿、酷睿 2 系列的 CPU 都是 Core 微架构，所有 Pentium 4 的 CPU 都是 NetBurst 微架构。

15. 核心数

核心数就是每个 CPU 中所包含的内核个数。

16. 多线程

同时多线程（SMT，Simultaneous Multithreading）可通过复制处理器上的结构状态，让同一个处理器上的多个线程同步执行并共享处理器的执行资源，可最大限度地实现宽发射、乱序的超标量处理，提高处理器运算部件的利用率，缓和由于数据相关或 Cache 未命中带来的访问内存延时。当没有多个线程可用时，SMT 处理器几乎和传统的宽发射超标量处理器一样。SMT 最具吸引力的是只需小规模改变处理器核心的设计，几乎不用增加额外的成本就可以显著地提升效能。SMT 技术可以为高速的运算核心准备更多的待处理数据，减少运算核心的闲置时间，这对于桌面低端系统来说无疑十分具有吸引力。Intel 从 3.06GHz Pentium 4 开始，所有的处理器都支持 SMT 技术。

17. 虚拟化技术

虚拟化技术与多任务及超线程技术是完全不同的。多任务是指在一个操作系统中多个程序同时运行；在虚拟化技术中，则可以同时运行多个操作系统，而且每一个操作系统中都有多个程序运行，每一个操作系统都运行在一个虚拟的 CPU 或者是虚拟主机上；而超线程技术只是单 CPU 模拟双 CPU 来平衡程序运行性能，这两个模拟出来的 CPU 是不能分离的，只能协同工作。

纯软件虚拟化解决方案存在很多限制。客户操作系统很多情况下是通过 VMM（Virtual Machine Monitor，虚拟机监视器）来与硬件进行通信的，由 VMM 来决定其对系统上所有虚拟机的访问。（注意，大多数处理器和内存访问独立于 VMM，只在发生特定事件时才会涉及 VMM，如页面错误。）在纯软件虚拟化解决方案中，VMM 在软件套件中的位置是传统意义上操作系统所处的位置，而操作系统的位置是传统意义上应用程序所处的位置。这一额外的通信层需要进行二进制转换，以通过提供到物理资源（如处理器、内存、存储、显示卡和网卡等）的接口，模拟硬件环境。这种转换必然会增加系统的复杂性。此外，客户操作系统的支持受到虚拟机环境的能力限制，会阻碍特定技术的部署，如 64 位客户操作系统。在纯软件解决方案中，软件堆栈增加的复杂性意味着这些环境难以管理，因而会加大确保系统可靠性和安全性的困难。

CPU 的虚拟化技术是一种硬件方案，支持虚拟技术的 CPU 带有特别优化过的指令集来控制虚拟过程，通过这些指令集，VMM 会很容易提高性能，相对于软件的虚拟实现方式，在很大程度上提高了性能。虚拟化技术可提供基于芯片的功能，借助兼容 VMM 软件能够改进纯软件解决方案。由于虚拟化硬件可提供全新的架构，支持操作系统直接在上面运行，从而无须进行二进制转换，减少了相关的性能开销，极大简化了 VMM 设计，进而使 VMM 能够按通用标准进行编写，性能更加强大。另外，目前在纯软件 VMM 中，缺少对 64 位客户操作系统的支持，随着 64 位处理器的不断普及，这一严重缺点也日益突出；而 CPU 的虚拟化技术除支持广泛的传统操作系统之外，还支持 64 位客户操作系统。

虚拟化技术是一套解决方案。完整的情况需要 CPU、主板芯片组、BIOS 和软件的支持，如 VMM 软件或者某些操作系统本身。即使只是 CPU 支持虚拟化技术，在配合 VMM 软件的情况下，也会比完全不支持虚拟化技术的系统有更好的性能。Intel 自 2005 年末开始便在其处理器产品线中推广应用 Intel VT（Intel Virtualization Technology，虚拟化技术）。而 AMD 在随后的几个月也发布了支持 AMD VT（AMD Virtualization Technology，虚拟化技术）的一系列处理器产品。

18. 动态加速技术

动态加速技术 IDA（Intel Dynamic Acceleration），可以让处理器碰到串行代码时提升执行效率，同时降低功耗。当处理器遇到串行代码时，IDA 技术就会启动，此时处理器的其它核心将进行 C3 或更深度的休眠状态，而其中的一个核心在执行程序时将获得额外的 TDP 空间，从而获得更好的执行力。而由于其它的核心处于深度休眠状态，处理器整体的功耗还是会比之前更低。注意：Intel 和 AMD 均有自己的动态加速技术。

4.4 CPU 的封装形式

CPU 的封装形式取决于 CPU 的安装形式和器件集成设计。根据 CPU 的安装形式来看，可以分为 Socket 和 Slot 两种。Socket 中文译为"孔，插座"，Socket 架构主板普遍采用 ZIF 插座，即零阻力插座（Zero Insert Force）；Slot 中文译为"缝，狭槽，狭通道"，顾名思义，它的物理特性与 Socket 完全不同，它是一个多引脚子卡的插槽，形式上更接近于以前介绍过的 PCI、AGP 插槽。具体的插槽和插座分别如图 4-3 和图 4-4 所示。

图 4-3　Slot A 插槽

图 4-4　Socket A 插座

CPU 的器件集成封装是采用特定的材料将 CPU 芯片或 CPU 模块固化在其中，以防损坏的保护措施，一般必须在封装后 CPU 才能使用。芯片的封装技术已经历了好几代的变迁，从 DIP、QFP、PGA、BGA 到 LGA 封装，技术指标一代比一代先进，芯片面积与封装面积之比越来越接近 1，适用频率越来越高，耐温性能越来越好，引脚数增多，引脚间距减小，重量减小，可靠性提高，使用更加方便等。

（1）DIP 封装（Dual In-line Package）也叫双列直插式封装技术，指采用双列直插形式封装的集成电路芯片，绝大多数中小规模集成电路均采用这种封装形式，其引脚数一般不超过 100。DIP 封装的 CPU 芯片有两排引脚，需要插入到具有 DIP 结构的芯片插座上，当然，也可以直接插在有相同焊孔数和几何排列的电路板上进行焊接。DIP 封装的芯片在从芯片插座上插拔时应特别小心，以免损坏管脚。DIP 封装结构形式有多层陶瓷双列直插式 DIP、单层陶瓷双列直插式 DIP、引线框架式 DIP（含玻璃陶瓷封接式、塑料包封结构式、陶瓷低熔玻璃封装式）等。

（2）QFP 封装（Plastic Quad Flat Package）也叫方形扁平式封装技术，该技术实现的 CPU 芯片引脚之间距离很小，管脚很细，一般大规模或超大规模集成电路采用这种封装形式，其引脚数一般都在 100 以上。

（3）PFP 封装（Plastic Flat Package）也叫塑料扁平组件式封装，用这种技术封装的芯片同样也必须采用 SMD 技术将芯片与主板焊接起来。采用 SMD 安装的芯片不必在主板上打孔，一般在主板表面上有设计好的相应管脚的焊盘，将芯片各脚对准相应的焊盘，即可实现与主板的焊接。

（4）PGA 封装（Ceramic Pin Grid Arrau Package）也叫插针网格阵列封装技术，用这种技术封装的芯片内外有多个方阵形的插针，每个方阵形插针沿芯片的四周间隔一定距离排列，根据管脚数目的多少，可以围成 2～5 圈。安装时，将芯片插入专门的 PGA 插座即可。为了使得 CPU 能够更方便地安装和拆卸，从 486 芯片开始，出现了一种 ZIF CPU 插座，专门用来满足 PGA 封装的 CPU 在安装和拆卸上的要求。

（5）BGA 封装（Ball Grid Array Package）也叫球栅阵列封装技术，该技术的出现成为 CPU、主板南、北桥芯片等高密度、高性能、多引脚封装的最佳选择。BGA 封装占用基板的面积比较大，虽然该技术的 I/O 引脚数增多，但引脚之间的距离远大于 QFP 封装引脚间的距离，从而提高了组装成品率。而且该技术采用了可控塌陷芯片法焊接，从而可以改善它的电热性能。另外该技术的组装可用共面焊接，从而能大大提高封装的可靠性；并且由该技术实现的封装 CPU 信号传输延迟小，适应频率得到了很大提高。

（6）LGA（Land Grid Array）封装也叫栅格阵列封装，这种技术以触点代替针脚，与 Intel 处理器之前的封装技术 Socket 478 相对应，如产品线 LGA 775，就是说此产品线具有 775 个触点。

对于目前主流的 Intel 和 AMD 的 CPU 的封装特点进行如下简单的介绍。

（1）Socket 775 又称 Socket T，是应用于 Intel LGA 775 封装的 CPU 所对应的处理器插槽，能支持 LGA 775 封装的 Pentium 4、Pentium 4 EE、Celeron D 等 CPU。Socket 775 插槽与广泛采用的 Socket 478 插槽明显不同，它非常复杂，没有 Socket 478 插槽那样的 CPU 针脚插孔，取而代之的是 775 根有弹性的触须状针脚（其实是非常纤细的弯曲的弹性金属丝），通过与 CPU 底部对应的触点相接触而获得信号。因为触点有 775 个，比以前的 Socket 478 增加不少，封装的尺寸也有所增大，为 37.5mm×37.5mm。另外，与以前的 Socket 478、Socket 423、Socket 370 等插槽采用的工程塑料制造不同，Socket 775 插槽为全金属制造，原因在于这种新的 CPU 固定方式对插槽的强度有较高的要求，并且采用 Prescott 核心以后 CPU 的功率增加了很多，CPU 的表面温度也提高了不少，金属材质的插槽比较耐得住高温。在插槽的盖子上还卡着一块保护盖。

Socket 775 插槽由于其内部的触针非常柔软和纤薄，如果在安装的时候用力不当就非常容易造成触针的损坏。其针脚容易变形，相邻的针脚很容易搭在一起，从而造成短路，有时会引起烧毁设备的可怕后果。此外，过多地拆卸 CPU 也会导致触针失去弹性进而造成硬件方面的彻底损坏，这是其最大缺点。

（2）LGA 1156 又称 Socket H，是 Intel 在 LGA 775 与 LGA 1366 之后的 CPU 插槽。它也是 Intel Core i3/i5/i7 处理器（Nehalem 系列）的插槽，读取速度比 LGA 775 快。LGA 1156 的意思是采用 1156 针的 CPU。

（3）LGA 1366 接口又称 Socket B，逐步取代了流行多年的 LGA 775。从名称上就可以看出 LGA 1366 要比 LGA 775 多出约 600 个针脚，这些针脚会用于 QPI 总线、三条 64 位 DDR3 内存通道等连接。Bloomfield、Gainestown 及 Nehalem 处理器的接口为 LGA 1366，比采用 LGA 775 接口的 Penryn 的面积大了 20%。处理器面积越大，发热量就越大，所以就需要散热效果更佳的 CPU 散热器。而且处理器背面多出了一块金属板（和 LGA 775 接口外观雷同），目的是为了更好地固定处理器和散热器。LGA 1366 对主板电压调节模块（VMR）也提出了新要求，版本将从 11 升级到 11.1。

（4）LGA 1155 接口又叫做 Socket H2，是 Intel 在 2011 年推出的新核心 Sandy Bridge 所采用的接口，相比目前的 LGA 1156 接口将减少 1 个触点，并且两者是互不兼容的。除了在触点数量上的变化外，两种处理器边上的凹痕位置也不一致，LGA 1155 的为 11.5mm 而 LGA 1156 的为 9mm，所以 LGA 1156 主板是绝对不兼容 LGA 1155 处理器的。所有的 LGA 1155 处理器都将在 CPU 核心内部整合 GPU，图形性能也会得到提升，而且 CPU 内部的 PCI-E 控制器将会提供 16 条通道（x8+x8），LGA 1155 处理器中同样整合了 DDR3-1333 双通道内存控制器。

（5）LGA 2011 接口则是 LGA 1366 接口的升级，该系列的 CPU 也是采用 Sandy Bridge 核心。LGA2011 接口将会有 2011 个触点。

（6）LGA 1150 是 Intel 2013 年最新的桌面型 CPU 插座，供基于 Haswell 微架构的处理器使用。将取代现行的 LGA 1155（Socket H2）。LGA 1150 的插座上有 1150 个突出的金属接触位，处理器上则与之对应有 1150 个金属触点。

（7）AM2 接口是 AMD 的上一代接口，其针脚是 940 个针脚，是 AMD 于 2006 年发布用来对抗 Intel 的武器，其优点是支持 DDR2 代的内存，并且支持双通道内存管理，而且还把内存控制器集成到了 CPU 当中，使 CPU 不用访问总线就可以和内存直接交换信息。该接口统一了闪龙和速龙还有 FX 的平台。

（8）AM2+接口是 AM2 的升级，AM2+（接口也为 940 针）在 2007 年的第三季度上市。其实 AMD 原本并没有打算推出 AM2+接口的计划，但是由于支持 AMD 四核 K8L 处理器的 AM3 接口推迟到了 2008 年第二季度发布，在此之间 AMD 必须找一个过渡性的接口，所以 AM2+就应运而生了。AM2 的 HyperTransport 只是 1.0/2.0 标准，而 AM2+的 HyperTransport 总线则是 3.0 的标准。HT 1.0 工作频率为 1GHz，最高数据传输带宽为 2GT/s，即 8GB/s。而 AM2+处理器的 HyperTransport 总线 3.0 则支持最高 2.6GHz 的工作频率，该频率下数据传输带宽将达到 5.2GT/s 即 20.8GB/s。由于 AM2+只是一个过渡性的接口，因此并不支持 DDR3 的内存控制。

（9）AM3 接口是 AMD 继 Socket AM2+后最新推出的 CPU 插座，支持 HyperTransport 3.0，有 941 个接触点，于 2009 年 2 月 9 日推出。AM3 CPU 内置的内存控制器能支持 DDR3。

（10）AM3+是 AMD 于 2011 年发布的接口，取代上一代 Socket AM3 并支持 AMD 新一

代 32nm 处理器 AMD FX。它支援 HyperTransport 3.1，主板插座有 942 个接口，仅比 Socket AM3 多一个接口，接口排布基本与 Socket AM3 一致。

（11）FM2 是 AMD 2012 年推出的全新架构的 Trinity APU 桌面平台的 CPU 插座。最高支持 4 核设计和 4MB L2 缓存，内置全新双通道内存控制器，最高支持 DDR3 1866 规格的内存并可以支持 1.25V 标准的低电压版本 DDR3 内存。

（12）FM2+是 AMD 的三代 APU "Richland" 的标准接口，需要注意的是配备 FM2+接口的主板可以兼容使用目前的 FM2 接口 CPU。

4.5　PC 的 CPU 的类型

计算机的核心部件是中央处理器，计算机的发展是随着 CPU 的发展而发展的。而在 CPU 的发展过程中，Intel 与 AMD 两个公司的竞争史成为 CPU 发展的主旋律。

4.5.1　过去的 CPU

CPU 可以追溯到 1971 年，当时还处在发展阶段的 Intel 公司推出了世界上第一台微处理器 4004。4004 含有 2300 个晶体管，功能相当有限，而且速度还很慢，当时的蓝色巨人 IBM 及大部分商业用户对其不屑一顾，但是它毕竟是划时代的产品，从此以后，Intel 便与微处理器结下了不解之缘。

1978 年，Intel 公司再次领导潮流，首次生产出 16 位的微处理器，并命名为 i8086，同时还生产出与之相配合的数学协处理器 i8087，这两种芯片使用相互兼容的指令集，但在 i8087 指令集中增加了一些专门用于对数、指数和三角函数等数学计算指令。由于这些指令集应用于 i8086 和 i8087，所以将这些指令集统一称为 X86 指令集。

1979 年，Intel 公司推出了 8088 芯片，它仍旧是属于 16 位微处理器，内含 29000 个晶体管，时钟频率为 4.77MHz，地址总线为 20 位，可使用 1MB 内存。8088 内部数据总线都是 16 位，外部数据总线是 8 位，而它的兄弟 8086 是 16 位。

1981 年 8088 芯片首次用于 IBM PC 中，开创了全新的计算机时代，也正是从 8088 开始，PC（个人电脑）的概念开始在全世界范围内发展起来。

1982 年，Intel 推出了划时代的最新产品 80286 芯片，该芯片比 8006 和 8088 都有了很大的发展，虽然它仍旧是 16 位结构，但是在 CPU 的内部含有 13.4 万个晶体管，时钟频率由最初的 6MHz 逐步提高到 20MHz。其内部和外部数据总线皆为 16 位，地址总线 24 位，可使用 16MB 内存。从 80286 开始，CPU 的工作方式也演变出实模式和保护模式。

1985 年 Intel 推出了 80386 芯片，它是 80X86 系列中的第一种 32 位微处理器，而且制造工艺也有了很大的进步，与 80286 相比，80386 内部含有 27.5 万个晶体管，时钟频率为 12.5MHz，后提高到 20MHz、25MHz、33MHz。80386 的内部和外部数据总线都是 32 位，地址总线也是 32 位，可使用高达 4GB 内存。

1989 年，大家耳熟能详的 80486 芯片由 Intel 推出，这种芯片的伟大之处就在于它突破了 100 万个晶体管的界限，集成了 120 万个晶体管。80486 的时钟频率从 25MHz 逐步提高到 33MHz、50MHz。80486 将 80386 和数学协处理器 80387 及一个 8KB 的高速缓存集成在一个芯片内，并且在 80X86 系列中首次采用了 RISC 技术，可以在一个时钟周期内执行一条指令。它还采用了突发总线方式，大大提高了与内存的数据交换速度。

1993 年 Intel 公司发布了第五代处理器 Pentium（中文名为奔腾）。Pentium 实际上应该称为 80586，但 Intel 公司出于宣传竞争方面的考虑，为了与其他公司生产的处理器相区别，改变了 X86 的传统命名方法，并为 Pentium 注册了商标，以防其他公司冒充。其他公司推出的第五代 CPU 有 AMD 公司的 K5、CYRIX 公司的 6X86。1997 年 Intel 公司推出了具有多媒体指令的 Pentium MMX。

1998 年 Intel 公司推出了 Pentium 2 CPU，同时为了降低 CPU 的价格，提高竞争力，又推出减少缓存廉价的 Celeron 处理器，以后每推出一款新处理器，都相应地推出廉价的 Celeron。其他公司也推出了同档次的 CPU，如 AMD 的 K6。

1999 年 7 月 Pentium 3 发布，早期是 Kartami 核心，以后有 Coppermine 核心、256KB 二级缓存的版本和使用 512KB 二级缓存的 Tualatin 核心的版本，前两种主要用于个人计算机，后一种可用于多 CPU 主板的服务器。AMD 也生产出具备超标量、超管线、多流水线的 RISC 核心的 Athlon 处理器。

2000 年 7 月 Intel 发布了 Pentium 4 处理器，开始是使用 $0.18\mu m$ 工艺的 Willamette 核心，后来使用 $0.13\mu m$ 工艺的 Northwood 核心。AMD 公司也发布了第二个 Athlon 核心——Tunderbird。

2004 年 2 月 Intel 发布了 Prescott 核心 Pentium 4 处理器，使用 $0.09\mu m$ 制造工艺，采用 Socket 478 接口和 LGA 775 接口，前端总线频率为 533MHz（不支持超线程技术）和 800MHz（支持超线程技术），主频分别为 533MHz FSB 的 2.4GHz 和 2.8GHz 及 800MHz FSB 的 2.8GHz、3.0GHz、3.2GHz、3.4GHz，L1 为 16KB，而 L2 为 1MB。

2006 年 2 月 Intel 发布了 Cedar Mill 核心的 Pentium 4 处理器，制造工艺改为 65nm，解决了功耗问题，其他指标几乎没有变化。

2005 年 5 月 Intel 发布了 Pentium D 处理器，首批采用 Smithfield 核心，实质是两颗 Prescott 的整合。第二代产品采用了 Presler 核心，实质为两颗 Cedar Mill 的整合。除了个别低端产品外，此系列均支持 EM64T、EIST、XDbit 等技术。

2006 年 7 月 27 日发布了 Core 2 Duo 处理器，它在单个芯片上封装了 2.91 亿个晶体管，采用了 45 纳米工艺，功耗降低 40% 了。

2008 年开始推出了第一代 Core i 系列处理器，性能由低到高分别为 Core i3、i5 和 i7 系列，采用 45 纳米和 32 纳米工艺，核心有双核、四核和六核，其典型型号有：

Core i7 9XX：4 核心 8 线程，LGA1366 接口，搭配 X58 芯片组（特点是 PCI-E 通道多），支持三通道 DDR3 内存，支持睿频加速技术。

Core i7 8XX：4 核心 8 线程，LGA1156 接口，搭配 P55 或 H55 芯片组，支持双通道 DDR3 内存，支持睿频加速技术。

Core i5 7XX：4 核心 4 线程，LGA1156 接口，搭配 P55 或 H55 芯片组，支持双通道 DDR3 内存，支持睿频加速技术。

Core i5 6XX：2 核心 4 线程，LGA1156 接口，搭配 H55 芯片组（如果 P55 就不能使用集显），支持双通道 DDR3 内存，内置集成显卡，支持睿频加速技术。

Core i3 5XX：2 核心 4 线程，LGA1156 接口，搭配 H55 芯片组（如果 P55 就不能使用集显），支持双通道 DDR3 内存，内置集成显卡，不支持睿频技术。

2011 年 1 月 6 日，Intel 第二代酷睿 i 系列处理器（成员包括第二代 Core i3/i5/i7）正式发布，第二代 i 系列处理器完美集成了显示核心，i3，i5，i7 都有显示核心的，而第一代没有，第二代的睿频技术更加精湛，对功耗处理得更好，性价比高于一代。命名规则为 i3/i5/i7 2XXX。

2012 年 Intel 推出了第三代 Core i 系列处理器（代号：Ivy Bridge，简称 IVB），采用全新的 22nm 工艺、3-D 晶体管，更低功耗、更强效能，集成新一代核芯显卡，GPU 支持 DX11、性能大幅度提升，支持第二代高速视频同步技术及 PCI-E 3.0，命名规则为 i3/i5/i7 3XXX。

2013 年 Intel 推出了第四代 Core i 系列处理器，采用 Haswell 架构，新增了 AVX2 指令集，浮点性能翻倍，对视频编码解码应该有比较大的加速作用，集成 GT2 级别核芯显卡 HD Graphics 4600，性能相比上一代 HD Graphics 4000 提升约 30%。命名规则为 i3/i5/i7 4XXX。

4.5.2 目前主流的 CPU

通过回顾 CPU 的发展史，可以知道 CPU 的发展方向，即更高的频率，更小的制造工艺，更大的高速缓存。除了这三点之外，PC 处理器也将缓慢地从 32 位数据带宽向 64 位发展。随着 2005 年 AMD 和 Intel 先后发布的针对于 PC 上的双核 CPU 开始，CPU 的核心数量也开始向多核心发展。

1. 目前市面上的主流 CPU 综述

目前主流 PC CPU 的生产厂商只有 Intel 和 ADM 两家。

在 Intel 方面，除了传统的奔腾系列以及赛扬系列外，自 2006 年起，以酷睿作为他们的主打品牌。

赛扬作为一款经济型处理器，是 Intel 的低端入门级产品。赛扬基本上可以看作是同一代奔腾的简化版。核心方面几乎都与同时代的奔腾处理器相同，但是一些限制处理器总体性能的关键参数上如前端总线、二级缓存、三级缓存相对于奔腾系列做了简化。

奔腾双核，英文名为 Pentium dual-core，采用与酷睿系列相同的架构，可以说奔腾双核是酷睿的简化版，为了保留奔腾这个品牌，所以没有摒弃奔腾，而是更名为奔腾双核。与之前奔腾（即单核）相比，奔腾双核是双核双线程，功耗低，处理能力更强。Intel 奔腾双核处理器主要有：E 系列，T 系列，P 系列，U 系列，G 系列。

酷睿 i3 是酷睿 i5 的精简版，是面向主流用户的 CPU 家族标识。拥有 Clarkdale（2010 年）、Arrandale（2010 年）、Sandy Bridge（2011 年）、Ivy Bridge（2012 年）、Haswell（2013）等多款子系列。第四代的 i3 拥有 Haswell 架构，采用原生双核设计，处理器主频 3.4GHz 起步，集成 HD4400 和 HD4600 两种规则的显示核芯，设计热功耗（TDP）仅有 54W，与同一架构的酷睿 i5 与 i7 要明显低很多，处理器支持 DDR3-1600 规则的内存，拥有 3MB/4MB 两种规则的三级缓存。

酷睿 i5 是酷睿 i7 派生的中低级版本，面向性能级用户的 CPU 家族标识。第四代的 i5 采用 Haswell 架构，拥有四核四线程的设计，集成 HD Graphics 4600 核心显卡。设计热功耗（TDP）为 84W，支持 DDR3-1600 规则的内存。与同架构的 i3 相比，三级缓存上达到 6MB，而且支持 TDP 技术和 Virtualization（虚拟化）技术。

酷睿 i7 是 Intel 的旗舰产品，是面向高端用户的 CPU 家族标识。第四代的 i7 也是采用 Haswell 架构，均为四核八线程设计，集成 HD Graphics 4600 核芯显卡。设计热功耗（TDP）为 84W，支持 DDR3-1600 规则的内存。三级缓存上达为 8MB，此外还支持超线程技术。

在 AMD 方面，现在使用闪龙、APU 以及 FX 来替代过去的闪龙、速龙和羿龙的产品线布局。速龙系列在过去是 AMD 的主打产品，随着 AMD 发展战略的转变，现在已经成为中低端的入门级产品。目前主要在售的为双核和四核产品。APU（Accelerated Processing Unit）中文名字叫加速处理器，是目前 AMD 公司致力打造的系列，是 AMD "融聚未来" 理念的产品，它第一次将中央处理器和独显核心制作在一个晶片上，它同时具有高性能处理器和最新独立显卡的处理性能，支持 DX11 游戏和最新应用的"加速运算"，大幅提升了电脑运行效率，实现了 CPU 与 GPU 真正的融合。在 AMD 的产品线的布局上，也是着力打造全面的 APU 产品系列，目前在售的包括入门级的 A4、A6 到中端的 A8 和中高端的 A10。FX 则是 AMD 的旗舰级产品，自 2011 年的第一代 Bulldozer（推土机），2012 年第二代的 Piledriver（打桩机）以及计划中的 2013 年第三代的 Steamroller（压路机）。目前市面上所出售的最强性能所采用的是 32nm 的工艺、AM3+ 接口，8 核心 8 进程的设计。与 Intel 的 CPU 相比，AMD 与之同样性能的 CPU 在售价上会低于 Intel，不过在功耗的控制上，则不如 Intel。

2．目前市场上流行 CPU 的档次及型号

目前市场 CPU 的种类可根据性能和价格情况分成高、中、低三档，各档 CPU 型号如图 4-5 所示。一般低档 CPU 价格低于 500 元，500～1000 元的为中档，高于 1000 元的为高档。

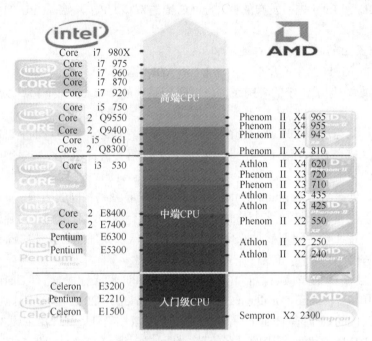

图 4-5　目前流行 CPU 的档次及型号

3．Intel 的酷睿 i 系列主要型号及参数比较

2013 年 Intel 的 CPU 全面由酷睿三代向四代升级。四代酷睿 i 系列主要型号及参数比较如下。

在接口上，无论是 i3、i5 还是 i7 都是采用相同的 Haswell 架构，因此都是 LGA 1150 的接口。然而从参数区上几款处理器的则各有不同。

酷睿 i3 的核心线程数为 4 核心，4 线程数，三级缓存为 4MB，TDP 功率为 54W。

酷睿 i5 的核心线程数为 4 核心，4 线程数，三级缓存为 6MB，TDP 功率为 84W。

酷睿 i7 的核心线程数为 4 核心，8 线程数，三级缓存为 8MB，TDP 功率为 84W。

其中，i5、i7 支持睿频技术，而 i3 则不支持睿频技术，i7、i3 都支持超线程技术，而 i5 则不支持。此外，它们都还支持虚拟化技术，但是定向 I/O 虚拟化技术 （VT-d）技术上，i7 和 i5 都支持而 i3 不支持，可信执行技术（TET）也是如此，见表 4-1。

表 4-1　酷睿 i3、i5、i7 主流处理器参数比较

型号	酷睿 i7 4770	酷睿 i7 4770K	酷睿 i5 4570	酷睿 i3 4340
芯片厂方	Intel	Intel	Intel	Intel
接口类型	LGA 1150	LGA 1150	LGA 1150	LGA 1150
核心类型	Haswell	Haswell	Haswell	Haswell
生产工艺	22nm	22nm	22nm	22nm
核心数量	四核	四核	四核	双核
线程数	八线程	八线程	四线程	四线程
主频	3.4GHz	3.5GHz	3.2Hz	3.6GHz
Turbo Boost	支持	支持	支持	不支持
动态加速	3.9GHz	3.9GHz	3.6GHz	
三级缓存	8MB	8MB	6MB	4MB
显示核心型号	Intel HD Graphic 4600	Intel HD Graphic 4600	Intel HD Graphic 4600	Intel HD Graphic 4600
支持内存频率	DDR3-1333/1600	DDR3-1333/1600	DDR3-1333/1600	DDR3-1333/1600
超线程技术	支持	支持	不支持	支持
64 位处理器	是	是	是	是
Virtualization（虚拟化）	支持	不支持	支持	支持
定向 I/O 虚拟化技术（VT-d）	支持	不支持	支持	不支持
可信执行技术（TET）	支持	不支持	支持	不支持
热设计功耗（TDP）	84W	84W	84W	54W

4. 酷睿 i 系列 CPU 新技术

（1）超线程技术（Hyper-Threading，HT）。通常提高处理器性能的方法是提高主频，加大缓存容量，但是这两个方法因为受工艺的影响在一定的时期有一定的限制，于是处理器厂商希望通过其他方法来提升性能，如设计良好的扩展指令集、更精确的分支预测算法。超线程技术也是一种提高处理器工作效率的方法。简单地说，超线程功能把一个物理处理器由内部分成两个“虚拟”的处理器，而且操作系统认为自己运行在多处理器状态下。这是一种类似于多处理器并行工作的技术，但是，其实只是在一个处理器里面多加了一个架构指挥中心（AS）。AS 就是一些通用寄存器和指针等，两个 AS 共用一套执行单元、缓存等其他结构，使得在只增加大约 5%核心大小的情况下，通过两个 AS 并行工作提高效率。

超线程技术是利用特殊的硬件指令，把两个逻辑内核模拟成两个物理芯片，让单个处理器都能使用线程级并行计算，进而兼容多线程操作系统和软件，减少了 CPU 的闲置时间，提高了 CPU 的运行效率。基于 Nehalem 架构的 Core i7 引入超线程技术，使四核的 Core i7 可同时处理八个线程操作，大幅度增强了其多线程性能。四核的 Core i7 超线程技术的工作原理图如图 4-6 所示。

酷睿 i3、i7 处理器均支持超线程，需要说明的是超线程不是双核变四核，当两个线程都同时需要某一个资源时，其中一个线程要暂时

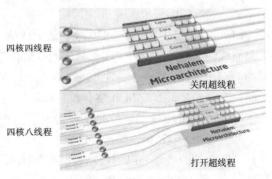

图 4-6　四核的 Core i7 超线程技术的工作原理图

停止并让出资源，直到这些资源闲置后才能继续被使用，因此，应用超线程技术的双核处理器不等于四核处理器。超线程技术大大提升了多任务计算时的处理效率，虽然支持该技术的双核处理器在相同主频和微架构下性能性能不及"真四核"处理器，但相比于主频和运算效率较低的双核处理器其性能优势十分明显。

（2）睿频加速技术（Turbo Boost Mode）。英特尔睿频加速技术是英特尔酷睿 i7/i5 处理器的独有特性，也是英特尔新宣布的一项技术。这项技术可以理解为自动超频。当启动一个运行程序后，处理器会自动加速到合适的频率，而原来的运行速度会提升 10%～20%以保证程序流畅运行；应对复杂应用时，处理器可自动提高运行主频以提速，轻松进行对性能要求更高的多任务处理；当进行工作任务切换时，如果只有内存和硬盘在进行主要的工作，处理器会立刻处于节电状态。这样既保证了能源的有效利用，又使程序速度大幅提升。通过智能化加快处理器速度，从而根据应用需求最大限度地提升性能，为高负载任务提升运行主频高达20%以获得最佳性能即最大限度地有效提升性能以符合高工作负载的应用需求；通过给人工智能、物理模拟和渲染需求分配多条线程处理，可以给用户带来更流畅、更逼真的游戏体验。同时，英特尔智能高速缓存技术提供性能更高、更高效的高速缓存子系统，从而进一步优化了多线程应用上的性能。

举个简单的例子，如图 4-7 所示，酷睿 i7 980X 有六个核心，如果某个游戏或软件只用到一个核心，Turbo Boost 技术就会自动关闭其他五个核心，把运行游戏或软件核心的频率提高，最高可使工作频率提高 266MHz，也就是自动超频，在不浪费能源的情况下获得更好的性能。反观 Core 2 时代，即使是运行只用到一个核心的程序，其他核心仍会全速运行，得不到性能提升的同时，也造成了能源的浪费。

当运行大型软件需要酷睿 i7 980X 六个核心全速运行时，通过睿频加速技术可使每核的主频都提高 133MHz。

此外，对于 LGA 1156 的 Core i5/i7 而言，Turbo Boost 再次加强，自动超频的幅度更大，2.66G 的 Core i5 单核工作时最高可以自动加速到 3.2GHz。

此外，在 2013 年 Intel 所发布的 Haswell 平台中，还有以下的新技术：CPU 集成电压控制器（FIVR）、快速储存技术（Rapid Storage Technology）、动态磁盘加速技术（Dynamic Storage Accelerator）、快速响应功能（Smart Response）等。

（3）智能缓存技术。Nehalem 架构除了以上两大特性外，还有一个值得提及的新设计概念就是三级缓存。四核酷睿 i7/i5 处理器中，每一款产品都拥有 8MB 的三级缓存，而在最新的六核酷睿 i7 980X 中，三级缓存的容量被提高到了 12MB，进一步提高了 CPU 命中数据的准确率，从而提高了运算效率。这也是酷睿 i7 980X 比前一代处理器有着更高性能提升的最主要原因之一。

5. 典型 CPU 举例

（1）酷睿 i3 530。酷睿 i3 530 除了是全球第一款 32nm CPU 外，也是全球第一款由 CPU+GPU 封装而成的 CPU。其中 CPU 部分采用 32nm 的制作工艺，基于 Nehalem 架构改进的 Westmere 架构，采用原生双核设计，通过超线程技术可支持四个线程同时工作；GPU 部分则是采用 45nm 的制作工艺，基于改进 Intel 整合显示核心的 GMA 架构，支持 DX10 特效。与定位高端的 Core i7/i5 相对应，Core i3 的定位是主流普及型，其结构和实物如图 4-8 所示。

（2）酷睿 i7 4770 处理器。酷睿 i7 4770 处理器是隶属于 Intel 处理器家族的第四代酷睿 i7 系列。新架构改善了 CPU 性能、增强超频，创新的将 VR（电压调节器）整合到处理器内部，降低了主板的供电设计难度，并进一步提高了供电效率。其具体参数为：接口类型为 LGA

1150、核心代号为 Haswell、生产工艺为 22nm、主频为 3.5GHz、三级缓存为 8MB、核心数量为四核、线程数是八线程。

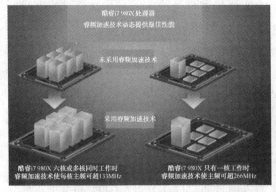

图 4-7　酷睿 i7 980X 睿频加速技术示意图

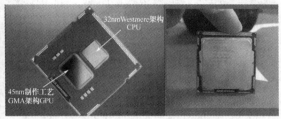

图 4-8　酷睿 i3 530 的结构和实物

（3）AMD A10-6800K。

AMD 公司于 2013 年 6 月发布了全新的代号为"Richland"的桌面级 APU 处理器，A10-6800K 可以作为其代表。按照 AMD 的产品路线，真正的第三代 APU 应该是计划在 2014 年上市的 28 纳米 Kaveri，2013 发布的 Richland 只是一个过渡产品，因此 A10-6800K 在硬件结构上变化不大，依然是 32 纳米打桩机核心加 VLIW4 架构 GPU，4 核 4 线程设计（双模块），默认频率 4.1～4.4GHz，具备 4MB 二级缓存；内置 GPU 为 HD8670D，基础频率由 800MHz 提升到 844MHz；内置 DDR3-2133 内存控制器，TDP 热设计功耗 100W。具体参数如表 4-2 所示。

表 4-2　AMD A10-6800K 参数

CPU 主频	4.1GHz
最大睿频	4.4GHz
动态超频最高频率	2GHz
外频	100MHz
倍频	44 倍
插槽类型	Socket FM2
核心代号	Piledriver
CPU 架构	Richland
核心数量	四核心
线程数	四线程
制作工艺	32nm
热设计功耗（TDP）	100W
二级缓存	4MB
指令集	MMX（+），3DNOW!（+），SSE，SSE2，SSE3，x86-64
内存控制器	双通道 DDR3 1866
64 位处理器	是
集成显卡	AMD Radeon HD 8670D

需要说明的是，AMD 的 CPU 拥有独创的 Turbo CORE 技术。Turbo CORE 类似于 Intel Turbo Boost（睿频）技术，其可以智能地调整不同核心的频率，适合对多线程不敏感、但要求高频率的应用环境。下面以 Phenom II X6 处理器为例，如果三个或者更多核心处于空

闲状态，Turbo CORE 就会启动，将其中三个空闲核心的频率降低到 800MHz，同时提高整体电压，将另外三个核心的频率提高 400MHz 或者 500MHz，具体视不同型号而定。其他情况下，六个核心都会按正常频率运行。 AMD 的加速技术与英特尔的睿频加速技术有着异曲同工之妙，但细节上还是有所区别的。AMD 的 Turbo CORE 技术无法完全关闭空闲核心，只能切换到低速状态，仍然会有能耗；其次，为了提高其他核心的频率，必须给整个处理器加压，这就会影响功耗而限制了加速幅度；最后，频率的加速或者降速只能针对多个核心，而无法单独调节每一个核心，因此在功耗的控制上，AMD 的这项技术明显不如 Intel。

4.6　CPU 的鉴别与维护

CPU 的鉴别主要是分清 CPU 是否原装，是否以旧替新、以次充好；CPU 的维护主要是要注意 CPU 的散热和保持稳定的工作频率。

4.6.1　CPU 的鉴别与测试

1. CPU 的鉴别

CPU 从包装形式上可分为两大类，即散装 CPU 与盒装 CPU。从技术角度而言，散装和盒装 CPU 并没有本质的区别，至少在质量上不存在优劣的问题；从 CPU 厂商而言，其产品按照供应方式可以分为两类，一类供应给品牌机厂商，另一类供应给零售市场。面向零售市场的产品大部分为盒装产品，而散装产品则部分来源于品牌机厂商外泄及代理商的销售策略。从理论上说，盒装和散装产品在性能、稳定性及可超频潜力方面不存在任何差距，但是质保存在一定差异。一般而言，盒装 CPU 的保修期要长一些（通常为三年），而且附带一只质量较好的散热风扇，因此往往受到广大消费者的喜爱。散装 CPU 包装较为简易，造假相对容易，分辨起来也更加困难；而盒装 CPU 包装较为正式，识别的方法也有很多，所以最好购买盒装CPU。以下为一些常用盒装 CPU 的识别方法：

（1）刮磨法。真品的 Intel 水印采用了特殊工艺，无论如何用手刮擦，即便把封装的纸刮破也不会把字擦掉；而假货只要用指甲轻刮，即可刮掉一层粉末，字也会随末而掉。

（2）相面法。塑料封装纸上的 Intel 字迹应清晰可辨，而且最重要的是所有的水印字都应工工整整的，而非横着、斜着、倒着，无论正反两方面都是如此。而假货有可能正面的字很工整，但反面的字就斜了。另外，盒正面左侧的蓝色是采用四重色技术在国外印制的，色彩端正，与假货相比相当容易分辨。

（3）搓揉法。用拇指肚以适当的力量搓揉塑料封装纸，真品不易出褶，而假货纸软，一搓就会出褶。

（4）看封线。真品的塑料封装纸和封装线不可能封在盒右侧条形码处，如果封在此处的一般可判定为假货。

（5）寻价格。通过网站查询所报的 Intel CPU 的价格均为正品货的市场价，如果比此价低很多的一般可判定为假货。

2. CPU 的性能测试

测试 CPU 性能及真假的软件有许多，主要分为两类，一类测试 CPU 的参数，如 Intel 的FIDCHS 和 H.Oda 公司的 WCPUID 两个测试软件；另一类测试 CPU 的性能，如 Super π 和CPU-MARK。这些测试软件在互联网上都能下载。

FIDCHS 可以到 Intel 公司的网站上进行下载，然后解压安装，十分简单。该软件只能测试 Intel 的 CPU，运行后它将显示出报告频率、被测试的处理器当前的操作速度和预期频率、被测试的处理器按设计的最高操作速度。若报告频率大于预期频率，则表示 CPU 被超频。它还能测试型号，封装类型，一、二级缓存容量及 CPU 采取的一些特殊技术等。

Super π 是一款计算圆周率的软件，但它更适合用来测试 CPU 的稳定性。即使系统运行一天的 Word、Photoshop 都没有问题，而运行 Super π 却不一定能通过。可以说，Super π 可以作为判断 CPU 稳定性的依据。使用方法是选择你要计算的位数，（一般采用 104 万位）单击"开始"按钮就可以了。视系统性能不同，运算时间也不相同，时间越短越好。

CPU-MARK 是专门用于 Windows 操作系统测试 CPU 子系统运行情况的一款测试标准程序。它可以进行系统存储运算测试、浮点运算测试、整数运算测试，并且测试完以后，每种测试都有一个成绩分数，三项相加给出一个总分，简单地说，就是给 CPU 打分。这个分数表示 CPU 速度的快慢，分数越高，表示 CPU 的速度越快。

4.6.2　CPU 的维护

由于 CPU 在主机上处于比较隐蔽的地方，被 CPU 风扇遮盖，所以一般在用机的时候不会随意插拔 CPU，因此对于 CPU 的维护，主要是解决散热的问题。这里建议不要超频，或者不要超频太高。在超频时，也需按一次超一个挡位的方式进行，而不要一次性大幅度提高 CPU 的频率。只因超频都具有一定的危险性，如果一次性超频太高，会容易出现烧坏 CPU 的问题。

另外，如果 CPU 超频太高也会容易产生 CPU 电压在加压时不能控制的现象，这时如果电压的范围超过 10%，就会对 CPU 造成很大的损坏。因为增加了 CPU 的内核电压，就直接增加了内核的电流，这种电流的增加会产生电子迁移现象，从而缩短 CPU 的使用寿命，甚至导致 CPU 被烧毁。

要解决 CPU 的散热问题就需要采用良好的散热措施。可以为 CPU 改装一个强劲的风扇，最好能够安装机箱风扇，让机箱风扇与电源的抽风风扇形成对流，使主机能够得到更良好的通风环境。

另外，由于 CPU 风扇及风扇下面的散热片负责通风散热的工作，需要不断旋转，使平静的空气形成风。因此对于空气中的灰尘也接触得较多，这样就容易在风扇与及散热片上囤积灰尘，影响风扇的转速并且使散热不佳。所以使用一段时间后，要及时清除 CPU 风扇与散热片上的灰尘。

除以上叙述外，对 CPU 的维护还需要将 BIOS 的参数设置正确，也不要在操作系统中同时运行太多的应用程序，这样会导致系统繁忙。这是因为如果 BIOS 参数设置不正确，或者同时运行太多应用程序，会导致 CPU 工作不正常或工作量过大，从而使 CPU 在运转的过程中产生大量热量，加快 CPU 的磨损，也容易引起死机现象。

4.7　CPU 的常见故障及排除

以下几种故障是 CPU 在运行过程中的常见故障，主要是由于使用不当和日常维护不够引起的，只要加强日常维护，这些故障都可以避免。

1. 因设置错误或设备不匹配产生的故障

CPU 设置不当或设备之间不匹配产生的错误主要是指如下几种情况：

（1）CPU 的电压设置不对。如果 CPU 的工作电压过高，会使 CPU 工作时过度发热而死机；如果工作电压太低也不能正常工作。

（2）CPU 的频率设置不对。如果频率过高会出现死机的现象，如果设置的频率过低会使系统的运行速度变慢。这时，应当依照说明书仔细检查，将 CPU 的电压、外频和内频调整为正确的设置状态。

（3）与其他设备不匹配。这种情况是指 CPU 与主机板芯片组、内存条的型号或速度、外部设备接口的速度不匹配等。

2．CPU 发热造成的故障

主机板上扩展卡的速度还要与 CPU 的速度相协调，否则也会发生死机现象。排除故障的方法是使扩展卡的速度适应 CPU 的速度，即更换速度较快的扩展卡。如果 CPU 工作时超过了其本身所能承受的温度，就会引起工作不稳定，经常出现死机的现象，严重时会将 CPU 及其周围的器件烧坏。发热的原因有如下三点：

（1）超频。很多电脑爱好者都喜欢超频，就是通过设置比 CPU 正常工作频率更高的频率来提高 CPU 的运行速度。但是如果散热不好，超频会造成 CPU 的损坏，这也是当前 CPU 的主要故障之一。

（2）散热装置不良。CPU 的工作电压运行速率越高，所产生的热量也越大，因此必须使用品质良好的散热装置来降低 CPU 芯片的表面温度，只有这样，才能保证计算机的正常运行。在选择 CPU 芯片时，最好选择盒装的 CPU，因为盒装的 CPU 一般都会有配套使用的散热片及风扇。如果购买散装的 CPU，一定要选购合适的散热装置。

（3）主机内部空间不合理。一般情况下，散热片和散热扇的体积越大散热效果越好，但选择时还应当注意主机内的空间和位置，加装散热装置后，还应留有充分的散热空间及排热风道。

实验 4

1．实验项目

仔细观察 CPU 的产品标识，熟记其含义，用测试软件 FIDCHS、WCPUID、Super π 和 CPU-MARK 对 CPU 各参数和性能进行检测。

2．实验目的

（1）掌握 CPU 产品标识的含义。

（2）掌握 CPU 真假的识别方法。

（3）掌握用 FIDCHS 和 WCPUID 两个测试软件的下载、安装和测试 CPU 参数的方法。

（4）掌握用 Super π 和 CPU-MARK 对 CPU 性能进行测试的方法。

3．实验准备及要求

准备一些不同型号、不同年代的 CPU，让学生认识其标识及不同的命名方法。还可以到市场上买一些打磨了的 CPU，让学生识别和测试。

4．实验步骤

（1）挑选不同型号的 CPU，进行型号的辨别。

（2）对打磨的 CPU 进行观察，并掌握正品 CPU 的标识特征。

（3）要求学生从 Internet 上找到 FIDCHS 和 WCPUID 两个软件，下载、安装并测试 CPU 的各种参数。

（4）适当地对 CPU 进行超频，并用 Super π 和 CPU-MARK 进行性能测试。

5．实验报告

（1）写出当前主流 CPU 的品牌及该品牌下 4 种 CPU 的型号规格。

（2）CPU 的真假识别心得。

（3）根据软件的测试，写出该 CPU 的各种参数，并指明参数的性能意义。

习题 4

一、填空题

（1）CPU 的主频=_____×_____。

（2）CPU 采用的主要指令扩展集有_____、_____和_____等。

（3）按照 CPU 的字长可以将 CPU 分为_____、_____、_____、_____和_____。

（4）当前主流的 CPU 接口有 Intel 的_____、_____、_____和 AMD 的_____、_____、_____等。

（5）CPU 主要是由_____、_____和_____所组成的。

（6）目前市场上主流的 CPU 产品是由_____和_____公司所生产的。

（7）CPU 的主要性能指标有_____、_____、_____、_____和_____等。

（8）_____大小是 CPU 的重要指标之一，其结构和大小对 CPU 速度的影响非常大，根据其读取速度可以分为_____、_____和_____。

（9）CPU 的内核工作电压越低，说明 CPU 的制造工艺越_____，CPU 的电功率就_____。

（10）LGA 全称是_____，直译过来就是_____封装，这种技术以_____代替针脚，与 Intel 处理器之前的封装技术 Socket 478 相对应，它也被称为_____。

二、选择题

（1）以下哪种 Cache 的性能最好（　　）。

    A．1 级 16K   B．2 级 256K   C．1 级 64K   D．2 级 128K

（2）当前的 CPU 市场上，知名的生产厂家是 Intel 公司和（　　）。

    A．HP 公司   B．IBM 公司   C．AMD 公司   D．DELL 公司

（3）CPU 的主频由外频与倍频决定，在外频一定的情况下，可以通过提高（　　）来提高 CPU 的运行速度，这也被称为超频。

    A．外频   B．倍频   C．主频   D．缓存

（4）在以下存储设备中，存取速度最快的是（　　）。

    A．硬盘   B．虚拟内存   C．内存   D．缓存

（5）（　　）是 Intel 公司推出的一种最新封装方式，又称 Socket-T。

    A．DIP   B．QFP   C．PGA   D．LGA

（6）Intel 结束使用长达 12 年之久的奔腾处理器转而推出（　　）品牌。

    A．闪龙   B．速龙   C．酷睿   D．赛扬

（7）Core 2 Quad 是 Intel 生产的一种（　　）处理器。

    A．单核   B．双核   C．三核   D．四核

（8）Core i3 的 CPU 生产工艺采用的是（　　　）。

    A．90nm　　　　　B．32nm　　　　　C．65nm　　　　　D．45nm

（9）（　　　）指令集侧重于浮点运算，因而主要针对三维建模、坐标变换、效果渲染等三维应用场合。

    A．MMX　　　　　B．3DNow!　　　　C．SEE3　　　　　D．SSE

（10）Athlon II X3 440 的中文品牌名称是（　　　）。

    A．毒龙　　　　　B．闪龙　　　　　C．速龙　　　　　D．羿龙

三、判断题

（1）Intel 公司从 486 开始的 CPU 被称为奔腾。（　　　）

（2）主频、外频和倍频的关系是：主频=外频+倍频。（　　　）

（3）在 AMD 的 CPU 中，CPU 与北桥芯片之间的数据传输总线被称为前端总线。（　　　）

（4）CPU 的主频越高，其性能就越强。（　　　）

（5）字长又叫数据总线宽度，位数越少，处理数据的速度就越快。（　　　）

四、简答题

（1）目前 Intel 公司和 AMD 公司所生产的 CPU 品牌名称有哪些？

（2）一个安装了 Intel 的 CPU 的主板可否用来安装 AMD 的 CPU？为什么？

（3）如何选购一个性价比高的 CPU？

（4）如何做好 CPU 的日常维护工作？

（5）电脑的 CPU 风扇在转动时忽快忽慢，使用一会儿就会死机，应该怎么处理？

第 **5** 章

内 存 储 器

存储器是计算机的重要组成部分，它分为内存储器和外存储器。外存储器通常是磁性介质（软盘、硬盘、磁带）、光盘或其他存储数据的介质，能长期保存信息，并且不依赖于电来保存信息。内存储器通常是指用于计算机系统中存放数据和指令的半导体存储单元。内存储器是计算机的一个必要组成部分，它的容量和性能是衡量一台计算机整体性能的一个重要因素。

5.1 内存的分类与性能指标

5.1.1 内存的分类

内存储器包括随机存取存储器 RAM（Random Access Memory）、只读存储器 ROM（Read Only Memory）、高速缓冲存储器 Cache 等。因为 RAM 是计算机最主要的存储器，整个计算机系统的内存容量主要由它决定，所以习惯将它称为内存。

从工作原理上讲，内存储器分为 ROM 存储器和 RAM 存储器两大类。由于 ROM 存储器在断电后，其内容不会丢失，因此主要用于存储计算机的 BIOS 程序和数据；而 RAM 存储器断电后，其存储的内容会丢失，因此用于临时存放 CPU 处理的程序和数据。

从外观上讲，内存储器分为内存芯片和内存条。286 以前的计算机，内存为双列直插封装的芯片，直接安装在主板上；386 以后的计算机，ROM 和 Cache 仍以内存芯片方法安装在主板上，而为了节省主板的空间和增强配置的灵活性，内存采用内存条的结构形式，即将存储器芯片、电容、电阻等元件焊装在一小条印制电路板上，称为一个内存模组，简称内存条。

5.1.2 内存的主要性能指标

1. 内存的单位

内存是一种存储设备，是存储或记忆数据的部件，它存储的内容是 1 或 0。"位"是二进制的基本单位，也是存储器存储数据的最小单位。内存中存储一位二进制数据的单元称为一个存储单元，大量的存储单元组成的存储阵列构成一个存储芯片体。为了识别每一个存储单元，将它们进行了编号，称为地址，地址与存储单元一一对应。存储地址与存储单元是两个不同的概念。

（1）位/比特（bit）。内存的基本单位是（常用 b 表示），它对应着存储器的存储单元。

（2）字节（byte）。8 位二进制数称为一字节（常用 B 表示），内存容量常用字节来表示，一字节等于 8 个比特。

（3）内存容量是指内存芯片或内存条能存储的二进制数，通常采用字节为单位。但在数量级上与通常的计算方法不同，1KB=1024B、1MB=1024KB、1G=1024MB、1TB=1024GB。

2. 内存的性能指标

（1）存取速度。存取速度一般用存取一次数据的时间（单位一般用 ns）作为性能指标，时间越短，速度就越快。

（2）内存条容量。内存条容量有多种规格，早期的 30 线内存条有 256KB、1MB、4MB、8MB 等多种容量，72 线的 EDO 内存则多为 4MB、8MB、16MB、32MB 等容量，而 168 线的 SDRAM 内存大多为 16MB、32MB、64MB、128MB、256MB 等，目前常用的 DDR2 和 DDR3 内存条的容量已经以 GB 为单位等，这也是与技术发展和市场需求相适应的。

（3）数据宽度和带宽。内存的数据宽度是指内存同时传输数据的位数，以位为单位，如 72 线内存条为 32 位、168 线和 184 线内存条为 64 位。内存带宽是指内存数据传输的速率，即每秒传输的字节数，如 DDR400 的内存带宽为 400M/s×64b÷8=3.2GB/s、DDR2 677 的内存带宽为 677M/s×64b÷8=5.4GB/s。

（4）内存的校验位。为检验内存在存取过程中是否准确无误，有的内存条带有校验位，而大多数计算机用的内存条不带校验位，在某些品牌机和服务器上采用带校验位的内存条。常见的校验方法有奇偶校验（Parity）与 ECC 校验（Error Checking and Correcting）。

奇偶校验内存在每一字节外又额外增加了一位作为错误检测。如一字节中存储了某一数值（1、0、0、1、1、1、1、0），把这每一位相加起来（1+0+0+1+1+1+1+0=5），如果其结果是奇数，校验位就定义为 1，反之则为 0。当 CPU 返回读取储存的数据时，它会再次相加前 8 位存储的数据，计算结果是否与校验位相一致，当 CPU 发现二者不同时就会发生死机。虽然有些主板可以使用带奇偶校验位或不带奇偶校验位两种内存，但是不能混用。每 8 位数据需要增加 1 位作为奇偶校验位，配合主板的奇偶校验电路对存取的数据进行正确校验，这需要在内存条上额外加装一块芯片。而在实际使用中，有无奇偶校验位对计算机系统性能并没有什么影响，所以目前大多数内存条上已不再加装校验芯片。

ECC 校验是在原来的数据位上外加几位来实现的。如 8 位数据，只需 1 位用于 Parity 检验，而需要增加 5 位用于 ECC 校验，这额外的 5 位是用来重建错误的数据。当数据的位数增加一倍，Parity 校验也增加一倍，而 ECC 校验只需增加一位，当数据为 64 位时所用的 ECC 校验和 Parity 校验位数相同（都为 8）。相对于 Parity 校验，ECC 校验实际上是可以纠正绝大多数错误的。因为只有经过内存的纠错后，计算机的操作指令才可以继续执行，所以在使用 ECC 内存时系统的性能会明显降低。对于担任重要工作任务的服务器来说，稳定性是最重要的，内存的 ECC 校验是必不可少的。但是对一般计算机来说，购买带 ECC 校验的内存没有太大的意义，而且高昂的价格让人望而却步；不过因为面向的对象不同，ECC 校验的内存做工和用料都要好一些。同样，带和不带 ECC 校验的内存不要混合使用。

（5）内存的电压。FPM 内存和 EDO 内存均使用 5V 电压，SDRAM 使用的是 3.3V 电压，DDR 内存使用的是 2.5V 电压，DDR2 内存使用的是 1.8V 电压，DDR3 内存使用的是 1.65V 电压。

（6）SPD。SPD（Serial Presence Detect）是一颗 8 针的 EEPROM，容量为 256 字节，里面主要保存了该内存条的相关资料，如容量、芯片厂商、内存模组厂商、工作速度、是否具备 ECC 检验等，SPD 的内容一般由内存模组制造商写入。支持 SPD 的主板在启动时自动检测 SPD 中的资料，并以此设定内存的工作参数。

（7）CL。CL 指 CAS Latency、CAS 等待时间，即 CAS 信号需要经过多少个时钟周期之后，才能读/写数据。这是在一定频率下衡量支持不同规范内存的重要标志之一。目前所使用内存的 CL 值为 2～3，也就是说对内存读/写数据的等待时间为 2～3 个时钟周期。

（8）系统时钟循环周期 TCK。系统时钟循环周期代表内存能运行的最大频率，数据越小越快。这个时间为在最大 CL 时的最小时钟周期，又可理解为内存工作的速度。它是由 CPU 的外频决定的。

（9）存取时间 TAC。存取时间是指从内存中读取数据或向内存写入数据所需要的时间。数值越大，数据输出的时间越长，性能就越差。这个时间为最大 CL 时的最大时钟周期。

（10）内存时序。内存时序是描述内存条性能的一种参数，一般存储在内存条的 SPD 中。一般数字"A-B-C-D"分别对应的参数是"CL-tRCD-tRP-tRAS"。

5.1.3　ROM 存储器

在微型计算机上，只读存储器 ROM 是计算机厂商用特殊的装置把程序和数据写在芯片中，只能读取不能随意改变内容的一种存储器，如 BIOS（基本输入/输出系统）。ROM 中的内容不会因为断电而丢失。早期 ROM 中的数据必须在集成电路工厂里直接制作，制作完成后 ROM 集成电路内的数据是不可改变的。为了改变 ROM 中程序无法修改的缺点，对 ROM 存储器进行了不断的改进，先后出现了多种 ROM 存储器集成电路。ROM 分为一次写 ROM—PROM（Programmable ROM）、可改写 ROM—EPROM（Erasable Programmable ROM）、电可擦可编程 ROM—EEPROM（Electrically Erasable Programmable Read Only Memory）。

1．PROM

PROM 即可编程 ROM。它允许用户根据自己的需要，利用特殊设备将程序或数据写到芯片内，也可以由集成电路工厂将内容固化到 PROM 中，进行批量生产，这样做成本非常低。PROM 主要用于早期的电脑产品中。

2．EPROM

EPROM 即可擦除可编程 ROM。用户可以根据自己的需要，使用专门的编程器和相应的软件来改写 EPROM 中的内容，可以多次改写。EPROM 芯片上有一个透明的窗口，用紫外线对 EPROM 的窗口照射一段时间，其中的信息就可以擦除。将程序或数据写入 EPROM 时，使用与编程器相配合的软件读取编写好的程序或数据，然后通过连接在电脑接口上的编程器，将程序或数据写入插在编程器上的 EPROM 芯片中，更新程序比较方便。不同型号、不同厂家的 EPROM 芯片的写入电压也不一样，写好后用不透明的标签贴在窗口上，如果要擦除芯片中的信息，将标签揭掉即可。它在 586 之前的电脑中也有使用，但成本比 PROM 高。EPROM 大多用于监控程序和汇编程序的调试，大批量生产时就改用 PROM。

3．EEPROM

EEPROM 即电可擦除可编程 ROM。由 EEPROM 构成的各种封装形式的主板 BIOS 芯片如图 5-1 所示。

EEPROM 也叫闪速存储器（Flash ROM），简

图 5-1　由 EEPROM 构成的各种封装形式的主板 BIOS 芯片

称闪存。它既有 ROM 的特点，断电后存储的内容不会丢失，又有 RAM 的特点，可以通过程序进行擦除和重写。对于早期的电脑，如果 BIOS 要升级，必须购买新的 PROM 芯片，或通过 EPROM 编程器写到 EPROM 芯片中，再换上去，这样做很不方便。采用 Flash ROM 来存

储 BIOS，在需要升级时，可利用软件来自动升级和修改程序，使主板更好地支持新的硬件和软件，充分发挥其最佳效能。但用 EEPROM 作为存储 BIOS 的芯片有着致命的弱点，就是它很容易被 CIH 之类的病毒改写破坏，使电脑瘫痪。为此主板上采取了硬件跳线，禁止写闪存 BIOS、在 CMOS 中设置禁止写闪存 BIOS 和采用双 BIOS 闪存芯片等保护性措施。在 586 以后的主板上基本上都采用闪速存储器来存储 BIOS 程序。

闪速存储器在不加电的情况下能长期保存存储的信息，作 ROM 使用，并且它又有相对高的存取速度，通电后很容易通过程序进行擦除和重写，功耗又很小。随着技术的发展，闪存的体积越来越小，容量越来越大，价格越来越低。现在用 Flash Memory 制作的闪存盘，由于比软盘体积小、容量大、速度快、携带方便，作为一种移动存储产品，开始普及起来。

5.1.4 RAM 存储器

在计算机系统中，系统运行时，将所需的指令和数据从外部存储器读取到内存中，CPU 再从内存中读取指令或数据进行运算，并将运算结果存入内存中。因此作为内存的 RAM，它的存储单元中的数据可读出、写入和改写，但是一旦断电或关闭电源，存储在其内的数据就会丢失。根据制造原理的不同，现在的 RAM 多为 MOS 型半导体电路，它分为静态和动态两种。

1. 静态 RAM

静态 RAM 即 SRAM（Static RAM），它的一个存储单元的基本结构是一个双稳态电路，它的读/写操作由写电路控制，只要有电，写电路不工作，它的内容就不会变，不需要刷新，因此叫静态 RAM。对它进行读/写操作所用的时间很短，速度比 DRAM 快两倍以上。CPU 和主板上的高速缓存就是 SRAM，但一个存储单元用的元件较多，降低了集成度、增加了成本。

2. 动态 RAM

动态 RAM 即 DRAM（Dynamic RAM），就是通常所说的内存，它存储的数据需要不断地进行刷新。因为一个 DRAM 单元由一个晶体管和一个小电容组成，晶体管通过小电容的电压来保持断开、接通的状态，但充电后小电容的电压很快就丢失，因此需要不断地刷新来保持相应的电压。由于电容的充、放电需要时间，所以 DRAM 的读/写时间比 SRAM 慢。但它的结构简单，生产时集成度高、成本很低，因此用于主内存。另外，内存还应用于显示卡、声卡、硬盘、光驱等，用于数据传输中的缓冲，加快读取或写入的速度。RAM 中的存储单元只有两种状态，即 0 和 1，因此只能存储二进制数据。一个存储单元只存储一位二进制数据，许多存储单元以阵列方式排列，通过送去行地址和列地址，以及读取或写入信号，就可以通过数据总路读取或写入相应数据。由于内存数据总线工作的频率比 CPU 工作的时钟频率低，因此内存中的数据先送到高速缓存，CPU 从高速缓存中读取或写入数据。随着集成电路生产技术的发展，CPU 的运行速度越来越快，内存的存取速度也越来越快，从而提高了计算机的整体性能。

3. 内存条

目前的 PC 中，内存的使用都是以内存条的形式出现的。按内存条的接口形式，常见的内存条有两种，即单列直插内存条（SIMM）和双列直插内存条（DIMM）。双列直插内存条中，有一种笔记本电脑专用的内存条叫小尺寸双列直插内存条（SO-DIMM）。按内存条的用途可分为台式机内存条、笔记本电脑内存条和服务器内存条，其外形如图 5-2 所示。台式机内存条和笔记本电脑内存条的外表和接口不一样，因此不能换用。服务器内存条外形及接口与台式机内存条一样，但多了错误检测芯片，所以一般台式机内存条不能在服务器上使用，而服务器内存条可以在台式机上使用。

（1）SIMM（Single Inline Memory Module，单内联内存模块）内存条通过金手指与主板连接，内存条的正反两面都带有金手指，可以在两面提供不同的信号，也可以提供相同的信号。SIMM 就是一种两侧金手指都提供相同信号的内存结构，它多用于早期的 FPM 和 EDD DRAM，最初一次只能传输 8bit 数据，后来逐渐发展出 16bit、32bit 的 SIMM 模组。其中，8bit 和 16bit 的 SIMM 使用 30Pin 接口，32bit 的 SIMM 则使用 72Pin 接口。在内存发展进入 SDRAM 时代后，SIMM 逐渐被 DIMM 技术取代。

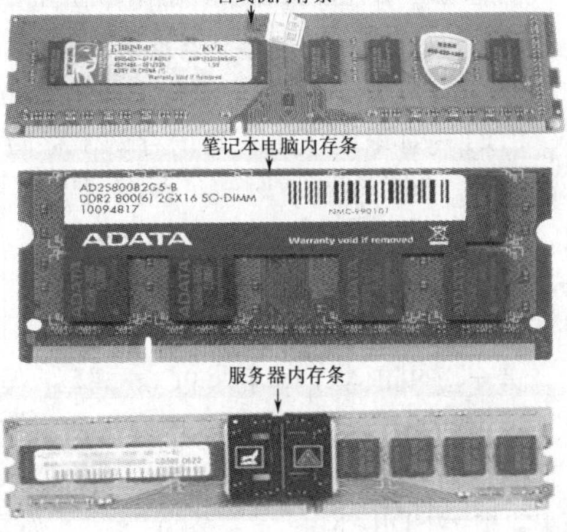

（2）DIMM（Dual Inline Memory Module，双内联内存模块）与 SIMM 相当类似，不同的只是

图 5-2　台式机、笔记本电脑和服务器内存条外形

DIMM 的金手指两端不像 SIMM 那样是互通的，它们各自独立传输信号，因此可以满足更多数据信号的传送需要。同样采用 DIMM 内存条，SDRAM 的接口与 DDR 内存的接口也略有不同。SDRAM DIMM 为 168Pin DIMM 结构，金手指每面为 84Pin，金手指上有两个卡口，用来避免插入插槽时，错误将内存反向插入而导致烧毁；DDR DIMM 则采用 184Pin DIMM 结构，金手指每面有 92Pin，金手指上只有一个卡口。卡口数量的不同，是二者最为明显的区别。

（3）SO-DIMM（Small Outline DIMM Module）是为了满足笔记本电脑对内存尺寸的要求开发出来的。它的尺寸比标准的 DIMM 要小很多，而且引脚数也不相同。同样，SO-DIMM 也根据 SDRAM 和 DDR 内存规格的不同而不同，SDRAM 的 SO-DIMM 只有 144Pin 引脚，而 DDR 的 SO-DIMM 拥有 200Pin 引脚。

5.2　内存条的发展

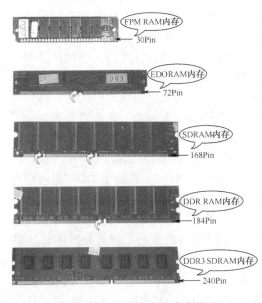

图 5-3　不同时代内存的内存外形

自 1982 年 PC 进入民用市场一直到现在，内存条的发展是日新月异的。搭配 80286 处理器的 30Pin SIMM 内存是内存领域的开山鼻祖。随后，在 386 和 486 时代，72Pin SIMM 内存的出现，支持 32bit 快速页模式内存，内存带宽得以大幅度提升。1998 年开始 Pentium 时代的 168 Pin EDO DRAM 内存，P2 时代的 168 Pin SDRAM 内存，P4 时代的 DDR184 Pin 内存，到现在主流的 240 Pin DDR2、240 Pin DDR3 内存。不同时代内存的内存外形如图 5-3 所示。

1. FPM DRAM（Fast Page Mode DRAM）快速页面模式动态存储器

这是 386 和 486 时代使用的内存。CPU 存取数据所需的地址在同一行内，在送出行地址后，就可以连续送出列地址，而不必再输出行地址。一般来讲，程序或数据在内存中排列的地址是连续的，那么输出行地址后连续输出列地址，就可以得到所需数据。这和以前 DRAM 存取方式相比要先进一些（必须送出行地址、列地址才可读/写数据）。

2. EDO DRAM（Extended Data Output DRAM）扩展数据输出动态存储器

EDO 内存取消了主板与内存两个存储周期之间的时间间隔，每隔两个时钟脉冲周期传输一次数据，缩短了存取时间，存取速度比 FPM 内存提高了 30%。它不必等数据读/写操作完成，只要有效时间一到就输出下一个地址，从而提高了工作效率。EDO 内存多为 72 线内存条，用于早期的 Pentium 计算机上。

3. SDRAM

第一代 SDRAM 内存为 PC66 规范，但很快由于 Intel 和 AMD 的频率之争将 CPU 外频提升到了 100MHz，所以 PC66 内存很快就被 PC100 内存取代。接着 133MHz 外频的 P3 及 K7 时代的来临，PC133 规范也以相同的方式进一步提升 SDRAM 的整体性能，带宽提高到 1GB/sec 以上。由于 SDRAM 的带宽为 64bit，正好对应 CPU 的 64bit 数据总线宽度，因此它只需要一条内存便可工作，便捷性进一步提高。在性能方面，由于其输入/输出信号保持与系统外频同步，因此速度明显超越了 EDO 内存。

4. DDR

DDR 的核心建立在 SDRAM 的基础上，但在速度和容量上有了提高。首先，它使用了更多、更先进的同步电路；其次，它使用了 Delay-Locked Loop（DLL，延时锁定回路）来提供一个数据滤波信号。当数据有效时，存储器控制器可使用这个数据滤波信号来精确定位数据，每16 位输出一次，并且同步来自不同的双存储器模块的数据。DDR 本质上不需要提高时钟频率就能加倍提高 SDRAM 的速度，它允许在时钟脉冲的上升沿和下降沿读出数据，因而其速度是标准 SDRAM 的两倍。至于地址与控制信号则与传统 SDRAM 相同，仍在时钟上升沿进行传输。为了保持较高的数据传输率，电气信号必须要求能很快改变，因此，DDR 工作电压为 2.5V。尽管 DDR 的内存条依然保留原有的尺寸，但是插脚的数目已经从 168Pin 增加到 184Pin。DDR 在单个时钟周期内的上升/下降沿内都传送数据，所以具有比 SDRAM 多一倍的传输速率和内存带宽。综上所述，DDR 内存条采用 64 位的内存接口、2.5V 的工作电压、184 线接口的线路板。

第一代 DDR200 规范并没有得到普及，第二代 PC266 DDR SRAM（133MHz 时钟×2 倍数据传输=266MHz 带宽）是由 PC133 SDRAM 内存所衍生出来的。其后来的 DDR333 内存也属于一种过渡，而 DDR400 内存成为 DDR 系统平台的主流选配，双通道 DDR400 内存已经成为 800FSB 处理器搭配的基本标准，随后的 DDR533 规范则成为超频用户的选择对象。

双通道 DDR 技术是一种内存的控制技术，是在现有的 DDR 内存技术上，通过扩展内存子系统位宽，使得内存子系统的带宽在频率不变的情况提高了一倍，即通过两个 64bit 内存控制器来获得 128bit 内存总线所达到的带宽。不过，虽然双 64bit 内存体系所提供的带宽等同于一个 128bit 内存体系所提供的带宽，但是二者所达到的效果却是不同的。双通道体系包含了两个独立的、具备互补性的智能内存控制器，两个内存控制器都能够在彼此间零等待时间的情况下同时运作。当控制器 B 准备进行下一次存取内存时，控制器 A 就在读/写主内存，反之亦然，这样的内存控制模式可以让有效等待时间缩减 50%。同时由于双通道 DDR 的两个内存控制器在功能上是完全一样的，并且两个控制器的时序参数都是可以单独编程设定的，所以这样的灵活性可以让用户使用三条不同构造、容量、速度的 DIMM 内存条。此时双通道 DDR 简单地调整到最低的密度来实现 128bit 带宽，允许不同密度、不同等待时间特性的 DIMM 内存条能够可靠地共同运作。

5. DDR2

随着 CPU 性能的不断提高，对内存性能的要求也逐步升级，DDR2 替代 DDR 也就成为理所当然的事情。DDR2 是在 DDR 的基础之上改进而来的，外观、尺寸上与 DDR 内存几乎一样，但为了保持较高的数据传输率、适合电气信号的要求，DDR2 对针脚进行了重新定义，采用了双向数据控制针脚，针脚数也由 DDR 的 184Pin 增加为 240Pin。（注意：DDR2 针脚数量有 200Pin、220Pin、240Pin 三种，其中 240Pin 的 DDR2 用于桌面 PC 系列。）与 DDR 相比，DDR2 具有以下优点：

（1）更低的工作电压。由于 DDR2 内存使用更为先进的制造工艺（DDR2 内存将采用 0.09 微米的制作工艺，其内存容量可以达到 1~2GB；而随后 DDR2 内存将进一步提升为更加先进的 0.065μm 制作工艺，这样 DDR2 内存的容量可以达到 4GB）和对芯片核心的内部改进，DDR2 内存将把工作电压降到 1.8V，这就预示着它的功耗和发热量都会在一定程度上得以降低，在 533MHz 频率下的功耗只有 304mW（而 DDR 在工作电压为 2.5V、266MHz 频率下的功耗为 418mW）。

（2）更小的封装。DDR 内存主要采用 TSOP-Ⅱ 封装，而在 DDR2 时代，TSOP-Ⅱ 封装将彻底退出内存封装市场，改用更先进的 CSP（FBGA）无铅封装技术。它是比 TSOP-Ⅱ 更为贴近芯片尺寸的封装方法，由于在晶圆上就做好了封装布线，因此在可靠性方面可以达到了更高的水平。DDR2 有两种封装形式，如果数据位宽是 4bit 和 8bit，则采用 64-ball 的 FBGA 封装；数据位宽是 16bit，则采用 84-ball 的 FBGA 封装。

（3）更低的延迟时间。在 DDR2 中，整个内存子系统都重新进行了设计，大大降低了延迟时间，使延迟时间介于 1.8~2.2ns（由厂商根据工作频率不同而设定），远低于 DDR 的 2.9ns。由于延迟时间的降低，从而使 DDR2 可以达到更高的频率，最高为 1GHz 以上。而 DDR 由于已经接近了其物理极限，其延迟时间无法进一步降低，这也是 DDR 的最大运行频率不能再有效提高的原因之一。

（4）采用了 4bit Prefect 架构。DDR2 在 DDR 的基础上新增了 4 位数据预取的特性，这也是 DDR2 的关键技术之一。现在的 DRAM 内部都采用了 4bank 的结构，内存芯片的内部单元被称为 Cell，它是由一组 Memory Cell Array 构成的，也就是内存单元队列。内存芯片的频率分为三种，一种是 DRAM 核心频率，一种是时钟频率，还有一种是数据传输率。

在 SDRAM 中，它的数据传输率和时钟周期是同步的，SDRAM 的 DRAM 核心频率和时钟频率及数据传输率都一样。

在 DDR SDRAM 中，核心频率和时钟频率是一样的，而数据传输率是时钟频率的两倍。它在每个时钟周期的上升沿和下降沿都传输数据，也就是一个时钟周期传输两次数据，因此数据传输率是时钟频率的两倍。

在 DDR2 SDRAM 中，核心频率和时钟频率已经不一样了，这是因为 DDR2 采用了 4bit Prefetch 技术。Prefetch 可以译为数据预取技术，可以认为是端口数据传输率和内存 Cell 数据读/写之间的倍率，DDR2 采用了 4bit Prefetch 架构，也就是它的数据传输率是核心工作频率的四倍。实际上，数据先输入到 I/O 缓冲寄存器，再从 I/O 寄存器输出。DDR2 400 SDRAM 的核心频率、时钟频率、数据传输率分别为 100MHz、200MHz、400Mb/s。

（5）ODT 功能。ODT 中文意思是片内终结器设计。当进入 DDR 时代，DDR 内存对工作环境提出了更高的要求，如果先前发出的信号不能被电路终端完全吸收而在电路上形成反射现象，就会对后面的信号产生影响，从而造成运算出错。因此，支持 DDR 的主板都是通过采用终结电阻来解决这个问题的。由于每根数据线至少需要一个终结电阻，这意味着每块 DDR 主板需要大量的终结电阻，也无形中增加了主板的生产成本，而且由于不同的内存模组对终结电阻的要求不可能完全一样，也造成了所谓的内存兼容性问题。而在 DDR2 中加入了 ODT 功能，即将终结电阻设于内存芯片内，当在 DRAM 模组工作时把终结电阻器关掉，而对于不工作的 DRAM 模组则进行终结操作，起到减少信号反射的作用，这样可以产生更干净的信号品质，从而达到更高的内存时钟频率。而将终结电阻设计在内存芯片上还可以简化主板的设计，降低主板的成本，而且终结电阻器可以和内存芯片的特性相符，从而减少内存与主板的兼容性问题的出现。

6. DDR3

从如图 5-4 所示的内容可以看到，SDRAM→DDR→DDR2→DDR3 最大的改进就是预取位数在不断地增加，内核频率却没有什么变化，所以随着制程的改进，电压和功耗可以逐步降低。DDR3 提供了相对于 DDR2 更高的运行效能与更低的电压，是 DDR2（四倍速率同步动态随机存取内存）的后继者（增加至八倍），也是现在流行的内存产品。DDR3 在 DDR2 基础上采用了如下新型设计：

（1）8bit 预取设计，而 DDR2 为 4bit 预取，这样 DRAM 内核的频率只有接口频率的 1/8，DDR3-800 的核心工作频率只有 100MHz。

（2）采用点对点的拓扑架构，以减轻地址、命令与控制总线的负担。

（3）采用 100nm 以下的生产工艺，将工作电压从 1.8V 降至 1.5V，增加了异步重置（Reset）与 ZQ 校准功能。

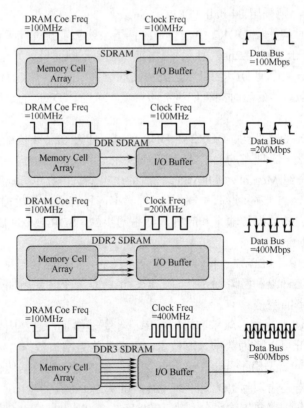

图 5-4　SDRAM、DDR、DDR2 和 DDR3 的数据传输方式

在功能上，DDR3 也有了较大的改进，为目前的主流 CPU 提供了更好的数据支持。它和 DDR2 几个主要的不同之处如下：

（1）突发长度（BL，Burst Length）。由于 DDR3 的预取为 8bit，所以突发传输周期也固定为 8，而对于 DDR2 和早期的 DDR 架构系统，BL=4 也是常用的。DDR3 为此增加了一个 4bit Burst Chop（突发突变）模式，即由一个 BL=4 的读取操作加上一个 BL=4 的写入操作来合成一个 BL=8 的数据突发传输，由此可通过 A12 地址线来控制这一突发模式。而且需要指出的是，任何突发中断操作都将在 DDR3 内存中予以禁止，并且不予支持，取而代之的是更灵活的突发传输控制（如 4bit 顺序突发）。

（2）寻址时序（Timing）。和 DDR2 从 DDR 转变而来后延迟周期数增加一样，DDR3 的 CL 周期也将比 DDR2 有所提高。DDR2 的 CL 范围为 2～5，而 DDR3 则为 5～11，并且附加延迟（AL）的设计也有所变化。DDR2 的 AL 范围为 0～4，而 DDR3 的 AL 有三种选项，分别是 0、CL-1 和 CL-2。另外，DDR3 还新增加了一个时序参数——写入延迟（CWD），这一参数将根据具体的工作频率而定。

（3）重置功能。重置是 DDR3 新增的一项重要功能，并为此专门准备了一个引脚。这一引脚将使 DDR3 的初始化处理变得简单。当 Reset 命令有效时，DDR3 内存将停止所有操作，并切换至最少量活动状态，以节约电力。在 Reset 期间，DDR3 内存将关闭内在的大部分功能，所有数据接收与发送器都将关闭，所有内部的程序装置将复位，DLL（延迟锁相环路）与时钟电路将停止工作，而且不理睬数据总线上的任何动静。这样一来，将使 DDR3 达到最节省电力的目的。

（4）ZQ 校准功能。ZQ 也是一个新增的引脚，在这个引脚上接有一个 240Ω 的低公差参考电阻。这个引脚通过一个命令集，再通过片上校准引擎（ODCE，On-Die Calibration Engine）来自动校验数据输出驱动器导通电阻与 ODT 的终结电阻值。当系统发出这一指令后，将用相应的时钟周期（在加电与初始化之后用 512 个时钟周期、在退出自刷新操作后用 256 个时钟周期、在其他情况下用 64 个时钟周期）对导通电阻和 ODT 电阻进行重新校准。

（5）参考电压分为两个。在 DDR3 系统中，对于内存系统工作非常重要的参考电压信号 VREF 将分为两个信号，即为命令与地址信号服务的 VREFCA 和为数据总线服务的 VREFDQ，这将有效地提高系统数据总线的信噪等级。

（6）点对点连接（P2P，Point-to-Point）。这是为了提高系统性能而进行的重要改动，也是 DDR3 与 DDR2 的一个关键区别。在 DDR3 系统中，一个内存控制器只与一个内存通道打交道，而且这个内存通道只能有一个插槽。因此，内存控制器与 DDR3 内存模组之间是点对点的关系（单物理 Bank 的模组），或者是点对双点（Point-to-two-Point，P22P）的关系（双物理 Bank 的模组），从而大大地减轻了地址、命令、控制与数据总线的负载。而在内存模组方面，与 DDR2 的类别相类似，也有标准 DIMM（台式 PC）、SO-DIMM/Micro-DIMM（笔记本电脑）、FB-DIMM2（服务器）之分，其中第二代 FB-DIMM 将采用规格更高的 AMB2（高级内存缓冲器）。

与 DDR2 相比，面向 64 位构架的 DDR3 显然在频率和速度上拥有更多的优势。此外，由于 DDR3 所采用的根据温度自动自刷新、局部自刷新等其他一些功能，在功耗方面 DDR3 也要出色得多。从目前的结果来看，DDR3 已经基本上替代了 DDR2 的市场主导地位。

5.3　内存的优化与测试

5.3.1　内存的优化

1. 监视内存

系统的内存不管有多大，总是会用完的。虽然有虚拟内存，但由于硬盘的读/写速度无法与内存的速度相比，所以在使用内存时，就要时刻监视内存的使用情况。Windows 操作系统中提供了一个系统监视器，可以监视内存的使用情况。一般如果只有 60% 的内存资源可用，这时就需要注意调整内存，否则就会严重影响电脑的运行速度和系统性能。

2．及时释放内存空间

如果发现系统的内存不多，就要注意释放内存。所谓释放内存，就是将驻留在内存中的数据从内存中释放出来。释放内存最简单、有效的方法就是重新启动计算机，另外，就是关闭暂时不用的程序。

3．优化系统的虚拟内存设置

虚拟内存（Virtual Memory）是计算机系统内存管理的一种技术。它使得应用程序认为它拥有连续可用的内存（一个连续完整的地址空间），而实际上，它通常是被分隔成多个物理内存碎片，还有部分暂时存储在外部磁盘存储器上，在需要时进行数据交换。如果计算机缺少运行程序或操作所需的随机存取内存，则 Windows 使用虚拟内存进行补偿。一般情况下，可以由系统或系统优化软件进行分配，或者设置为物理内存的 1.5～2 倍。

4．优化内存中的数据

在 Windows 中，驻留内存中的数据越多，占用的内存资源越大，所以桌面上和任务栏中的快捷图标不要设置得太多。如果内存资源较为紧张，可以考虑尽量少用各种后台驻留的程序。平时在操作电脑时，不要打开太多的文件或窗口。长时间地使用计算机后，如果没有重新启动，内存中的数据排列就有可能因为比较混乱，而导致系统性能的下降。这时就要考虑重新启动计算机。

5．提高系统其他部件的性能

计算机其他部件的性能对内存的使用也有较大的影响，如总线类型、CPU、硬盘和显存等。如果显存太小，而显示的数据量很大，再多的内存也是不可能提高其运行速度和系统效率的；如果硬盘的速度太慢，则会严重影响整个系统的工作。

5.3.2 内存的测试

通常会觉得内存出错损坏的概率不大，并且认为如果内存损坏，是不可能通过主板的开机自检程序的。事实上这个自检程序的功能很少，而且只是检测容量和速度而已，许多内存出错的问题并不能检测出来。如果在运行程序时，不时有某个程序莫名其妙地失去响应或突然退出应用程序；打开文件时，偶尔提示文件损坏，但稍后又能打开，这种情况下就应该考虑检测内存了。对于内存的测试，可以借助以下几个软件。

1．Memtest86

Memtest86 是一款免费的内存测试软件，测试准确度比较高，内存的隐性问题也能检查出来，可以通过登录 http://www.memtest86.com 下载它的最新版本。它是一款基于 Linux 核心的测试程序，所以它的安装、使用和其他内存测试软件有些不同。将 Memtest86 程序下载并解压缩后，可以看到 4 个文件，其中 Install.exe 用来安装 Memtest86 程序到软盘。双击这个运行程序，在弹出窗口中的"Enter Target diskette drive："后输入软盘驱动器的盘符，如 A，然后按【Enter】键。插入一张格式化过的软盘，按【Enter】键开始安装，这样 Memtest86 就安装到软盘了。由于 Memtest86 是基于 Linux 核心的，所以在 Windows 的资源管理器里看不到软盘上的内容（不要误认为软盘里没有内容）。如果没有软驱，Memtest86 的主页有该软件的 ISO 文件，可以直接刻录到光盘，用光驱启动后进行测试。

在制作好软盘后，就可以用这张盘来启动电脑，Memtest86 会自动开始测试内存，其测试界面如图 5-5 所示。在红色显示的"Memtest-86 v3.0"程序版本下，可以看到当前系统所采用的处理器型号和频率，以及 CPU 的一级缓存和二级缓存的大小及速度、系统物理内存的容量和速度，最后显示的是主板所采用的芯片组类型。通过这些信息就可以对系统的主要配置有大致的了解。

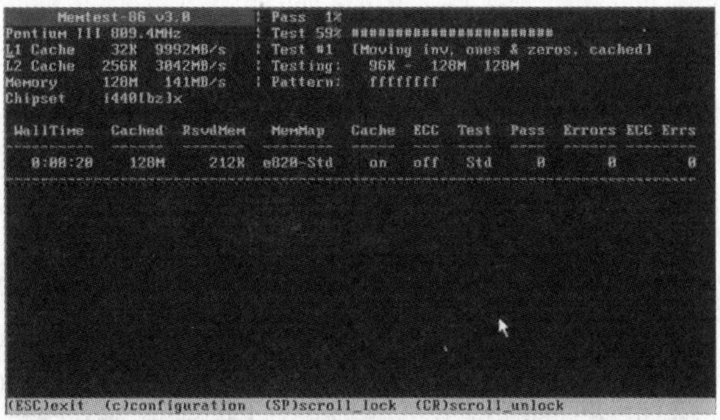

图 5-5　Memtest86 的测试界面

在系统信息的右侧显示的是测试的进度，"Pass"显示的是主测试进程完成进度；"Test"显示的是当前测试项目的完成进度；"Test #1"显示的是目前的测试项目；下方的"WallTime"显示测试已经耗费的时间；在这一排数据的"ECC"一栏显示的是当前内存是否支持打开 ECC 校验功能，"Test"显示的是测试的模式，有"标准"和"完全"模式供选择，"Pass"显示的是内存测试所完成的次数。Memtest86 的测试是无限制循环的，除非结束测试程序，否则它将一直测试下去。另外 Memtest86 的测试比较耗费时间，标准的测试模式运行一遍大概需要一小时，如果是完全测试则需要几小时（和内存容量有关）。

要进行完全测试，可以按【C】键打开 Memtest86 的设置菜单，界面如图 5-6 所示，接着按数字【2】键选择"Extended Texts"选项（注意从主键盘输入数字），再按数字【3】键选择"All Tests"选项打开完全测试模式。利用这个设置菜单，还可以进行更多的设置，如设置测试的 Cache 大小、重新开始测试等。

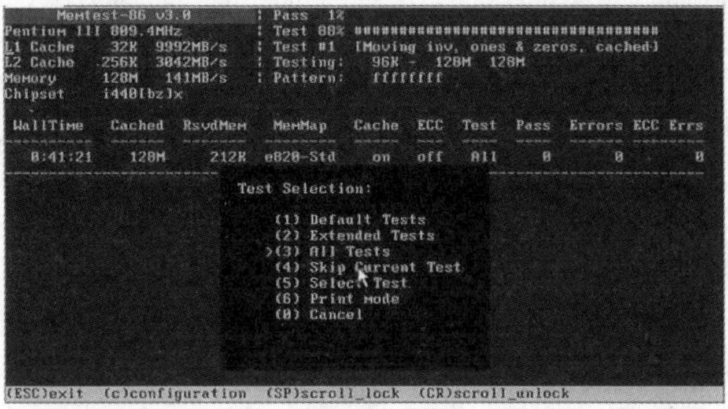

图 5-6　Memtest86 的设置菜单界面

开始测试后，主要的内存突发问题（如"死亡"位）将在几秒内检测出来，如果是由特定位模式触发的故障，则需要经过长时间测试才能检测出来，对此需要有耐心。Memtest86 一旦检测到缺陷位，就会在屏幕底部显示一条出错消息，但是测试还将继续下去。如果完成几遍测试后，没有任何错误信息，那么可以确定内存是稳定可靠的；如果检测出现问题，则试着降低 BIOS 中内存参数的选项值，如将内存 CAS 延迟时间设置为 3 等，再进行测试，这样可能会避免错误的出现，使内存运行时保持稳定。最后值得注意的是，如果系统有多根内存条，那么就需要进行单独测试，这样才能分清到底是哪个内存条出错。

2. Windows Memory Diagnostic

该软件是微软发布的一款用来检查计算机内存的软件，其界面如图 5-7 所示。这款软件能用启发式分析方法来诊断内存错误，也是基于光盘的方式启动。工具启动时默认为"Standard"（标准）模式，此模式包括 6 项不同的连续内存测试，每项测试都使用一种独特的算法来扫描不同类型的错误。在程序运行时，屏幕会显示每个单独测试的结果，列出它的进度以及正在扫描的内存地址范围。这 6 项测试完成后，此工具将使用同样的测试方法运行下一轮测试，并将一直持续下去，直至手动按【X】键退出软件为止。但是，通常情况下，一轮测试即足以确定内存是否存在故障。

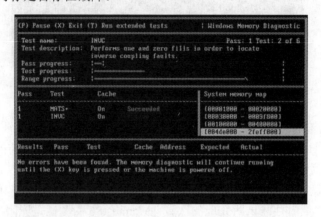

图 5-7　Windows Memory Diagnostic 的界面

3. RightMark Memory Analyzer

如图 5-8 所示是 RightMark Memory Analyzer 在 Windows 中的运行状况，该软件可以检测出所有与内存相关的硬件芯片的详细信息，还能够根据硬件配置测量内存的稳定性。

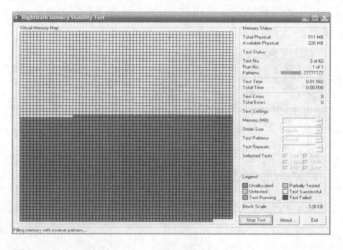

图 5-8　RightMark Memory Analyzer 在 Windows 中的运行状况

5.4　内存的选购

从功能上理解，可以将内存看作内存控制器与 CPU 之间的桥梁，内存也就相当于"仓库"。显然，内存的容量决定"仓库"的大小，而内存的速度决定"桥梁"的宽窄，两者缺一不可，这也就是通常说的内存容量与内存速度。当 CPU 需要内存中的数据时，它会发出一个由内存控制器所执行的要求，内存控制器接着将要求发送至内存，并在接收数据时向 CPU 报告整个周期（从 CPU 到内存控制器，内存再回到 CPU）所需的时间。毫无疑问，缩短整个周期是提高内存速度的关键，而这一周期就是由内存的频率、存取时间、位宽来决定的。更快速的内存技术对整体性能表现有重大的贡献，但是提高内存速度只是解决方案的一部分，如果内存的数据供给高于 CPU 的处理能力，这样也并不能充分地发挥该内存的能力。因此在选择内存时，要根据 CPU 对数据速率的要求，即根据前端总线的频率选择相应的内存，从而使得内存很好地将数据传给 CPU。

5.4.1　内存组件的选择

在确定好所需要内存的容量和型号以后，选购做工质量好的内存就显得尤为重要。

1.　内存颗粒

内存颗粒是内存条重要的组成部分，直接关系到内存容量的大小和内存条的好坏。因此，一个好的内存必须有良好的内存颗粒作保证。同时不同厂商生产的内存颗粒参数、性能都存在一定的差异，一般常见的内存颗粒厂商有镁光、英飞凌、三星、现代、南亚、茂矽等。

2.　金手指

金手指（Connecting Finger）是内存条与内存插槽之间的连接部件，所有的信号都是通过金手指进行传送的。金手指由众多金黄色的导电触片组成，因其表面镀金而且导电触片排列如手指状，所以称为金手指。质量好的金手指从外观看上去富有光泽，由于镀层的关系，直接给消费者呈现的将会是一个"漂亮的接口"，而忽视这方面的厂家生产的金手指则暗淡无光。

3.　PCB 电路板

PCB 是所有电子元器件的重要组成部分，就像人体的骨架一样。PCB 的生产过程非常复杂，对设计者的技术要求非常高，良好的 PCB 设计可以节省一定的成本。一般情况下，在 PCB 金手指上方和芯片上方都会有很小的陶瓷电容，这些细小的环节往往被人们忽视。一般来说，电阻和电容越多，对于信号传输的稳定性越好，尤其是位于芯片旁边的效验电容和第一根金手指引脚上的滤波电容。

4.　SPD 隐藏信息

SPD 信息非常重要，它能够直观反映出内存的性能及体制，它里面存放着内存可以稳定工作的指标及产品的生产厂家等信息。不过，由于每个厂商都能对 SPD 进行随意修改，因此很多杂牌内存厂商都将 SPD 的参数进行修改，甚至根本就没有 SPD 这个元件，又或者有些兼容内存生产商直接仿造名牌产品的 SPD，不过一旦上机使用就会原形毕露。因此，对于大厂内存来说，SPD 参数是非常重要的；但是对于杂牌内存来说，SPD 的信息并不值得完全相信。

5.4.2　内存芯片的标识

内存的生产厂家很多，但在国内市场上常见的内存由韩国、中国台湾等地厂商生产。内存条的生产厂家和品牌相当多，无品牌的内存条市场份额相当大，因此内存条市场出现鱼龙混杂的现象，有不少假冒伪劣内存条在市场上出现，购买内存条时应当小心。常见品牌的内存条有金士顿、胜创、三星、现代、宇瞻、金邦等，采用盒装和在内存条上贴有品牌标志来出售。正品品牌内存条有良好的品质，厂商能提供良好的售后服务。

内存条的容量和性能主要由内存芯片所决定，通过了解内存芯片的标识，可以推算出内存条的容量。在我国常见的内存芯片有三星 SAMSUNG、现代 Hynix（以前为 Hyundai）、镁光 Micron、胜创 Kingmax 等厂商生产。因此在内存芯片上有相应的厂家品牌标识及芯片的型号，通过内存芯片上的型号可以知道它的容量构成和规格。各内存厂商生产的内存芯片命名规则不同，具体命名规则可查阅各厂商的网站或相关资料。

5.4.3 内存选购要点

1. 按需购买，量力而行

在购买时，首先要考虑到所配电脑的作用，根据作用的不同再去考虑内存的容量以及型号。如果只是需要日常的应用，则根据当前的主流配置，选择容量一般的、频率中等的内存就可以了；如果需要图像处理或者高档的娱乐功能，则应根据自身的经济状况，尽量选取性能优越的内存。

2. 认准内存类型

要根据所购买的主板来选取相应的内存，不同时代的主板芯片组对内存的支持也是不同的，因此必须要仔细地查看主板的参数，然后再选择对应的内存。目前，DDR3 内存已经成为市场的主流产品。

3. 注意 Remark

有些"作坊"把低档内存芯片上的标识打磨掉，重新写上一个新标识，从而把低档产品当高档产品卖给用户，这种情况就叫 Remark。由于要打磨或腐蚀芯片的表面，一般都会在芯片的外观上表现出来。正品的芯片表面一般都很有质感，要么有光泽或荧光感，要么就是亚光的。如果觉得芯片的表面色泽不纯，甚至比较粗糙、发毛，那么这个芯片的表面一定是受到了磨损。

4. 仔细察看电路板

电路板的做工要求板面要光洁、色泽均匀；元件焊接要求整齐划一，绝对不允许错位；焊点要均匀、有光泽；金手指要光亮，不能有发白或发黑的现象；板上应该印刷有厂商的标识。常见的劣质内存经常是芯片标识模糊或混乱、电路板毛糙、金手指色泽晦暗、电容歪歪扭扭如手焊一般、焊点不干净利落。

5. 售后服务

目前最常看到的情形是用橡皮筋将内存扎成一捆进行销售，用户得不到完善的咨询和售后服务，也不利于内存品牌形象的维护。部分有远见的厂商已经开始完善售后服务渠道，如Winward，拥有完善的销售渠道，切实保障了消费者的权益。应该选择良好的经销商，一旦购买的产品在质保期内出现质量问题，及时去更换即可。

5.5 内存的常见故障及排除

内存作为电脑中重要的设备之一，故障的频发率相当高，大部分的死机、蓝屏、无法启动等故障基本上都是由内存所引起的。因此，在检查硬件故障时，往往将内存故障放在首要位置，优先判断。常见的内存故障有以下几种情况：

1. 内存接触不良故障

接触不良是最常见的故障，一般是由内存没有插到位、内存槽有灰尘或者内存槽自身有问题引起的。此类故障的通常表现是开机后系统发出报警，报警信息随着 BIOS 的不同而不同。P4 以后的国产品牌机最容易出现此类故障。内存接触不良的原因有以下几种：

（1）内存插槽变形。这种故障不是很常见，一般是由于主板形变导致内存插槽损坏造成的。出现此类故障，当把内存条插入内存插槽时，主机加电开机自检时不能通过，会出现连续的短"嘀"声，即常说的内存报警。

（2）引脚烧熔。现在的内存条和内存插槽都有防插反设计，但还是有许多初学者会把内存条插反，造成内存条和内存插槽个别引脚烧熔，这时只能放弃使用损坏的内存插槽。

（3）内存插槽有异物。如果在内存插槽里有其他异物，当插入内存条时就不能插到底，内存条无法安装到位，也会出现开机报警现象。

（4）内存金手指氧化。这种情况最容易出现，一般常见于使用半年或一年以上的机器。当天气潮湿或天气温度变化较大时，无法正常开机。

处理此类故障，只要清理内存插槽中的灰尘，或者用力将内存条插到位即可；对于内存插槽有问题的，将主板返回经销商退换即可。注意在安装和检修时，一定不能用手直接接触内存插槽的金手指，因为手上的汗液会粘附在内存条的金手指上。如果内存条的金手指做工不良或根本没有进行镀金工艺处理，那么内存条在使用过程中很容易出现金手指氧化的情况，时间长了就会导致内存条与内存插槽接触不良，最后出现开机时内存报警。对于内存条氧化造成的故障，必须小心地使用橡皮将内存条的金手指认真擦拭，将氧化物擦除。此外，即使不经常使用电脑，也要每隔一个星期开机一次，让机器运行一两个小时，利用机器自身产生的热量把内部的潮气驱走，保持机器良好的运行状态。

2. 兼容性故障

内存不兼容故障主要包括内存和其他部件不兼容，或多条内存条之间不兼容。故障主要表现为系统无法正常启动、内存容量丢失等。处理此类故障时，首先通过修改系统设置参数查看能否解决问题，如果不能，只有通过更换相互冲突的部件之一，以使它们正常工作。

3. 系统内存参数设置不当故障

系统内存参数设置不当故障一般表现在系统速度很慢，并且系统经常提示内存不足或者经常死机等。处理此类故障，只要根据故障的具体情况重新设置相关参数即可。系统设置主要有以下两个方面：

（1）BIOS 中有关内存的参数设置；

（2）操作系统中有关内存方面的设置。

4. 内存质量故障

内存质量问题主要包括用户购买的内存质量不合格，或由于用户使用不当造成内存损坏。故障主要表现为开机后无法检测到内存、在安装操作系统时特别慢或者中途出错、系统经常提示注册表信息出错等。如果是内存质量问题，一般用户很难进行维修，可以到经销商处退换，或送到专业的维修站进行维修。否则，只有购买新的内存以排除故障。

实验 5

1. 实验项目

内存的型号识别和性能测试。

2. 实验目的

（1）了解内存的分类。

（2）熟悉内存的指标的含义。

（3）掌握内存的测试工具。

3. 实验准备及要求

（1）DDR、DDR2 和 DDR3 内存各一种。

（2）MEMTEST、Windows Memory Diagnostic、RightMark Memory Analyzer 等工具软件。

4．实验步骤

（1）查看三种内存的外观区别。

（2）下载 MEMTEST、Windows Memory Diagnostic、RightMark Memory Analyzer 等工具软件。

（3）利用工具软件对 DDR 内存进行性能的测试。

5．实验报告

（1）写出对三种内存的外观描述。

（2）写出三种内存的性能差距。

（3）写出用内存测试软件 MEMTEST、Windows Memory Diagnostic、RightMark Memory Analyzer 等工具对内存测试的结果。

习题 5

一、填空题

（1）内存储器包括_____、_____、_____等。

（2）DDR 在时钟信号_____沿与_____沿各传输一次数据，这使得 DDR 的数据传输速度为传统 SDRAM 的_____。

（3）DDR2 能够在 100MHz 的发信频率基础上提供每插脚最少_____MB/s 的带宽，而且其接口将运行于_____电压上，从而进一步降低发热量，以便提高频率。

（4）内存带宽是指内存的数据传输的速率，即每秒传输的字节数，其计算方法为_____。

（5）常见内存的校验方法有_____与_____。

（6）SDRAM 使用的是_____电压，DDR 内存使用的是_____电压，DDR2 内存使用的是_____电压，而 DDR3 内存使用的是_____电压。

（7）系统时钟循环周期代表内存能运行的_____，数据越_____越快。

（8）_____是内存条上与内存插槽之间的连接部件，所有的信号都是通过_____进行传送的。

（9）_____能够直观反映出内存的性能及参数，它里面存放着内存可以稳定工作的指标以及产品的生产厂家等信息。

（10）内存的存取时间是指_____所需要的时间，数值_____，数据输出的时间越长，性能就越差。

二、选择题

（1）现在的主流内存是（　　）。

  A．DDR   B．SDRAM   C．RDRAM   D．DDR3

（2）下面（　　）不是 ROM 的特点？

  A．价格高   B．容量小

  C．断电后数据消失   D．断电后数据不消失

（3）DDR SDRAM 内存的金手指位置有（　　）个引脚。

  A．184   B．220   C．168   D．240

（4）DDR3 的工作电压为（　　）。

A. 3.3　　　　　B. 1.5　　　　　C. 2.5　　　　　D. 1.8

（5）一条标有 PC2700 的 DDR 内存，属于下列的（　　　）规范。

A. DDR200MHz　　　　　　　　B. DDR266MHz

C. DDR333MHz　　　　　　　　D. DDR400MHz

（6）通常衡量内存速度的单位是（　　　）。

A. ns　　　　　B. s　　　　　C. 1/10s　　　　　D. 1/100s

（7）在计算机内存储器中，不能修改其内存储内容的是（　　　）。

A. RAM　　　B. ROM　　　C. DRAM　　　D. SRAM

（8）下列存储单位中最大的是（　　　）。

A. Byte　　　B. KB　　　C. MB　　　D. GB

（9）1GB 的容量等价于（　　　）。

A. 100MB　　　C. 1000B　　　C. 1024MB　　　D. 1024KB

（10）将存储器分为主存储器、高速缓冲存储器和 BIOS 存储器，这是按（　　　）标准来划分的。

A. 工作原理　　　B. 封装形式　　　C. 功能　　　D. 结构

三、判断题

（1）DRAM（Dynamic RAM）即动态 RAM，集成度高、价格低、只可读不可写。
（　　　）

（2）不同规格的 DDR 内存使用的传输标准也不尽相同。　　　　（　　　）

（3）内存报警，就一定是内存条坏了。　　　　　　　　　　　（　　　）

（4）内存储器也就是主存储器。　　　　　　　　　　　　　　（　　　）

（5）内存条通过金手指与主板相连，正反两面都有金手指，这两面的金手指可以传输不同的信号，也可传输相同的信号。　　　　　　　　　　　　（　　　）

四、简答题

（1）SDRAM 与 DDR 的工作方式有什么不同？

（2）DDR3 的工作电压是多少？与 DDR2 相比，它有哪些优点？

（3）如何选购一个好内存？

（4）如何进行内存的日常维护？

（5）内存接触不良的原因主要有哪些？

第**6**章

光盘及光盘驱动器

光驱就是光盘驱动器的简称，是专门用来读取光盘信息的设备。因为光盘存储容量大、价格便宜，保存时间长，适宜保存大量的数据，如声音、图像、动画、视频信息、电影等多媒体信息，所以光驱是多媒体电脑中不可缺少的硬件配置。

6.1 光盘

光盘于 1965 年由美国发明，当时所存储的格式仍以模拟（Analog）为主。它是用激光扫描的记录和读出方式保存信息的一种介质。由于软盘的容量太小，光盘凭借其大容量得以广泛使用。常用的 CD、VCD、DVD 就属于光盘。

6.1.1 光盘的分类

随着光碟的光存储技术的不断发展，光碟种类也越来越多，按照光碟是否可以擦写可以分为不可擦写光盘，如 CD-ROM、DVD-ROM、BD-ROM 等；可擦写光盘，如 CD-RW、DVD-RAM 及 BD-RE 等。按照光盘的光存储技术则分为以下几种。

1. 基于红外激光技术的光盘

（1）CD（Compact Disc）是一种用以储存数字资料的光学碟片，于 1982 年问世，至今仍然是商业录音的标准存储格式，标准容量为 650MB，最大容量为 850MB。在 CD 发明之前，音响系统都是属于模拟制式的，音乐的来源大多是 30 厘米直径的 LP 唱片、收音机及录音机等，根本就没有数位音响。因此，CD 可以说是继晶体管以来最伟大的发明。

（2）VCD（Video Compact Disc）是一种在光盘上存储视频信息的标准，它是一种全动态、全屏播放的视频标准。它的格式可分为：分辨率为 352×240 像素，每秒 29.97 幅画面（适合 NTSC 制式电视播放）；分辨率为 352×240 像素，每秒 23.976 幅画面；分辨率为 352×288 像素，每秒 25 幅画面。

2. 基于红色激光技术的光盘

（1）DVD（Digital Versatile Disc）是一种光盘存储器，通常用来播放标准电视机清晰度的电影，高质量的音乐与作大容量存储数据用途。DVD 与 CD 的外观极为相似，直径都是 120 毫米左右。在 20 世纪 90 年代早期，就有两种高容量光盘标准处于研究阶段，一个是多媒体光盘（MMCD），支持者是飞利浦（Philips）和索尼（Sony）；另一个是超高密度光盘（Super High Density Disc），支持者分别是东芝（Toshiba）、时代华纳（Time-Warner）、松下电器（Panasonic）、日立（Hitachi）、三菱电机（Mitsubishi Electric）、先锋（Pioneer）、汤姆逊（Thomson）和 JVC。当时 IBM 出面合并两个标准，避免了 20 世纪 80 年代 VHS 和 BETAMAX 的标准之战。后来由于电脑界业者（包括 Microsoft、Intel 等厂商）坚持只支持一种统一的规格，于是两大阵营将标准合并成为 DVD，并于 1995 年推出。和 CD 不同，DVD 从一开始就设计为多用途光盘。原始的 DVD 规格里共有五种子规格：

DVD-ROM：用作存储电脑数据；

DVD-Video：用作存储图像；

DVD-Audio：用作存储音乐；

DVD-R：只可写入一次刻录碟片；

DVD-RAM：可重复写入刻录碟片。

虽然这些标准存储的内容、目录和文件排列架构不同，但除了 DVD-RAM 外，它们的基层结构是一样的。也就是说，DVD-Video 或 DVD-Audio 都只是 DVD-ROM 的应用特例，将 DVD-Video 或 DVD-Audio 放入电脑的 DVD 驱动器中，都可看到里面的数据以文件的方式存储。

由于 DVD 记录层的数量不同，DVD 的容量也不一样。在计算 DVD 的容量时，1GB 代表 1000bytes，而不是惯用的 1024bytes。具体的规格标准包括：

DVD-5 是 DVD 论坛定义的规格，为标称容量 4.7GB 的单面单层 DVD 片，在市面上最常见；

DVD-9 的标称容量理论为 9.4GB，实际为 8.5GB 的单面双层 DVD 片；

DVD-10 的标称容量为 9.4GB 的双面单层 DVD 片；

DVD-14 的标称容量为 13.2GB 的单面单层+单面双层 DVD 片，相较于其他四种容量的片子，未被广泛运用；

DVD-18 的标称容量为 17GB 的双面双层 DVD 片。

（2）FVD（Forward Versatile Disc）是由中国台湾的工业技术研究院（工研院）所主导开发的光碟存储格式。其目标是在现有 DVD 与下一时代的蓝光光碟之间过渡，提供一个在两者时代交替的解决方案。由于 FVD 使用红光镭射（laser）作为存取光源，其波长为 650nm，轨距缩小至 0.64μm，并且使用 8/16 或 8/15 编码，提高了侦错能力，可达到单面单层 5.4～6GB、单面双层 9.8～11GB、单面三层 15GB。

（3）其他的光盘包括 EVD（Enhanced Versatile Disc）、HVD（High-definition Versatile Disc）、HDV（High Definition Video）、NVD（Net Video Disc）、VMD（Versatile MultiLayer Disc）、DualDisc 和 UMD（Universal Media Disc）等。

3. 基于蓝色激光技术的光盘

（1）蓝光光盘（BD，Blu-ray Disc）是 DVD 之后的新一代光盘格式之一，目前发展迅速，有取代 DVD 的趋势。BD 用来存储高品质的影音及高容量的数据存储。蓝光光盘这一称谓并非官方正式中文名称，而是容易记住的非官方名称，它没有正式中文名称。蓝光光盘是由 Sony 及松下电器等企业组成的蓝光光盘联盟（BDA，Blu-ray Disc Association）策划的光盘规格，并以 Sony 为首于 2006 年开始全面推动相关产品。蓝光光盘的命名是由于其采用波长 405nm 的蓝色激光光束来进行读/写操作（DVD 采用 650nm 波长的红光读/写器，CD 则是采用 780nm 波长的读/写器）。蓝光光盘的英文名称不使用 Blue-ray 的原因是 "Blue-ray Disc" 这个词在欧美地区流于通俗、口语化，具有说明性意义，不能构成注册商标申请的许可，因此蓝光光盘联盟去掉英文字母 e 来完成商标注册。2008 年 2 月 19 日，随着 HD DVD 领导者东芝宣布在 3 月底退出所有 HD DVD 相关业务，持续多年的下一代光盘格式之争正式画上句号，最终由 Sony 主导的蓝光光盘胜出。一个单层的蓝光光盘的容量为 25GB 或 27GB，足够录制一个长达 4 小时的高解析影片。索尼称，以 6X 倍速刻录单层 25GB 的蓝光光盘只需大约 50 分钟。双层的蓝光光盘容量可达到 46GB 或 54GB，足够刻录一个长达 8 小时的高解析影片。而容量为 100GB 或 200GB 的，分别是 4 层及 8 层。

（2）HD DVD 是一种以蓝光激光技术存储数字格式信息于光盘上的产品，现已发展成高分辨率 DVD 标准，由 HD DVD 推广协会负责制定及开发。HD DVD 与其竞争对手 Blu-ray Disc 有些相似之处，光盘均是和 CD 同样大小（直径 120mm）的光学数字格式存储媒介，使用 405 纳米波长的蓝色激光。HD DVD 由东芝、NEC、三洋电机等企业组成的 HD DVD 推广协会负责推广，惠普（同时支持 BD）、微软及英特尔等相继加入 HD DVD 的阵营，其中的主流片厂环球影业也是成员之一。HD DVD 的单面单层容量为 15GB，单面双层容量为 30GB。东芝更声称，单面三层碟片正在开发中，能够提供 51GB 的存储空间，大大高于他的主要对手 Blu-ray Disc。然而蓝光光盘的碟片单层就有 25GB 的存储容量，2 层和 4 层分别可以储存 50GB 和 100GB 的数据。

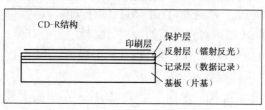

图 6-1　光盘的具体结构

6.1.2　光盘的结构

光盘主要分为五层，包括基板、记录层、反射层、保护层、印刷层，具体结构如图 6-1 所示。

1. 基板

基板是各功能性结构（如沟槽等）的载体，其使用的材料是聚碳酸酯（PC），冲击韧性极好、使用温度范围大、尺寸稳定性好、耐候性、无毒性。一般来说，基板是无色透明的聚碳酸酯板，在整个光盘中，它不仅是沟槽等的载体，更是整体个光盘的物理外壳。

2. 记录层（染料层）

这是烧录时刻录信号的地方，其主要的工作原理是在基板上涂抹上专用的有机染料，以供激光记录信息。由于烧录前后的反射率不同，经由激光读取不同长度的信号时，通过反射率的变化形成"0"与"1"信号，借以读取信息。

目前，一次性记录的 CD-R 光盘主要采用有机染料（酞菁），当此光盘在进行烧录时，激光就会对在基板上涂的有机染料进行烧录，直接烧录成一个接一个的"坑"，这样有"坑"和没有"坑"的状态就形成了"0"和"1"的信号。这一个接一个的"坑"是不能恢复的，也就是当烧成"坑"之后，将永久性地保持现状，这也就意味着此光盘不能重复擦写。这一连串的"0"、"1"信息就组成了二进制代码，从而表示特定的数据。对于可重复擦写的 CD-RW 而言，所涂抹的就不是有机染料，而是某种碳性物质，当激光在烧录时，不是烧录成一个接一个的"坑"，而是通过改变碳性物质的极性，来形成特定的"0"、"1"代码序列。这种碳性物质的极性是可以重复改变的，这也就表示此光盘可以重复擦写。

3. 反射层（减镀层）

这是光盘的第三层，它是反射光驱激光光束的区域，借反射的激光光束读取光盘片中的资料。其材料为纯度为 99.99% 的纯银金属。一般来说，光盘可以当作镜子用，就是因为有这一层的缘故。

4. 保护层

保护层是用来保护光盘中的反射层及染料层，防止信号被破坏。

5. 印刷层

印刷盘片的客户标识、容量等相关资讯的地方，也就是光盘的背面。

6.1.3　DVD、BD、HD-DVD 的比较

DVD、BD、HD-DVD 各有特点，竞争十分激烈。从目前市场来看，BD 具有优势，很有

可能取代 DVD 和 HD-DVD，成为市场的主流。下面就这三种格式技术上的特点做一个比较。

BD、HD DVD Laser light 405nm

Violet≈400nm
Indigo≈445nm
Blue≈475nm
Green≈510nm
Yellow≈570nm
Orange≈590nm
Red≈650nm

DVD Laser light650nm

图 6-2　DVD、BD、HD-DVD 激光束的比较

1．激光束的比较

DVD 使用波长为 650nm 的红光激光束，而 BD、HD-DVD 都使用波长为 405nm 的蓝紫光激光束，如图 6-2 所示。

2．烧录技术的比较

目前主流的 DVD 光存储采用的是 NA（Numerical Aperture，数值孔径）值为 0.6 的聚焦镜头。在光学系统中，镜头的 NA 值代表了物镜聚集激光的能力，激光在光盘上的照射光斑（形成记录点）直径=$\alpha\lambda$/NA（α 是个常数，通常取 1.22，与激光波长 λ 成正比，与物镜的 NA 值成反比）。DVD 的焦点直径为 1.32μm，BD 的焦点直径为 0.58μm。DVD、HD-DVD、BD 等几种光盘与光源的烧录技术参数如表 6-1 所示。

表 6-1　几种光盘与光源的烧录技术参数

		CD	DVD	HD-DVD	Blu-ray Disc
光盘	最小记录点长度	0.83μm	0.41m	0.204μm	0.149μm
	轨距	1.6μm	0.74μm	0.4μm	0.32μm
	记录密度	0.41 Gb/in2	2.77Gb/in2	8.83 Gb/in2	14.73 Gb/in2
	读出层厚度	1.2mm	0.6mm	0.6mm	0.1mm
光源	激光波长	780nm	650nm	405nm	405nm
	物镜 NA 值	0.45	0.60	0.65	0.85
	光斑直径	2.11μm	1.32μm	0.76μm	0.58μm

物镜的数字孔径 NA 的大小还与光盘的透明覆盖层（或称读出层）的厚度有关系，NA 值越大，要求光盘的覆盖层越薄。因此，BD 光盘将读出层厚度最大限度地压缩到了 0.1mm，而 DVD、HD-DVD 则为 0.6mm。如图 6-3 所示为 DVD、HD-DVD 和 BD 的烧录技术及光斑大小示意图。

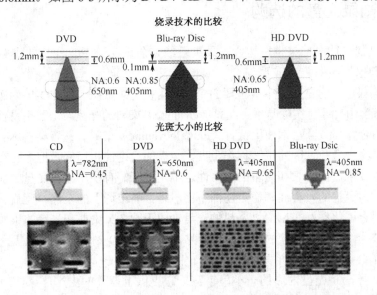

图 6-3　DVD、HD-DVD 和 BD 的烧录技术及光斑大小示意图

3. 容量的比较

单面单层容量 DVD 为 4.7GB、HD-DVD 为 15GB、BD 为 25GB，单面双层容量 DVD 为 8.4GB、HD-DVD 为 30GB、BD 为 50GB，如图 6-4 所示。

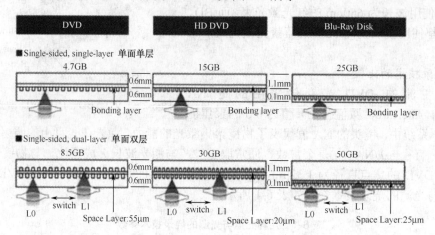

图 6-4　DVD、HD-DVD、BD 容量的比较

4. 音频、视频技术的比较

DVD 只支持 640×480 像素的普通电视分辨率，而 HD-DVD 和 BD 都支持 1920×1080 像素的高清电视标准。它们支持的音频、视频压缩格式如表 6-2 所示。

表 6-2　DVD、HD-DVD、BD 支持的音频、视频压缩格式

	DVD	HD-DVD	BD
支持的音频格式	Dolby Digital、DTS	Dolby Digital、Dolby Digital Plus、DTS、Linear PCM、Dolby TrueHD	Dolby Digital、DTS、Linear PCM
支持的视频格式	MPEG-1、MPEG-2	VC-1、MPEG-2、MPEG-4 AVC	VC-1、MPEG-2、MPEG-4 AVC

6.1.4　刻录光盘的选购

随着刻录机制造技术越来越发达，刻录机已经完全普及到 PC 用户的家庭中，因此对于刻录光盘的选购也就显得尤为重要。

首先要看染料层，它是光盘中最重要的一层，用以记录数据。以 CD-R 为例，在绿盘、白金盘、金盘、蓝盘中，绿盘实际是采用花菁（Cyanine）染料的光盘，由于不易保存，所以现在已经不多见；白金盘与黄金盘都使用钛菁（Phthalocyanine）染料，钛菁染料本身是淡黄色，它和反射层结合后呈现金色，因此也被称作金盘。金盘的稳定性相当好，但是它在刻录时对激光头功率有较高的要求，同时它和光驱的兼容性也不是很好。有些厂家在光盘中加入银介质，便出现了白金盘，白金盘的兼容性和稳定性都不错，是目前市场上的主流。蓝盘、水蓝盘、深蓝盘都指的是采用金属化偶氮（AZO）染料的光盘，由于 AZO 染料和光盘的银质反射层结合后呈蓝色，因此被称作蓝盘。蓝盘的质量稳定可靠，在音乐 CD 刻录方面表现优秀。

其次，要学会认识光盘的相关特征。

（1）环码。环码是光盘内圈的一小串字符，它提供了盘片的生产厂家、速度、批次等信息。环码是光盘一个相当重要的信息码，常用来判断光盘的生产厂家及光盘的真伪。

（2）喷码（圈码）。喷码是光盘内圈的一串字符，常用激光刻蚀或网点印刷的方式制成。喷码主要用于防伪，通过拨打防伪电话查询可以确认光盘的真伪。

（3）光盘生产厂家。主要的光盘生产厂家有 Ritek（莱德）、CMC（中环）、Prodisk（精碟）、Mitsubishi（三菱）、Plasmon（大自然）、BenQ（明基）、Richo（理光）等。这些厂家不仅制造自有品牌的光盘，还为其他厂家代工，因此也就有市场上各个品牌百花齐放的局面。其中，莱德、明基、精碟、三菱、理光等品牌的产品是公认的优质产品。

（4）一印和二印。一印是指光盘的印刷层是一次印刷而成的，大多数刻录光盘都是如此；而二印是在一印基础上再覆盖一层喷漆，二印光盘多用于达到某种掩盖目的（如修改品牌、修改碟片最大刻录速度等）。购买光盘时最好能留意一下盘片的厚度，不要选购过厚的盘片。

（5）速度。光盘一般都标记出盘片的最大刻录速度。

6.1.5 光盘的保养

光盘驱动器在读光盘时，读/写头并没有直接与盘面接触，而是悬在盘的表面检测从光盘表面反射的激光差异，进而转换为数据。所以，任何微小的划痕、灰尘、手指印等都会导致数据的读出错误，而遇到永久性的损伤，则会对信息的读取带来更大的危害。因此，注意光盘日常的养护是十分重要的。

（1）光盘因受天气温度的影响，表面有时会出现水汽凝结，使用前应用干净柔软的棉布对光盘表面轻轻地进行擦拭。

（2）光盘放置应尽量避免落上灰尘并远离磁场，取用时以手捏光盘的边缘和中心为宜。

（3）光盘表面如发现污渍，可用干净棉布蘸上专用清洁剂，由光盘的中心向外边缘轻揉，切勿使用汽油、酒精等化学成分的溶剂，以免腐蚀光盘内部的精度。

（4）严禁用利器接触光盘，以免划伤。若光盘被划伤，会造成激光束与光盘信号输出不协调及信号失落现象。如果有轻微划痕，可用专用工具打磨恢复原样。

（5）在存放光盘时因其厚度较薄、强度较低，在叠放时以 10 张之内为宜，超过 10 张则容易使光盘变形，影响播放质量。

（6）光盘若出现变形，可将其放在纸袋内，上下各夹玻璃板，在玻璃板上方放上 5kg 的重物，36 小时后即可恢复光盘的平整度。

（7）对于需长期保存的重要光盘，选择适宜的温度尤为重要。温度过高、过低都会直接影响光盘的寿命，保存光盘的最佳温度以 20℃左右为宜。

6.2 光盘驱动器

光盘驱动器就是平常所说的光驱，是一种读取光盘信息的设备。

6.2.1 光驱的分类

可以根据光驱对光盘的处理能力来划分光驱的种类。

（1）只读光盘驱动器：CD-ROM、DVD-ROM、蓝光光驱。其中 CD-ROM 只能读取 CD 光盘，DVD-ROM 则可以读取 CD 和 DVD 光盘，蓝光光驱除了读取蓝光光盘还能兼容 DVD、VCD、CD 等格式。随着厂家的生产技术的提高，现在 CD-ROM 基本上已经退出了市场。

（2）多用驱动器 Combo，部分厂商曾称之为康宝光驱，有读 CD、DVD 和写 CD 功能。有采用可以调节为两挡以分别读/写 CD 和读 DVD 的单激光头类型，也有采用不同激光头来分别读写 CD 和读 DVD 的双激光头类型。

（3）可读写光盘驱动器：CD-RW、DVD-RW、DVD+RW、DVD±RW（DVD-Dual）、DVD-RAM、DVD-Super Multi 和 BD-RE。这类光驱的一个显著的特点就是可以对刻录光盘进行刻录，并且后者兼容前者，也就是说 BD-RE 可以刻录和读取 CD、DVD 和 BD 光盘，而 DVD-RW 可刻录和读取 CD、DVD 光盘，CD-RW 只能刻录和读取 CD 盘。目前，市面上的 DVD 刻录光驱的价钱已经非常便宜，与 DVD-ROM 相差不大，因此现在的 DVD 刻录光驱已经成为电脑的标准配置。

6.2.2 光驱的组成

无论哪种光驱都是由控制面板、外围接口、商业标签及内部的机械组件构成的。如图 6-5 所示是一个普通的 DVD 光驱。

1. 控制面板

光驱的控制面板如图 6-6 所示。

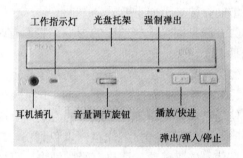

图 6-5　普通的 DVD 光驱　　　　　　　图 6-6　光驱的控制面板

（1）耳机插孔。用于连接耳机和音箱，可输出 Audio CD 音乐。

（2）音量调节旋钮。用于调节输出的 CD 音乐音量的大小。有的光驱采用两个数字按键代替该旋钮。

（3）工作指示灯。该灯亮时，表示光驱正在读取数据；不亮时，表示驱动器没有读取数据。

（4）光盘托架。用于放置光盘，由电机带动其进/出。

（5）弹出/弹入/停止按钮。用于控制光盘托架的出、进和停止 CD 的播放。

（6）强制弹出孔。用于在断电或其他非正常状态下拉出光盘托架。可插入细的比较坚硬的金属棒，如将回形针拉直插入，来推出光盘托架。有些光驱的控制面板上还有用于 CD 播放的按钮，即播放/暂停及跳道按钮。

2. 外围接口

（1）电源插座。使用与硬盘相同的四线电源插头连接。

（2）数据线插座。连接数据电缆。

（3）主/从盘选择跳线。在 IDE 接口光驱上用来设置该光驱的主从位置，以免与连接在同一电缆上的硬盘冲突。Master 表示为主，Slave 表示为从。如果主板上有两个 IDE 接口，最好将 IDE 硬盘接到主板的 IDE1 接口上，光驱接到 IDE2 接口上。

（4）模拟音频输出连接口。光驱与声卡的连接口，安装时将光驱或声卡佩戴的一条四针音频线一端连接到声卡相应插座，一端连到光驱的此接口，注意音频线必须对应连接好。该接口连线只对播放 Audio CD 有用。

（5）数字音频输出连接口。可以连接到数字音频系统或数码音乐设备。

3. 商业标签

光驱的上面贴有标签，标明品牌、型号、生产厂家、通过哪些认证标准，以及对光驱背后接口的说明。

4. 光驱内部的机械组件

在光驱的铁壳内有机芯、控制电路板和固定件。机芯上面有带动光盘旋转的电机，这个电机通过齿轮传动可带动光盘托架进/出，还有带动激光头进行直线运动的电机机构。控制电路通过电缆与机芯连接，控制机芯带动光盘旋转和读取数据，将数据通过接口电缆传送给主机。光驱内部的机械组件如图 6-7 所示。

图 6-7　光驱内部的机械组件

6.2.3　光驱的工作原理

光驱是一个结合光学、机械及电子技术的产品。在光学和电子结合方面，激光光源来自于一个激光二极管，它可以产生波长约 0.54～0.68μm 的光束，经过处理后光束更集中且能精确控制。首先光束打在光盘上，再由光盘反射回来，经过光检测器捕获信号。光盘上有两种状态，即凹点和空白，它们的反射信号相反，很容易经过光检测器识别。检测器所得到的信息只是光盘上凹凸点的排列方式，驱动器中有专门的部件把它转换并进行校验，然后才能得到实际数据。光盘在光驱中高速地转动，激光头在伺服电机的控制下前后移动读取数据。

一台普通光驱的内部通常由以下几个部分组成，如图 6-8 所示，包括主体支架、光盘托架、激光头组件、电路控制板。通常所说的激光头实际上是一个组件，具有主轴电机、伺服电机、激光头和机械运动部件等结构，而其中的激光头则是由一组透镜和光电二极管组成的。

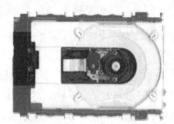

图 6-8　光驱的内部结构

激光头是光驱的心脏，也是最精密的部分，它主要负责数据的读取工作。它主要包括激光发生器（又称激光二极管）、半反射棱镜、物镜、透镜及光电二极管。当激光头读取盘片上的数据时，从激光发生器发出的激光透过半反射棱镜，汇聚在物镜上，物镜将激光聚焦成为极其细小的光点并打到光盘上。此时，光盘上的反射物质就会将照射过来的光线反射回去，透过物镜，再照射到半反射棱镜上。由于棱镜是半反射结构，因此不会让光束完全穿透并回到激光发生器上，而是经过反射，穿过透镜，到达光电二极管上面。光盘表面是以凸起不平的点来记录数据，所以反射回来的光线就会射向不同的方向。人们将射向不同方向的信号定义为"0"或"1"，发光二极管接收到的是以"0"、"1"排列的数据，并最终将它们解析成需要的数据。

在激光头读取数据的整个过程中，寻迹和聚焦直接影响到光驱的纠错能力及稳定性。寻迹就是保持激光头能够始终正确地对准记录数据的轨道。当激光束正好与轨道重合时，寻迹误差信号就为 0；否则寻迹信号就可能为正数或者负数，激光头会根据寻迹信号对姿态进行适当的调整。如果光驱的寻迹性能很差，在读盘时就会出现读取数据错误的现象，最典型的就是在读音轨时出现的跳音现象。所谓聚焦，就是指激光头能够精确地将光束打到盘片上并收到最强的信号。当激光束从盘片上反射回来时，会同时打到 4 个光电二极管上，它们将信号叠加并最终形成聚焦信号。只有当聚焦准确时，这个信号才为 0；否则，它就会发出信号，矫正激光头的位置。聚焦和寻道是激光头工作时最重要的两项性能，平常所说的读盘好的光驱都是在这两方面性能优秀的产品。光驱的聚焦与寻道与盘片本身有很大程度的关系。目前，市场上无论是正版盘还是盗版盘都会存在不同程度的中心点偏移及光介质密度分布不均的情况。当光盘高速旋转时，造成光盘强烈振动的情况，不但使得光驱产生风噪，而且迫使激光头以相应的频率进行反复聚焦和寻迹调整，严重影响光驱的读/写速度和使用寿命。

6.2.4 光驱的技术指标

1. 速度

这里所说的速度，指的是光盘驱动器的标称速度，也就是平时所说的光驱速度是多少速，如 40X、50X 等。普通的 CD-ROM 只有一个标称速度，而 DVD-ROM 有两个，一个是读取 DVD 光盘的速度，现在一般都是 16X；另一个是读取 CD 光盘的速度，等同于普通光驱的读盘速度。对于刻录机来说，其标称速度有三个，分别为写/复写/读，如 40X/10X/48X 表示此刻录机刻录 CD-R 的速度为 40X，复写 CD-RW 的速度为 10X，读取普通 CD 光盘的速度为 48X。COMBO 驱动器相比刻录机又增加了一个标称速度，如三星 SM-348B 的标称速度为 48X CD-ROM/16X DVD/48X CD-R/24X CD-RW。

2. 数据传输率

这是光盘驱动器的一个重要指标，此指标和标称速度密切相关。标称速度由数据传输率换算而来，CD-ROM 标称速度与数据传输率的换算为 1X= 150KB/s。不过随着光驱速度的提高，单纯的数据传输率已经不能衡量光驱的整体性能，由寻道时间和数据传输率结合派生出的两个子项，即内圈传输速率（Inside Transfer Rate）和外圈传输速率（Outside Transfer Rate），它们也左右着光驱的性能。

对于 DVD-ROM 而言，其传输速率有两个指标，一个是普通光盘的读取速率，和 CD-ROM 一样；另一个是 DVD-ROM 的数据传输率，此时 1X=1385KB/s，比 CD-ROM 的 1X 提升了不少。其他的刻录机及 COMBO，当涉及 CD 光盘的读/写操作时，按照 CD-ROM 的标准计算；涉及 DVD 光盘的读/写操作时，按照 DVD-ROM 的标准计算。而 BD 的速度最快，1X =4500KB/s。

3. 寻道时间（Seek Time）

寻道时间是光驱中激光头从开始寻找到找到所需数据花费的时间。

4. CPU 占用率（CPU Usage）

这项不用多做说明，当然是越小越好。不过，刻录机的 CPU 占用率除了和驱动器有关外，和刻录软件也有很大关系。

5. 数据读取和写入方式

旋转物体有角速度和线速度之分，固定转速的物体，其径向的角速度相同，而线速度却随着半径的变化有所不同，半径越大，线速度越高。光驱的数据读取和写入方式也是如此，所以根据其方式的不同，按照角速度和线速度划分为以下几种数据读取和写入方式：

（1）CLV（Constant Linear Velocity，恒定线速度）。这是早期低倍速（12 速以下）光驱所采用的方式，当读取/刻录光盘数据时，主轴转速较快，而读取外圈时的转速较慢，采用不同的角速度实现恒定的线速度。在此方式下工作的光驱，无论读取/刻录光盘上的哪一部分数据都会得到相同的数据传输率，也就是说在使用 Nero CD Speed 进行测试时，在测试软件上出现的传输率曲线是一条直线。不过，随着光驱速度的提高，为保持恒定的线速度，主轴电机旋转速度要随时变化。这样不但技术难度较大，而且电机负担加重，造成光驱寿命减短，并难以保证整体性能的提升，因此又衍生出下面两种读取和写入方式。

（2）CAV（Constant Angular Velocity，恒定角速度）。采用这种方式时，转速为恒定角速度，技术难度相对于 CLV 方式大大降低。由于光盘以恒定角速度旋转，所以光盘内圈的数据传输率比外圈的数据传输率低。由于光驱读取数据从内圈开始，所以在使用测试软件对光驱进行测试时，所展现的数据曲线将是一个平滑上升的曲线。通常，在这种方式下工作的光驱标称速度就是外圈数据传输率，即最大数据传输率。

（3）P-CAV（Partial CAV，局部恒定角速度）。P-CAV 是将 CAV 与 CLV 合二为一，理论上是在读内圈时采用 CAV 模式，保持转速不变而读速逐渐提高。当读取半径超过一定范围则采用 CAV 方式，而在实际工作中，在随机读取时，采用 CLV。一旦激光无法正常读取数据时，立即转换为 CAV，具有更大的灵动性和平滑性。

（4）Z-CLV（Zoned Constant Linear Velocity，区域恒定线速度）。将 CD 的内圈到外圈分成数个区域，在每一个区域用稳定的 CLV 速度进行读取和写入，在区段与区段之间采用 CAV 方式过渡。这样做的好处是，减短了读取和写入时间，并能确保读取和写入的品质。只是在此模式下，每一次切换速度时，读取和写入过程都会有明显的中断，出现速度突然下降的现象。

现在的光驱很少采用 CLV 方式，而普遍采用 CAV 或 P-CAV 方式。对于高倍速刻录机来说，越来越多的人开始采用 P-CAV 和 Z-CLV 方式。

6. 缓存容量（Buffer Memory Size）

对于光盘驱动器来说，缓存越大，连续读取数据的性能越好，在播放视频音效时的效果越明显，也能够保证成功的刻录性能。目前，一般 CD-ROM 的缓存为 128KB、DVD-ROM 的缓存为 512KB、刻录机的缓存普遍为 2～4MB、个别的刻录机缓存为 8MB、BD 一般为 4～16MB。

7. 数据传输模式

数据传输模式主要有 PIOM 和 UDMA 模式，早期大多采用的是 PIOM 模式，CPU 的资源占用率较大；现在的产品基本上都是 UDMA 模式，可以通过 Windows 中的设备管理器将 DMA 打开，以提高性能。

6.2.5　光驱的测试

光驱的性能单从光驱的外表是看不出来的，只能用光驱测试软件进行测试。目前最常用的软件是 Nero DiscSpeed 和 Nero InfoTool。

1. Nero DiscSpeed

Nero DiscSpeed 是一个易用的多功能工具，可用于测试 CD、DVD 光盘驱动器和已刻录光盘的速度，还可对其进行配置，使其根据所需要的结果运行，其结果可作为图表或测试日志进行查看。在对刻录机的运行能力进行测试方面，它也是一个卓越的基准测试工具。其运行界面如图 6-9 所示。

（1）主要功能。包括简单屏幕截取，基本和高级驱动器、媒体测试，Bit setting 功能（book type 更改），支持所有常见光盘格式，创建特殊测试光盘（数据和音频），结果图形显示，测试协议和简易导入、导出功能，业界标准的 CD、DVD 和 BD 驱动器基准测试工具，可对光盘创建期间的图形传输率、CPU 占用率和缓存状态进行图表显示。

（2）基础测试。包括 CPU 占用率、突发速率、寻道/访问时间、盘片载入/弹出时间、盘片起飞/停止时间、数字音频提取速度/质量测试、快速扫描选项、传输率测试（读取与写入）。

（3）高级测试。包括超量刻录测试、高级数字音频提取测试（详细分析）、光盘质量测试（C1/C2、PI/PO/jitter 和 LDC/BIS）、ScanDisc 功能（文件测试和表面扫描）、CD/DVD/BD 媒体制造商信息、读取模式检测（CAV、CLV、P-CAV、Z-CLV）、可显示每条轨道（音频 CD）及章节（DVD-Video）或文件（数据光盘）的质量。

（4）可提供的信息。包括复制保护、光盘状态、制造商名称、二进制数据和原始数据、光盘的可用层数、驱动器中光盘的盘片类型和 book type、可识别光盘的媒体识别模式（MID）、驱动器中光盘的所有可能写入/刻录速度、光盘容量、以 MSF（分钟/秒/帧）和 MB 为单位，以及光盘的用途（音频、数据等）。

2．Nero InfoTool

Nero InfoTool 的运行界面如图 6-10 所示。它是一款光盘驱动器信息检测软件，可以检测光盘驱动器的类型（Type）、固件版本（Firmware）、存取/写入（Read/Write）速度、缓存（Buffer）以及所支持的读取光盘格式（Supported Read Features）和所支持的写入光盘格式（Supported Write Features）、刻录机所支持的技术（如 Justlink 等）。对于 DVD 来说，它还可以检测 DVD 的区码设置及剩余的更换区码次数。Nero InfoTool 还可以提供接口及软件等信息，能够让购买者迅速了解自己所购买的光盘驱动器的大致情况。

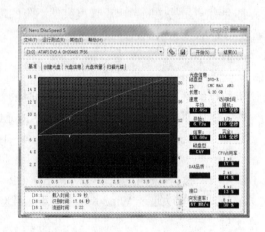

图 6-9　Nero DiscSpeed 的运行界面

图 6-10　Nero InfoTool 的运行界面

6.2.6　光盘的刻录

1．刻录光盘的条件

（1）刻录机。刻录机有外置和内置两种，内置的刻录机和电脑的光驱一样，还可以分 CD、DVD、BD、可擦写的和不能擦写的等种类。

（2）空白盘。也就是说无数据的光盘，俗称刻录盘。

（3）刻录软件。它是用来编辑刻录光盘用的软件。常用的软件有 Nero Burning ROM 、Easy CD Creator、WinOnCD、DireeCD 等。

2．刻录时要注意的问题

（1）刻录过程中最好不运行其他程序。因为刻录软件占用的硬、软件资源比较多，如果运行的程序太多，可能会导致刻录程序运行不正常，甚至刻录失败。

（2）开始刻录时尽量先用慢速。由于对刻录盘的质量不了解，可以先用慢速进行刻录，成功后再提高刻录速度。

（3）要保证被刻录的数据连续。刻录最好一次完成，如果中间停顿，可能会导致刻录不成功。

（4）刻录之前要关闭省电功能。如果启用省电功能，可能会因 CPU、硬盘、光驱等供电不足，导致刻录不成功。

（5）尽可能在配置高的机器上刻录。高配置计算机性能好，刻盘快。

（6）硬盘的容量要大，速度要稳定。复制光盘要把光盘的内容先读到硬盘的临时目录，如果硬盘空间小于光盘的容量将无法复制。因此，刻录 DVD 时，硬盘空间要大于 4.7GB；刻录 BD 时，硬盘空间要大于 25GB。

（7）刻录前最好先进行测试。一般如果测试成功，正式刻录肯定能成功，这样能减少刻录盘的损耗。

3．Nero Burning ROM 10.5 介绍

（1）闻名全球、功能强大。Nero Burning ROM 是屡获大奖的刻录软件，可进行刻录、复制和翻录。

（2）鼠标拖放即可刻录。单击鼠标即可将内容刻录到 CD、DVD 和蓝光光盘。

（3）越大越好。能将超大内容一次性刻录到多张光盘甚至不同类型的光盘中。

（4）混合刻录。使用混合模式可将音频和数据文件刻录到一张光盘上。

（5）无瑕疵复制。单击鼠标即可将家庭电影高质量复制到多张 DVD 或蓝光光盘上，或复制到硬盘存储设备。

（6）翻录音频文件。将音频 CD 文件翻录到硬盘驱动器时对文件进行自动编码，以便在 MP3 播放器上播放。

（7）保护内容安全。使用 Nero 独有的 SecurDisc 技术，可以延长刻录内容的寿命，确保光盘的可读性不受划痕、老化或磨损的影响。

（8）保护隐私。为光盘添加政府级的个人密码加密，实现独占访问，还可以创建数字签名来验证文件版本和数据可靠性。

（9）Windows® 兼容。支持 Windows 右键菜单进行刻录、复制和显示光盘信息。

（10）不再依赖硬件。新设计的 Nero SecurDisc Viewer 将包含到每张刻录盘中，以兼容各种刻录机。

6.2.7 光驱的选购

光驱是日常使用的必备硬件之一，因此光驱的选购就显得非常重要。选购光驱应遵循以下几点：

（1）选择大品牌。对于电脑硬件的选购，首先都是要尽量选择口碑较好的大品牌，有了品牌、信誉的保证，光驱的性能、质量、售后也才能使用户放心。有的杂牌产品虽然价格十分便宜，但其做工非常粗糙，选材、用料上缺斤少两，质量问题相当严重，寿命自然也会比正规品牌产品要短许多。有的产品由于设计等缺陷在长时间使用时，更会由于高温等原因出现各种安全隐患，因此，千万不要因贪图便宜而购买杂牌产品，为自己的电脑配上一颗"定时炸弹"。目前光驱市场的四大厂商为先锋、三星、索尼、微星，其次还有飞利浦、LG、华硕、BenQ 等品牌，其产品质量都非常不错，售后服务也有保障。

（2）注意光驱速度。由于光驱的硬件类型属可向下兼容型，也就是说只需购买技术较新的产品，就能兼容以前的技术标准，如 DVD 能兼容识别 CD、VCD 等。而目前的蓝光光驱定

位还较高，售价非一般用户所能接受，因此主流性价比最高的仍然是 DVD 刻录光驱。待确定了购买的品牌后，最需要注意的则是光驱的传输速度，也就是行话中常说的光驱倍速，明确了各类光驱的速度标准后，再根据自己的需求进行购买。不要盲目追求高倍速的光驱，应根据自身的需求、高性价比来定，否则也只是资金的浪费。

（3）纠错能力。纠错能力这个自家用影碟机流传下来的问题，一直是人们对于识别光盘性能老生常谈的话题；而在光驱的选购中，光驱的纠错能力同样也是不容忽视的问题。在早期光驱产品中，纠错能力差一直是光驱的弊端，但随着技术的成熟，目前的光驱在一般情况下已经拥有令人满意的纠错能力。有的用户要求的超强纠错性能，在产品同质化现象严重的今天，纠错能力等同于厂商所拥有的技术能力特点，许多高纠错能力的技术都已成为该品牌的专利。有的品牌产品其最大的卖点之一就是超强纠错的能力，因此对于各类光驱的选择与取舍则要根据用户的自身需求来定。

（4）长久的稳定性。许多用户常常反映新的光驱在刚开始使用时，性能非常好，光盘的识别能力及速度都非常快，但用了一段时间后（时间的长短视用户对光驱的使用频繁程度而定），都发现光驱出现读盘能力迅速下降的问题，这种情况其实就是行家常说的"蜜月效应"。为避免购买到这类产品，用户应该尽量选购采用全钢机芯的光驱，好材质的光驱即便在长时、高温、高湿的情况下工作，其性能也能保持恒久如一，并且采用全钢机芯光驱通常情况下要比采用塑料机芯光驱的使用寿命长很多。

（5）选用合适的接口类型。有许多用户购买的光驱接口为 ATA33 模式，从理论上说这种接口已经能够满足目前主流光驱数据的传输要求。但这种传输模式存在较大的弊端，在光驱读盘时 CPU 的占用率非常高，如果识别质量不好的光盘，CPU 的占用率会出现满载情况，严重时甚至会引起死机，大大影响光盘的识别、读取速度。因此在选购光驱时一定多留心接口的类型，根据自身的需求进行购买。目前的光驱接口类型分为 ATA/ATAPI 接口、USB 接口、IEEE 1394 接口、SCSI 接口、并行端口、SATA 接口。

6.2.8 光驱的维护

在计算机中，光盘驱动器是最易被损坏的部件之一，在日常的使用中应注意如下问题：

（1）保持室内环境清洁，减少粉尘进入光驱的可能。光电产品对灰尘是极为敏感的，虽然大部分的光驱都具备了很好的防尘能力，但还是应该尽量避免灰尘的侵袭。

（2）尽量保持水平放置。这点在读、写盘时尤为重要。因为平稳的状态可以减小噪音，并且使机械部件运行更加稳定，对刻盘及读盘都有很大的好处。所以安装光盘驱动器时一定要注意保持水平放置。

（3）不用时一定要及时将光盘取出。每次开机都会检测是否有光盘存在，如果有光盘，则控制系统会让光驱所有的部件都启动工作，时刻准备读取数据。所以，如果想延长光驱的使用寿命，就要及时将光盘从光驱内取出。此外，不用光驱时要关闭光驱门。

（4）避免物理损伤。如果是经常带光驱出去，就一定要注意轻拿轻放，尽量避免振动，保护激光头的准确定位，千万不要野蛮拆装。在关闭光驱门时不要用手去推，应使用面板上的进/出盒键，以免入盘机构齿轮错位。

（5）使用质量可靠的盘片。质量不好的光盘会缩短光驱的使用寿命，应尽量选择名牌大厂的刻录光盘及正版光盘产品。

（6）注意散热。散热不良会导致刻盘失败，严重影响使用寿命。尤其是在炎热的夏季，这个问题就更为突出。需要注意的是，刻录机在刻录过程中散热最大，所以应尽量避免连续长时间的刻录。一般来说，刻三张盘就应该让刻录机停机休息。

（7）学会使用虚拟光驱。现在有许多游戏和软件需要长时间地读取光盘，这对光驱的磨损是巨大的，所以学会使用虚拟光驱，减少物理光驱的使用，将有助于延长光驱的使用寿命。

（8）定期使用光驱清洗盘对光驱的激光头进行清洗。

（9）如果光驱出了问题要送到厂家指定的保修中心进行修理，千万不要自行拆卸。

6.2.9 光驱的常见故障及排除

在排查光驱的故障之前，首先要确认光驱所读的光碟是否完好，不要因为光盘的问题而花费大量的时间去检查光驱。

1. 光驱不能读取碟片信息

在每一次读盘前能听到"嚓嚓"的摩擦声，然后是指示灯熄灭。出现光驱不能读取信息的原因有可能是激光头有问题。当读取时有机械声音，说明有可能是由机械故障引起的，应先清洗激光头。在清洗激光头后光驱仍然不能读盘，则检验是否因激光头老化造成的。把激光头的功率调大一点，装好光驱后试机。若故障依然存在，再查看是否是压力不够导致碟片在高速运行时产生了打滑现象。若是如此，则只需将取下的弹力钢片的弯度加大，增加压在磁力片上的弹力即可解决。

2. 光驱读盘时嗡嗡作响

发生这种现象可能是由于光盘质量差、片基薄、光碟厚薄不均所至，或者是由于光驱的压碟转动机制松动造成的。如果是第一种情况，可在光盘背面贴一层胶布；如果是第二种情况，则先打开盖板，取下压碟机制的上压转动片进行检查。由于上压碟转轮是塑料的且有少许的磨损，加之光碟也是塑料的，所以上下压碟时夹不稳碟片，在高速旋转时就会发生抖动。解决方法是找一块鹿皮或薄的绒布，将其剪成小圆环，大小与上压碟轮一致，再用万能胶将其与压碟轮粘在一起即可。

3. 光驱无法使用

对于光驱无法使用的情况，可以从检查驱动程序及系统设置、计算机的启动信息、连线和跳线等方面进行处理。

（1）检查驱动程序及系统设置。如果光驱只是在系统中无法使用，则说明光驱本身及连接等无故障，而是由软故障造成的，如没有安装驱动程序、驱动程序安装不正确、发生资源冲突、设置错误等。

（2）查看连线及跳线设置。检查光驱数据线与光驱的连接或与主板连接是否接反，查看光驱是否与不支持光驱使用的板卡相连接，光驱是否连接在声卡上，检查光驱电源线是否接触不良，以及跳线的主、从设置是否正确。

（3）查看计算机的启动信息。在启动计算机时查看是否检测到光驱的信息，如果在启动计算机时没有检测到光驱的信息，则说明光驱存在硬故障，只能更换或维修光驱。

4. 光驱无法找到

在"设备管理器"检查，发现在"硬盘控制器"中的"Primary IDE controller（dual fifo）"和"Secondary IDE controller （dual fifo）"两项前都带有问号，则要打开机箱，检查光驱的连线是否正确。

5. 光驱读盘能力变差

这是光驱最常见的故障，首先要检查光盘托架上面的光盘臂的压力是否够大，光驱随着使用时间的增加，光盘臂的压力会逐渐减小，导致夹不住盘，盘片在光驱里打滑。可以在光盘转动时轻轻地按压光盘臂，如果有所改善，就可以断定是光盘臂的压力太小，不足以夹住盘片。调整时，可以将光盘臂轻轻向下折动或将光盘臂根部的小弹簧取出，拉长后再装入即可。

图 6-11　光驱激光头发射功率的调节

如果光盘臂的压力正常，就要调整激光头，先查看激光头的物镜表面是否有脏物，如果有，可以先用皮老虎吹几下，然后用镜头纸蘸一些无水酒精进行清洗。如果还是不行，就要调整激光头的发射功率，不同品牌光驱的调节电位器的位置是不同的，但大部分在激光头的前侧面，如图 6-11 所示。

在调节前先记住原来的位置，如果不行再调回来。先顺时针稍微旋转，如果读盘能力变弱，就说明方向错误，再逆时针旋转，在这一步中，调整一定要有耐心，一点一点地调整。如果还是不行，就只有调激光头的角度了，这是最后一步，不到万不得已千万不要用，因为如果调不好，整个光驱就会损坏。在激光头的下面一般都有两颗小螺钉，上面涂着黑色或红色的绝缘油漆，小心地调整其中一个，然后进行加电测试，如果有所改善就接着调整，直到可以读盘为止。

实验 6

1．实验项目

光驱的应用、测试和光盘的刻录。

2．实验目的

（1）掌握光盘的分类。

（2）掌握光盘、光驱的各项指标的含义。

（3）了解光盘新的发展趋势。

（4）学习光驱的测试和刻录工具。

3．实验准备及要求

（1）多种光盘样品。

（2）拆卸下面板的光驱。

（3）光驱测试工具。

（4）刻录光盘和刻录软件。

4．实验步骤

（1）查看光盘的样品，对光盘进行感观上的认知。

（2）利用工具对光驱进行测试。

（3）进行光盘的刻录。

（4）整理记录，完成实验报告。

5．实验报告

（1）写出光盘的分类和各种光盘的特性。

（2）根据 Nero CD-DVD Speed 和 SCANCD 软件对光盘、光驱进行测试的结果，写出测试的各种性能指标。

习题 6

一、填空题

（1）_____是一种用以储存数字资料的光学碟片，于 1982 年问世，至今仍然是商业录音的标准储存格式，容量可达_____。

（2）VCD 是一种在光盘上存储_____的标准，它是一种_____、_____的视频标准。

（3）常见的基于红色激光技术的光盘有_____和_____。

（4）一个单层的蓝光光盘的容量为_____GB 或_____GB，足够录制一个长达_____的高解析影片。

（5）当前流行的 DVD 技术采用波长为_____的红色激光和数字光圈为_____聚焦镜头，盘片厚度为_____。

（6）蓝光盘片的轨道间距为_____，其记录单元的最小直径是_____。

（7）HD DVD 是一种以_____技术存储数字格式信息于光盘上的产品，其单面单层容量为_____，单面双层容量为_____。

（8）_____是光驱的心脏，是光驱最精密的部件，它负责数据的读取。

（9）激光头主要由_____、_____、_____、_____和光检测元件等组成。

（10）光驱的读取速度以_____数据传输率的单倍速为基准，如 12 速光驱其数据传输率为_____。

二、选择题

（1）在 PC 中，人们常说的 CD-ROM 是指（　　）。
    A．只读型大容量软盘   B．只读型硬盘
    C．只读型光盘   D．半导体只读存储器

（2）在日常生活中，作为商业录音的标准储存格式是（　　）。
    A．DVD   B．CD   C．HD DVD   D．VCD

（3）以下（　　）格式的 DVD 光盘的容量最大。
    A．单面单层   B．单面双层   C．双面单层   D．双面双层

（4）一个标有"52X"的 CD-ROM，其数据传输速度为（　　）。
    A．1500KB/s   B．9100KB/s   C．7800KB/s   D．3600KB/s

（5）光驱数据的读取是通过（　　）来实现的。
    A．磁头   B．激光头   C．CPU   D．转动马达

（6）光盘的数据是存储在（　　）中的。
    A．记录层   B．反射层   C．保护层   D．印刷层

（7）以下（　　）型号的光驱可以进行 DVD 光盘的读取和刻录。
    A．CD-ROM   B．DVD-ROM   C．康宝   D．DVD±RW

（8）（　　）是光驱内部的存储区，它能减少读盘次数，提高数据传输率。
    A．数据缓冲区   B．SDRAM   C．DDR RAM   D．EPROM

（9）CD-ROM 盘片的径向截面共有（　　）层。
    A．3   B．2   C．4   D．5

（10）以下（　　）规格的光盘存储的视频图像最清晰。

    A．VCD   B．CD   C．DVD   D．BD

三、判断题

（1）光驱的平均寻道时间是指激光头从原来位置移到新位置并开始读取数据所花费的平均时间，那么光驱平均寻道时间越长，光驱的性能就越好。　　　　　　　　　　　（　　）

（2）数据传输率即常说的倍速，它是衡量光驱性能的最基本指标，它是读取光碟时的平均数据传输率。　　　　　　　　　　　　　　　　　　　　　　　　　　　（　　）

（3）数据传输率是衡量一个光驱好坏的唯一标准。　　　　　　　　　　　（　　）

（4）反射层是反射光驱激光光束的区域，光驱借反射的激光光束读取光盘片中的资料。
　　　　　　　　　　　　　　　　　　　　　　　　　　　　　　　　　　（　　）

（5）光碟在不用时，可以把光盘放在光驱中，以减少光驱的磨损，从而延长光驱的寿命。
　　　　　　　　　　　　　　　　　　　　　　　　　　　　　　　　　　（　　）

四、简答题

（1）BD光驱与DVD光驱有何不同？

（2）BD光盘是利用哪种工艺生产的？它有什么特点？

（3）如何选购光驱？

（4）如何对光驱进行日常的维护，延长光驱的使用寿命？

（5）简述Nero DiscSpeed的主要功能。

第7章

外储存器

外储存器是指除计算机内存及 CPU 缓存以外的储存器，此类储存器一般断电后仍然能保存数据。常见的外储存器有硬盘、软盘、光盘、U 盘等。由于软盘和软盘驱动器，在现在的计算机中已彻底的淘汰，本书将不予以介绍。

7.1 硬盘驱动器

硬盘驱动器简称硬盘，是计算机中广泛使用的外部存储设备，它具有较大的存储容量和较快的存取速度等优点。硬盘的存储介质是若干个钢性磁盘片，硬盘也由此得名。其技术特点是磁头、盘片及运动机构密封在一个盘腔中；固定并高速旋转的磁盘片表面平整光滑；磁头沿盘片径向移动；磁头与盘片之间为接触式启停，但工作时呈飞行状态不与盘片直接接触。

7.1.1 硬盘的物理结构

1. 硬盘的外部结构

硬盘的外观如图 7-1 所示，从外部看硬盘由以下几部分组成。

（1）接口。硬盘接口包括电源插口和数据接口两部分。其中电源插口与主机电源相连，为硬盘工作提供电力保证；数据接口则是硬盘和主板上的硬盘控制器之间进行数据传输交换的纽带。ATA 硬盘电源插口和数据接口之间是用以设置硬盘主、从关系等的跳线。硬盘数据

图 7-1　硬盘的外观

接口有四种，即 EIDE（又叫 IDE、ATA）、SCSI、光纤接口和 Serial ATA。EIDE 接口造价低廉、使用方便；SCSI 接口的硬盘必须与 SCSI 适配器相连才能使用，价格较高、对 CPU 占用少、传输速度快，多为工作站和服务器等设备所使用；光纤接口的硬盘传输速度快，但需要专用的适配器，主要用于工作站和服务器等设备；Serial ATA 接口的硬盘现在已经彻底取代了 IDE 接口的主导地位，它采用只有 4 针的接口，而传输速率大幅提高。

（2）控制电路板。硬盘控制电路板采用贴片式元件焊接技术，包括主轴电机调速电路、磁头驱动与伺服定位电路、读写电路、控制与接口电路等。在电路板上还有一块高效的单片机，在其内部 ROM 中固化的软件可以进行硬盘的初始化，执行加电和启动主轴电机，加电初始寻道、定位以及故障检测等。基于稳定运行和加强散热的原因，控制电路板都是裸露在

硬盘表面的，在电路板上还装有高速缓存芯片，目前通常为 16MB，也有 32MB 和 64MB 缓存的硬盘。

（3）固定盖板。固定盖板实际是硬盘的面板，面板上标注有产品的型号、厂家、产地、跳线设置说明等。它和底板结合成一个密封的整体，保证硬盘盘片和机构的稳定运行。

（4）安装螺孔。安装螺孔的位置在硬盘底座的两边和底部，用于将硬盘安装在机箱架上或硬盘盒中。

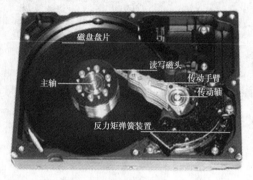

图 7-2　硬盘的内部结构

2．硬盘的内部结构

硬盘是一个高精密度的机电一体化产品，它由头盘组件 HAD（Head Disk Assembly）和印刷电路板组件 PCBA（Printed Circuit Board Assembly）两大部分构成。由于硬盘的所有机械运动及传动装置被密封在一个超净的腔体内，所以大大提高了硬盘的防尘、防潮和防有害气体污染的能力。硬盘的内部结构如图 7-2 所示。

（1）头盘组件。头盘组件包括盘体、主轴电机、读写磁头、磁头驱动电机等部件，它们被密封在一个超净腔体内，硬盘的选头电路及前置放大电路被也密封在里面。硬盘的盘体由多个重叠在一起并由垫圈隔开的盘片组成，盘片是表面极为平整光滑且涂有磁性介质的金属或玻璃基质的圆片。主轴电机是用来驱动盘体做高速旋转的装置。硬盘内的主轴电机是无刷电机，采用新技术的高速轴承机械磨损很小，可以长时间工作。

读写磁头与寻道电机由磁头臂连接，构成一个整体部件。为了长时间高速存储和读取信息，盘片的每一面都设有一个磁头，并且磁头的质量很小，以便减小惯性。驱动磁头寻道的电机为音圈电机，具有优越的电磁性能，可以用极短的时间定位磁头。磁头在断电停止工作时会移动到盘片内圈的着陆区（Landing Zone），盘片上对这个区域没有记录信息。磁头工作时由高速旋转的盘片产生的气流吹起，呈飞行状态，与盘面相距不到 0.2μm，不会对盘面造成机械磨损。新式磁头与盘面的距离保持在 0.05μm，以便大大提高记录密度。

磁头驱动电机分为步进电机和音圈电机两种。磁头依靠一条缠绕在步进电机上的柔软金属带的散开和缠绕来进行寻道，但这种寻道方式已经被淘汰，现在采用音圈电机来驱动磁头。音圈电机是由一个固定有磁头臂的磁棒和线圈制作的电机，当有电流通过线圈时，线圈中的磁棒就会带着磁头一起移动，其优点是快速、精确、安全。

（2）印刷电路板组件。印刷电路板组件集成了读写电路、磁头驱动电路、主轴电机驱动电路、接口电路、数据信号放大调制电路和高速缓存等电子元件。其中读写电路通过电缆或插头与前置放大电路和磁头相连接，其作用是控制磁头进行读/写操作；磁头驱动电路直接控制寻道电机，使磁头定位；主轴电机驱动电路是控制主轴电机带动盘体以恒定速度旋转的电路。

7.1.2　硬盘的工作原理

概括地说，硬盘的工作原理是利用特定的磁粒子的极性来记录数据。磁头在读取数据时，将磁粒子的不同极性转换为不同的电脉冲信号，再利用数据转换器将这些原始信号变成电脑可以使用的数据，写的操作正好与此相反。另外，硬盘中还有一个存储缓冲区，它是为了协调硬盘与主机在数据处理速度上的差异而设的。由于硬盘的结构比软盘复杂得多，所以它的格式化工作也比软盘要复杂，分为低级格式化、硬盘分区、高级格式化并建立文件管理系统。

硬盘驱动器加电正常工作后，利用控制电路中的单片机初始化模块进行初始化工作，此时磁头置于盘片的中心位置，初始化完成后主轴电机将启动并高速旋转，装载磁头的小车机构移动，将浮动磁头置于盘片表面的 00 道，处于等待指令的启动状态。当接口电路接收到计算机系统传来的指令信号，通过前置放大控制电路驱动音圈电机发出磁信号，根据感应阻值变化的磁头对盘片数据信息进行正确定位，并将接收后的数据信息解码，通过放大控制电路传输到接口电路，反馈给主机系统完成指令操作。结束硬盘操作的断电状态，在反力矩弹簧的作用下，浮动磁头驻留在盘面中心。

7.1.3　硬盘的存储原理及逻辑结构

1.　硬盘的存储原理

硬盘的盘片制作方法是将磁粉附着在铝合金（新材料也有的改用玻璃）圆形盘片的表面上，这些磁粉被划分为若干个磁道。在每个同心圆的磁道上就好像有无数个任意排列的小磁铁，它们分别代表着 0 和 1 的状态。当这些小磁铁受到来自磁头的磁力影响时，其排列的方向会随之改变。利用磁头的磁力来控制指定的小磁铁的方向，使每个小磁铁都可以用来储存信息。圆盘片上的小磁铁越多，存储的信息也越多。

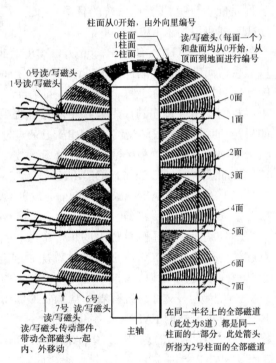

硬盘的盘体由一个或多个盘片组成，这些盘片重叠在一起放在一个密封的盒中，它们在主轴电机的驱动下高速旋转，转速达到 3600RPM、4500RPM、5400RPM、7200RPM、10000RPM。不同的硬盘内部的盘片数目不同，少则一两片，多则 4 片以上。每个盘片有上下两个面，每个面都有一个磁头用于读/写数据，每个面被划分为若干磁道，每个磁道再被划分为若干个扇区，所有盘片上相同大小的同心圆磁道构成一个柱面。所以硬盘的盘体从物理磁盘的角度分为磁头、磁道、扇区和柱面。最上面的一个盘片为第 1 个盘片，其朝上的面称为 0 面，所对应的磁头为 0 头，朝下的面称为 1 面，对应的磁头为 1 头；第 2 片盘片的朝上的面称为 2 面，对应的磁头为 2 头，朝下的面为 3 面，对应的磁头 3 头，依次类推。硬盘的存储原理示意图如图 7-3 所示。

图 7-3　硬盘的存储原理示意图

（1）磁头（Head）。在硬盘中每张盘片有两个面，每个面对应着一个读/写磁头，所以在对硬盘进行读/写操作时，采用磁头 0、磁头 1……作为参数。

（2）磁道。磁盘在格式化时被划分为许多同心圆，其同心圆轨迹称为磁道。第 0 面的最外层的磁道编号为 0 面 0 道，另一面的最外层磁道编号为 1 面 0 道，磁道编号向着盘片中心的方向增加。目前硬盘的盘片每一面就有成千上万个磁道。

（3）柱面（Cylinder）。整个盘体中所有盘片上半径相同的同心磁道称为柱面。在一般情况下，在进行硬盘的逻辑盘容量划分时，往往使用柱面数，而不用磁道数。

（4）扇区。每一个磁道是一个圆环，再把它划分成若干段扇形的小区，每一段就是一个扇区，是磁盘存取数据的基本单位。扇区的编号从 1 开始计起。每个磁道包含同样数目的扇区，一个扇区用于记录数据的容量为 512 字节。扇区的首部包含扇区的唯一地址标识 ID，扇区之间以空隙隔开，便于系统进行识别。

2. 硬盘的逻辑结构

在实际存储数据时，硬盘上的每一个磁道和扇区的地位并不是完全等同的。一个功能正常的硬盘，应该包括五个部分，即 MBR（主引导记录）、DBR（DOS 引导记录）、FAT，DIR（根目录区），DATA（数据区），可以把这五个部分统称为磁盘的逻辑结构。

（1）MBR（Main Boot Record）扇区。MBR 位于硬盘的 0 磁头 0 柱面 1 扇区，占用 1 个扇区大小，BIOS 在执行固有的程序以后就会跳转到 MBR 中的第一条指令，将系统的控制权交由 MBR 来执行。MBR 包含了硬盘的引导程序和分区表。引导程序负责检查分区表是否正确，以及确定哪个分区为操作系统可引导，然后将控制权赋予该分区上的启动程序，即完成操作系统的引导。在 512 字节的主引导记录中，MBR 的引导程序占了其中的前 446 字节，随后的 64 字节为 DPT（Disk Partition Table）硬盘分区表，最后的两个字节是分区有效结束标志。每个分区占用 16 字节，因此一个物理硬盘上最多只能划分 4 个主分区。MBR 是由分区程序产生的，如 DOS 的 FDISK 命令，它是独立于操作系统而存在的，其内容可以随意被更改，前提是能保证完成引导系统的任务，安装多系统就是利用这一点，Linux 的引导程序之一 GRUB 就可以写入 MBR。

（2）DBR（DOS Boot Record）。DBR 一般位于硬盘 0 磁道 1 柱面 1 扇区，是操作系统可以直接访问的第一个扇区。DBR 包括两部分，即 DOS 引导程序和 BPB（BIOS Parameter Block，BIOS 参数块）。实际上每个逻辑分区都有一个 DBR，其内容因与分区的类型、大小等有关而不尽相同。引导程序的作用是判断本分区根目录的前两个文件是不是操作系统的引导文件，如果是，就将控制权转交给它。BPB 记录本分区的重要参数，如每扇区字节数、每簇扇区数、根目录项数、磁盘总扇区数、每磁道扇区数、总扇区数、文件系统类型等。DBR 是由高级格式化程序产生，如 DOS 的 FORMAT 命令。

（3）FAT（File Allocation Table）。FAT 紧接在 DBR 的后面，是硬盘文件组织的重要组成部分，其大小由其所在分区的大小及文件分配单元（Allocation Unit）的大小来决定，分配单元也称为簇。可以理解为 FAT 的每一个条目对应着一个簇的情况，通过查找 FAT 可以得知任意簇的使用情况。DOS 存放数据时就是通过查找 FAT 找到第一个可用簇，然后从其开始分配存储空间给文件，其他操作系统操作也与之类似。

FAT 因为对文件系统有着非常重要的作用，在设计之初就有两份，即在原 FAT 的后面新建一个一模一样的 FAT 作为备份，因此有第一文件分配表和第二文件分配表的说法。FAT 的格式有很多，常见的有 DOS 的 FAT12、FAT16、FAT32，Windows NT 的 NTFS，Linux 的 Ext2、Ext3、SWAP 等。

（4）DIR（Directory）。DIR 紧接在第二文件分配表之后，记录着根目录下每个文件（或目录）的起始单元，以及文件的属性等。操作系统在定位文件时是要根据 DIR 中的起始位置，再结合 FAT 就可以知道文件在磁盘上的具体位置和大小。需要注意的是，这种寻址方式（或文件定位方式）是 Microsoft 的 DOS 和 Windows 所特有的，其他类型的操作系统并不采用这种方式。

（5）DATA。DATA 是硬盘真正存放数据的地方，但如果没有前面几个区域，这部分区域只是一堆杂乱无章的二进制代码而已，不能表达任何意义。

最后，需要补充的是，对硬盘分区只是重写了 MBR 和 DBR，而高级格式化只是重写了 FAT 和 DIR，甚至删除文件也只是改写了 FAT 中的相关参数，这些操作都不会对数据区的数据产生破坏。因此，删除文件、格式化甚至对硬盘进行分区之后，其中的数据还是可以恢复的。

7.1.4 硬盘的技术指标

1. 容量（Volume）

硬盘的容量由柱面数、磁头数和扇区数来确定，计算公式为硬盘容量=柱面数×磁头数×扇区数×512 字节。

平常所说硬盘的容量是多少 MB 或多少 GB，其换算关系为 1GB=1024MB=1024×1024KB=1024×1024×1024byte；而硬盘生产厂家是以十进制来计算的，即 1GB=1000MB=1000000KB=1000000000byte。所以格式化硬盘后看到的容量比厂家标称容量小。

2. 单碟容量

影响硬盘容量的因素有单碟容量和碟片数量，当今硬盘朝着薄、小、轻的方向发展，一般采取增加单碟容量（而不是增加碟片数）的方法来增加硬盘容量。单碟容量越大，硬盘的读/写速度就越快。

3. 转速（Rotational Speed）

硬盘的转速是指硬盘盘片每分钟旋转的圈数，单位为 RPM（Rotation Per Minute，转/分）。加快转速可以提高存取速度，转速的提高是硬盘发展的另一大趋势。随着硬盘转速的不断提高，为了克服磨损加剧、温度升高、噪声增大等一系列负面影响，应用在精密机械工业的液态轴承马达（Fluid Dynamic Bearing Motors）便引入到硬盘技术中。该技术以油膜代替了滚珠，避免了金属磨损，将噪声及温度减至最低，同时油膜可有效吸收振动，使抗振能力得到提高，从而延长了硬盘的使用寿命。

4. 平均寻道时间（Average Seek Time）

硬盘的平均寻道时间是指硬盘的磁头从初始位置移动到盘面指定磁道所需的时间，是影响硬盘内部数据传输率的重要参数。

硬盘读取数据的实际过程大致是：硬盘接收到读取指令后，磁头从初始位置移动到目标磁道位置（经过一个寻道时间），然后从目标磁道上找到所需读取的数据（经过一个等待时间）。硬盘在读取数据时要经过一个平均寻道时间和一个平均等待时间，即平均访问时间=平均寻道时间+平均等待时间。

5. 最大内部数据传输率（internal data transfer rate）

最大内部数据传输率也叫持续数据传输率（sustained transfer rate），单位为 Mb/s。它指磁头至硬盘缓存间的最大数据传输率，一般取决于硬盘的盘片转速和数据线密度（同一磁道上的数据间隔度）。现在主流硬盘的内部传输率一般都为 20～50Mb/s。由于硬盘的内部数据传输率要小于外部数据传输率，因此内部数据传输率的高低才是衡量硬盘整体性能的决定性因素。

6. 外部数据传输率

通常称突发数据传输率（burst data transfer rate），指从硬盘缓冲区读取数据的速率。在硬盘特性中常以数据接口速率代替，单位为 MB/s。ATA100 中的 100 就代表着这块硬盘的外部数据传输率的最大值是 100MB/s；ATA133 则代表外部数据传输率的最大值是 133MB/s；SATA1.0 接口的硬盘外部的数据最大传输率可达 150MB/s；而 SATAII 接口的硬盘外部的数据最大传输率可达 300MB/s。这些只是硬盘理论上最大的外部数据传输率，在实际的日常工作中是无法达到这个数值的，而是更多地取决于内部数据传输率。

7. 缓冲容量（Buffer Capacity）

缓冲容量的单位为 MB。在一些厂商资料中还被写为 Cache Buffer。缓冲区的基本作用是平衡内部与外部的 DTR。为了减少主机的等待时间，硬盘会将读取的资料先存入缓冲区，等全部读完或缓冲区填满后再以接口速率快速向主机发送。随着技术的发展，厂商们为硬盘缓冲区增加了缓存功能，这主要体现在如下三个方面。

（1）预取（Prefetch）。实验表明在典型情况下，至少 50%的读取操作是连续读取。预取功能简单地说就是硬盘"私自"扩大读取范围，在缓冲区向主机发送指定扇区数据（即磁头已经读完指定扇区）之后，磁头接着读取相邻的若干个扇区的数据并送入缓冲区。如果后面的读操作正好指向已预取的相邻扇区，即从缓冲区中读取而不用磁头再寻址，就能提高访问速度。

（2）写缓存（Write Cache）。通常情况下在写入操作时，也是先将数据写入缓冲区再发送到磁头，等磁头写入完毕后再报告给主机写入完毕，主机才开始处理下一个任务。具备写缓存的硬盘则在数据写入缓区后即向主机报告写入完毕，让主机提前"解放"，处理其他事务（进行剩下的磁头写入操作时，主机不用等待），提高了整体效率。为了进一步提高效率，现在的厂商基本都应用了分段式缓存技术（Multiple Segment Cache），将缓冲区划分为多个小块，存储不同的写入数据，而不必为小数据浪费整个缓冲区空间，同时还可以等所有段写满后统一写入，性能更好。

（3）读缓存（Read Cache）。将读取过的数据暂时保存在缓冲区中，如果主机再次需要时可直接从缓冲区提取，加快了速度。读缓存同样也可以利用分段技术，存储多个互不相干的数据块，缓存多个已读数据，进一步提高缓存的命中率。目前市面上的主流 IDE 硬盘缓存一般分为 512KB 和 2MB 两种，7200RPM 硬盘都采用了 2MB 以上的缓存，S-ATA 的缓存一般为 8～64MB MB。

8. 噪音与温度（Noise & Temperature）

这两个属于非性能指标。硬盘的噪音主要来源于主轴马达与音圈马达，降噪也从这两点入手（盘片的增多也会增加噪音）。每个厂商都有自己的温度标准，并声称硬盘的表现是他们预料之中的，完全在安全范围之内。由于硬盘是机箱中的一个组成部分，它的高热会提高机箱的整体温度。当达到某一温度时，也许硬盘本身没事，但周围的配件可能会被损坏，所以对于硬盘的温度也要注意。

9. 接口方式

现在常用的硬盘基本都采用 IDE、S-ATA 或 SCSI 的接口方式。SCSI 为服务器专用硬盘，PC 的硬盘接口一般均为 IDE 和 S-ATA 接口。根据速度的不同，IDE 分为 ATA/33/66/100 /133 规格，S-ATA 分为 150/300/600 规格。

7.1.5 硬盘的主流技术

（1）自动检测分析及报告技术（Self-Monitoring Analysis and Reporting Technology，S.M.A.R.T）。目前硬盘的平均无故障运行时间（MTBF）为 50000 小时以上，但这对于挑剔的专业用户来说还是不够的，因为他们储存在硬盘中的数据才是最有价值的，因此专业用户所需要的就是能提前对故障进行预测的功能。正是因为这种需求才使 S.M.A.R.T 技术应运而生。

现在出厂的硬盘基本上都支持 S.M.A.R.T 技术。这种技术可以对硬盘的磁头单元、盘片电机驱动系统、硬盘内部电路及盘片表面媒介材料等进行监测，它由硬盘的监测电路和主机上的监测软件，对被监测对象的运行情况与历史记录及预设的安全值进行分析、比较，当 S.M.A.R.T 监测并分析出硬盘可能出现问题时，会及时向用户报警，以避免电脑数据丢失。S.M.A.R.T 技术必须在主板支持的前提下才能发生作用，而且同时也应该看到 S.M.A.R.T 技术并不是万能的，它主要针对渐发性故障的监测，而对于一些突发性的故障，如对盘片的突然冲击等，它也同样是无能为力的。

（2）磁阻磁头技术 MR（Magneto－Resistive Head）。MR 技术可以更高的实际记录密度记录数据，从而增加硬盘容量，提高数据吞吐率。目前的 MR 技术已有很多产品，MAXTOR 的钻石三代/四代等均采用了最新的 MR 技术。磁阻磁头的工作原理基于磁阻效应，其核心是一小片金属材料，其电阻随磁场的变化而变化，虽然其变化率不足 2%，但因为磁阻元件连着一个非常灵敏的放大器，所以可测出该微小的电阻变化。MR 技术可使硬盘容量提高 40%以上。GMR（Giant Magneto Resistive，巨磁阻磁头）与 MR 磁头一样，是利用特殊材料的电阻值随磁场变化的原理来读取盘片上的数据。但是 GMR 磁头使用了磁阻效应更好的材料和多层薄膜结构，比 MR 磁头更为敏感，相同的磁场变化能引起更大的电阻值变化，从而可以实现更高的存储密度。现有的 MR 磁头能够达到的盘片密度为 $3\sim5$Gbit/in^2，而 GMR 磁头可以达到 $10\sim40$Gbit/in^2。目前 GMR 磁头已经处于成熟推广期，在今后的数年中，它将会逐步取代 MR 磁头，成为最流行的磁头技术。当然单碟容量的提高并不是单靠磁头就能解决的，这还要有相应盘片材料的改进，如 IBM 在 75GXP 硬盘中率先采用玻璃介质的盘片。

（3）连续无故障时间（MTBF）。MTBF 指硬盘从开始运行到出现故障的最长时间，单位为小时。一般硬盘的 MTBF 为 30000～50000 小时，如果一个硬盘每天工作 10 小时，一年工作 365 天，它的寿命至少也有 8 年，所以用户大可不必为硬盘的寿命而担心。不过出于对数据安全方面的考虑，最好将硬盘的使用寿命控制在 5 年以内。

（4）部分响应完全匹配技术（PRML）。它能使盘片存储更多的信息，同时可以有效地提高数据的读取和数据传输率，是当前应用于硬盘数据读取通道中的先进技术之一。PRML 技术是将硬盘数据读取电路分为两段操作流水线，第一段将磁头读取的信号进行数字化处理后，只选取部分标准信号移交第二段继续处理，第二段将接收的信号与 PRML 芯片预置信号模型进行对比，然后选取差异最小的信号进行组合后输出以完成数据的读取过程。PRML 技术可以降低硬盘读取数据的错误率，因此可以进一步提高磁盘数据密集度。

（5）超级数字信号处理器（Ultra DSP）技术。应用 Ultra DSP 进行数学运算，其速度较一般 CPU 快 10～50 倍。采用 Ultra DSP 技术，单个的 DSP 芯片可以同时提供处理器及驱动接口的双重功能，以减少其他电子元件的使用，可大幅度地提高硬盘的速度和可靠性。接口技术可以极大地提高硬盘的最大外部传输率，最大的益处在于可以把数据从硬盘直接传输到主内存，而不占用更多的 CPU 资源，提高系统性能。

（6）NCQ（Native Command Queuing，全速命令排队）技术。是一种使硬盘内部优化工作负荷执行顺序，通过对内部队列中的命令进行重新排序实现智能数据管理，改善硬盘因机械部件而受到的各种性能制约。NCQ 技术是 SATA II 规范中的重要组成部分，也是 SATA II 规范唯一与硬盘性能相关的技术。

7.1.6 固态硬盘

固态硬盘（Solid State Disk 或 Solid State Drive）也被称为电子硬盘或固态电子盘，是由控制单元和固态存储单元（DRAM 或 FLASH 芯片）组成的硬盘。目前主要有如下两类，其外观如图 7-4 所示。

（1）基于闪存的固态硬盘。采用 FLASH 芯片作为存储介质，这也是通常所说的固态硬盘。它的外观可以被制作成多种模样，如笔记本硬盘、微硬盘、存储卡、U 盘等样式。这种固态硬盘最大的优点就是可以移动，而且数据保护不受电源控制，能适应各种环境，但是使用寿命不长，适合个人用户使用。

基于闪存的固态硬盘　　　　　　　　基于DRAM的固态硬盘

图 7-4　固态硬盘的外观

（2）基于 DRAM 的固态硬盘。采用 DRAM 作为存储介质，目前应用范围比较窄。它仿效传统硬盘的设计，可被绝大部分操作系统的文件系统工具进行卷设置和管理，并提供工业标准的 PCI 和 FC 接口用于连接主机或服务器。它是一种高性能的存储器，而且使用寿命很长，美中不足的是需要独立电源来保护数据安全。由于目前市面上较少见到该类固态硬盘，所以接下来将着重介绍基于闪存的固态硬盘。

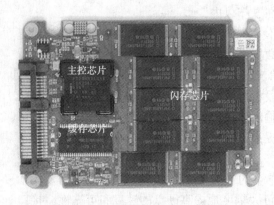

图 7-5　固态硬盘内部的 PCB 和主控芯片、
　　　　缓存芯片、闪存芯片

1. 固态硬盘内部结构解析

目前固态硬盘产品有 3.5 英寸，2.5 英寸，1.8 英寸等多种类型，市面上能见到的最大容量为 1TB，接口规格主要有 SATA、PCI-E、e-SATA 和 USB 等。固态硬盘的内部构造十分简单，通过工具可以很轻松的拆开外壳固定螺丝看到固态硬盘内主体其实就是一块 PCB 板，而这块 PCB 板上最基本的配件就是控制芯片、缓存芯片和用于存储数据的闪存芯片，如图 7-5 所示。

目前，市面上比较常见的固态硬盘有 Indilinx、SandForce、JMicron、Marvell、Samsung 以及 Intel 等多种主控芯片。主控芯片是固态硬盘的"大脑"，其作用之一是合理调配数据在各个闪存芯片上的负荷；二是承担整个数据中转，连接闪存芯片和外部接口。不同的主控之间能力相差非常大，在数据处理能力、算法、对闪存芯片的读取和写入控制上都会有非常大的不同，直接会导致固态硬盘产品在性能上的差距高达数十倍。

主控芯片旁边是缓存芯片，固态硬盘和传统硬盘一样需要高速的缓存芯片辅助主控芯片进行数据处理。这里需要注意的是，目前有一些廉价固态硬盘方案为了节省成本，省去了这块缓存芯片，这对使用时的性能会有一定的影响。

除了主控芯片和缓存芯片以外，PCB 上其余的大部分位置都是 NAND FLASH 闪存芯片。NAND FLASH 闪存芯片又分为 SLC 和 MLC 闪存。

（1）SLC（Single Level Cell 单层式储存）。因为结构简单，在写入数据时电压变化的区间小，所以寿命较长。传统的 SLC NAND 闪存可以经受 10 万次的读/写，而且用一组电压即可将其驱动，所以其速度表现更好。目前，很多高端固态硬盘都是都采用该类型的 FLASH 闪存芯片。

（2）MLC（Multi Level Cell，多层式储存）。它采用较高的电压驱动，通过不同级别的电压在一个块中记录两组位信息，这样就可以将原本 SLC 的记录密度理论提升一倍。作为目前在固态硬盘中应用最为广泛的 MLC NAND 闪存，其最大的特点就是以更高的存储密度换取更低的存储成本，从而可以获得进入更多终端领域的契机。不过，MLC 的缺点也很明显，其写入寿命较短，读/写方面的能力也比 SLC 差，官方给出的可擦写次数仅为 1 万次。

（3）三阶储存单元（Triple-Level Cell，TLC），这种架构的原理与 MLC 类似，但可以在每个储存单元内储存 3 个信息比特。TLC 的写入速度比 SLC 和 MLC 慢，寿命也比 SLC 和 MLC 短，大约 1000 次，不过随着技术的进步，寿命会不断延长，目前三星最新的 840 EVO 系列固态硬盘，就是用的 TLC 闪存芯片。现在，厂商已不使用 TLC 这个名字，称作 3-bit MLC。

2. 固态硬盘与传统硬盘优、劣势对比

随着越来越多的厂商加入到固态硬盘领域，存储市场即将面临新一轮洗牌，固态硬盘取代传统硬盘的呼声越来越高，固态硬盘时代即将到来。固态硬盘和传统硬盘的参数对比如表 7-1 所示。

表 7-1 固态硬盘和传统硬盘的参数对比

项 目	固 态 硬 盘	传 统 硬 盘
容量	小	大
价格	高	低
随机存取	极快	一般
写入次数	SLC 为 10 万次、MLC 为 1 万次	无限制
盘内阵列	可	极难
工作噪音	无	有
工作温度	极低	较明显
防振	很好	较差
数据恢复	难	可以
重量	轻	重

由表 7-1 可以看到，固态硬盘相比传统机械硬盘有以下优势：

（1）存取速度方面。SSD 固态硬盘采用闪存作为存储介质，读取速度相对机械硬盘更快，而且寻道时间几乎为 0，这样的特质在作为系统盘时，可以明显加快操作系统的启动速度和软件启动速度。

（2）抗振性能方面。SSD 固态硬盘由于完全没有机械结构，所以不怕振动和冲击，不用担心因为振动造成不可避免的数据损失。

（3）发热功耗方面。SSD 固态硬盘不同于传统硬盘，不存在盘片的高速旋转，所以发热也明显低于机械硬盘，而且 FLASH 芯片的功耗极低，这对于笔记本用户来说，意味着电池续航时间的增加。

（4）使用噪音方面。SSD 固态硬盘没有盘体机构，不存在磁头臂寻道的声音和高速旋转时噪音，所以 SSD 在工作时候完全不会产生噪音。

不过，虽然固态硬盘性能非常诱人、优点也极多，但价格、容量及有限的数据读取擦写次数限制等缺点也同样不容小觑。

（1）写入速度问题。写入速度是目前大多数 SSD 固态硬盘产品的瓶颈，尤其是对于小文件的写入速度还远远不足，这和闪存芯片本身的特质有关。

（2）使用寿命问题。闪存芯片是有寿命的，其平均工作寿命要远远低于机械硬盘，这给用固态硬盘作为存储介质带来了一定的风险。

（3）性价比问题。目前固态硬盘的价格较为昂贵，折合到每 G 的价格要几十倍于传统硬盘，并不是普通消费者能够承受的。

（4）数据安全问题。SSD 一旦损坏，存储的数据会面临丢失无法找回的窘境。

7.1.7　混合硬盘

混合硬盘 SSHD，顾名思义，正是 SSD+HDD 的组合，但它又有别于简单的 SSD 与 HDD 的叠加。是一块基于传统机械硬盘诞生出来的新硬盘，除了机械硬盘必备的碟片、马达、磁头等等，还内置了 NAND 闪存颗粒，这颗颗粒将用户经常访问的数据进行储存，可以达到如 SSD 效果的读取性能。

下面以希捷 2TB SSHD 为例，介绍 SSHD 硬盘。由图 7-6 可以看到，希捷 2TB SSHD 看起来更像是"机械硬盘"，因为以新酷鱼 2TB 为盘体，构建了其容量和读写性能，而内置的 8GB NAND 闪存通过 AMT 技术识别最为重要的数据，并将其存储起来（这有点类似于"缓存盘"），从而实现了系统的加速运行。从背面看，希捷 2TB SSHD 与普通的希捷 2TB 机械硬盘并没有明显的不同，其实最大的区别在于 PCB 板的背面。希捷 2TB SSHD 配备了机械硬盘传统的主控 LSI B69002VO 及马达转速控制芯片，外加三星的 64MB DDR2 缓存。除此之外，SSD 模块里，希捷 2TB SSHD 搭配了东芝 24nm MLC 闪存芯片及 ASIC 主控。通过希捷独家的 Adaptive Memory 核心技术实现 SSD 的性能，从而使得 SSHD 的性能相对于传统的机械硬盘有较大幅度的提升。

图 7-6　希捷 2TB（STCL2000400）　SSHD 混合硬盘

7.1.8　硬盘的选购

对于硬盘的选购，要考虑个人的需求，首先是对容量的要求，确定所需硬盘容量的大小；其次要看硬盘的读/写速度，硬盘的内外部传输率；再者要看硬盘缓存的大小。缓存的大小与速度是直接关系到硬盘传输速度的重要因素，能够大幅度地提高硬盘的整体性能。当硬盘存取零碎数据时需要不断地在硬盘与内存之间交换数据，如果有大缓存，则可以将那些零碎数据暂存在缓存中，减小外系统的负荷，提高数据的传输速度。当接口技术已经发展到一个相对成熟阶段的时候，缓存的大小与速度是直接关系到硬盘传输速度的重要因素。此外还要看硬盘的稳定性，一般指对发热、噪音的控制。通过对以上参数的对比，选择出最佳性价比的硬盘产品。此外，选购时还应注意以下几个问题。

（1）在价格相同的情况下尽量选单碟容量大、转速高、缓存大、接口速度快、售后服务好的产品，尽量选同批产品口碑好的品牌。

（2）注意识别水货与正品。水货一般无包装（或很差）、不保修或保修期很短；正品（行货）一般包装精致，全国联保。

（3）不要买到返修及二手盘。如果硬盘表面序列号与包装盒不一致、价格过低、有划伤、灰尘等，一定是返修盘或二手旧硬盘，要慎重选购。

7.1.9　硬盘安装需注意的问题

在安装硬盘的过程中要注意以下问题：

（1）拿硬盘及安装硬盘的过程中，要注意硬盘的朝向，要将有电路板的那面朝下，这样能够更好地保护硬盘的电路，也不会让空气中的尘埃落到上面而影响硬盘的正常工作。

（2）在硬盘安装过程中要轻拿轻放，防止由于强烈的振动造成的磁头或者盘面的损伤。

（3）要认清硬盘的接口，硬盘的数据接口和电源接口与连线都有明显的卡扣，如果不能正常安装，则要仔细检查接口和连线，而不能盲目用力。

（4）如果是多块硬盘，要注意硬盘的安装方式。IDE 硬盘要考虑主、从盘的跳线设置，SATA 硬盘要认清硬盘在主板上的 SATA 通道的连接次序，从而能够在 BIOS 中对硬盘的启动及硬盘的正常工作有良好的控制。

（5）硬盘在连接好并通电以后，严禁对机箱或硬盘进行搬动，因为在通电后，硬盘的盘片已经处于高速运转状态，如果发生强烈的振动，则必定会对硬盘造成毁灭性的损害。

7.1.10　硬盘的维护及故障分析

1. 硬盘的日常维护

（1）保持电脑工作环境清洁。硬盘以带有超精过滤纸的呼吸孔与外界相通，它可以在普通无净化装置的室内环境中使用。若在灰尘严重的环境下，会将尘土吸附到 PCBA 的表面、主轴电机的内部及堵塞呼吸过滤器，因此必须防尘。环境潮湿、电压不稳定时都可能导致硬盘损坏。

（2）养成正确关机的习惯。硬盘在工作时突然关闭电源，可能会导致磁头与盘片猛烈摩擦而损坏硬盘，还会使磁头不能正确复位而造成硬盘的划伤。关机时一定要注意面板上的硬盘指示灯是否还在闪烁，只有当硬盘指示灯停止闪烁、硬盘结束读/写后方可关机。

（3）用户不能自行拆开硬盘盖。硬盘的制造和装配过程是在绝对无尘的环境下进行的，一般计算机用户不能自行拆开硬盘盖，否则空气中的灰尘进入硬盘内，高速低飞的磁头组件旋转带动的灰尘或污物都可能使磁头或盘片损坏，导致数据丢失，即使仍可继续使用，硬盘的寿命也会大大缩短，甚至会使整块硬盘报废。

（4）注意防高温、防潮、防电磁干扰。硬盘的工作状况与使用寿命与温度有很大的关系，温度以 20～25℃为宜。如果温度过高，会使晶体振荡器的时钟主频发生改变，还会造成硬盘电路元件失灵，磁介质也会因热胀效应而造成记录错误；如果温度过低，空气中的水分会被凝结在集成电路元件上，造成短路。另外，尽量不要使硬盘靠近强磁场，如音箱、扬声器等，以免硬盘所记录的数据因磁化而损坏。

（5）要定期整理硬盘。定期整理硬盘可以提高速度，如果碎片积累过多，不但使访问效率下降，还可能损坏磁道。但也不要经常整理硬盘，这样也会缩短硬盘寿命。

（6）注意预防病毒和特洛伊木马程序。硬盘是计算机病毒攻击的重点目标，应注意利用最新的杀毒软件对病毒进行防范。要定期对硬盘进行杀毒，并注意对重要的数据进行保护和经常性地备份。建议平时不要随便运行来历不明的应用程序和打开邮件附件，运行前一定要先查病毒和木马。

（7）拿硬盘的正确方法。在电脑维护时，应以手抓住硬盘两侧，并避免与其背面的电路板直接接触，要轻拿轻放，不要磕碰或者与其他坚硬物体相撞；不能用手随便地触摸硬盘背面的电路板，因为手上可能会有静电，静电会伤害硬盘上的电子元件，导致无法正常运行。还有切勿带电插拔。

（8）让硬盘智能休息。让硬盘智能地进入关闭状态，对硬盘的工作温度和使用寿命有很大的帮助。首先进入"我的电脑"，用鼠标左键双击"控制面板"，选择"性能和维护"选项，然后选择"电源管理"选项，将其中"关闭硬盘"项的时间设置为"15分钟"，单击"应用"按钮后退出即可。

（9）轻易不要低格。不要轻易进行硬盘的低级格式化操作，避免对盘片性能带来不必要的影响。

（10）避免频繁的高级格式化操作。它同样对盘片性能带来影响，在不重新分区的情况下，可采用加参数"Q"的快速格式化命令。

2. 硬盘的故障分析

通常，硬盘的故障分为如下两类：

（1）硬故障。硬故障是指硬盘驱动器物理结构上的故障，需要拆机进行检修和诊断；有时要用专门的仪器来检测故障，然后进行修理和更换。

（2）软故障。软故障主要是硬盘驱动器的主引导扇区或硬盘分区表或 DOS 系统分区及系统文件等发生故障，从而引起硬盘瘫痪。对于软故障，则可以利用 Diskgen、SPFDISK、PQ 以及 DM 等工具对硬盘的分区进行修复或者重新划分和格式化。硬盘故障维修流程图如图 7-7 所示。

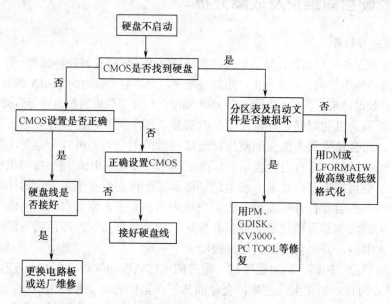

图 7-7　硬盘故障维修流程图

7.2　移动硬盘

硬盘作为计算机的主要存储设备，并且硬盘的在移动时容易损坏，因此一般是固定在计算机机箱内。而在计算机的应用中，硬盘却不能满足大量的数据交换和系统备份，因此出现了移动硬盘盒。移动硬盘盒主要有 IDE 接口、e-SATA 接口、USB 接口、IEEE1394 接口等，将内置硬盘安装到移动硬盘盒中，就成为了外置硬盘，一般称为移动硬盘，主要用于大容量数据的备份和交换。

7.2.1 移动硬盘的构成

移动硬盘主要由外壳、电路板（控制芯片、数据和电源接口）和笔记本硬盘三大部分组成。

1. 外壳

移动硬盘的外壳如图 7-8 所示，一般是铝合金或者塑料材质，一些厂商在外壳和硬盘之间添加了防振材质，好的硬盘外壳可以起到抗压、抗振、防静电、防摔、防潮、散热等作用。一般来说，金属外壳的抗压和散热性能比较好，而塑料外壳在抗振性方面相对更好。

2. 芯片

移动硬盘的控制芯片如图 7-9 所示，它直接关系到硬盘的读/写性能。目前，控制芯片主要分高、中、低三个档次，因此移动硬盘的价格和所采用的控制芯片密切相关。

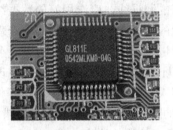

图 7-8　移动硬盘的外壳　　　　图 7-9　移动硬盘的控制芯片

3. 接口

接口就是移动硬盘和 PC 连接的数据输入/输出点，通过数据线的连接实现数据的传输。接口主要有 IDE 接口、并口、USB 接口、e-SATA 接口、IEEE1394 接口等。

4. 电源

移动硬盘如果供电不足，会导致硬盘查找不到、数据传输出错，甚至影响移动硬盘的使用寿命。USB 接口供电不足主要有以下几个原因：

（1）主板 USB 端口供电能力不强。这是最主要的原因，特别在一些笔记本电脑上表现尤为明显。

（2）移动硬盘电路设计不合理，或采用了高能耗的芯片等配件，往往芯片性能与能耗成正比。这一点会导致症状较轻的供电不足，一般在品牌移动硬盘中不会发生。

（3）USB 连接线过长或同时使用过多的 USB 设备。

5. 硬盘

硬盘是移动硬盘中最重要的组成部分，大部分都是 2.5 英寸的，也就是通常所说的笔记本硬盘，也有一些产品采用体积更小的（1.8 英寸）硬盘，但价格要高很多。

7.2.2 移动硬盘的接口

目前移动硬盘常见的数据接口是 USB、e-SATA 和 IEEE1394 三种。

（1）USB 接口。USB 接口是目前移动硬盘盒的主流接口方式，也是几乎所有电脑都有的接口。目前大多是 USB3.0 标准，其理论传输速度最高达 5GB/s，兼容 USB 1.1、USB 2.0。

（2）e-SATA 接口。e-SATA 是 SATA 的外接式接口，可以达到如同 SATA 般的传输速度。在理论上，e-SATA1 接口可以达到 1500Mb/s 的传输率、e-SATA2 接口可以达到 3Gbps 的传输率，e-SATA3 接口可以达到 6Gbps，同样 e-SATA3 兼容 e-SATA1、 e-SATA2，与目前台式机硬盘的情况相同。

（3）IEEE1394 接口。IEEE1394 接口又称 Firewire 接口（俗称火线）。1394 标准又分为 1394a 和 1394b 两种。一般所说的 1394 通常指 1394a 标准接口，数据传输速率理论上可达到 400Mb/s（50MB/s）；1394b 接口的传输速率理论上最少可达到 800Mb/s（100MB/s）。还要注意 1394 接口的类型，一般台式机都是大口 6 针的，而笔记本上则是小口 4 针的。

7.2.3 移动硬盘的保养及故障分析

1. 移动硬盘的保养及使用时要注意的问题

（1）移动硬盘虽然是可以移动的，但不必要时不要让其振动。

（2）在使用时一定要放到平稳、无振动的地方，如果在使用过程中剧烈振动可能对硬盘造成损坏。

（3）用好的数据线。应选用好的数据线，这样供电充足，不容易损坏硬盘。

（4）合理的分区。硬盘分区最好要合理，这样对硬盘是一种保护。

（5）在不进行数据复制时应当拔下硬盘，不让其长时间工作。

（6）最好不要对移动硬盘进行碎片整理。

（7）在别人电脑上使用硬盘时，最好将其插到主机主板上，因为电脑硬件不同，有时电脑知识差的装机人员会把 USB 前置线接错，容易烧坏硬盘。

2. 移动硬盘的常见故障及排除方法

（1）在 USB 移动硬盘连接到电脑之后，如果系统没有弹出"发现 USB 设备"的提示，这可能是在 BIOS 中没有为 USB 接口分配中断号，从而导致系统无法正常地识别和管理 USB 设备。进入 BIOS 设置窗口，在"PNP/PCI CONFIGURATION"中将"Assign IRQ For USB"项设置为"Enable"，这样系统即可为 USB 端口分配可用的中断地址。

（2）移动硬盘在 Windows 2003 系统上使用时无法显示盘符图标。Windows 2003 是一个面向服务器的操作系统，对新安装的存储器必须手工为其添加盘符。

（3）新买的移动硬盘，在接入电脑后发现 USB 硬盘读/写操作发出"咔咔"声，经常产生读/写错误。因为硬盘是新买的，所以可以暂不考虑是移动硬盘的硬件故障。由于 USB 接口的设备需要+5V、500mA 供电，如果供电不足会导致移动硬盘读/写错误甚至无法识别。这时可以尝试更换 USB 接口的供电方式，从+5VUSB 切换为主板+5V 供电；如果仍不能解决问题则考虑更换电源。某些 USB 移动硬盘提供 PS/2 取电接口，也可尝试使用。

（4）USB 移动硬盘能被操作系统识别，但却无法打开其所在的盘符；USB 移动硬盘能在操作系统中被发现，但被识别为"未知的 USB 设备"，并提示安装无法继续进行。移动硬盘对工作电压和电流有较高的要求（+5V 最大要求 500mA），如果主板上的 USB 接口供电不足，就会产生上述现象。这时可以选择带有外接电源的移动硬盘盒，或者使用带有外接电源的 USB HUB。

（5）USB 2.0 接口的移动硬盘无法在机箱的前置 USB 接口上使用，也不能使用 USB 1.1 接口延长线。通常机箱上的前置 USB 接口和 USB 延长线都采用 USB 1.1 结构，因而 USB 2.0 接口的移动硬盘在 USB 1.1 集线器插座上使用则会不定时出错。即使有些前置 USB 接口是 2.0 标准，也可能因为重复接线的原因导致电阻升高，使得 USB 2.0 接口供电不足。因此在使用移动硬盘时，尽量使用主板 I/O 面板上的 USB 2.0 接口。

（6）在 Windows 系统中，移动硬盘无法弹出和关闭。这有可能是因为系统中有其他程序正在访问移动硬盘中的数据，从而产生对移动硬盘的读/写操作。这时可以关闭所有对移动硬盘进行操作的程序，必要时尽可能在弹出移动硬盘时关闭系统中的病毒防火墙等软件。

7.3 闪存与闪存盘

7.3.1 闪存（Flash Memory）

所有的半导体存储器都可以归为两种不同的基本类型，即仅在被连接到电池或其他电源时才能保存数据的存储器（易失存储器），以及即使在没有电源的情况下仍然能够保存数据的存储器（不易失存储器）。闪存一问世，其神奇的特性就赢得了广泛的赞誉。和计算机主板上的内存不同，作为一种新型的 EEPROM 内存，闪存不仅具有 RAM 内存可擦可写可编程的优点，而且所写入的数据在断电后不会消失，因此快闪存储器属于被称为不易失存储器的半导体存储器。

尽管所有的快闪存储器都使用相同的基本存储单元，但有许多不同的途径将单元在总体存储阵列中互连。其中最重要的两种架构被称为 NOR（或非）和 NAND（与非），这些从传统的组合逻辑中得到的术语指出了阵列的拓扑结构和其中的单独单元读取和写入的方式。

最初，这两种架构间有明显的区别，NOR 设备表现出固有的快速读取时间（使其成为代码存储的最佳选择），而 NAND 设备提供更高的存储密度（NAND 单元比 NOR 单元约小 40%）。多比特单元技术的出现使 NOR 架构明显处于优势地位。这是由于在 NOR 架构中，电荷读出放大器对每个单元直接进行存取；而在 NAND 架构中，读出放大器的信号必须通过一定数量的其他单元，其中的每一个都能带来一定的小误差。这意味着 NAND 体系不太可能扩展到超过 2 比特/单元，而对 NOR 架构来说，可以达到 4 比特/单元。这一点不仅补偿了 NAND 单元的较大尺寸，而且使得 NOR 成为当前和将来的所有快闪存储器应用的适当选择。

使用半导体做介质的存储产品现在已经广泛应用于数码产品之中，它具有质量小、体积小、通用性好、功耗小等特点。由于移动存储器对大容量、低功率、高速度的需要，因此并不是所有类型的半导体介质存储单元都能够作为移动存储器的材料。综合各种特点，闪存是最好的一种存储器，所以目前各种基于半导体介质的存储器的存储单元都是闪存。不过，由于各个厂商使用的技术不同，即便同样使用闪存做存储单元，也有不同类型的产品，主要体现在物理规格和电气接口上的差别。现在比较通用的产品类型有 CompactFlash Card（CFC）、SmartMedia Card（SMC）、MultiMedia Card（MMC）、Memory Stick（MS）、USB 闪存盘等。虽然基于闪存的产品具有重量、体积、抗振、防尘、功耗等方面的绝对优势，但是它的价格相比使用磁介质的存储器来说，仍然高得很多。

7.3.2 闪存盘

根据 Flash 的技术构成，闪存盘的结构为接口控制器+缓冲 RAM+FLASH 芯片。然而随着芯片工艺技术的发展，它将逐渐发展到单片集成所有功能，这样就更缩小了体积，增加了可靠性。

1999 年深圳市朗科科技有限公司（Netac Technology Co.Ltd）推出的，以 U 盘为商标的闪存盘（OnlyDisk），是世界上首创基于 USB 接口，采用闪存介质的新一代存储产品。而目前来讲，闪存盘多数都以 U 盘的形式出现，如图 7-10 所示。

和软盘、可移动硬盘、CD-RW、ZIP 盘、SmartMedia 卡及 CompactFlash 卡等传统存储设备相比，闪存盘具有非常明显的优异特性：

（1）体积非常小，仅有大拇指大小，重量仅约 20 克。

（2）容量大。

图 7-10　各种闪存盘的外形

（3）不需要驱动器，无外接电源。

（4）使用简便，即插即用，带电插拔。

（5）存取速度快，约为软盘速度的 15 倍。

（6）可靠性好，可擦写达 100 万次，数据可保存 10 年。

（7）抗振，防潮，携带十分方便。

（8）采用 USB 接口及快闪快存，带写保护功能键。

7.3.3　闪存盘的保养及故障分析

1．闪存盘（U 盘）的保养及使用过程中要注意的问题

（1）U 盘一般有写保护开关，但应该在 U 盘插入计算机接口之前切换，不要在工作状态下进行切换。

（2）U 盘都有工作状态指示灯，如果是一个指示灯，当插入主机接口时，灯亮表示接通电源，灯闪烁表示正在读/写数据；如果是两个指示灯，一般有两种颜色，一个在接通电源时亮，一个在 U 盘进行读/写数据时亮。有些 U 盘在系统复制进度条消失后仍然处于工作状态，因此严禁在读/写状态灯亮时拔下 U 盘，一定等读/写状态指示灯停止闪烁或熄灭才能拔下。

（3）有些品牌型号的 U 盘为文件分配表预留的空间较小，在复制大量单个小文件时容易报错，这时可以停止复制，采取先把多个小文件压缩成一个大文件的方法来解决。

（4）为了保护主板及 U 盘的 USB 接口，预防变形以减少摩擦，如果对复制速度没有要求，则可以使用 USB 延长线。

（5）U 盘的存储原理和硬盘有很大出入，不要整理碎片，否则会影响 U 盘的使用寿命。

（6）U 盘里可能会有 U 盘病毒，插入电脑时最好对 U 盘进行杀毒。

（7）对新 U 盘最好进行 U 盘病毒免疫，这样可以很好地避免 U 盘中毒。

2．闪存盘的故障分析

一般 U 盘故障分为软故障和硬故障，其中以软故障最为常见。软故障主要是指 U 盘有坏块，从而导致 U 盘虽能被计算机识别，但没有盘符出现；或者有盘符出现，但当打开 U 盘时却提示要进行格式化，而格式化又不能成功。前期征兆可能有 U 盘读/写速度变慢、文件丢失却仍占用空间等。这种坏 U 盘一般都可以通过软件低格修复，目前常用的低格修复工具有Mformat（可以去网上搜索下载，使用极其方便，不到一分钟即可修复），当然一些 U 盘厂家也会提供一些类似的软件。

硬故障主要指 U 盘硬件出现故障，插上 U 盘后计算机会发现新硬件，但不能出现盘符，拆开 U 盘后没有任何电路板的烧坏或其他损坏痕迹，并且应用软故障的方法也不能解决的情况。硬故障一般是 U 盘里的易损元件晶振由于剧烈振动而损坏，这时用同频的晶振替换原有晶振即可；也可能是 U 盘的控制芯片被损坏，这时可以找专业的技术人员，将 U 盘上的闪存芯片换到别的相同型号的电路板上，这样 U 盘即可正常使用。一般来讲，U 盘的闪存芯片是不易被损坏的。

实验 7

1. 实验项目

硬盘的测试与修复。

2. 实验目的

（1）了解硬盘分类。

（2）熟悉硬盘各项指标的含义。

（3）了解硬盘目前的流行部件及最新的发展趋势。

（4）掌握硬盘的检测工具。

3. 实验准备及要求

（1）IDE 硬盘、SATA 硬盘、可拆解的移动硬盘、U 盘。

（2）硬盘测试工具。

4. 实验步骤

（1）在互联网上对硬盘目前的市场状况进行了解。

（2）观察几种硬盘的外观特征及构造。

（3）下载硬盘、U 盘等测试工具，并熟悉其使用方法。

（4）对硬盘进行如下检测：

　　　用 HD tune 测试硬盘；

　　　用 CHECK U DISK 测试 U 盘；

　　　用 MHDD 修复硬盘坏道。

（5）整理记录，完成实验报告。

5. 实验报告

（1）列出几种硬盘的特征，并对其性能进行介绍。

（2）记录硬盘的各种测试数据，并写出工具的测试流程。

习题 7

一、填空题

（1）硬盘接口可划分为_____、_____、_____、_____和_____ 5 种类型。

（2）硬盘的内部数据传输率是指_____。

（3）头盘组件包括_____、_____、_____、_____等部件，它们被密封在一个超净腔体内。

（4）目前移动硬盘常见的数据接口是_____、_____和_____三种。

（5）硬盘是一个高精密度的机电一体化产品，它由_____和_____两大部分构成。

（6）硬盘容量=_____×_____×_____×512 字节。

（7）固态硬盘（Solid State Disk 或 Solid State Drive）也被称为电子硬盘或者固态电子盘，是由_____和_____组成的硬盘。

（8）硬盘的_____是指硬盘的磁头从初始位置移动到盘面指定磁道所需的时间，是影响硬盘内部数据传输率的重要参数。

（9）硬盘的盘体从物理磁盘的角度分为_____、_____、_____和_____。

（10）_____是由一个固定有磁头臂的磁棒和线圈制作的电机，当有电流通过线圈时，线圈中的磁棒就会带着磁头一起移动，其优点是_____、_____和_____。

二、选择题

（1）台式电脑中经常使用的硬盘多是（　　）英寸的。

    A．5.25　　　　　　B．3.5　　　　　　C．2.5　　　　　　　　D．1.8

（2）目前市场上出售的硬盘主要有（　　）两种类型。

    A．IDE　　　　　　B．SATA　　　　　C．PCI　　　　　　　D．PCI-E

（3）硬盘标称容量为 40GB，实际存储容量为（　　　）。

    A．39.06GB　　　B．40GB　　　　　C．29GB　　　　　D．15GB

（4）硬盘的数据传输率是衡量硬盘速度的一个重要参数，它是指计算机从硬盘中准确找到相应数据并传送到内存的速率，分为内部和外部传输率，其内部传输率是指（　　　）。

    A．硬盘的高缓缓存到内存　　　　　　　　B．CPU 到 Cache

    C．内存到 CPU　　　　　　　　　　　　D．硬盘的磁头到硬盘的高缓

（5）使用硬盘 Cache 的目的是（　　　）。

    A．增加硬盘容量　　　　　　　　　　　B．提高硬盘读/写信息的速度

    C．实现动态信息存储　　　　　　　　　D．实现静态信息存储

（6）硬盘中信息记录介质被称为（　　　）。

    A．磁道　　　　　B．盘片　　　　　　C．扇区　　　　　　D．磁盘

（7）硬盘中每个扇区的字节是（　　　）。

    A．512KB　　　　B．512Kb　　　　　C．256KB　　　　　D．256Kb

（8）作为完成一次传输的前提，磁头首先要找到该数据所在的磁道，这一定位时间叫做（　　　）。

    A．转速　　　　　B．平均存取时间　　C．平均寻道时间　　D．平均潜伏时间

（9）SATA 的数据传输率为（　　　）。

    A．150MB/s　　　B．160MB/s　　　　C．300 MB/s　　　　D．450MB/s

（10）硬盘在理论上讲可以作为计算机的（　　　）成部分。

    A．输入设备　　　B．输出设备　　　　C．存储器　　　　　D．运算器

三、判断题

（1）平均寻道时间是指硬盘磁头移动到数据所在磁道时所用的时间，以 ms 为单位。

                          （　　）

（2）硬盘又称硬盘驱动器，是电脑中广泛使用的外部存储设备之一。　　　（　　）

（3）缓存是硬盘控制器上的一块存储芯片，存取速度极快，为硬盘与外部总线交换数据提供场所，其容量通常用 KB 或 MB 表示。　　　　　　　　　　　　　　（　　）

（4）U 盘一般有写保护开关，但应该在 U 盘插入计算机接口之前切换，不要在 U 盘工作状态下进行切换。　　　　　　　　　　　　　　　　　　　　　　　　（　　）

（5）硬盘的磁头从一个磁道移动到另一个磁道所用的时间被称为最大寻道时间。

                          （　　）

四、简答题

（1）硬盘的主要参数和技术指标有哪些？

（2）机械硬盘和固态硬盘各有何优、缺点？

（3）选购硬盘时应主要考虑哪几方面的因素？

（4）如何进行硬盘的日常维护工作？

（5）硬盘和移动硬盘各自的特点是什么，在日常工作中是如何使用的？

第 **8** 章

显 示 系 统

显示系统是计算机的输出系统，在计算机与人的交流过程中起着桥梁作用。

8.1 显示系统的组成及工作过程

计算机的显示系统是由显示适配器（又叫显示卡）和显示器再加上显示卡与显示器的驱动程序组成的。显示系统的连接如图 8-1 所示。

显示系统的工作过程：主机通过 I/O 总线将图形数字信号发送到显示卡，显示卡将这些数据加以组织、加工和处理，再转换成模拟视频信号，并同时形成行、场同步信号，通过标准 VGA 接口输出到显示器，而 DVI 接口直接输出数字视

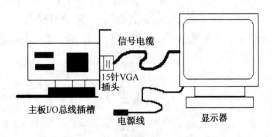

图 8-1　显示系统的连接

频信号到显示器，最终由显示器形成屏幕画面，将系统信息展示给用户。需要说明的是，显示卡输出的视频和同步信号决定着系统信息的最高分辨率，即画面清晰程度和最多颜色数，也就是色彩逼真程度。显示卡驱动程序控制显示卡的工作和显示方式的设置，显示器则决定着高质量的视频信号能否被转换为高质量的屏幕画面。VGA、SVGA、TVGA、高清等显示模式，主要是指显示屏幕上各种不同指标的图像分辨率标准。

8.2 显示卡

显示卡的全称为显示接口卡（Video card，Graphics card），又被称为显示适配器（Video adapter）。显示卡是计算机的主要配件之一，也就是通常所说的图形加速卡。它的基本作用就是控制计算机的图形输出，是联系主机和显示器之间的纽带。如果没有显示卡，那么计算机将无法显示和工作。显示卡的主要作用就是在程序运行时根据 CPU 提供的指令和有关数据，将程序运行过程和结果进行相应的处理并转换为显示器能够接受的文字和图形显示信号后，通过屏幕显示出来。换句话说，显示器必须依靠显示卡提供的显示信号才能显示出各种字符和图像。

通常，显示卡是以附加卡的形式安装在计算机主板的扩展槽中或集成在主板上（多被品牌机使用）。

8.2.1 显示卡的分类

显示卡的分类方法很多，根据显示卡不同的特点，可以分成不同的种类。

（1）按显示卡在主机中存在的形式来分，可分为独立显示卡（安装在主板的扩展槽中）和集成显示卡（集成在主板上）。

（2）按显示卡的接口形式来分，可分为 PCI 显示卡（已被淘汰）、AGP 显示卡（已被淘汰）和 PCI-E 显示卡（主流）。

（3）按显示卡上的显存来分，可分为 DDR 显示卡（已被淘汰）、DDR2 显示卡（已被淘汰）、DDR3 显示卡（快要被淘汰）、DDR4 显示卡（主流）和 DDR5 显示卡（正在成为主流）。

（4）按显示卡控制芯片（GPU）来分，目前主流芯片主要有四家，nVIDIA、ATI（已被 AMD 收购）、Matrox 和 Intel（主要用于板载和 CPU 内置显示卡），其中 nVIDIA、ATI 最具实力。

8.2.2　显示卡的结构、组成及工作原理

1．显示卡的结构及组成

不管是哪一类显示卡，其结构都由以下几部分组成，即与主板连接的插口（俗称金手指）、与显示器及外部设备连接的接口（VGA、DVI、HDMI 和 Display Port 等）、PCB 印刷线路板、显示控制图形处理芯片 GPU、RAMDAC 芯片、视频存储器（显存）、BIOS 芯片及专用供电电路（中高档显示卡才有）等构成。显示卡结构功能图如图 8-2 所示，七彩虹 iGame460 显示实物结构图如图 8-3 所示。

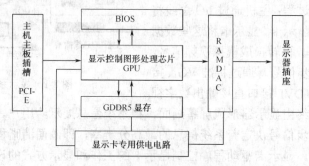

图 8-2　显示卡结构功能图

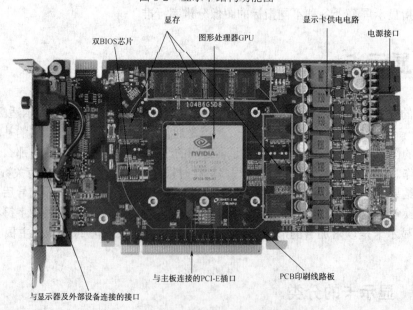

图 8-3　七彩虹 iGame460 显示卡实物结构图

（1）显示控制图形处理芯片 GPU（Graphics Processing Unit）。显示控制图形处理芯片是显示卡的心脏和大脑，显示卡的控制、运算、处理中心，显示卡最重要的部件。它担负着对显示数据的接收、处理、同步信号的产生和与系统之间通信等复杂任务。一般来说，显示芯片都位于整个显示卡的中央，根据封装形式不同，在外观上也有不小的差异。

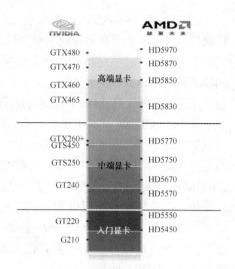

图 8-4　目前市场上流行的显示卡
GPU 的型号及档次

大部分显示芯片上都有代码，不少芯片上能够直接看出显示卡芯片的型号。从 nVIDIA 的 GeForce 256 开始，显示芯片就有了新的名称——GPU，意思是图形处理器，和计算机系统的 CPU 遥相呼应。因此，GPU 性能的高低决定显示卡的档次，目前市场上流行的显示卡 GPU 主要是由 nVIDIA 公司及 AMD 公司生产的，它们的型号及档次如图 8-4 所示。

由于显示卡的 GPU 同主机的 CPU 一样在不断地更新换代，因此，显示卡的档次是随着时间的变化而不断变化的，高端的显示卡半年或一年之后就会变成中端的显示卡。所以，显示卡的档次如果用价格来衡量，就随时间变化不大了。一般价格低于 500 元的为低端显示卡，500～1000 元的为中端显示卡，高于 1000 元的为高端显示卡。

（2）显存。显存是显示卡上的核心部件之一，它的优劣和容量大小会直接关系到显示卡的最终性能表现。可以说，显示芯片决定了显示卡所能提供的功能和其基本性能，而显示卡性能的发挥则很大程度上取决于显存。无论显示芯片的性能如何出众，最终其性能都要通过配套的显存来发挥。

显存也被叫做帧缓存，它的作用是用来存储显示卡芯片处理过或者即将提取的渲染数据。如同计算机的内存一样，显存是用来存储要处理的图形信息的部件。在显示屏上看到的画面是由一个个的像素点构成的，而每个像素点都以 4～32 位甚至 64 位的数据来控制它的亮度和色彩，这些数据必须通过显存来保存，再交由显示芯片和 CPU 调配，最后把运算结果转化为图形输出到显示器上。

GDDR（Graphics Double Data Rate，图形双倍速率）是显存的一种，是为了设计高端显示卡而特别设计的高性能 DDR 存储器规格。它有专属的工作频率、时钟频率、电压，因此与市面上标准的 DDR 存储器有所差异，与普通 DDR 内存不同且不能共用。一般它比主内存中使用的普通 DDR 存储器的时钟频率更高、发热量更小，所以更适合搭配高端显示芯片。

GDDR 显存家族到现在一共经历了五代，分别为 GDDR、GDDR2、GDDR3、GDDR4 和 GDDR5。GDDR 显存已被淘汰，目前市场上常见的显存主要有 GDDR2、GDDR3、GDDR4、GDDR5 四种类型的产品，其中 GDDR4、GDDR5 为主流。

GDDR2 显存目前多被低端显示卡产品采用，采用 BGA 封装技术，显存的速度从 3.7～2ns 不等，最高默认频率从 500～1000MHz。其单颗颗粒位宽为 16bit，组成 128bit 的规格需要 8 颗。

GDDR3 显存是专门为图形处理开发的一种内存，同样采用 BGA 封装技术，其单颗颗粒位宽为 32bit，8 颗颗粒即可组成 256bit/512MB 的显存位宽及容量。显存速度在 2.5（800MHz）～0.8ns（2500MHz）。相比 GDDR2，GDDR3 具备低功耗、高频率和单颗容量大三大优点，使得 GDDR3 被中、低档显示卡产品广泛采用。

GDDR4 和 GDDR3 的技术基本一样，GDDR4 单颗显存颗粒可实现 64bit 位宽和 64MB 容量，也就是说只需 4 颗显存芯片就能够实现 256bit 位宽和 256MB 容量，8 颗更可轻松实现 512bit 位宽和 512MB 容量。目前 GDDR4 显存颗粒的速度集中在 0.7～0.9ns，但 GDDR4 显存时序过长，同频率的 GDDR3 显存在性能上要领先于采用 GDDR4 显存的产品，并且 GDDR4 显存并没有因为电压更低而解决高功耗、高发热的问题，这导致 GDDR4 对 GDDR3 缺乏竞争力，逐渐被淘汰。

相对于 GDDR3、GDDR4 而言，GDDR5 显存拥有诸多技术优势，还具备更高的带宽、更低的功耗、更高的性能。如果搭配同数量、同显存位宽的显存颗粒，GDDR5 显存颗粒提供的总带宽是 GDDR3 的 3 倍以上。GDDR5 显存颗粒采用 66nm 或 55nm 的制造工艺，并采用 170FBGA 封装方式（是指采用了 FBGA 封装，并拥有 170 个球状触点），从而大大减小了芯片体积，芯片密度也可以做到更高，进一步降低了显存芯片的发热量。由于 GDDR5 显存可实现比 GDDR3 的 128bit 或 256bit 显存更高的位宽，也就意味着采用 GDDR5 显存的显示卡会有更大的灵活性，性能也会有较大幅度的提升。所以，目前主流的高端显示卡都无一例外地采用了 GDDR5 显存。

（3）RAMDAC。RAMDAC（Random Access Memory DAC，随机存取存储器数模转换器）的作用是将显存中的数字信号转换为能够用于显示的模拟信号。早期的显示卡板上有专门的 RAMDAC 芯片，现在一般把它集成在 GPU 芯片中。

（4）显示卡 BIOS。显示卡 BIOS 又称 VGA BIOS，主要用于存放 GPU 与显示卡驱动程序之间的控制程序，另外还存放有显示卡型号、规格、生产厂家、出厂时间等信息。

（5）总线接口。显示卡的总线接口是显示卡与主板的数据传输接口，早期有 ISA、EISA、VESA、PCI、AGP 等接口，现在一般是 PCI Express、 PCI Express 2.0、PCI Express 3.0 接口。

（6）显示卡的输出接口。显示卡的输出接口经过多年的发展，目前主要为 VGA、DVI、HDMI 和 Display Port 四种类型。

① VGA 接口。VGA（Video Graphics Array）接口也被称为 D-Sub 接口，就是显示卡上输出模拟信号的接口。虽然液晶显示器可以直接接收数字信号，但很多低端产品为了与 VGA 接口显示卡相匹配，而采用 VGA 接口。

目前大多数计算机与外部显示设备之间都是通过模拟 VGA 接口连接的。计算机内部以数字方式生成的显示图像信息，被显示卡中的数字/模拟转换器转变为 R、G、B 三原色信号和行、场同步信号，信号通过电缆传输到显示设备中。对于模拟显示设备，如模拟 CRT 显示器，信号被直接送到相应的处理电路，驱动控制显像管生成图像；而对于 LCD、DLP 等数字显示设备，需配置相应的 A/D（模拟/数字）转换器，将模拟信号转变为数字信号。在经过 D/A（数字/模拟）和 A/D 两次转换后，不可避免地造成了一些图像细节的损失。VGA 接口应用于 CRT 显示器无可厚非，但用于连接液晶之类的显示设备，则转换过程的图像损失会使显示效果略微下降。

VGA 接口是一种 15 针 D 型接口，分成 3 排，每排 5 个孔，是显示卡上应用最为广泛的接口类型，绝大多数显示卡都带有此种接口。它传输红、绿、蓝模拟信号及同步信号（水平和垂直信号）。一般在 VGA 接头上，用 1、5、6、10、11、15 等标明每个接口编号。插座各针的输出信号的定义为针 1 为红色模拟视频信号 R，针 2 为绿色模拟视频信号 G，针 3 为蓝色模拟视频信号 B，针 4、5、9、12 和 15 未用，针 6 为红色视频信号的地线 R-GND，针 7 为绿色视频信号的地线 G-GND，针 8 为蓝红色视频信号的地线 B-GND，针 10 为同步信号的地线 SYNC-GND，针 11 为系统地线 GND，针 13 为行同步信号输出 HSYNS，针 14 为场同步信号输出 VSYNC。

VGA 接口分为公、母两个接头，显示卡上的是母接头，接口各针的位置及传送的信号如图 8-5 所示。

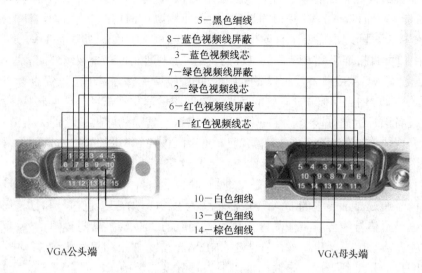

图 8-5　接口各针的位置及传送的信号

② DVI 接口。DVI（Digital Visual Interface，数字视频接口）目前分为两种，一种是 DVI-D
接口，只能接收数字信号，接口上只有 3 排 8 列共 24 个针脚，其中右上角的一个针脚为空，
不兼容模拟信号；另外一种则是 DVI-I 接口，可同时兼容模拟和数字信号。目前应用主要以
DVI-I 接口为主。DVI-I 接口及各针孔的功能如图 8-6 所示。

针　脚	功　　能	针　脚	功　　能
1	TMDS数据 2-	13	TMDS数据 3+
2	TMDS数据 2+	14	+5V直流电源
3	TMDS数据 2/4屏蔽	15	接地（+5回路）
4	TMDS数据	16	热插拔检测
5	TMDS数据	17	TMDS数据 0-
6	DDC时钟	18	TMDS数据 0+
7	DDC数据	19	TMDS数据 0/5屏蔽
8	模拟垂直同步	20	TMDS数据 5-
9	TMDS数据 1-	21	TMDS数据 5+
10	TMDS数据 1+	22	TMDS时钟屏蔽
11	TMDS数据 1/3屏蔽	23	TMDS时钟+
12	TMDS数据 3-	24	TMDS时钟-
C1	模拟垂直同步	C4	模拟水平同步
C2	模拟绿色	C5	模拟接地（RGB回路）
C3	模拟蓝色		

图 8-6　DVI-I 接口及各针孔的功能

　　DVI-D 接口的外形与 DVI 接口一样，只是少了传递模拟信号的 C1-C4 针脚。DVI-I 接口
可同时兼容模拟和数字信号。兼容模拟信号并不意味着模拟信号的 D-Sub 接口可以连接在
DVI-I 接口上，而是必须通过一个转换接头才能使用，一般采用这种接口的显示卡都带有相关
的转换接头。

　　DVI 接口基于 TMDS（Transition Minimized Differential Signaling，最小化传输差分信号）
电子协议作为基本电气连接。TMDS 是一种微分信号机制，可以将像素数据编码，并通过串行
连接传递。显示卡产生的数字信号由发送器按照 TMDS 协议编码后，通过 TMDS 通道发送给
接收器，经过解码送给数字显示设备。一个 DVI 显示系统包括一个传送器和一个接收器。传送
器是信号的来源，可以内建在显示卡芯片中，也可以以附加芯片的形式出现在显示卡 PCB 上；
而接收器则是显示器上的一块电路，它可以接受数字信号，将其解码并传递到数字显示电路中。
通过这两者相互配合，显示卡发出的信号才能成为显示器上的图像。

考虑到兼容性问题，目前显示卡一般会采用 DVD-I 接口，这样可以通过转换接头连接到普通的 VGA 接口。而带有 DVI 接口的显示器一般使用 DVI-D 接口，因为这样的显示器一般也带有 VGA 接口，因此不需要带有模拟信号的 DVI-I 接口。如果要进行 DVI 连接，显示器的 DVI-D 接口可直接连接到显示卡的 DVI-I 接口上。当然也有少数例外，有些显示器只有 DVI-I 接口而没有 VGA 接口。显示设备采用的 DVI 接口主要有以下两大优点。

a. 速度快。DVI 接口传输的是数字信号，数字图像信息不需经过任何转换，就会直接被传送到显示设备上，因此减少了数字→模拟→数字这一繁琐的转换过程，大大节省了时间。因此它的速度更快，有效消除了拖影现象，而且使用 DVI 接口进行数据传输的信号没有衰减，色彩更纯净、更逼真。

b. 画面清晰。计算机内部传输的是二进制的数字信号，使用 VGA 接口连接液晶显示器就需要先把信号通过显示卡中的 D/A 转换器转变为 R、G、B 三原色信号和行、场同步信号，这些信号通过模拟信号线传输到液晶内部还需要相应的 A/D 转换器将模拟信号再一次转变为数字信号才能在液晶上显示出图像。在上述的 D/A、A/D 转换和信号传输过程中，不可避免会出现信号的损失和受到干扰，导致图像出现失真甚至显示错误，而 DVI 接口无需进行这些转换，避免了信号的损失，使图像的清晰度和细节表现力都得到了大幅度提高。

最后，DVI 接口可以支持 HDCP 协议，为观看带版权的高清视频打下基础。不过要想使显示卡支持 HDCP 协议，光有 DVI 接口是不行的，需要加装专用的芯片，还要交纳不菲的 HDCP 认证费，因此目前真正支持 HDCP 协议的显示卡还不多。

③ HDMI 接口。HDMI（High Definition Multimedia Interface，高清晰度多媒体接口）可以提供高达 5Gbps 的数据传输带宽，可以传送无压缩的音频信号及高分辨率的视频信号。同时无需在信号传送前进行数/模或者模/数转换，可以保证最高质量的影音信号传送。HDMI 在针脚上和 DVI 兼容，只是采用了不同的封装技术。与 DVI 相比，HDMI 可以传输数字音频信号，并增加了对 HDCP 的支持，同时提供了更好的 DDC（DISPLAY DATA CHNNEL，显示器与电脑主机进行通信的一个总线标准）可选功能。HDMI 的外形及针脚参数如图 8-7 所示。

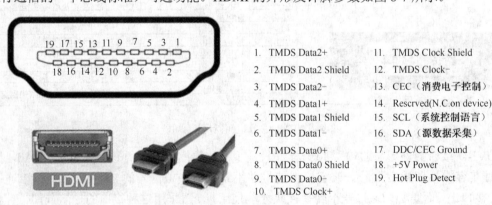

1. TMDS Data2+　　11. TMDS Clock Shield
2. TMDS Data2 Shield　　12. TMDS Clock-
3. TMDS Data2-　　13. CEC（消费电子控制）
4. TMDS Data1+　　14. Rescrved(N.C.on device)
5. TMDS Data1 Shield　　15. SCL（系统控制语言）
6. TMDS Data1-　　16. SDA（源数据采集）
7. TMDS Data0+　　17. DDC/CEC Ground
8. TMDS Data0 Shield　　18. +5V Power
9. TMDS Data0-　　19. Hot Plug Detect
10. TMDS Clock+

图 8-7　HDMI 的外形及针脚参数

HDMI 支持 5Gbps 的数据传输率，最远可传输 15m，足以支持一个 1080p 的视频和一个 8 声道的音频信号。而因为一个 1080p 的视频和一个 8 声道的音频信号需求少于 4GB/s，因此 HDMI 还有很大余量，这允许它可以用一个电缆分别连接 DVD 播放器、接收器等。此外，HDMI 支持 EDID（Extended Display Identification Data，扩展显示标识数据）标准、DDC2B，因此，HDMI 的设备具有即插即用的特点，信号源和显示设备之间会自动进行"协商"，自动选择最合适的视频/音频格式。应用 HDMI 的好处是只需要一条 HDMI 线便可以同时传送影音信号，而不像现在需要多条线材来连接；同时，由于无需进行数/模或者模/数转换，能取得更高的音频和视频传输质量。对消费者而言，HDMI 技术不仅能提供清晰的画质，而且由于音频/视频采用同一个电缆，大大简化了家庭影院系统的安装。

④ DisplayPort 接口。DisplayPort 是由视频电子标准协会（VESA）发布的显示接口。作为 DVI 接口的继承者，DisplayPort 将在传输视频信号的同时加入对高清音频信号传输的支持，同时支持更高的分辨率和刷新率。其外形和各针脚的定义如图 8-8 所示。

防插错斜角

针　脚	信号类型	信号名称	针　脚	信号类型	信号名称
1	Out	ML _Lane 0(p)	11	GND	GND
2	GND	GND	12	Out	ML _Lane 3(n)
3	Out	ML _Lane 0(n)	13	地线GND	GND
4	Out	ML _Lane 1(p)	14	地线GND	GND
5	GND	GND	15	I/O	AUX CH (p)
6	Out	ML _Lane 1(n)	16	GND	GND
7	Out	ML _Lane 2(p)	17	I/O	AUX CH (n)
8	GND	GND	18	In	热拔插探测
9	Out	ML _Lane 2(n)	19	返回	返回
10	Out	ML _Lane 3(p)	20	电源输出	DP PWR

图 8-8　DisplayPort 接口的外形和各针脚的定义

DisplayPort 的链接线路包含了一个单向的主链接（Main Link），专门用于视频信号传输和一个辅助传输通道（AUX CH，Auxiliary Channel），以及一个即插即用识别链接（HPD，Hot-Plug Detect）。Main Link 其实是由 1～4 组不等的 Lanes 构成的，每组 Lane 都由成对（即两条）的线路所构成，信号使用类似串行的差分技术（即通过两条线路的电压差值来表示二进制 0 或 1），每组 Lane 的带宽可达 2.7Gbps，4 组合计达 10.8Gbps。这样强大的宽带，对于色彩及分辨率实现了前所未有的强大支持。

在编码技术上，DisplayPort 使用了 ANSI 8B/10B 技术，这种编码方案把一个 8 比特字节编码为两个 10 比特字符，用于平衡高速传输的比特流中 1 和 0 的数量，以确保传输的精确性。由于时钟信号直接与视频资料信号共混传输，如此就省去了额外设置时钟线路的需要，而 DVI、HDMI 仍然拥有一条独立的时钟线路，在 EMI（电磁干扰）设计上难度较大。

DisplayPort 可支持 WQXGA+（2560×1600）、QXGA（2048×1536）等分辨率及 30/36bit（每原色 10/12bit）的色深，1920×1200 分辨率的色彩支持到了 120/24bit，超高的带宽和分辨率完全足以支持目前几乎所有的显示器。

DisplayPort 由于采用类似于 PCI-E 的可扩展信道拓扑结构，因此它具有通过无缝扩展子信道数量来提升带宽的优点，如利用这个特性未来 DisplayPort 的主信道可能采用 6 信道、8 信道、10 信道……这样的升级方式扩增传输带宽，特别是在不变更连接线设计的前提下 DisplayPort 也可配合最新的 PCI-E 2.0 架构将整体传输速度再提高两倍以上，这一点要远优于 DVI、HDMI。而 HDMI 由于采用与 DVI 一样的 TMDS 信号编码传输技术，因此同样存在与

DVI 一样的缺点——升级空间小。要增加传输带宽就只能通过增加频率来实现，如 HDMI 1.3 版本就将频率从 165MHz 提升到了 340MHz。

由于 DisplayPort 主信道的所有视频、音频数据流是以微封包架构方式传输的，即在传输前先将视频、音频数据流打包成各个独立的微封包，到达终端后再将各个微封包整合成完整的视频、音频数据流。由于微封包在传输过程中互不干扰，因此这种传输方式的最大优点是可以在同一线路上实现多组视频、数据传输，可以轻易地在已有传输中追加新的协定内容。而 HDMI 所采用的交换式传输则限定一条链路只能传输一组视频，功能性和扩展性无疑要逊色于 DisplayPort。借助 DisplayPort 的这种优势，就能用一条 DisplayPort 连接线传输实现画中画、分屏显示等功能，最高可支持 6 条 1080i 或 3 条 1080P 视频流，这是 HDMI 无法实现的。

DisplayPort 辅信道是专门的控制管理总线，主要负责内容之外的辅助信息传送，如状态信息、操控命令、音频等，属于低速的双向通信。该辅助信道带宽为 1Mb/s，最高延迟仅为 500μs，可以直接作为语音聊天、VoIP 和摄像头影像等低带宽数据的传输通道，另外它还能作为无延迟的游戏控制和遥控的专用通道。因此借助辅信道，DisplayPort 可以轻而易举地实现 HDMI 一线通的功能。不过，HDMI 只整合音频和视频，DisplayPort 则可拥有更多的功能，可对周边设备进行最大程度的整合控制。

与 DVI 和 HDMI 所采用的 TMDS 信号编码传输方式不同，DisplayPort 在主信道上采用 ANXI 8B/10B 编码，传输线路采用交流耦合发送端和接收端有不同的共模电压，这样大大降低了 DisplayPort 产品的视频源端设计的难度。目前的显示器一般通过 VGA 或 DVI 接口与 PC 相连，但由于显示面板的时序控制器（TCON）都是由 LVDS（Low Voltage Differential Signaling，低电压差分信号）驱动的，所以显示器主板的设计都非常复杂。与此形成鲜明对比的是 DisplayPort 可以直接驱动 TCON，大大简化了显示器的内部设计，这一点在显示卡上同样存在。

综上所述，DisplayPort 是种优于 DVI、HDMI 的先进接口，它们之间的比较如表 8-1 所示。

表 8-1　DVI、HDMI 和 DisplayPort 接口的比较

	DisplayPort	DVI	HDMI
支持模拟信号	否	可选（DVH）	否
传输通道数目	1～4 对；未来扩展容易	3 对或 6 对(同样的连接器，两种形式)	3 对（A 型）或 6 对（B 型）
每对之比特率	1.6 或 2.7Gbps（固定时脉）	最大值为 1.6Gbps（10×像素时脉）	最大值为 1.6Gbps（10×像素时脉）
总原始容量	1.6～10.8Gbps（最大 4 条通道）	4.8（单链路）～9.6Gbps（双链路）	4.8（A 型最大值）～9.6Gbps（B 型最大值）
时脉	嵌入式	单独通道	单独通道
音频支持	完全支持（可选配）	无	A 型连接器支持
辅助通道	1Mb/s 辅助通道	DDC	DDC
信道编码	ANSI8B/10B	TMDS	TMDS
内容保护	HDCP 1.3 可选配	HDCP 可选	HDCP 可选
协议	Micro-Packet，方便未来可扩展以增加性能	串联数据流（10×像素时脉频率）	同 DVI，但是音频为嵌入式
内部（笔记本电脑）使用	包含于标准之内	否，非基于 TMDS 标准	否，非基于 TMDS 标准
控制管理机构	VESA	数字化显示工作小组（defunct）	HDMI LLC 及支持公司

（7）显示卡的供电电路。早期和低档的显示卡没有专用的供电电路，都是通过主板总线接口的 +5V 电源为显示卡供电。随着 GPU 功率的增大，用主板接口供电越来越不能满足要求，因此，中高档的显示卡都设有专用的供电电路，采用的是多相供电的模式，其原理和 CPU 的供电电路一样（可参阅本书的 CPU 供电电路的有关章节），这里不再多述，其目的就是为显示卡的所有电路提供稳定的工作电压。显示卡电源的输入接口有 4 针、6 针、8 针和 6+6 针等多种方式。

2．显示卡的工作原理

显示卡的工作原理或工作过程是主机 CPU 送来的显示数据，经总线接口 PCI-E，送到 GPU，GPU 对显示数据进行加工和处理，处理好的数据送到显存，经显存的缓存，根据显示卡上的输出接口数，再分几路输出。对于 VGA 接口，显存的显示数据先送到 RAMDAC，把显示数据由数字信号转换为模拟信号以后，再送到 VGA 接口输出。对于 DVI 接口，显存的显示数据先送到 TMDS 电路进行调制编码，转换为 TMDS 数字信号后，再送到 DVI 接口输出。对于 HDMI 接口，显存送来的数据也要通过 HDMI 发送器的编码和处理，再送到 HDMI 接口输出。对于 DisplayPort 接口，显存送来的数据也要先用 ANSI 8B/10B 技术进行编码，再打包成各个独立的微封包，送到 DisplayPort 接口以微封包架构方式输出。

8.2.3 显示卡的参数及主要技术指标

显示卡的技术参数有很多，主要的有如下几类。

1．显示核心

显示核心是指显示卡 GPU 的规格包括芯片型号、生产厂商、制造工艺（指芯片内部元件管线宽度）和核心代号等参数。

2．显示卡频率

（1）核心频率。显示卡的核心频率是指显示核心的工作频率，其工作频率在一定程度上可以反映出显示核心的性能，但显示卡的性能是由核心频率、显存、像素管线、像素填充率等多方面的情况决定的，因此在显示核心不同的情况下，核心频率高并不代表此显示卡的性能强劲。在同级别的芯片中，核心频率高的则性能要强一些，提高核心频率就是显示卡超频的方法之一。主流的显示芯片只有 ATI 和 nVIDIA 两家，都提供显示核心给第三方厂商，在同样的显示核心下，部分厂商会适当提高其产品的显示核心频率，使其工作在高于显示核心固定的频率上以达到更高的性能。

（2）显存频率。显存频率是指默认情况下，该显存在显示卡上工作时的频率，以 MHz 为单位。显存频率在一定程度上反映了该显存的速度。显存频率随着显存的类型、性能的不同而不同。

显示卡制造时，厂商设定了显存实际的工作频率，而实际工作频率不一定等于显存最大频率。此类情况现在较为常见，如显存最大能工作在 650MHz，而制造时显示卡工作频率被设定为 550MHz，此时显存就存在一定的超频空间。这也就是目前厂商惯用的方法，显示卡以超频为卖点。

（3）着色器频率。Shader 频率中文意思为着色器频率，它是 Direct X10 统一渲染架构（Unified Shader Architecture）诞生后出现的新产物，Shader 频率与显示卡核心频率和显存频率一样，都是影响显示卡性能高低的重要频率。

3．显存规格

（1）显存类型。显存类型是指显存的型号，目前主要有 SDDR3、GDDR3 和 GDDR5 三种类型。

（2）显存容量。显存容量是显示卡上本地显存的容量数，这是选择显示卡的关键参数之一。显存容量的大小决定着显存临时存储数据的能力，在一定程度上也会影响显示卡的性能。显存容量是随着显示卡的发展而逐步增大的。并且有越来越增大的趋势。目前主流显示卡显存容量为 512MB～6GB。

（3）显存位宽。显存位宽是指显存在一个时钟周期内所能传送数据的位数，位数越大则瞬间所能传输的数据量越大，这是显存的重要参数之一。目前市场上的显存位宽有 64 位、128 位、192 位、256 位、384 位、512 位和 768 位 7 种。

显存带宽=显存频率×显存位宽/8，那么在显存频率相同的情况下，显存位宽将决定显存带宽的大小。

（4）最大分辨率。显示卡的最大分辨率是指显示卡在显示器上所能描绘的像素点的数量。分辨率越高，所能显示的图像的像素点就越多，并且能显示更多的细节，当然也就越清晰。最大分辨率在一定程度上跟显存有着直接关系，因为这些像素点的数据最初都要存储在显存内，因此显存容量会影响到最大分辨率。在早期显示卡的显存容量只具有 512KB、1MB、2MB 等极小容量时，显存容量确实是最大分辨率的一个瓶颈。但目前主流显示卡的显存容量为 512MB 以上，在这样的情况下，显存容量早已经不再是影响最大分辨率的因素，之所以需要如此大容量的显存，就是因为现在的大型 3D 游戏和专业渲染需要临时存储更多的数据。

现在决定最大分辨率的其实是显示卡的 RAMDAC 频率，目前所有主流显示卡的 RAMDAC 频率都达到了 600MHz，主流显示卡的最大分辨率更是高达 2560×1600。

另外，显示卡能输出的最大显示分辨率并不代表电脑就能达到，还必须有足够强大的显示器配套才可以实现，也就是说，还需要显示器的最大分辨率与显示卡的最大分辨率相匹配才能实现。除了显示卡要支持之外，还需要显示器支持。

4. 散热方式

（1）被动式散热。被动式散热方式就是在显示芯片上安装一个散热片即可，并不需要散热风扇。

（2）主动式散热。主动式散热方式除了在显示芯片上安装散热片之外，还安装了散热风扇，工作频率较高的显示卡都需要这种主动式散热方式。

5. 3D API

API（Application Programming Interface，应用程序接口），3D API 是指显示卡与应用程序直接的接口。3D API 能让编程人员所设计的 3D 软件调用其 API 内的程序，从而让 API 自动和硬件的驱动程序沟通，启动 3D 芯片内强大的 3D 图形处理功能，从而大幅度地提高了 3D 程序的设计效率。目前个人电脑中主要应用的 3D API 有 DirectX 和 OpenGL，DirectX 已经成为游戏的主流。

6. SP 单元

SP（Stream Processor）是 nVIDIA 对其统一架构 GPU 内通用标量着色器的称谓。SP 是继 Pixel Pipelines 和 Vertex Pipelines 之后的新一代显示卡渲染技术指标，SP 既可以完成 Vertex Shader 运算，也可以完成 Pixel Shader 运算，而且可以根据需要组成任意 VS/PS 比例，从而给开发者更广阔的发挥空间。SP 单元数越多，表示渲染能力越强。

7. 刷新频率

刷新频率是指图像在屏幕上更新的速度，即屏幕上每秒显示全画面的次数，刷新频率的单位为 Hz。

8. 彩色深度（色彩位数）

图形中每一个像素的颜色是用一组二进制数来描述的，这组描述颜色信息的二进制数长度（位数）被称为色彩位数。有 16、24、32 位、36 位甚至 42 位。

8.2.4　显示卡的新技术

随着显示卡的发展，各种新技术如雨后春笋般地涌现，下面就目前显示卡的几种主要新技术做详细介绍。

1. 显示卡的交火技术

所谓显示卡的交火技术，就是用两块显示卡分工协作，共同完成图像显示，以增强显示效果。这种技术被 nVIDIA 公司叫做 SLI 技术，被 ATI 公司叫做 CrossFire 技术，这两种技术的显示卡连接如图 8-9 所示。

nVIDIA的SLI技术　　　　　　　　ATI的CrossFire技术

图 8-9　nVIDIA 的 SLI 技术和 ATI 的 CrossFire 技术的显示卡连接

（1）nVIDIA 的 SLI 技术。SLI（Scalable Link Interface，可升级连接界面）是通过一种特殊的接口连接方式，在一块支持双 PCI Express X16 插槽的主板上，同时使用两块同型号的 PCI Express 显示卡，以增强系统的图形处理能力。而 nVIDIA 的 SLI 技术则有两种渲染模式，即分割帧渲染模式（SFR，Scissor Frame Rendering）和交替帧渲染模式（AFR，Alternate Frame Rendering）。分割帧渲染模式是将每帧画面划分为上下两个部分，主显示卡完成上部分画面渲染，副显示卡则完成下半部分的画面渲染，然后副显示卡将渲染完毕的画面传输给主显示卡，主显示卡再将它与自己渲染的上半部分画面合成为一幅完整的画面；而交替帧渲染模式则是一块显示卡负责渲染奇数帧画面，另外一块显示卡则负责渲染偶数帧画面，二者交替渲染，在这种模式下，两块显示卡实际上都是渲染的完整画面，此时并不需要连接显示器的主显示卡做画面合成工作。

在 SLI 状态下，特别是在分割帧渲染模式下，两块显示卡并不是对等的。在运行工作中，一块显示卡作为主卡，另一块作为副卡，其中主卡负责任务指派、渲染、后期合成、输出等运算和控制工作，而副卡只是接收来自主卡的任务进行相关处理，然后将结果传回主卡进行合成并输出到显示器。SLI 技术理论上能把图形处理能力提高一倍，在实际应用中，除了极少数测试之外，在实际游戏中图形性能只能提高 30%～70%不等。

（2）ATI 的 CrossFire 技术。ATI 的 CrossFire 技术是为了应对 nVIDIA 的 SLI 技术而推出的，也就是所谓的交叉火力简称交火。与 nVIDIA 的 SLI 技术类似，实现 CrossFire 技术也需要两块显示卡，而且两块显示卡之间也需要连接（在机箱外部而非内部）。但是 CrossFire 与 SLI 也有所不同，首先 CrossFire 技术的主显示卡必须是 CrossFire 版的，也就是说主显示卡必须要有图像合成器，而副显示卡则不需要；其次，CrossFire 技术支持采用不同显示芯片（包括不同数量的渲染管线和核心/显存频率）的显示卡。在渲染模式方面，CrossFire 除了具有 SLI 的分割帧渲染模式和交替帧渲染模式之外，还支持方块分离渲染模式（SuperTiling）和超级全屏抗锯齿渲染模式（Super AA）。方块分离渲染模式下是把画面分割成 32×32 像素方块，类似于国际象棋棋盘方格，其中一半由主显示卡负责运算渲染，另一半由副显示卡负责处理，然后根据实际的显示结果，让双显示卡同时逐格渲染处理，这样系统可以更有效地配平两块显示卡的工作任务。在超级全屏抗锯齿渲染模式下，两块显示卡在工作时独立使用不同的FSAA（全屏抗锯齿）采样来对画面进行处理，然后由图像合成器将两块显示卡所处理的数据合成，以输出高画质的图像。与SLI不同的是，CrossFire还支持多头显示。

2. nVIDIA 的 PhysX 技术

nVIDIA 的 PhysX 是一款功能强大的物理效果引擎，它可以在最前沿的 PC 游戏中实现实时物理效果。PhysX 专为大规模并行处理器硬件加速而进行了优化，搭载 PhysX 技术的 GeForce GPU 可实现物理效果处理能力的大幅提升，将游戏物理效果推向全新境界。

3. nVIDIA CUDA 技术

nVIDIA CUDA（Compute Unified Device Architecture）技术可以认为是一种以 C 语言为基础的平台，主要是利用显示卡强大的浮点运算能力来完成以往需要 CPU 才可以完成的任务。该技术充分挖掘出 nVIDIA GPU 巨大的计算能力，凭借 nVIDIA CUDA 技术，开发人员能够利用 nVIDIA GPU 攻克极其复杂的密集型计算难题。CUDA 是用于 GPU 计算的开发环境，它是一个全新的软、硬件架构，可以将 GPU 视为一个并行数据计算的设备，对所进行的计算进行分配和管理。整个 CUDA 平台通过运用显示卡内的流处理器进行数学运算，并通过 GPU 内部的缓存共享数据，流处理器之间甚至可以互相通信，同时对数据的存储也不再约束于以 GPU 的纹理方式，存取更加灵活，可以充分利用统一架构的流输出特性，大大提高了应用效率。

4. 3D VISION 技术

3D VISION 之前的名称为 3D Stereo，是 nVIDIA 基于 GeForce 8 及以上系列显示卡研发的 3D 显示技术，搭配立体眼镜，可以使玩家感受身临其境的真实体验。3D VISION 的工作原理就是让双眼分别看到同一物体的不同角度，模拟真实世界人眼成像原理。3D VISION 眼镜能够根据显示卡发出的同步信号工作，在第一帧时右眼液晶变黑，屏蔽右眼视觉，而在第二帧则屏蔽左眼。如此循环工作，再加上人眼特有的视觉延迟特性，"欺骗"了视觉系统，认为看到是真实的立体画面。

8.2.5 安装显示卡需要注意的事项

（1）安装显示卡时一定关闭电源，不要用手接触金手指，安装时一定要打开卡扣，显示卡插到位后，一定要扣好卡扣。

（2）接好外接电源。现在的新型显示卡都配备了外接（加强）电源接口，安装时请不要忘记将其插上。如果没有将其插上，启动时系统会自动停止响应，并在屏幕上显示必须插上电源接口。

（3）注意显示卡、显存散热片是否适用主板及机箱。现在显示卡、显存的散热片越来越大，在购买新显示卡时，一定要注意显示卡、显存的散热片是否适用于主板及机箱。如果购买的显示卡由于空间位置的不够，插不到主板的扩展槽或装不进机箱，就会做无用功。

（4）注意更新显示卡的驱动程序。显示卡新的驱动程序总是对旧驱动程序的 BUG 进行修复，并增加新的功能，只有经常更新显示卡的驱动程序，才能保证显示卡工作在最佳状态。

8.2.6 显示卡的测试

显示卡的测试软件有很多，一般可以用 GPU-Z 测试显示卡的参数、3DMark 测试显示卡的性能。

1. GPU-Z 介绍

GPU-Z 是一款显示卡参数检测工具，由 TechPowerUp 开发。可测试显示卡的许多参数，主要测试的参数如下。

（1）显示卡的名称部分。

名称/Name：此处显示显示卡的名称。

（2）显示芯片型号部分。

核心代号/GPU：此处显示 GPU 芯片的代号。

修订版本/Revision：此处显示 GPU 芯片的步进制程编号。

制造工艺/Technology：此处显示 GPU 芯片的制造工艺，如 80nm、65nm、55nm 等。

核心面积/Die Size：此处显示 GPU 芯片的核心尺寸。

（3）显示卡的硬件信息部分。

BIOS 版本/BIOS Version：此处显示显示卡 BIOS 的版本号。

设备 ID/Device ID：此处显示设备的 ID 码。

制造厂商/Subvendor：此处显示该显示卡的制造厂商名称。

（4）显示芯片参数部分。

光栅引擎/ROPs：此处显示 GPU 拥有的 ROP 光栅操作处理器的数量，数量越多性能越强。

总线接口/Bus Interface：此处显示显示卡和主板北桥芯片之间的总线接口类型及接口速度。

着色单元/Shaders：此处显示 GPU 拥有的着色器的数量，数量越多性能越强。

DirectX 版本/DirectX Support：此处显示 GPU 所支持的 DirectX 版本。

像素填充率/Pixel Fillrate：此处显示 GPU 的像素填充率，越大性能越强。

纹理填充率/Texture Fillrate：此处显示 GPU 的纹理填充率，越大性能越强。

（5）显存信息部分。

显存类型/Memory Type：此处显示显示卡所采用的显存类型，如 GDDR3、GDDR5、DDR2 等。

显存带宽/Bus Width：此处显示 GPU 与显存之间连接的带宽，越大性能越强。

显存容量/Memory Size：此处显示显示卡板载的物理显存容量。

显存带宽/Bandwidth：此处显示 GPU 与显存之间的数据传输速度，越大性能越强。

（6）驱动部分。

驱动程序版本/Driver Version：此处为系统内当前使用的显示卡驱动的版本号。

（7）显示卡频率部分。

核心频率/GPU Clock：此处显示 GPU 当前的运行频率。

内存/Memory：此处显示显存当前的运行频率。

Shader/Shader：此处显示着色单元当前的运行频率。

原始核心频率/Default Clock：此处显示 GPU 默认的运行频率。

2. 3DMark 介绍

3DMark 是 FutureMark 公司出品的 3D 图形性能基准测试工具，具有悠久的历史，迄今已成为业界标准之一。最新出品的 3DMark 可以衡量 PC 在下一代游戏中的 3D 性能、比较最新的高端游戏硬件、展示惊人的实时 3D 画面。

通过使用 3DMark 测试可获得如下结果：

（1）3DMark 得分。电脑 3D 性能的衡量标尺。

（2）SM2.0 得分。电脑 ShaderModel 2.0 性能的衡量标尺。

（3）HDR/SM3.0 得分。电脑 HDR 和 ShaderModel 3.0 性能的衡量标尺。

（4）CPU 得分。电脑处理器性能的衡量标尺。

8.2.7　显示卡的常见故障与维修

（1）显示卡最常见的问题，就是没插好或接触不良，特别是 AGP 和 PCI-E 插槽，由于比较复杂、金属触点多，经常出现这样的问题。因此，当遇到显示卡故障时，首先就要确保显示卡插好，再考虑别的情况。当出现显示卡接触不良时，会发出长的"嘀嘀"声。

（2）计算机刚开机正常，过几分到十几分钟就出现花屏或死机现象。这是由于风扇不转导致 GPU 温度过高所致。这时更换显示卡的散热风扇即可。

（3）显示卡驱动没装好，导致显示不正常。在 Windows 7 下，如果不装驱动一般也能正常显示，但运行需要调用显示卡的应用程序时可能就会发生显示不正常的故障。这时装好显示卡的驱动程序即可。

（4）显示卡与主板不兼容或与其他板卡冲突引发的故障。不兼容的现象表现为开机时显示几个字符，马上无显；冲突现象表现为无显或显示不正常。这一般出现在比较老的显示卡中，这时更换显示卡，或调整显示卡的中断号即可。

（5）显示卡的供电电路损坏，导致没有显示。高档显示卡一般都有专用的供电电路，供电电损坏的修复方法与主板的供电电路一样，大多数情况下只要更换损坏的功率场效管即可。

8.3　显示器

显示器是将一定的电子文件通过特定的传输设备显示到屏幕上再反射到人眼的一种显示工具，显示器也是将显示卡输出的视频信号转换为可视图像的电子设备。

8.3.1　显示器的分类

（1）按照显示器的工作原理不同分类，分为传统的 CRT 显示器、LCD 显示器和 PDP 三种。目前主流的是液晶显示器，CRT 显示器已彻底淘汰，而等离子显示器主要出现在大屏幕的电视上，市场上很难见到等离子显示器。

（2）按显示色彩分类，分为单色显示器和彩色显示器，单色显示器已经成为历史。

（3）按显示屏幕大小分类，以英寸为单位（1 英寸=2.54cm），通常有 14 英寸、15 英寸、17 英寸、20 英寸、22 英寸和 24 英寸等。

8.3.2　LCD 显示器的工作原理

液晶显示器又叫做 LCD 显示器，俗称平板显示器。液晶显示器的原理是利用液晶的物理特性，在通电时导通，使液晶排列变得有秩序，使光线容易通过；不通电时，排列则变得混乱，阻止光线通过。液晶显示器件中的每个显示像素都可以单独被电场控制，不同的显示像素按照控制信号的"指挥"便可以在显示屏上组成不同的字符、数字及图形。

目前的液晶显示器都是 TFT-LCD 显示器（薄膜晶体管有源阵列彩显，俗称真彩显）。

TFT（Thin Film Transistor，薄膜晶体管）显示屏的每个液晶像素点都是由集成在像素点后面的薄膜晶体管来控制的，使每个像素都能保持一定电压，从而可以做到高速度、高亮度、高对比度的显示。

TFT-LCD 显示器按背光源的不同，又分为 CCFL（Cold Cathode Fluorescent Lamp，冷阴极荧光灯管）液晶显示器和 LED（Light Emitting Diode，发光二极管）液晶显示器。LED 液晶显示器背光的亮度高，长时间使用亮度也不会下降，且色彩比较柔和、省电、环保、辐射低及机身更薄、外形也美观等特点，LED 液晶显示器已经取代了 CCFL 液晶显示器成为市场的主流。

8.3.3　LCD 显示器的物理结构

液晶显示器的结构并不复杂，液晶板加上相应的驱动板（也称主板，注意不是液晶面板内的行列驱动电路）、电源板、高压板（CCFL 有，LED 无）、按键控制板等，就构成了一台完整的液晶显示器，如图 8-10 所示。

液晶显示器的功能图如图 8-11 所示，各组成部分的具体功能如下。

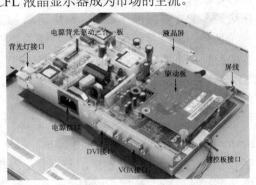

图 8-10　液晶显示器的结构

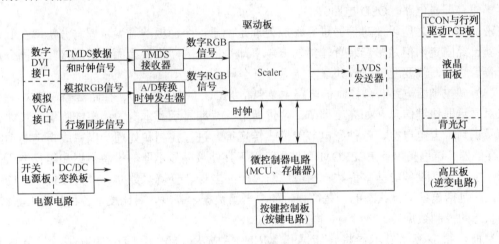

图 8-11　液晶显示器的功能图

1．电源部分

液晶显示器的电源电路分为开关电源和 DC（直流）/DC 变换器两部分。其中，开关电源是一种 AC（交流）/DC 变换器，其作用是将市电交流 220V 或 110V（欧洲标准）转换为 12V 直流电源（有些机型为 14V、18V、24V 或 28V），供给 DC/DC 直流变换器和高压板电路；DC/DC 直流变换器的作用是将开关电源产生的直流电压（如 12V）转换为 5V、3.3V、2.5V 等电压，供给驱动板和液晶面板等使用。

2．驱动板部分

驱动板是液晶显示器的核心电路，主要由以下几个部分构成。

（1）输入接口电路。液晶显示器一般设有传输模拟信号的 VGA 接口和传输数字信号的 DVI 接口。其中，VGA 接口用来接收主机显示卡输出的模拟 R、G、B 和行、场同步信号；DVI 接口用于接收主机显示卡 TMDS 发送器输出的 TMDS 数据和时钟信号，接收到的 TMDS 信号需要经过液晶显示器内部的 TMDS 接收器解码，才能加到 Scaler（主控芯片）电路中，不过，现在很多 TMDS 接收器都被集成在 Scaler 芯片中。

（2）A/D 转换电路。A/D 转换电路即模/数转换器，用以将 VGA 接口输出的模拟 R、G、B 信号转换为数字信号，然后送到 Scaler 电路进行处理。

早期的液晶显示器，一般单独设有一块 A/D 转换芯片（如 AD9883、AD9884 等），现在生产的液晶显示器，大多已将 A/D 转换电路集成在 Scaler 芯片中。

（3）时钟发生器（PLL 锁相环电路）。时钟产生电路接收行同步、场同步和外部晶振时钟信号，经时钟发生器产生时钟信号，一方面送到 A/D 转换电路，作为取样时钟信号；另一方面送到 Scaler 电路进行处理，产生驱动 LCD 屏的像素时钟。

另外，液晶显示器内部各个模块的协调工作也需要在时钟信号的配合下才能完成。显示器的时钟发生器一般均由锁相环电路进行控制，以提高时钟的稳定度。

早期的液晶显示器一般将时钟发生器集成在 A/D 转换电路中，现在生产的液晶显示器大都将时钟发生器集成在 Scaler 芯片中。

（4）Scaler 电路。Scaler 电路的名称较多，如图像缩放电路、主控电路、图像控制器等。Scaler 电路的核心是一块大规模集成电路，称为 Scaler 芯片，其作用是对 A/D 转换得到的数字信号或 TMDS 接收器输出的数据和时钟信号进行缩放、画质增强等处理，再经输出接口电路送至液晶面板，最后，由液晶面板的时序控制 IC（TC0N）将信号传输至面板上的行、列驱动 IC。Scaler 芯片的性能基本上决定了信号处理的极限能力。另外，在 Scaler 电路中，一般还集成有屏显电路（OSD 电路）。

液晶显示器之所以要对信号进行缩放处理是由于一个面板的画素位置与分辨率在制造完成后就已经固定，但是影音装置输出的分辨率却是多元的，当液晶面板必须接收不同分辨率的影音信号时，就要经过缩放处理才能适合一个屏幕的大小。

（5）微控制器电路。微控制器电路主要包括 MCU（微控制器）、存储器等。其中，MCU 用来对显示器按键信息（如亮度调节、位置调节等）和显示器本身的状态控制信息（如无输入信号识别、上电自检、各种省电节能模式转换等）进行控制和处理，以完成指定的功能操作；存储器（这里指串行 EEPROM 存储器）用于存储液晶显示器的设备数据和运行中所需的数据，主要包括设备的基本参数、制造厂商、产品型号、分辨率数据、最大行频率、场刷新率等，还包括设备运行状态的一些数据，如白平衡数据、亮度、对比度、各种几何失真参数、节能状态的控制数据等。

目前，很多液晶显示器将存储器和 MCU 集成在一起，还有一些液晶显示器甚至将 MCU、存储器都集成在 Scaler 芯片中。因此，在这些液晶显示器的驱动板上是看不到存储器和 MCU 的。

（6）输出接口电路。驱动板与液晶面板的接口电路有多种，常用的主要有以下三种。

第一种是并行总线 TTL 接口，用来驱动 TTL 液晶屏。根据不同的面板分辨率，TTL 接口又分为 48 位或 24 位并行数字显示信号。

第二种接口是现在十分流行的低压差分 LVDS 接口，用来驱动 LVDS 液晶屏。与 TTL 接口相比，LVDS 接口有更高的传输率、更低的电磁辐射和电磁干扰，并且需要的数据传输线也比 TTL 接口少很多，所以，从技术和成本的角度来看，LVDS 接口比 TTL 接口要好。需要说明的是，凡是具有 LVDS 接口的液晶显示器，在主板上一般需要一块 LVDS 发送芯片（有些可能集成在 Scaler 芯片中），同时，在液晶面板中还应有一块 LVDS 接收器。

第三种是 RSDS（低振幅信号）接口，用来驱动 RSDS 液晶屏。采用 RSDS 接口，可大大减少辐射强度，更加健康环保，并可增强抗干扰能力，使画面的质量更加清晰稳定。

3. 按键板部分

按键电路安装在按键控制板上，另外，指示灯一般也安装在按键控制板上。按键电路的作用就是控制电路的通与断，当按下开关时，按键电子开关接通；手松开后，按键电子开关断开。按键开关输出的开关信号送到驱动板上的 MCU 中，由 MCU 识别后，输出控制信号，控制相关电路完成相应的操作和动作。

4. 高压板部分

高压板俗称高压条（因为电路板一般较长，为条状形式），有时也称为逆变电路或逆变器，其作用是将电源输出的低压直流电压转变为液晶板所需的高频 600V 以上的高压交流电，点亮液晶面板上的背光灯。由于 LED 背光灯不需要高压就能发光，因此没有此电路。

高压板主要有两种安装形式，一是专设一块电路板，二是和开关电源电路安装在一起（开关电源采用机内型）。

5. 液晶面板（Panel）部分

液晶面板是液晶显示器的核心部件，主要包含液晶屏、LVDS 接收器（可选，LVDS 液晶屏有该电路）、驱动 IC 电路（包含源极驱动 IC 与栅极驱动 IC）、时序控制 IC 和背光源。

最后需要强调的是，液晶显示器的电路结构和彩电、CRT 显示器彩显一样，经历了从多片集成电路到单片集成电路再到超级单片集成电路的发展过程。例如，早期的液晶显示器、A/D 转换、时钟发生器、Scaler 和 MCU 电路均采用独立的集成电路；现在生产的液晶显示器则大多将 A/D 转换、TMDS 接收器、时钟发生器、Sealer、OSD、LVDS 发送器集成在一起，有的甚至将 MCU 电路、TC0N、RSDS 等电路也集成进来，成为一片真正的超级芯片。无论液晶显示器采用哪种电路形式，但万变不离其宗，即所有液晶显示器的基本结构组成是相同或相似的。作为维修人员，只要理解了液晶显示器的基本结构和组成，再结合厂家提供的主要集成电路引脚功能，就不难分析出其整机电路的基本工作过程。

8.3.4　LCD 显示器的技术参数

1. 屏幕尺寸

屏幕尺寸是指液晶显示器屏幕对角线的长度，单位为英寸。液晶显示器标称的屏幕尺寸就是实际屏幕显示的尺寸，目前主流产品的屏幕尺寸以 19 英寸至 26 英寸为主。

2. 屏幕比例

屏幕比例是指屏幕画面纵向和横向的比例，屏幕宽高比可以用两个整数的比来表示。目前有 4:3（普通）、16:9 和 16:10（宽屏）三种。

3. 可视角度

液晶显示器的可视角度就是指能观看到可接收失真值的视线与屏幕法线的角度，LCD 显示器的可视角度左右对称，而上下则不一定对称。一般情况是上下角度小于或等于左右角度，但可以肯定的是可视角越大越好。目前市场上大多数产品的可视角度在 160°以上。

4. 面板类型

面板类型指液晶面板的型号，主要有 VA 型、IPS 型、PLS 型和 TN 型四种。

（1）VA 型。VA 型液晶面板在目前的显示器产品中应用较为广泛，在高端产品中，16.7M 色彩（8bit 面板）和大可视角度是它最为明显的技术特点。目前，VA 型面板分为两种，即 MVA 型和 PVA 型。

① MVA 型。MVA（Multi-domain Vertical Alignment）是一种多象限垂直配向技术。它利用突出物使液晶静止时并非传统的直立式，而是偏向某一个角度静止，当施加电压让液晶分子改变

成水平时可以让背光通过更为快速，这样便可以大幅度缩短显示时间，也因为突出物改变液晶分子配向，使视野角度更为宽广。在视角的增加上可达 160°以上，反应时间缩短至 20ms 以内。

② PVA 型。PVA 是三星推出的一种面板类型，是一种图像垂直调整技术。该技术直接改变液晶单元结构，让显示效能大幅提升，可以获得优于 MVA 的亮度输出和对比度。此外，在这两种类型的基础上又延伸出改进型 S-PVA 和 P-MVA 两种面板类型，在技术发展上更加先进，可视角度可达 170°，响应时间被控制在 20ms 以内（采用 Overdrive 加速可达到 8ms GTG），而对比度可轻易超过 700:1 的高水准。三星自产品牌的大部分产品都为 PVA 液晶面板。

（2）IPS 型。IPS 型液晶面板具有可视角度大、颜色细腻等优点，看上去比较通透，这也是鉴别 IPS 型液晶面板的一个方法，飞利浦不少液晶显示器使用的都是 IPS 型的面板。S-IPS 为第二代 IPS 技术，它又引入了一些新的技术，以改善 IPS 模式在某些特定角度的灰阶逆转现象。LG 和飞利浦自主的面板制造商也是以 IPS 为技术特点来推出液晶面板。

（3）TN 型。这种类型的液晶面板应用于入门级和中端的产品中，价格实惠、低廉，被众多厂商选用。在技术性能上，与前两种类型的液晶面板相比略为逊色，它不能表现出 16.7M 艳丽色彩，只能达到 16.7M 色彩（6bit 面板），但响应时间容易提高，可视角度也受到了一定的限制，不会超过 160°。现在市场上一般在 8ms 响应时间以内的产品大多都采用 TN 液晶面板。

（4）PLS 型。PLS（Plane to Line Switching）是三星为对抗 IPS 推出的，其驱动方式是所有电极都位于相同平面上，利用垂直、水平电场驱动液晶分子动作。其屏幕拥有较强的硬度，与 IPS 面板比较相似，也可以称 PLS 为三星的"硬屏"。 PLS 面板由于具有更好的透光率，因此能够提供更高的亮度。PLS 面板还相对能够显示更丰富的红色、橙色以及粉色，因此在色彩覆盖范围上、色的饱和度方面要优于 IPS 面板。

各种类型的液晶面板特性对比如表 8-2 所示。

表 8-2　各种类型的液晶面板特性对比

液晶面板特性对比					
种类	响应时间	对比度	亮度	可视角度	价格
TN	短	普通	普通或高	小	便宜
IPS	普通	普通	高	大	昂贵
经济型 IPS	普通	普通	普通	较大	一般
S-PVA	较长	高	高	较大	昂贵
C-PVA	较长	高	普通	较大	一般
PLS	普通	普通	高	较大	一般

5. 背光类型

背光类型指液晶显示器背光灯的类型，目前有 CCFL 和 LED 两种。

6. 亮度

亮度是指画面的明亮程度，单位是堪德拉每平方米（cd/m²）或 nits，也就是每平方公尺的烛光数。目前提高亮度的方法有两种，一种是提高 LCD 面板的光通过率；另一种就是增加背景灯光的亮度，即增加灯管数量。现在主流液晶显示器的亮度都在 250cd/m²以上。

7. 动态对比度

对比度是屏幕上同一点最亮时（白色）与最暗时（黑色）亮度的比值，高的对比度意味着相对较高的亮度和呈现颜色的艳丽程度。而动态对比度指的是液晶显示器在某些特定情况下测得的对比度数值，如逐一测试屏幕的每一个区域，将对比度最大区域的对比度值作为该产品的对比度参数。动态对比度与真正的对比度是两个不同的概念，一般同一台液晶显示器的动态对比度是实际对比度的 3～5 倍。

8. 黑白响应时间

黑白响应时间是指液晶显示器画面由全黑转换到全白画面之间所需要的时间。这种全白全黑画面的切换所需的驱动电压是比较高的，所以切换速度比较快，而实际应用中大多数都是灰阶画面的切换（其实质是液晶不完全扭转，不完全透光），所需的驱动电压比较低，故切换速度相对较慢。响应时间反映了液晶显示器各像素点对输入信号反应的速度，此值越小越好，响应时间越小，运动画面才不会使用户有尾影拖拽的感觉。目前，此值一般小于 8ms。

9. 显示色彩

显示色彩就是屏幕上最多可以显示颜色的总数。液晶显示器一般都支持 24 位（16.7M）真彩色。

10. 最佳分辨率

最佳分辨率是视觉效果最好时的分辨率。每种尺寸的液晶显示器都有自己的最佳分辨率，如 17 寸和 19 寸的是 1280×1024，20 寸的宽屏是 1920×1050，23 寸以上的为 1920×1080。

8.3.5 显示器的测试

对显示器进行参数和性能测试的软件有很多，在本节将介绍由 NOKIA 公司开发的测试软件 Nokia Monitor Test。

Nokia Monitor Test 是一款由 NOKIA 公司出品的专业显示器测试软件，功能很全面，包括测试显示器的亮度、对比度、色纯、聚焦、水波纹、抖动、可读性等重要显示效果和技术参数。

在主界面的下方中央共有 15 个选项，分别是 Geometry（几何）、Brightness and contrast（亮度与对比度）、High Voltage（高电压）、Colors（色彩）、To control panel/display（转到控制面板显示属性）、Help（帮助）、Convergence（收敛）、Focus（聚焦）、Resolution（分辨率）、Moire（水波纹）、Readability（文本清晰度）、Jitter（抖动）、Sound（声音）、Quit（退出）。

（1）Geometry。这一项用来测试图像的几何失真度。测试时要观察四个角和中间的圆形是否为正圆，还要看屏幕上的方块是否是正方形，如果不是，就要进行调节，直至准确为止。调节图像的几何失真度的选项包括 Width（宽度）、Height（高度）、Horizontal centering（水平中心定位）、Vertical centering（垂直中心定位）、Tilt（倾斜）、Trapezoid（梯形）、Orthogonality（正交度）、Pincushion（枕形失真）、Pincushion balance（枕形失真调节）。

（2）Brightness and contrast。通过测试画面中从黑到白渐变的色带为灰度等级测试带，能够分清的灰度级别越多证明显示效果越好，灰度图像就越柔和。

（3）Convergence。屏幕上红、绿、蓝色线条重合在一起会形成白色，如果图像没有收敛错误，三色线条会重合组成白色，否则说明有收敛错误。收敛指的是显示器在屏幕上正确排列一幅图片中红、绿、蓝成分的能力。垂直收敛错误可以从水平线条上看出来，反之也一样。

（4）Focus。图像是由扫过屏幕的电子束组成的。聚焦好的显示器其电子束能准确地投射到显示器的荧光层。

（5）Resolution。黑白相间的线条逐渐变细，排列出方块图形，观察是否清晰，线条是否会交织在一起，如果线条之间清晰可辨，说明分辨率较高。

（6）Moire。所有的显示器都有水波纹，可以把它看成是图形图案的正常波形失真，它是由显示器荫罩和显示模式分辨率的干扰引起的，聚焦好的显示器往往容易产生水波纹。通过这项测试，可以看出水波纹的情况。

（7）Readability。这项测试文字显示的清晰程度，它检查屏幕上各处及各个角落，能看出文字在显示器上是否有模糊现象。好的显示器文字显示锐利，清晰可辨。当然，它跟显示器的聚焦、水波纹及对比度、亮度都有关系。

（8）Jitter。它指的是在一幅静止的图片中，图片像素表现出的小运动，图片看起来好像是活的。

（9）Sound。测试声音先从左声道扬声器中发出，然后慢慢移动到右声道扬声器中。

（10）Quit。退出 Nokia Monitor Test 测试程序。

8.3.6　显示器的选购

选购显示器前，首先要确定购买显示器的目的，从而决定购买显示器的档次和价格。如果只要做些文字处理和一般的事务处理，购买一台价格低的、15～19 寸的普通显示器即可；如果要做图形处理或玩游戏，就要买屏幕尺寸大、分辨率高、亮度大、响应快的高档显示器；如果要看高清影像，必须买分辨率大于 1920×1080 的显示器。

在满足需求和同等价位的情况下，尽量选大品牌和售后服务好、保修期长的产品，尽量选标注通过 TCO99 和 CCC 认证带有及"环保、绿色、低碳"等字样的产品。

对于液晶显示器来说，即使选择了大品牌的产品，也可能会出现一些不尽如人意的情况，消费者一定要亲自试用，才可以决定是否购买。购买前也要做足功课，将测试显示器性能的软件带全，并且掌握几种测试的小技巧。在将显示器的外包装拆开后，要仔细查看是否有划痕，或者使用过的痕迹，一旦发现问题应立即更换。千万不要忘记让商家开据有效的购买凭证，将厂商所承诺的"无不亮点"、"无坏点"，以及售后条款等用文字详细地签注在保修卡上，并加盖商家的公章，这样才可做到万无一失。即使日后出现了问题，解决起来也容易一些。

8.3.7　显示器的常见故障与维修

显示器的故障率在计算机系统中是比较高的，由于显示器基本上是一个独立的电子设备，因此它是能够进行芯片级维修的少有设备之一。为了减少显示器的故障，首先要加强对显示器的日常维护（第 1 章中有详细讲述），其次是要注意显示器的正确使用。下面列举几个显示器的典型故障及排除方法。

（1）开机没有显示。遇到无显示的故障，先检查主机电源是否工作、电源风扇是否转动。用手移到主机箱背部开关电源的出风口，感觉有风吹出则电源正常，无风则是电源故障；主机电源开关开启瞬间键盘的三个指示灯（NumLock、CapsLock、ScrollLock）是否闪亮，是则电源正常；主机面板电源指示灯、硬盘指示灯是否亮，亮则电源正常。因为电源不正常或主板不加电，显示器没有收到数据信号，显然不会显示。

其次检查显示器是否加电、电源开关是否已经开启、电源指示灯是否亮、亮度电位器是否关到最小、显示器的高压电路是否正常；对于液晶显示器主要检查背光灯管及高压电路是否有问题。

最后，把显示器连接到别的电脑上或换一台好的显示器，以确定到底是显示器的故障还是主机的故障。只有完全确定是显示器的故障，才能根据不同的故障现象，有针对地进行维修。

（2）LCD 显示器显示一会就没图像，或开机电源灯亮，但没有图像。这种现象说明显示器电源没问题，而是为背光灯提供高压的高压电路有问题，一般都是灯管驱动电路被损坏，只要更换灯管驱动电路的功率放大管即可。

（3）LCD 显示器显示花屏。这种故障一般都是驱动板电路有问题，大多数情况下是由于驱动板到屏幕的屏线松动引起接触不良所致，只要重新插好屏线即可。

实验 8

1. 实验项目
（1）用 GPU-Z 测试显示卡芯片型号及参数。
（2）用 3DMark 测试显示卡的性能。
（3）用 Nokia Monitor Test 测试显示器的性能。

2. 实验目的
（1）了解所测显示卡的参数及含义。
（2）掌握显示卡性能的测试方法，能识别显示卡性能的高低。
（3）熟悉显示器参数和性能的测试方法，能够鉴别显示器的优劣。

3. 实验准备及要求
（1）每个学生配置一台能上网的计算机。
（2）上网下载或由老师提供 GPU-Z、3DMark 和 Nokia Monitor Test 三个测试软件。
（3）教师先对测试软件进行安装、测试与讲解。
（4）学生准备笔和纸记录相关的测试参数。

4. 实验步骤
（1）下载并安装 GPU-Z。
（2）运行 GPU-Z，对显示卡的参数进行测试，并记录好测试数据。
（3）下载并安装 3DMark。
（4）运行 3DMark，对显示卡的性能进行测试，并记录好测试数据。
（5）下载并安装 Nokia Monitor Test。
（6）运行 Nokia Monitor Test，对显示器的性能和参数进行测试，并记录好测试数据。

5. 实验报告
要求写出实验的真实测试数据，并写出实验中遇到的问题及其解决方法。

习题 8

一、填空题

（1）显示系统是计算机的_____系统，在计算机与人的交流过程中起着_____作用。
（2）显示卡输出的_____和_____信号决定着系统信息的最高分辨率。
（3）显示器必须依靠_____提供的_____信号才能显示出各种字符和图像。
（4）从 nVIDIA 的 GeForce 256 开始，_____芯片就有了新的名称——GPU，意思是_____处理器。
（5）一般价格低于_____元的为低端显示卡，500～1000 元的为中端显示卡，高于_____元的为高端显示卡。
（6）DisplayPort 接口将在传输视频信号的同时加入对_____音频信号传输的支持，同时支持_____的分辨率和刷新率。
（7）中高档的显示卡都设计有_____的供电电路，采用的是_____供电的模式。
（8）液晶显示器的原理是利用液晶的物理特性，在通电时_____，使液晶排列变得有_____，使光线容易通过。

（9）MCU用来对显示器按键_____和显示器本身的状态控制_____进行控制和处理，以完成指定的功能操作。

（10）LCD显示器显示花屏故障一般都是由于_____电路有问题，大多数情况下是驱动板到屏幕的_____松动引起接触不良所致。

二、选择题

（1）显示器必须依靠（　　）提供的显示信号才能显示出各种字符和图像。
　　A．显示卡　　　　B．网卡　　　　　　C．声卡　　　　　　D．多功能卡
（2）GDDR5显存颗粒提供的总带宽是GDDR3的（　　）倍以上。
　　A．4　　　　　　B．3　　　　　　　　C．5　　　　　　　　D．2
（3）HDMI支持（　　）Gbps的数据传输率。
　　A．3　　　　　　B．4　　　　　　　　C．5　　　　　　　　D．6
（4）液晶显示器的背光类型有（　　）。
　　A．LED　　　　　B．LCD　　　　　　 C．CCFL　　　　　　D．OLED
（5）液晶显示器的屏比例有（　　）。
　　A．4：3　　　　　B．16：9　　　　　　C．16：10　　　　　D．5：4
（6）按显示卡的接口形式，可分为（　　）显示卡。
　　A．PCI　　　　　B．PCI-E　　　　　　C．AGP　　　　　　D．ISA
（7）显示卡不管是哪一类，其结构都是由（　　）组成。
　　A．与主板连接的插口
　　B．与显示器及外部设备连接的接口
　　C．PCB印刷线路板
　　D．显示控制图形处理芯片GPU、RAMDAC芯片
（8）显示卡的输出接口有（　　）。
　　A．VGA　　　　　B．DVI　　　　　　 C．HDMI　　　　　　D．DisplayPort
（9）液晶面板的型号有（　　）。
　　A．IPS　　　　　B．TN　　　　　　　 C．TFT　　　　　　 D．VA
（10）LED显示器的优点有（　　）。
　　A．亮度高　　　 B．色彩比较柔和　　 C．省电环保辐射低　D．机身更薄

三、判断题

（1）DVI-I接口只输出数字信号。　　　　　　　　　　　　　　　　　　（　　）
（2）DisplayPort接口只输出数字信号。　　　　　　　　　　　　　　　（　　）
（3）实现交火必须要有两块显示卡。　　　　　　　　　　　　　　　　（　　）
（4）LED显示器中没有高压。　　　　　　　　　　　　　　　　　　　（　　）
（5）要显示高清影像，显示器分辨率必须达到1920×1080以上。　　　（　　）

四、简答题

（1）简述显示卡的工作过程。
（2）比较DVI、HDMI和DisplayPort接口的优劣。
（3）3D VISION技术是如何实现立体显示的？
（4）液晶显示器由哪几部分组成，各有何功能？
（5）如何挑选显示器？

第 9 章

系统功能扩展卡

所谓系统功能扩展卡是指安装在主板扩展槽中的一些附加功能卡，计算机可以通过这些安装在扩展插槽的扩展卡使计算机的应用领域更广阔。这些系统功能扩展卡主要有声卡、网卡、无线网卡、调制解调器等。

9.1 声卡

声卡（Sound Card）是多媒体技术中最基本的组成部分，是实现声波和数字信号相互转换的一种硬件。计算机的声音处理是一种相对起步较晚的功能，PC 刚出现的一段时间内，PC 的喇叭发出的声音主要用于某些警告和提示信号。至 20 世纪 80 年代末，多媒体的应用促进了声卡的发展，各厂家竞争越来越激烈，声卡的价格也越来越便宜，功能越来越强大。现在的声卡不仅能使游戏和多媒体应用发出优美的声音，也能帮助创作、编辑和打印乐谱，还可以用它模拟弹奏钢琴、录制和编辑数字音频等。

9.1.1 声卡的工作原理及组成

1. 声卡的工作原理

声卡的基本工作原理是把来自话筒、磁带、光盘的原始声音模拟信号通过 A/D 转换变为数字信号经 DSP 处理，再经 D/A 电路变成模拟信号输出到耳机、扬声器、扩音机、录音机等声响设备；或数字信号直接通过音乐设备数字接口（MIDI）使乐器发出美妙的声音。

2. 声卡的组成

声卡主要由声音处理芯片（组）、模数与数模转换芯片（ADC/DAC，AC'97 标准中把这两种芯片集成在一起叫 Codec 芯片）、功率放大芯片、总线连接端口、输入/输出端口等组成。

（1）声音处理芯片。声音处理芯片又称声卡的数字信号处理器（DSP，Digital Signal Processor），是声卡的核心部件。声音处理芯片通常是声卡上最大的、四边都有引线的集成电路，上面标有商标、型号、生产厂商等重要信息。声音处理芯片基本上决定了声卡的性能和档次，其功能主要是对数字化的声音信号进行各种处理，如声波取样、回放控制、处理 MIDI 指令等，有些声卡的 DSP 还具有混响、和声、音场调整等功能。通常按照此芯片的型号来称呼该声卡，有些集成声卡将 DSP 的工作交给 CPU 来处理。

（2）ADC/DAC 芯片。ADC/DAC 芯片是模拟电路和数字电路的连接部件，DAC 芯片负责将 DSP 输出的数字信号转换为模拟信号，以输出到功率放大器和音箱；ADC 芯片负责将输入的模拟信号转换成数字信号输入到 DSP。ADC/DAC 芯片和 DSP 的能力直接决定了声卡处理声音信号的质量。

（3）功率放大芯片。功率放大芯片将声音处理芯片出来的声音信号进行放大，来驱动喇叭发出声音，同时也担负着对输出信号高低音处理的任务。这个芯片的功率一般不大，而且它在放大声音信号的同时也放大了噪声信号，所以其输出端输出的噪声大，因此有一个绕过功放的线路输出接口。一般声卡功率为 2×2W，由 Speaker Out 孔输出给耳机。

（4）总线连接端口。这是声卡与计算机主板上插槽的接口，用于与主机传输数字化声音信息。根据总线接口的不同，声卡分为 ISA 声卡、PCI 声卡和 PCI-E 1X 声卡，目前 ISA 声卡已被淘汰，现在很多主板将声卡的功能集成到了主板上，以减少整机的成本。

（5）输入/输出接口。这是声卡上用于与功放和录音设备相连接的端口。输入/输出的外部接口主要有：

① 话筒输入插孔（Mic In）。粉红色，语音输入；

② 音频输入插孔（Line In）。浅蓝色，MP3、随身听等音源导入；

③ 音频输出插孔（Line Out）。草绿色，输出到耳机或功放；

④ SPDIF（Sony/Philips Digital InterFace）Out/In。声卡上光纤接口和同轴接口，抗干扰、衰减小；

⑤ Game/MIDI 插口。与游戏杆、MIDI 乐器（MIDI 键盘、电子琴）连接，配备专用软件，可构成桌面音乐制作系统。

内部连接端口如下：

① CD SPDIF（数字 CD 音频输入连接器）。屏蔽线连接光驱，播放 CD，比从 Line In 导入信号产生的电磁干扰小；

② 辅助音频输入口（AUX In）。机箱内其他音卡、影卡的信号连接；

③ 模拟 CD 音频输入口（CD In）。四针的 CD 连接。

9.1.2 声卡的分类

声卡发展至今，主要分为板卡式、集成式和外置式三种接口类型，以适用不同用户的需求，三种类型的产品各有优、缺点。

（1）板卡式。板卡式产品是现今市场上的中坚力量，产品涵盖低、中、高各档次，售价从几十元至上千元不等，拥有较好的性能及兼容性，支持即插即用，安装和使用都很方便。目前 PCI 与 PCI-E 1X 接口共存，但 PCI-E 1X 有成为主流的趋势。

板卡式的典型产品——创新 X-Fi 钛金冠军版声卡如图 9-1 所示。

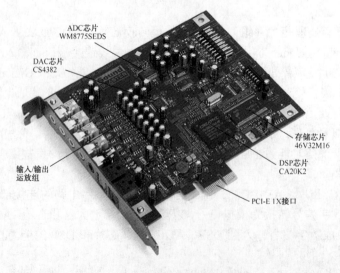

图 9-1 创新 X-Fi 钛金冠军版声卡

创新 X-Fi 钛金冠军版声卡是新加坡的创新产品，它由一块内置主卡和一个外置盒构成。主卡提供了模拟信号输入和输出接口，有 1 个线性输入接口，4 个模拟输出接口，最多支持 8 声道输出，旁边为一组光纤输入、输出接口。在声卡尾部设计了三组接口，其中 AND_EXT 接口和 DID_EXT 接口都是用来和外置盒连接的，另外还设计了机箱前面板的音频接口，目前只支持 Intel HD 标准。其主卡与外置盒的输入和输出接口如图 9-2 所示。

图 9-2　创新 X-Fi 钛金冠军版声卡主卡与外置盒的输入和输出接口

这款声卡功能全面、用料和做工优秀、频响范围达 10Hz～46kHz、信噪比高达 109dB、驱动设置丰富、附加软件多，非常适合游戏玩家和电影发烧友使用。

（2）集成式。此类产品集成在主板上，具有不占用 PCI 或 PCI-E 1X 接口、成本更为低廉、兼容性更好等优势，能够满足普通用户的绝大多数音频需求，受到市场青睐。集成声卡的技术也在不断进步，板卡式声卡具有的多声道、低 CPU 占有率等优势也相继出现在集成声卡上，它也由此占据了主导地位，占据了声卡市场的大半壁江山。

目前流行的集成声卡芯片符合 HD Audio 标准，主要有中国台湾 Realtek 公司的 ALC880、ALC892、ALC260、ALC262 及美国 ADI 公司的 ADI 2000B 等。ALC883 的外观如图 9-3 所示。

ALC883 具有的高性能 DAC 提供 95dB 信噪比，ADC 提供 85dB 信噪比；10 通道 DAC 支持 16/20/24-bit PCM 格式音频，两个立体声 ADC 支持 16/20/24-bit PCM 格式音频；所有的 DAC 支持 44.1k/48k/96k/192kHz 采样率，所有的 ADC 支持 44.1k/48k/96kHz 采样率。ALC883 提供了–80～42dB 的超宽音量控制，在管脚上兼容 ALC880 和 ALC882，使用 48pin LQFP 绿色封装技术。

（3）外置式声卡。它通过 USB 接口与 PC 连接，具有使用方便、便于移动等优势。但这类产品主要应用于特殊环境，如连接笔记本电脑使其实现更好的音质等。主要有创新和乐之邦等公司的产品。创新 Sound Blaster X-Fi Surround 5.1 外置声卡如图 9-4 所示。

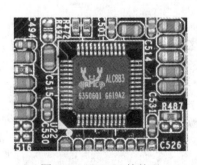

图 9-3　ALC883 的外观

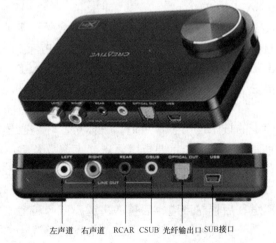

图 9-4　创新 Sound Blaster X-Fi Surround 5.1 外置声卡

9.1.3 声卡的技术指标

1. 复音数量

复音数量是指声卡在 MIDI 合成时可以达到的最大复音数。复音是指 MIDI 乐曲在一秒内发出的最大声音数目。

2. 采样位数

采样位数是声音从模拟信号转换成数字信号的二进制位数，即在模拟声音信号转换为数字声音信号的过程中，对慢幅度声音信号规定的量化数值的二进制位数。采样位数越高，采样精度越高包括 8 位、12 位、16 位、24 位和 32 位。采样位数体现了声音强度的变化，即声音信号电压（或电流）的幅度变化。

例如，规定最强音量化为"11111111"，零强度规定为"00000000"，则采样位数为 8 位，对声音强度即信号振幅的分辨率为 256 级。

3. 采样频率

采样频率是指每秒对音频信号的采样次数。单位时间内采样次数越多，即采样频率越高，数字信号就越接近原声，包括 11.025kHz（语音）、22.05kHz（音乐）、44.1kHz（高保真）、48kHz（超保真）和 192kHz（HD Audio）五种。

在录音时，文件大小与采样精度、采样频率和单/双声道都是成正比的，如双声道是单声道的两倍、16 位是 8 位的两倍、22kHz 是 11kHz 的两倍。

普通音乐的最低音为 20Hz，最高音为 8kHz，即音乐的频谱范围为 20Hz～8kHz，对其进行数字化时采用 16kHz 采样频率即可。CD 音乐的采样频率被确定为 44.1kHz。

4. 动态范围

动态范围指当声音的增益发生瞬间突变时设备所承受的最大变化范围。这个数值越大，则表示声卡的动态范围越广，就越能表现出作品的情绪和起伏。一般声卡的动态范围在 85dB 左右，能够做到 90dB 以上动态范围的声卡是非常好的了。

5. 输出信噪比

输出信噪比是输出信号电压与同时输出的噪音电压的比例，单位是分贝。这个数值越大，代表输出时信号中被掺入的噪音越小，音质就越纯净。集成声卡的信噪比一般在 80dB 左右；PCI 声卡一般拥有较高的信噪比，大多数可以轻易达到 90dB，有的高达 195dB 以上。

6. API 接口

API 就是编程接口的意思，其中包含了许多关于声音定位与处理的指令与规范。它的性能将直接影响三维音效的表现力，主要的 API 接口有微软公司提出的 3D 效果定位技术 Direct Sound 3D，Aureal 公司开发的一项专利技术 A3D，创新公司在其 SB LIVE！系列声卡中提出的标准 EAX（Environmental Audio Extension，环境音效）。

7. 声道数

声卡的技术经历了单声道、立体声、环绕立体声等这样一个发展过程，声卡所支持的声道数也是声卡的一个重要技术标志。声道数有单声道、立体声（包括 2.1）、4 声道、6（5.1）声道、8（7.1）声道等，最新的声卡是采用 192kHz/24bit 高品质音效的 8 声道声卡。

7.1 声道包括前置左声道、前中置（主要用来输出人声）、前置右声道、中置 左声道、中置右声道、后置左声道、后置右声道、低音声道。低音声道不是一个完整的信号声道，只是用来加强低音效果的重低音声道，承载低音信号，所以一般习惯标为 7.1 声道。

8. MIDI

MIDI（Musical Instrument Digtal Interface，电子乐器数字化接口）是 MIDI 生产协会制定

给所有 MIDI 乐器制造商的音色及打击乐器的排列表，总共包括 128 个标准音色和 81 个打击乐器排列。它是电子乐器（合成器、电子琴等）和制作设备（编辑机、计算机等）之间的通用数字音乐接口。

在 MIDI 上传输的不是直接的音乐信号，而是乐曲元素的编码和控制字。声卡支持 MIDI 系统，它使计算机和数字乐器连接，可以接收电子乐器弹奏的乐曲，也可以将 MID 文件播放到电子乐器中及进行乐曲创作等。

9. WAVE

WAVE 是指波形，即直接录制的声音，包括演奏的乐曲、语言、自然声等。在计算机中存放的 WAV 文件是记录着真实声音信息的文件，因此对于存取大小相近的声音信息，这种格式的文件字节数比 MID 文件格式要大得多。大多数声卡都对声音信息进行了适当的压缩。

10. AC'97 标准

AC'97 标准要求把模/数与数/模转换部分从声卡主处理芯片中独立出来，形成一块 Codec 芯片，使得模/数与数/模转换尽可能脱离数字处理部分，这样就可以避免大部分信号的模/数与数/模转换时产生的杂波，从而得到更好的音效品质。符合 AC'97 标准的 Codec 封装建议的工业标准为 $7 \times 7mm^2$、48 脚 QFP 封装，各厂商 Codec 芯片的引脚互相兼容。此标准正被 HD Audio 标准取代。

11. HD Audio 标准

为了提供更加逼真的音频效果，Intel 推出了音频新标准 HD Audio，这个编码标准基本上已经取代了 AC'97 标准。这个标准的特点如下：

（1）同时支持输入/输出各 15 条音频流。

（2）每个音频流都支持最高 16 声道。

（3）每个音频流支持 8-bit，16-bit，20-bit，24-bit 或 32-bit 的采样精度。

（4）采样率支持 6～192kHz。

（5）对于控制、连接和编码优化的可升级扩展。

（6）音频编码支持设备高级音频探测。

（7）实际音频系统多为 24bit/192kHz。

HD Audio 声卡的一大特色是支持所有输入/输出接口自动感应设备接入，不仅能自行判断哪个端口有设备插入，还能为接口定义功能，有智能的雏形。如图 9-5 所示，当在声卡的"模拟后面板"上插入设备时，插入设备的孔闪烁，在"设备类型"中选择相应的设备，单击"OK"按钮后即可使用。

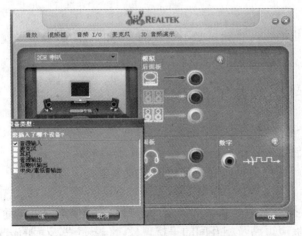

图 9-5　HD Audio 声卡的输入/输出接口自动感应设备接入

9.1.4 声卡的选购

（1）声卡类型。选择声卡类型时应首选 PCI-E 1X 接口的声卡，因为 PCI-E 1X 声卡比 PCI 声卡的传输率高，而且对 CPU 的占有率也很低，此外主板上的 PCI 插槽将逐步被淘汰。

（2）看做工。做工对声卡的性能影响很大，因为模拟信号对于干扰相当敏感。选购时要注意看清声卡上的芯片、电容的牌子和型号，同类产品的性能指标要进行对比。

（3）按需要选购。现在声卡市场的产品很多，不同品牌的声卡在性能和价格上差异也很大，所以一定要在购买前考虑好自己的需求。一般来说，如果只是普通的应用，如听 CD、玩游戏等，选择一款普通的廉价声卡就可以满足；如果是用来玩大型的 3D 游戏，就一定要选购带 3D 音效功能的声卡，不过这类声卡也有高、中、低档之分，用户可以根据实际情况来选择。

（4）注意兼容性问题。声卡与其他配件发生冲突的现象较为常见，不只是非主流声卡，名牌大厂的声卡也有这种情况发生。另外，某些小厂商可能不具备独立开发声卡驱动程序的能力，或者在驱动程序更新上缓慢，又或者部分型号声卡已经停产，此时声卡的驱动成为一个大问题，随着 Windows 系统的升级，声卡很可能因缺少驱动而无法使用。所以，在选购声卡之前应当首先了解计算机配置，以尽可能避免不兼容情况的发生。

9.1.5 声卡的常见故障及维修

声卡的故障一般都是些驱动程序未安装、冲突与设置不正确等。如果真是硬件损坏，除非明显是看出是某个元件被损坏并更换外，否则没有维修的价值，因为买一个新的声卡也只要几十元。下面列举最常见的两种故障。

（1）声卡与其他卡冲突。此类故障一般由于声卡的加入导致显示卡、网卡等不能用，更换插入槽或修改中断号即可。

（2）声卡的后面板输出有声音，前面板输出无声音，或者反之。这是现在 HD Audio 独立或板载声卡的常见现象。根据主板说明书，利用主板跳线、CMOS 设置、声卡的驱动程序设置来同时开启前、后板输出即可。

9.2 音箱

对于多媒体计算机而言，音箱是必不可少的，好的音箱配合声卡就能使计算机发出优美动听的声响。

9.2.1 音箱的组成及工作原理

1. 音箱的组成

音箱由箱体、功放组件、电源、分频器及扬声器组成。

（1）箱体。表现声音和音乐，容纳扬声器和放大电路，有密封式和倒相式（导向式）两种形式。

① 密封式。除了扬声器口外其余部分全部密封，这样扬声器纸盆前后被分隔成两个互不通气的空间，可以消除声短路及相互间的干扰现象，但扬声器反面的声音不能放出来。

② 倒相式。音箱面板上开有倒相孔，箱内的声音倒相后辐射到外面，使声音加强，是目

前多媒体音箱中最常用的箱体设计，它比密闭箱具有更高的功率承受能力和更低的失真，且灵敏度高。

（2）功放组件。将微弱音频信号放大以驱动扬声器，实现高、低音调调节和音量调节。

（3）电源。交流电转换为放大器用的低压直流电（20～30W），为功放组件提供的电能。

（4）分频器。分频器是根据频率将信号分别分配给高音单元和低音单元，并且防止大功率的低频信号损坏高频单元。

（5）扬声器。扬声器是整个音响系统的最终发声器件。低音单元（20～6000Hz）的口径为 6.5in；中音单元的口径为 4～6in；高音单元（1500～25000Hz）的口径为 2～3.5in。各种扬声器如图 9-6 所示。

高音扬声器　　　中音扬声器　　　　低音扬声器

图 9-6　各种扬声器

2．工作原理

输入的音频信号经分频器的分频把低音、中音和高音信号分别送往低、中、高音功率放大器放大，再送往低音扬声器、中音扬声器和高音扬声器，由扬声器把电信号还原为高保真的声音。

9.2.2　音箱的性能指标

1．输出功率

输出功率决定了音箱所能发出的最大声音强度。目前音箱功率的标注方式有两种，即额定功率与最大承受功率（瞬间功率或峰值功率 PMPO）。额定功率是指在额定频率范围内给扬声器一个规定了波形的持续模拟信号，扬声器所能发出的最大不失真功率；而最大承受功率是扬声器不发生任何损坏的最大电功率。音箱音质的好坏并不取决于其输出功率的大小，音箱功率也并不是越大越好，只要适用即可，对于普通家庭用户而言，用 50 W 功率的音箱即可。

2．频响范围与频率响应

频响范围是指音箱系统的最低有效回放频率与最高有效回放频率之间的范围；频率响应是指将一个以恒电压输出的音频信号与系统相连接时，音箱产生的声压随频率的变化而发生增大或衰减、相位随频率而发生变化的现象，单位为分贝。

3．灵敏度

灵敏度也是衡量音箱的一个重要性能技术指标。音箱的灵敏度是指在经音箱输入端输入 1W/1kHz 信号时，在距音箱扬声器平面垂直中轴前方 1m 的地方所测得的声压级，单位为 dB。音箱的灵敏度越高，则对放大器的功率需求越小。普通音箱的灵敏度在 70～80dB 范围内，高档音箱通常能达到 80～90dB。普通用户选择灵敏度在 70～85dB 的音箱即可。

4．信噪比

信噪比是指放大器的输出信号电压与同时输出的噪声电压之比，它的计量单位为 dB。信噪比越大，则表示混在信号里的噪声越小，放音质量就越高；反之，放音质量就越差。在多媒体音箱中，放大器的信噪比要求至少大于 70dB、最好大于 80dB。

5．失真度

音箱的失真度是指电声信号转换成声信号的失真。失真度可分为谐波失真、互调失真和瞬间失真。谐波失真度是指在声音回放时增加了原信号没有的高次谐波成分所导致的失真；互调失真是由声音音调变化而引起的失真；瞬间失真是因为扬声器有一定的惯性，盆体的振动无法跟上电信号瞬间变化的振动，出现的原信号和回放信号音色的差异。声波的失真允许范围在 10%内，一般人耳对 5%以内的失真不敏感。

6. 阻抗

扬声器输入信号的电压与电流的比值，通常为 8Ω。

7. 箱体材质

主流产品的箱体材质一般分为塑料材质和木质材质。塑料材质容易加工，大批量生产中成本能压得很低，一般用在中低档产品中，其箱体单薄、无法克服谐振、音质较差；木质音箱降低了谐振所造成的音染，音质普遍好于塑料音箱。

8. 支持声道数

音箱所支持的声道数是衡量音箱档次的重要指标，支持的声道数越多越好。

9.2.3　音箱的选购

（1）外观。选购音箱时应首先检查音箱的包装，查看是否有拆封、损坏的痕迹，然后打开包装箱，检查音箱及相关配件是否齐全。通过外观辨别真伪，假冒产品的做工粗糙，最明显的是箱体，假冒木质音箱大多数是用胶合板甚至纸板加工而成的。

接下来就是看做工，查看箱体表面有没有气泡、凸起、脱落、边缘贴皮粗糙等缺陷，有无明显板缝接痕，箱体结合是否紧密整齐。

（2）根据实际需要选购。选择音箱时要查看功率放大器、声卡的阻抗是否和音箱匹配，否则得不到想要的效果或者可能将音箱烧毁，因此在选购之前一定要清楚计算机的配置情况。另外，还应根据室内空间的大小分析适用多大功率的音箱，切不可盲目地追求大功率、高性能产品。

（3）试听。在实际选购时，应该以"耳听为实"，先听静噪，俗称电流声，检查时拔下音频线，然后将音量调至最大，此时可以听见"刺刺"的电流声，声音越小越好，一般只要在 20cm 外听不到此声即可。接下来，挑选一段熟悉的音乐细听音质，其标准是中音（人声）柔和醇美、低音深沉而不浑浊、高音亮丽而不刺耳，全音域平衡感要好，试听时最好选用正版交响乐 CD。最后是调节音量的变化，音量的变化应该是均匀的，旋转时不能有接触不良的"咔咔"声。

9.2.4　音箱的常见故障与维修

音箱最贵的是扬声器，只要它不被损坏，还是有维修价值的。

（1）音箱不出声或只有一只扬声器出声。首先应检查电源、连接线是否接好，有时过多的灰尘往往会导致接触不良。如不确定是否是声卡的问题，则可更换音源（如接上随身听），以确定是否是音箱本身的问题。当确定是音箱本身的问题后，应检查扬声器音圈是否烧断、扬声器音圈引线是否断路、馈线是否开路、与放大器是否连接妥当。当听到音箱发出的声音比较空、声场涣散时，要注意音箱的左右声道是否接反，可考虑将两组音频线换位。如果音箱声音低，则应重点检查扬声器的质量是否低劣、低音扬声器的相位是否接反。当音箱有明显的失真时，可检查低音、3D 等调节程度是否过大。此外，扬声器音圈歪斜、扬声器铁心偏离或磁隙中有杂物、扬声器纸盆变形、放大器馈给功率过大也会造成失真。

（2）音箱有杂音。首先确定杂音的来源，如果是音箱本身的问题可更换或维修音箱。音箱本身的问题主要出在扬声器纸盆破裂、音箱接缝开裂、音箱后板松动、扬声器盆架未固定紧、音箱面网过松等方面。

（3）只有高音没有低音。这种故障一般是因为音箱的音量过大，长时间使用，导致低音炮被烧坏，也可能是线头断线，只要更换新的即可。

（4）声音失真。这可能由于扬声器音圈歪斜、扬声器铁芯偏离或磁隙中有杂物、扬声器纸盆变形、放大器馈给功率过大引起，只要扶正扬声器音圈、扶正声器铁心或取出磁隙中的杂物、更换扬声器纸盆、调低放大器放大量即可。

9.3 网络适配器

网络适配器又称网卡或网络接口卡（NIC，Network Interface Card），是使计算机联网的设备。平常所说的网卡就是将 PC 和 LAN 连接的网络适配器。网卡插在计算机主板插槽中，负责将用户要传递的数据转换为网络上其他设备能够识别的格式，通过网络介质（网线）传输；同时将网络上传来的数据包转换为并行数据。它已成为计算机必备的部件，目前主要使用的是 32 位的 PCI 网卡、64 位的 PCI-E 网卡及板载网卡。

9.3.1 网卡的功能

网卡主要完成两大功能，第一个功能是读入由网络设备传输过来的数据包，经过拆包，将其变为计算机可以识别的数据，并将数据传输到所需的设备中；另一个功能是将计算机中设备发送的数据打包后传送至其他网络设备中。

9.3.2 网卡的分类

随着网络技术的快速发展，为了满足各种应用环境和应用层次的需求，出现了许多不同类型的网卡，网卡的划分标准也因此出现了多样化。

1. 按总线接口类型分

按网卡的总线接口类型来分，一般可分为早期的 ISA 总线网卡（已被淘汰），现在的 PCI、PCI-E 接口网卡，服务器上 PCI-X 总线接口网卡、笔记本电脑所使用的 PCMCIA 接口网卡及 USB 接口网卡。

（1）ISA 总线网卡。ISA 总线网卡是早期的一种的接口类型网卡，在 20 世纪 80 年代末 90 年代初期几乎所有内置板卡都是采用 ISA 总线接口类型，一直到 20 世纪 90 年代末期都还有部分这类接口类型的网卡，现在基本已被淘汰，如图 9-7 所示。

（2）PCI 总线网卡。PCI 总线网卡在当前的台式机上相当普遍，也是目前主流的网卡接口类型之一。因为它的 I/O 速度远比 ISA 总线型的网卡的速度快（ISA 的数据传输速度最高仅为 33MB/s，而目前的 PCI 2.2 标准 32 位的 PCI 接口数据传输速度最高可达 133MB/s），所以在这种总线技术出现后很快就替代了原来老式的 ISA 总线。它通过网卡所带的两个指示灯颜色初步判断网卡的工作状态，如图 9-8 所示。服务器上用的 64 位 PCI 网卡的外观就与 32 位的有较大差别，主要体现在 64 位 PCI 网卡的金手指较长。

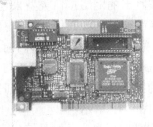

图 9-7　ISA 总线网卡　　　　　　　　　图 9-8　PCI 总线网卡

（3）PCI-X 总线网卡。PCI-X 是 PCI 总线的一种扩展架构，它与 PCI 总线不同的是，PCI 总线必须频繁地与目标设备和总线之间交换数据，而 PCI-X 则允许目标设备仅与单个 PCI-X 设备进行数据交换，同时，如果 PCI-X 设备没有任何数据传送，总线会自动将 PCI-X 设备移除，以减少 PCI 设备间的等待周期。所以，在相同的频率下，PCI-X 将能提供比 PCI 高 14%～35%的性能。服务器网卡经常采用此类接口的网卡，如图 9-9 所示。

（4）PCI-E 接口网卡。PCI Express 1X 接口已成为目前主流主板的必备接口。不同与并行传输，PCI Express 接口采用点对点的串行连接方式，根据总线接口对位宽的要求不同而有所差异，分为 PCI Express 1X（标准 250MB/s，双向 500MB/s）、2X（标准 500MB/s）、4X（1GB/s）、8X（2GB/s）、16X（4GB/s）、32X（8GB/s）。采用 PCI-E 接口的网卡多为千兆网卡，如图 9-10 所示。

图 9-9　PCI-X 总线网卡　　　　　　　图 9-10　PCI-E 接口网卡

（5）USB 接口网卡。在目前的计算机上几乎都配备 USB 接口，USB 总线分为 USB 2.0 和 USB 1.1 标准。USB 1.1 标准的传输速率的理论值是 12Mb/s，而 USB 2.0 标准的传输速率可以高达 480Mb/s，目前的 USB 有线网卡多为 USB 2.0 标准，如图 9-11 所示。

（6）PCMCIA 接口网卡。PCMCIA 接口是笔记本电脑的专用接口，PCMCIA 总线分为两类，一类为 16 位的 PCMCIA，另一类为 32 位的 CardBus。CardBus 网卡的最大吞吐量接近 90Mb/s，是目前市售笔记本网卡的主流 PCMCIA 接口网卡，如图 9-12 所示。

图 9-11　USB 接口网卡　　　　　　　图 9-12　PCMCIA 接口网卡

2．按网络接口划分

除了可以按网卡的总线接口类型划分外，还可以按网卡的网络接口类型来划分。网卡最终是要与网络进行连接，所以也就必须有一个接口使网线通过它与其他计算机网络设备连接起来。不同的网络接口适用于不同的网络类型，目前常见的接口主要有以太网的 RJ-45 接口、细同轴电缆的 BNC 接口和粗同轴电缆的 AUI 接口、FDDI 接口、ATM 接口等。有的网卡为了适用于更广泛的应用环境，提供了两种或多种类型的接口，如有的网卡会同时提供 RJ-45 接口、BNC 接口或 AUI 接口。各种网络接口的网卡如图 9-13 所示。

（1）RJ-45 接口网卡。这是最为常见的一种网卡，也是应用最广的一种接口类型网卡，主要得益于双绞线以太网应用的普及。这种 RJ-45 接口类型的网卡就是应用于以双绞线为传输介质的以太网中，它的接口类似于常见的电话接口 RJ11，但 RJ-45 是 8 芯线，而电话线的接口是 4 芯线，通常只接 2 芯线（ISDN 的电话线接 4 芯线）。在网卡上还自带两个状态指示灯，通过这两个指示灯的颜色可初步判断网卡的工作状态。

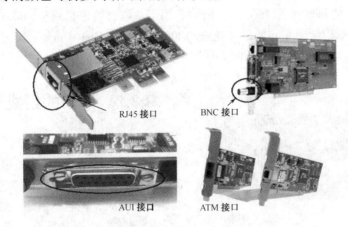

RJ45 接口　　　　　BNC 接口

AUI 接口　　　　　ATM 接口

图 9-13　各种网络接口的网卡

（2）BNC 接口网卡。这种接口网卡对应用于用细同轴电缆为传输介质的以太网或令牌网中，目前这种接口类型的网卡较少见，主要因为用细同轴电缆作为传输介质的网络就比较少。

（3）AUI 接口网卡。这种接口类型的网卡对应用于以粗同轴电缆为传输介质的以太网或令牌网中，这种接口类型的网卡目前更是很少见。

（4）ATM 接口网卡。这种接口类型的网卡应用于 ATM 光纤（或双绞线）网络中。它能提供物理的传输速度达 155Mb/s，分为 MMF-SC 光接口和 RJ-45 电接口。

（5）FDDI 接口网卡。这种接口的网卡是适应于 FDDI 网络中，这种网络具有 100Mb/s 的带宽，但它所使用的传输介质是光纤，所以这种 FDDI 接口网卡的接口也为光模接口。

（6）无线网卡。无线网卡是通过无线电信号，接入无线局域网，再通过无线接入点（WAP，Wireless Access Point）的设备接入有线网。WAP 所起的作用就是给无线网卡提供网络信号。无线网卡根据总线接口，又可分为 PCI 无线网卡、USB 无线网卡和 PCMCIA 无线网卡，如图 9-14 所示。

PCI 无线网卡主要内置于台式机中，带有天线，便于接收无线电信号；USB 无线网卡

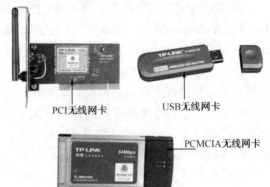

PCI无线网卡　　　　USB无线网卡

PCMCIA无线网卡

图 9-14　无线网卡

主要是做外置设备；PCMCIA 无线网卡主要用于笔记本电脑，它们因为都有部分或全部露在外面，因此没有专门的天线。目前，无线网卡的支持的最高传输速率有 54Mb/s、150Mb/s 和 3000Mb/s 三种，支持的无线网络标准为 IEEE 802.11g、IEEE 802.1 和 IEEE 802.11n。

3. 按带宽划分

网卡按带宽可划分为 10Mb/s 网卡（已被淘汰）、100Mb/s 以太网卡（还在使用）、10Mb/s/100Mb/s 自适应网卡（还在使用）、1000Mb/s 千兆以太网卡（主流）、100Mb/s/ 1000Mb/s 自适应网卡（主流）和 10000Mb/s 万兆以太网卡（价格昂贵，未普及）。

100Mb/s/1000Mb/s 自适应网卡是一种 100Mb/s 和 1000Mb/s 两种带宽自适应的网卡，也

是目前应用最为普及的一种网卡类型，最主要因为它能自动适应两种不同带宽的网络需求，保护了用户的网络投资。它既可以与老式的 100Mb/s 网络设备相连，又可应用于较新的 1000Mb/s 网络设备连接，所以得到了用户的普遍认同。这种带宽的网卡会自动根据所用环境选择适当的带宽，如与老式的 100Mb/s 旧设备相连，那它的带宽就是 100Mb/s；但如果是与 1000Mb/s 网络设备相连，那它的带宽就是 1000Mb/s，仅需简单的配置即可（也有的不用配置），也就是说它能兼容 100Mb/s 的老式网络设备和新的 1000Mb/s 网络设备。

①RJ-45 接口；②Transformer（隔离变压器）；③PHY 芯片；
④MAC 芯片；⑤EEPROM；⑥BOOTROM 插槽；
⑦WOL 接头；⑧晶振；⑨电压转换芯片；⑩LED 指示灯

图 9-15　网卡的组成

9.3.3　网卡的组成

网卡主要由 PCB 线路板、主芯片、数据汞、金手指、BOOTROM 插槽、EEPROM、晶振、RJ-45 接口、LED 指示灯、固定片等，以及一些二极管、电阻、电容等组成，如图 9-15 所示。

网卡的主控制芯片是网卡的核心元件，一块网卡性能的好坏和功能的强弱、多寡，主要就是看这块芯片的质量。它包括数据链路层的芯片 MAC 和物理层的芯片 PHY，常见的网卡芯片都是把 MAC 和 PHY 集成在一个芯片中（也有分开的）。但目前很多主板的南桥芯片已包含了以太网 MAC 控制功能，只是未提供物理层接口，因此，需外接 PHY 芯片以提供以太网的接入通道。

BOOTROM 插槽也就是常说的无盘启动 ROM 接口，是用来通过远程启动服务构造无盘工作站的。

EEPROM 芯片，它相当于网卡的 BIOS，里面记录了网卡芯片的供应商 ID、子系统供应商 ID、网卡的 MAC 地址、网卡的一些配置，如总线上 PHY 的地址、BOOTROM 的容量、是否启用 BOOTROM 引导系统等内容。主板板载网卡的 EEPROM 信息一般集成在主板 BIOS 中。

Transformer（数据汞）也被叫做网络变压器或网络隔离变压器。它在一块网卡上所起的作用主要有两个，一是传输数据，把 PHY 送出来的差分信号用差模耦合的线圈耦合滤波以增强信号，并且通过电磁场的转换耦合到不同电平的连接网线的另外一端；二是隔离网线连接的不同网络设备间的不同电平，以防止不同电压通过网线传输损坏设备。除此而外，数据汞还能对设备起到一定的防雷保护作用。

晶振是石英振荡器的简称，英文名为 Crystal，是时钟电路中最重要的部件，它的作用是向显示卡、网卡、主板等配件的各部分提供基准频率。它就像个标尺，工作频率不稳定会造成相关设备工作频率不稳定，自然容易出现问题。

一般来讲，每块网卡都具有一个以上的 LED 指示灯，用来表示网卡的不同工作状态，以方便查看网卡是否工作正常。典型的 LED 指示灯有 Link/Act、Full、Power 等。Link/Act 表示连接活动状态，Full 表示是否全双工（Full Duplex），而 Power 是电源指示（主要用在 USB 或 PCMCIA 网卡上）等。

9.3.4　网卡的性能指标

1．网卡速度

网卡的首要性能指标就是它的速度，也就是它所能提供的带宽。现在主流的 100Mb/s/

1000Mb/s 自适应网卡性价比最高。

2. 半双工/全双工模式

半双工的意思是两台计算机之间不能同时向对方发送信息，只有其中一台计算机传送完之后，另一台计算机才能传送信息；而全双工就可以双方同时进行信息数据传送。由此可见，同样带宽下，全双工的网卡要比半双工的网卡快一倍。现在的网卡一般都支持全双工模式。

3. 多操作系统的支持程度

现在大部分网卡的驱动程序比较完善，除了能用于 Windows 系统之外，也能支持 Linux 和 UNIX 系统，还有的网卡还支持 FreeBSD 操作系统。

4. 网络远程唤醒

远程唤醒就是在一台计算机上通过网络启动另一台已经处于关机状态的计算机。虽然处于关机状态，但计算机内置的可管理网卡仍然处于监控状态，不断收集网络唤醒数据包，一旦接收到该数据包，网卡就能激活计算机电源使得计算机系统启动。这种功能特别适合机房管理人员使用。

9.3.5 网卡的选购

网卡看似一个简单的网络设备，它的作用却具有决定性。目前网卡品牌、规格繁多，很可能所购买的网卡根本就用不上，或者质量太差，用得根本就不称心。如果网卡性能不好，其他网络设备性能再好也无法实现预期的效果。下面就来介绍在选购网卡时要注意的几个方面。

（1）网卡的板材和制作工艺。网卡属于电子产品，所以它与其他电子产品一样，制作工艺也主要体现在焊接质量、板面光洁度。网卡的板材相当于电子产品的元器件材质，可想而知板材的重要性。

（2）选择恰当的品牌。一般大品牌的质量好、售后服务好、驱动程序丰富且更新及时。

（3）根据网络类型选择网卡。由于网卡种类繁多，不同类型的网卡的使用环境可能也不同。因此，在选购网卡之前，最好应明确所选购网卡使用的网络及传输介质类型、与之相连的网络设备带宽等情况。如图便利可选 USB 网卡、要高的速率就选 PCI-E 接口网卡等。

（4）根据使用环境来选择网卡。为了能使选择的网卡与计算机协同高效地工作，还必须根据使用环境来选择合适的网卡。例如，如果购买了一块价格昂贵、功能强大、速度快捷的网卡，安装到一台普通的工作站中，可能就发挥不了多大作用，这样就给资源造成了很大的浪费和闲置；相反，如果在一台服务器中，安装一只性能普通、传输速度低下的网卡，这样很容易会产生瓶颈现象，从而会抑制整个网络系统的性能发挥。因此，在选用时一定要注意应用环境，如服务器端网卡由于技术先进，价格会高很多。为了减少主 CPU 占有率，服务器网卡应选择带有高级容错、带宽汇聚等功能，这样服务器就可以通过增插几块网卡提高系统的可靠性。此外，如果要在笔记本中安装网卡，最好要购买与计算机品牌一致的专用网卡，这样才能最大限度地与其他部件保持兼容，并发挥最佳性能。

9.3.6 网卡的测试

要摸清网卡的真实性能，可从两方面入手，一是看网卡在实际应用中的表现，二是看专业测试软件的测试数据。这里介绍两款测试网卡性能和参数的软件，即 AdapterWatch 和 DU Meter。

1. AdapterWatch

AdapterWatch 是一款能够帮助使用者彻底了解所使用的网卡相关信息的小工具，它能够显示网卡的硬件信息、IP 地址、各种服务器地址等信息，让使用者更加了解自己的网络设定。它主要有如下四个选项。

（1）网络适配器。主要显示网卡的名称及类型、芯片型号、硬件 MAC 地址、IP 地址、网关、DHCP、最大传输单元、接口速度、接收数据平均速度、发送数据平均速度、已收数据、已发数据等参数。

（2）TCP/UDP 统计。主要有 TCP 统计规则、重传超时规则、最小/最大重传超时值、主/被动打开次数、最大连接次数、UDP 统计等参数。

（3）IP 统计。主要有 IP 转发、数据包接收、转发次数、错误数据包次数、丢失数据包次数、重组成功、失败的数据包数量、接口数量、路由数量等参数。

（4）ICMP 统计。主要有消息数量、错误数量、因送应答数量等参数。

2. DU Meter

DU Meter 是显示直观的网络流量监视器，既有数字显示又有图形显示，可以清楚地看到浏览及上传、下载时的数据传输情况，实时监测上传和下载的网速。新版增加了观测日流量、周流量、月流量等累计统计数据，并可导出为多种文件格式。DU Meter 流量图上红色线表示接收数据、绿色线表示发送数据，数据线越高，数据量就越大。

现在有些病毒会向网络不停地广播大量数据，使用 DU Meter 能够方便地知道计算机是不是遭受了该类病毒的攻击。如果计算机在不停地向外发送大量数据，DU Meter 的流量图上将显示出一片不间断的绿色数据线。

9.3.7 网卡的常见故障与维修

现在的计算机一般都是板载的网卡，因此网络出现硬件故障的概率较小，即使硬件发生故障，除非是网线插座故障，否则没有维修的价值，因为买一块新网卡插到扩展槽比维修主板芯片的成本低得多。下面介绍几个在实践工作中常见的、容易修复的故障。

（1）设备管理中找不到网卡。

可能由于驱动程序没装好或者网卡接触不良所致，重装驱动、擦拭金手指重插网卡即可。

（2）网络连接的图标上显示叉。

可能由于网线没插好、网卡插槽接触不良、网线插孔接触不良或损坏所致，插好网线、用小木棒绕绸布蘸无水酒精擦拭网卡插槽，进行网卡插槽修复即可。如果网线插孔接触不良可用镊子或钟表起子拨正卡住或移位的插针，若被损坏更换网线插孔即可。

（3）在一个局域网内有个别电脑可以访问局域网，但不能上外网。

可能由于网卡与插槽接触不良所致，清洁插槽和网卡金手指，或者换一个扩展槽插上网卡即可。

9.3.8 网线的制作方法

由于要经常插拔网线，网络不通的许多故障都是由网线水晶头松动或触针没弹力引起的，还有经常需要移动计算机或交换机，这些情况都要重新制作网线，因此学会制作网线十分必要。

1. 工具和材料的认识

制作网线需要的工具是工具钳（压线钳），需要的材料是水晶头和双绞线，如图 9-16 所示。

（1）RJ-45 工具钳。该工具上有三处不同的功能，最前端是剥线口，它用来剥开双绞线外壳；中间是压制 RJ-45 头工具槽，这里可将 RJ-45 头与双绞线合成；离手柄最近端是锋利的切线刀，此处可以用来切断双绞线。

（2）RJ-45 接头。由于 RJ-45 头像水晶一样晶莹透明，所以也被俗称为水晶头，每条双绞线两头通过安装 RJ-45 水晶头来与网卡和集线器（或交换机）相连。水晶头接口针脚的编号方法为：将水晶头有卡的一面向下，有铜片的一面朝上，有开口的一方朝向自己，从左至右针脚的排序为 12345678，如图 9-16 所示。

压线钳　　　　　　　　　　　　　　双绞线

水晶头（RJ-45）

图 9-16　制作网线的工具和材料

（3）双绞线。双绞线是指封装在绝缘外套里的、由两根绝缘导线相互扭绕而成的四对线缆，它们相互扭绕是为了降低传输信号之间的干扰。双绞线是目前网络最常用的一种传输介质，可分为非屏蔽双绞线（UTP）和屏蔽双绞线（STP）两大类。其中，屏蔽双绞线可细分为 3 类和 5 类两种；非屏蔽双绞线可细分为 3 类、4 类、5 类和超 5 类四种。

屏蔽双绞线的优点在于封装其中的双绞线与外层绝缘层胶皮之间有一层金属材料。这种结构能够减小辐射，防止信息被窃；同时还具有较高的数据传输率（5 类 STP 在 100m 内的数据传输率可达 155Mbit/s）。屏蔽双绞线的缺点主要是价格相对较高，安装时要比非屏蔽双绞线困难，必须使用特殊的连接器。非屏蔽双绞线的主要优点是重量轻、易弯曲、易安装、组网灵活等，非常适合结构化布线。因此，在无特殊要求的情况下，使用非屏蔽双绞线即可。

目前常用的是 5 类双绞线和超 5 类双绞线，5 类双绞线使用了特殊的绝缘材料，其最高传输频率为 100MHz、最高数据传输速率为 100Mbit/s，这是目前使用最多的一类双绞线，它是构建 10/100M 局域网的主要通信介质。与普通 5 类双绞线相比，超 5 类双绞线在传送信息时衰减更小、抗干扰能力更强。使用超 5 类双绞线时，设备的受干扰程度只有使用普通 5 类双绞线受干扰程度的 1/4，并且只有该类双绞线的全部 4 对线都能实现全双工通信。就目前来说，超 5 类双绞线主要用于千兆位以太网。

2. 网线的标准和连接方法

（1）网线的标准。双绞线有两种国际标准，即 EIA/TIA568A 和 EIA/TIA568B。通常的工程实践中，TIA568B 标准使用得较多。这两种标准没有本质的区别，只是原来制作的公司不同，工程选用哪一种标准就必须严格按其要求接线。这两种标准的直通线连接方法如下。

TIA568A 标准的连接方法	TIA568B 标准的连接方法
1—— 白/绿	1—— 白/橙
2—— 绿色	2—— 橙色
3—— 白/橙	3—— 白/绿
4—— 蓝色	4—— 蓝色
5—— 白/蓝	5—— 白/蓝
6—— 橙色	6—— 绿色
7—— 白/棕	7—— 白/棕
8—— 棕色	8—— 棕色

即，TIA568A：绿白—1，绿—2，橙白—3，蓝—4，蓝白—5，橙—6，棕白—7，棕—8
TIA568B：橙白—1，橙—2，绿白—3，蓝—4，蓝白—5，绿—6，棕白—7，棕—8。

（2）双绞线的连接方法。双绞线的连接方法主要有两种，即直通线缆和交叉线缆。直通线缆的水晶头两端都遵循 568A 或 568B 标准，双绞线的每组线在两端是一一对应的，颜色相同的在两端水晶头的相应槽中保持一致，它主要用在交换机普通端口连接计算机网卡上。交叉线缆的水晶头一端遵循 568A 标准，而另一端则采用 568B 标准，即 A 水晶头的 1、2 对应 B 水晶头的 3、6，A 水晶头的 3、6 对应 B 水晶头的 1、2，它主要用在交换机普通端口连接到交换机普通端口或计算机网卡上。不过现在很多交换机端口具有自动识别能力，交换机之间就是直通线也能互相相连。100M 网与 1000M 网交叉线的接法又有不同，因为百兆网络只用到 4 根线缆来传输，而千兆网络要用到 8 根线缆来传输。

直通线缆两端水晶头的针脚均为（TIA568B 为例）1 脚—白橙，2 脚—橙，3 脚—白绿，4 脚—蓝，5 脚—白蓝，6 脚—绿，7 脚—白棕，8 脚—棕。

1000M 网和 100M 网的交叉线的接法如图 9-17 所示。

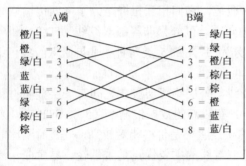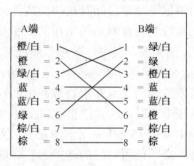

图 9-17　1000M 网和 100M 网的交叉线的接法

3．网线的制作

（1）剪断。利用压线钳的剪线刀口剪取适当长度的网线。

（2）剥皮。用压线钳的剪线刀口将线头剪齐，再将线头放入剥线刀口，让线头触及挡板，稍微握紧压线钳慢慢旋转，剥开双绞线的保护胶皮，拔下胶皮（注意，剥与大拇指一样长即可）。网线钳挡位离剥线刀口长度通常恰好为水晶头长度，这样可以有效避免剥线过长或过短。剥线过长除了不美观，另外因网线不能被水晶头卡住，容易松动；剥线过短，因有包皮存在，太厚，不能完全插到水晶头底部，造成水晶头插针不能与网线芯线好好接触，当然也不能制作成功。

（3）排序。剥除外包皮后即可见到双绞线网线的 4 对 8 条芯线，并且可以看到每对的颜色都不同。每对缠绕的两根芯线是由一种染有相应颜色的芯线加上一条只染有少许相应颜色的白色相间芯线组成的。4 条全色芯线的颜色为棕色、橙色、绿色、蓝色。每对线都是相互缠绕在一起的，制作网线时必须将 4 个线对的 8 条细导线一一拆开、理顺、捋直，然后按照规定的线序排列整齐。

（4）剪齐。把线尽量抻直（不要缠绕）、压平（不要重叠）、挤紧理顺（朝一个方向紧靠），然后用压线钳把线头剪平齐。这样，在双绞线插入水晶头后，每条线都能很好地接触水晶头中的插针，避免接触不良。如果以前剥的皮过长，可以在这里将过长的细线剪短，保留与去掉外层绝缘皮的部分约 14mm，这个长度正好能将各细导线插入各自的线槽。如果该段留得过长，一来会由于线对不再互绞而增加串扰，二来会由于水晶头不能压住护套而可能导致电缆从水晶头中脱出，造成线路的接触不良甚至中断。

（5）插入。一只手的拇指和中指捏住水晶头，使有塑料弹片的一侧向下，针脚一方朝向远离自己的方向，并用食指抵住；另一只手捏住双绞线外面的胶皮，缓缓地用力将 8 条导线同时沿 RJ-45 接头内的 8 个线槽插入，一直插到线槽的顶端。

（6）压制。确认所有导线都到位，并透过水晶头检查线序无误后，就可以用压线钳压制 RJ-45 接头了。将 RJ-45 接头从无牙的一侧推入压线钳夹槽后，用力握紧压线钳，将突出在外面的针脚全部压入水晶头内。这样网线的一端就制好了，利用上述方法制作网线的另一端即可。

4．测试

在把网线两端的水晶头都做好后就可用如图 9-18 所示的网线测试仪进行测试。如果测试仪上 8 个指示灯都依次为绿色闪过，证明网线制作成功；如果出现任何一个灯为红灯或黄灯，都证明存在断路或者接触不良现象，此时最好先对两端水晶头用压线钳再压一次，然后测试，如果故障依然存在，再检查两端芯线的排列顺序是否一样。如果不一样，随意剪掉一端重新按另一端芯线排列顺序制作水晶头；如果芯线顺序一样，但测试仪在重测后仍显示红灯或黄灯，则表明其中肯定存在对应芯线接触

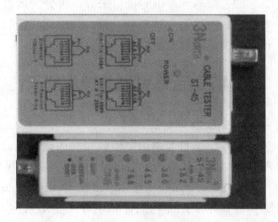

图 9-18　网线测试仪

不良。此时只好先剪掉一端按另一端芯线顺序重做一个水晶头，再测，如果故障消失，则不必重做另一端水晶头，否则还得把原来的另一端水晶头也剪掉重做，直到测试全为绿色指示灯闪过为止。对于制作的方法，不同测试仪上的指示灯亮的顺序也不同，如果是直通线测试仪上的灯应该是依照顺序亮，如果是交叉线测试仪的亮灯顺序应该是 3、6、1、4、5、2、7、8。

9.4　调制解调器

调制解调器（Modem）是 Modulator（调制器）与 Demodulator（解调器）的简称，根据 Modem 的谐音，俗称为猫。

9.4.1　调制解调器的工作原理及性能指标

1．调制解调器的工作原理

把计算机中要传送的数据经过调制变成能在传输介质（包括电话线、有线电视电缆、电力线、无线电载波等）中传输的调制信号，通过传输介质向目的地网传送，这一过程叫调制。解调就是把目的地网通过传输介质送来的调制信号还原成计算机能够处理的数字信号。也就是说调制解调器是一个能把计算机中的数据发送到网上，又能把网上传来的信号变成计算机能处理的数据的设备。

2．调制解调器的性能指标

（1）Modem 的传输速率。Modem 的传输速率指的是 Modem 每秒传送的数据量大小，以 bps（比特/秒）为单位。

（2）Modem 的传输协议。Modem 的传输协议是 Modem 在调制、解调和传输过程中必须遵守的规则，如 ADSL 的 ITU-T G.992.1（G.dmt）、ITU-T G.994.1（G.hs）等。

（3）接口方式。接口方式是指调制解调器与主机的连接方式，如内置的 PCI 接口，外置的 USB、RJ-45 接口等。

9.4.2 调制解调器的分类

（1）按传输带宽来分，可分宽带调制解调器（1Mb/s 以上）和窄带调制解调器。

（2）按与计算机的接口来分，可分为内置式调制解调器和外置式调制解调器。

（3）按传输介质来分，可分为电话线调制解调器、CATV 调制解调器、无线调制解调器和电力线调制解调器等。

9.4.3 目前主流的调制解调器

1. ADSL 调制解调器

ADSL 是目前中国电信公司与中国网通公司提供给电话用户的、最常用的、互联网的接入方式。拥有最多的用户，是中国大多数网民的上网 Modem。

ADSL（Asymmetric Digital Subscriber Line，非对称数字用户线环路）是一种新的数据调制和传输方式，因为上行和下行带宽不对称，因此称为非对称数字用户线环路。它采用频分复用技术把普通的电话线分成了电话、上行和下行三个相对独立的信道，从而避免了相互之间的干扰，即使边打电话边上网，也不会发生上网速率和通话质量下降的情况。通常，ADSL 在不影响正常电话通信的情况下，可以提供最高 3.5Mb/s 的上行速度和最高 24Mb/s 的下行速度。

（1）ADSL 的工作原理。传统的电话线系统使用的是铜线的低频部分（4kHz 以下频段），而 ADSL 采用 DMT（离散多音频）技术，将原来电话线路 0kHz～1.1MHz 频段划分成 256 个频宽为 4.3kHz 的子带带。其中，4kHz 以下的频段用于传送 POTS（传统电话业务），20～138kHz 的频段用来传送上行信号，138kHz～1.1MHz 的频段用来传送下行信号。DMT 技术可以根据线路的情况调整在每个信道上所调制的比特数，以便充分地利用线路。一般来说，子信道的信噪比越大，在该信道上调制的比特数越多，如果某个子信道的信噪比很差，则弃之不用。目前，ADSL 可达到上行 640kbps、下行 8Mb/s 的数据传输率，ADSL2+最高可达 3.5Mb/s 的上行速度和 24Mb/s 的下行速度。

由上可以看到，对于原来的电话信号而言，仍使用原来的频带而基于 ADSL 的业务，使用的是话音以外的频带。所以，原来的电话业务不受任何影响。

（2）传输标准。由于受到传输高频信号的限制，ADSL 需要电信服务提供商端接入设备和用户终端之间的距离不能超过 5km，也就是用户的电话线连到电话局的距离不能超过 5km。

ADSL 设备在传输中需要遵循以下标准之一。

ITU-T G.992.1（G.dmt）：全速率，下行 8Mb/s，上行 1.5Mb/s；

ITU-T G.992.2（G.lite）：下行 1.5Mb/s，上行 512kbps；

ITU-T G.994.1（G.hs）：可变比特率（VBR）；

ANSI T1.413 Issue #2：下行 8Mb/s，上行 896kbps。

还有一些更快更新的标准，但是目前还很少有电信服务提供商使用。

ITU G.992.3/4：ADSL2 下行 12Mb/s，上行 1.0Mb/s；

ITU G.992.3/4：Annex J ADSL2 下行 12Mb/s，上行 3.5Mb/s；

ITU G.992.5：ADSL2+ 下行 24Mb/s，上行 1.0Mb/s。

ITU G.992.5：Annex M ADSL2+ 下行 24Mb/s，上行 3.5Mb/s。

ADSL 是一种非对称的 DSL 技术，所谓非对称是指用户线的上行速率与下行速率不同，上行速率低，下行速率高，特别适合传输多媒体信息业务，如视频点播（VOD）、多媒体信息检索和其他交互式业务。

（3）主要特点。

① 一条电话线可同时接听、拨打电话并进行数据传输，两者互不影响。

② 虽然使用的还是原来的电话线，但 ADSL 传输的数据并不通过电话交换机，所以 ADSL 上网不需要缴付额外的电话费，节省了费用。

③ ADSL 的数据传输速率是根据线路的情况自动调整的，它以"尽力而为"的方式进行数据传输。

（4）VDSL。VDSL（Very-high-bit-rate Digital Subscriber Loop，甚高速数字用户环路）简单地说，VDSL 就是 ADSL 的快速版本。使用 VDSL，短距离内的最大下传速率可达55Mb/s，上传速率可达 19.2Mb/s，甚至更高达 100Mb/s 和 65Mb/s 的带宽。但 VDSL 要求电信服务提供商的设备端和用户终端之间的距离必须小于 1.3km，而 ADSL 的有效传输距离可达 3～5km。带无线接入点和电视传送功能的 ADSL 如图 9-19 所示。

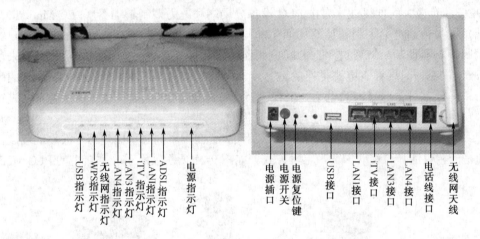

图 9-19　带无线接入点和电视传送功能的 ADSL

这个 ADSL 提供了 3 个 RJ-45 网络接口，即 LAN1、LAN3 和 LAN4，一个电信传送的电视接口 ITV（有 60 多套节目），还有一个 USB 接口。无线局域网和多个网络接口可同时支持多台计算机上网，但上网登录时限定了用户数。

2．Cable Modem

Cable Modem（电缆调制解调器）一直以来都是广电部门主推的网络接入方式，用于 CATV（Cable Television，有线电视）网络进行数据传输，与传统的 Modem 相同，在原理上都是将数据进行调制后在电缆的一个频率范围内传输，接收时进行解调。它们的不同之处在于，Cable Modem 是通过 CATV 网络的某个传输频带进行调制解调的。有线电视公司一般在42～750MHz 的电视频道中分离出一条 6MHz 的信道用于下行传送数据，上行数据一般通过5～42MHz 的一段频谱进行传送。

Cable Modem 一般使用 QPSK 调制，目前的调制方式有 256QAM 和 64QAM 两种，但使用 64QAM+QPSK 的调制者居多。在使用 64QAM 调制时，Cable Modem 最大提供下行 10Mb/s、上行 10Mb/s 的共享速率；使用 256QAM 调制时，Cable Modem 最大提供下行 36Mb/s、上行 10Mb/s 的共享速率。这种接入方式的缺点是用户通过 Cable Modem 接入有线电视网，然后有线网再通过专线接入电信网，因此实际上网的速度取决于专线带宽和有线网中同时上网的人数，它的带宽是全网人员共享的。ADSL 是每个用户直接接入电信网，其带宽是独享的。

3．3G 上网卡

3G 上网卡是中国移动、中国联通、中国电信的、把计算机接入 3G 网的一种上网方式，由于其只要有 3G 信号就能上网的便利性，近年来得到了迅猛的发展。3G 上网卡本质上说是一种无线 Modem，它的作用就是把计算机中的数据通过调制发送到 3G 网上，然后接收 3G 网上的数据解调到计算机中处理。目前三大公司的 3G 网制式不同，其传输速率也有差异。

中国移动的 TD-SCDMA 上网卡，最高理论速度为 2.2Mb/s；中国联通的 WCDMA 上网卡最高理论速度为 14.4Mb/s；中国电信的 CDMA-EVDO 上网卡，Rev A 版，最高理论速度为 3.1Mb/s，Rev B 版，最高理论速度为 9.3Mb/s。上网卡与计算机都是用 USB 接口进行连接。

用上网卡上网也有其不足之处，一是上网资费是按数据流量计费，比 ADSL 贵很多；二是信号有时不稳定，容易掉线；三是容易受到干扰，安全性和保密性比有线上网差。

上网卡和上网卡的接入方式如图 9-20 所示。

4．PLC Modem

电力线通信（PLC，Power Line Communication）通过利用传输电流的电线作为通信载体，使得 PLC 具有极大的便捷性。它由 PLC 设备分局端和电力调制解调器（PLC Modem）构成，分局端负责与内部电力调制解调器的通信和与外部网络的连接。在通信时，来自用户的数据进入调制解调器调制后，通过用户的配电线路传输到局端设备，局端将信号解调出来，再转到 Internet 网络。只要在有电源插座的地方，不用拨号，就可立即享受 4.5～45Mb/s 的高速网络接入。另外，可将房屋内的电话、电视、音响、冰箱等家电利用 PLC 连接起来，进行集中控制，实现智能家庭的梦想。

电线上网虽然存在信号受电线信号的影响较大、在用电高峰易出现信号波动的问题，但其仍不愧是一种灵活和可移动的宽带上网方式。如图 9-21 所示展示了一款典型的 PLC Modem。

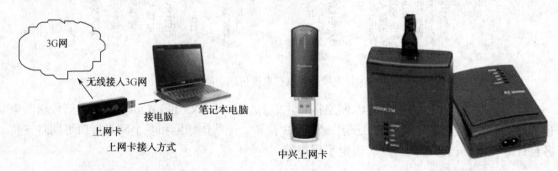

图 9-20　上网卡和上网卡的接入方式　　　　图 9-21　一款典型的 PLC Modem

9.4.4　调制解调器的常见故障与维修

（1）ADSL 拨号时，拨号软件显示 Time out while trying to…（超时错）。首先应该检查内置型的 ADSL 卡与分离器等的连接是否正确、接头是否松动、网线有没有折断等，或者重启计算机，重新安装虚拟拨号软件。

接下来打开拨号软件（如 EnterNet300）上建立的拨号的"Properties"（属性）项，选择"Configuration"（配置）项，在"Adapter"（适配器）中检查 ADSL 卡"GB-Link A1020I ADSL PCI NIC"是否被正确捆绑，如果没有可以将其选中；如果此栏中无此项，则可以打开"网上邻居"的"属性"，选择"TCP/IP-GB-Link A1020I ADSL PCI NIC"选项，更改"高级"选项中的任意设置，然后重启电脑，在拨号连接中即可正确识别 ADSL 适配器。

如果完成以上操作后，还不能解决问题，那么一般是 ISP 服务器有问题，或者是电话线路太长，ADSL MODEM 离电话局超过了 5km，可以与 ISP 服务商联系解决。

（2）ADSL 虚拟拨号软件拨号时，提示错误信息。如果拨号窗口显示"Begin Negotiation"然后等待，最后直接弹出菜单"time out"，这表明网络不通。主要原因是 ADSL 上的网线没有连接好或者 ADSL 网络不通，可以重启 ADSL 后再试。

如果拨号窗口显示"Begin Negotiation"，然后显示"Authenticating"，最后显示"Authentication Failed"，这表明用户账号或密码有误。

如果拨号窗口显示"Begin Negotiation"，然后显示"Authenticating"，再显示"Receiving Network Parameter"，最后弹出菜单"timeout"，这表明拨号 IP 地址已经被占满，需稍后再拨。

（3）ADSL 拨号软件提示已经成功连接，但是不能访问 Internet。首先检查能否连上服务器端，执行"开始"→"程序"→"附件"→"MS-DOS 方式"命令，打开"MS-DOS 方式"对话框，输入 Ping 网关地址（如 Ping 61.139.2.69），检查能否 Ping 通。如果显示"Request timed out"，则表明电脑有问题，可检查本机配置或重新安装系统网络部件；如果通，刷新浏览器或检查浏览器的选项设置。

（4）一直使用良好的 ADSL MODEM 突然无法上网。这类故障形成的原因有很多，假如非硬件损坏和线路损坏，那么就可能是网络设备过热引起的，或者是 IP 调整过程中的自动断线、电信局网络系统崩溃。

由于 ADSL MODEM 的发热量较大，网络设备过热也能引起此类故障，为此，可以把 ADSL MODEM 放置在通风比较好的地方，散热一会儿即可连上网。

由于 ADSL 的 IP 地址是动态分配的，如果遇到 IP 调整，也会出现突然掉线的情况，这时不必在意，几秒后即可自动连上网。如果连不上，单击"RESETIO"按钮将其关闭，然后再启动即可。如果以上操作都不能解决问题，就可能是电信局网络系统崩溃，可以致电询问。

实验 9

1. 实验项目

（1）用 AdapterWatch、DU Meter 测试网卡的性能和参数。

（2）网线的制作及测试。

2. 实验目的

（1）熟悉 AdapterWatch、DU Meter 软件的下载、安装及使用方法。

（2）掌握 AdapterWatch、DU Meter 测试网卡性能和参数的方法。

（3）掌握网线的制作和测试方法。

3. 实验准备及要求

（1）两人为一组进行实验，每组配备一个工作台、一台能上网的计算机，一把压线钳、一个网络测试仪、一些网线、若干水晶头。

（2）实验时一个同学独立操作，另一个同学要注意观察和记录实验数据，指出错误和要注意的地方，然后轮换。

（3）实验前，老师要做示范，讲解操作要领和注意事项。

4. 实验步骤

（1）上网下载 AdapterWatch、DU Meter 两个软件并安装好。

（2）运行 AdapterWatch、DU Meter，测试网卡的各种参数和传输速率，并将测试数据记录好。

（3）剪好适当的一段网线，取出水晶头，制作一根直通线，并用测试仪进行测试。然后再做一根 100M 长的交叉线，并进行测试。

5. 实验报告

（1）写出网卡的名称、芯片型号、物理地址、传输速率等参数。

（2）比较 AdapterWatch、DU Meter 两个软件测试网卡时的优势和不足。

（3）写出做网线时的操作体验。

（4）说出直通线与交叉线做法的不同之处。

习题 9

一、填空题

（1）声卡的基本工作原理是把来自话筒、磁带、光盘的原始声音模拟信号通过_____转换变成数字信号经 DSP（数字信号处理器）处理，再经_____电路变成模拟信号输出到耳机、扬声器、扩音机、录音机等声响设备。

（2）声卡发展至今，主要分为_____、集成式和外置式三种接口类型。

（3）采样频率是指每秒对音频信号的采样次数。单位时间内采样次数越_____，即采样频率越_____，数字信号就越接近原声。

（4）假冒木质音箱大多数是用_____甚至纸板加工而成。

（5）HD Audio 声卡的一大特色是支持所有输入/输出接口_____感应设备接入。

（6）半双工的意思是两台计算机之间不能_____向对方发送信息。

（7）远程唤醒就是在一台计算机上通过网络_____另一台已经处于关机状态的计算机。

（8）5 类双绞线使用了特殊的绝缘材料，其最高传输频率为_____MHz，最高数据传输速率为_____Mbit/s。

（9）ADSL2+最高可达_____Mb/s 的上行速度和_____Mb/s 的下行速度。

（10）中国移动的 TD-SCDMA 上网卡，最高理论速度为_____Mb/s；中国联通的 WCDMA 上网卡最高理论速度为_____Mb/s。

二、选择题

（1）HD Audio 采样率支持 6～（　　）kHz。
   A．192　　　　　B．44.1　　　　　C．48　　　　　D．22.05

（2）声音处理芯片又称声卡的（　　）。
   A．DSP　　　　　B．CPU　　　　　C．GPU　　　　　D．SPD

（3）由于（　　）头像水晶一样晶莹透明，所以也被俗称为水晶头。
   A．AUI　　　　　B．RJ-45　　　　　C．BNC　　　　　D．FDDI

（4）中国电信的 CDMA-EVDO 上网卡，Rev A 版，最高理论速度为（　　）Mb/s。
   A．2.2　　　　　B．14.4　　　　　C．3.1　　　　　D．9.3

（5）双绞线是指封装在绝缘外套里的由两根绝缘导线相互扭绕而成的（　　）对线缆。

A. 2　　　　　　B. 3　　　　　　C. 6　　　　　　　D. 4

（6）在选购声卡时应注意的事项有（　　）。

　　A. 声卡类型　　　　　　　　　　　B. 看做工

　　C. 按需要选购　　　　　　　　　　D. 注意兼容性问题

（7）网卡的带宽有（　　）。

　　A. 10Mb/s　　　　　　　　　　　　B. 100Mb/s/1000Mb/s

　　C. 10000Mb/s　　　　　　　　　　D. 50Mb/s

（8）音箱由（　　）及扬声器组成。

　　A. 箱体　　　　B. 功放组件　　　　C. 电源　　　　　　　D. 分频器

（9）ADSL 的主要特点是（　　）。

　　A. 可同时拨打电话和上网　　　　　B. ADSL 传输的数据并不通过电话交换机

　　C. 传输速率能自动调整　　　　　　D. 最大传输速率只有 1Mb/s

（10）用 3G 上网卡上网也有其不足之处，表现在（　　）。

　　A. 比 ADSL 贵很多　　　　　　　　B. 信号有时不稳定

　　C. 容易受到干扰　　　　　　　　　D. 网速不快

三、判断题

（1）7.1 声道就是 8 声道。　　　　　　　　　　　　　　　　　　　　（　　）

（2）音箱音质的好坏并不取决于其输出功率的大小，音箱功率也并不是越大越好。

　　　　　　　　　　　　　　　　　　　　　　　　　　　　　　　　（　　）

（3）目前主要使用的是 32 位 PCI 网卡、16 位的 PCI-E 网卡及板载网卡。（　　）

（4）网卡与网卡互连可用直通网线。　　　　　　　　　　　　　　　　（　　）

（5）接入 CATV 上网，实际上网速度与 Cable Modem 的速度一样。　（　　）

四、简答题

（1）AC'97 标准和 HD Audio 标准有何异同？

（2）网线的制作步骤有哪些？

（3）ADSL 与 3G 上网卡上网各有何优势与劣势？

（4）在选购音箱时应注意哪几个方面的问题？

（5）从技术的角度分析有线电视上网的市场份额为什么没有 ADSL 上网的市场份额大？

第**10**章

电源、机箱、键盘和鼠标

电源为主机各部件提供强劲的动力，是主机的功率来源；机箱为主机硬件提供物理上的安全保障，是计算机硬件的保护神；键盘和鼠标是计算机必不可少的输入设备，是人—机沟通的重要工具。本章将讲述这些设备的原理、性能、选购及维修。

10.1　电源

如果说计算机中的 CPU 相当于人的大脑，那么电源就相当于人的心脏。作为计算机运行动力的唯一来源、计算机主机的核心部件，其质量的好坏直接决定了计算机的其他配件能否可靠地运行和工作。

10.1.1　电源的功用与组成

1. 电源的功用

电源（Power Supply）为计算机内所有部件正常工作提供所需要的电能。它的作用是将交流电变换为+5V、-5V、+12V、-12V、+3.3V 等不同电压且稳定的直流电，供主板、各种适配器和扩展卡、软驱、光驱、硬盘等系统部件和键盘、鼠标使用。

新款ATX电源　　　　老款ATX电源

图 10-1　ATX 电源的外形

2. 电源的组成

电源主要由内部电路板、外壳、风扇、市电接口、主板电源输出接口、IDE/SATA 电源输出接口和软驱电源输出接口等组成。ATX 电源的外形如图 10-1 所示。

10.1.2　电源的工作原理

主机电源从电路原理上说属于脉冲宽度调节式开关型直流稳压电源。这个名称反映了电路的几个特点，首先它是将交流市电转换为多路直流电压输出，其次它的功率元件工作在开关状态，最后它依靠调节脉冲宽度来稳定输出电压。典型的脉冲宽度调节式开关型直流稳压电源的工作原理如图 10-2 所示。开关是指它的电路工作在高频（约 34kHz）开关状态，这种状态带来的好处是高效、省电和体积小。脉冲宽度调节是指根据对输出电压波动的监测，通过反馈信号来调节脉冲信号的宽度，达到稳定输出直流电压的目的。

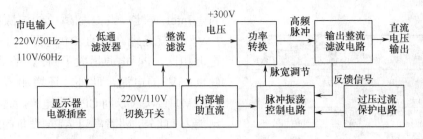

图 10-2　典型脉冲宽度调节式开关型直流稳压电源的工作原理

从图 10-2 可见，输入的市电经过低通滤波器去掉高频杂波分两路，一路送到显示器电源插座，另一路经整流滤波后产生 300V 直流电压，送到功率转换的开关管上，同时通过一个稳压整流电路组成的内部辅助直流电源产生+5V 的直流电压，作为脉冲振荡控制电路的基准电压，在 ATX 电源中作为等待状态 SB+5V 输出。通过自激或（ATX）主板送来的 PS-ON 信号使脉冲振荡控制电路产生高频矩形波，送到功率转换电路，推动末级功率开关晶体管工作，使 300V 的脉冲波加到高频脉冲变压器输入级，经变压器降压多路输出，再经过整流滤波，得到计算机所需的各种直流电压。同时整流滤波电路送出一个反馈信号给脉冲振荡控制电路，经过比较，在周期不变的情况下调整矩形波宽度，从而使输出的直流电压稳定。过压过流保护电路自动起保护作用，保护主机不会因过压过流而损坏。

现在大多数电源都取消了输出到显示器的交流插孔和 220V/110V 切换开关。

10.1.3　电源的分类

和计算机上其他部件迅速的发展不同的是，电源的发展是十分缓慢的，至今在个人计算机上的配置也仅有 AT、ATX 和 BTX 3 种电源类型。

1. AT 电源

从古老的 286 个人计算机时代开始，AT 电源就一直是个人计算机的标准配置，这一局面直到 586 时代才结束。AT 电源的功率较小，一般为 150～220W，共有四路输出（±5V、±12V），并向主板提供一个 P.G.信号。输出线为两个 6 芯插座和几个 4 芯插头，两个 6 芯插座（P8、P9）给主板供电。AT 电源采用切断交流电网的方式关机，适用于老式的 AT 主板，目前基本上已不用，但在早期的 Pentium 计算机上还可以见到。

2. ATX 电源

作为目前应用最为广泛的个人计算机标准电源，和 AT 电源相比，其外形尺寸没有变化，主要增加了+3.3V 和+5V StandBy 两路输出和一个 PS-ON 信号，输出线改用一个 20 芯线给主板供电。随着 CPU 工作频率的不断提高，为了降低 CPU 的功耗以减少发热量，需要降低芯片的工作电压，所以，由电源直接提供 3.3V 输出电压成为必需。+5V StandBy 也叫辅助+5V，只要插上 220V 交流电就有电压输出。PS-ON 信号是主板向电源提供的电平信号，低电平时电源启动，高电平时电源关闭。利用+5V SB 和 PS-ON 信号，就可以实现软件开关机器、键盘开机、网络唤醒等功能。辅助+5V 始终是工作的，有些 ATX 电源在输出插座的下面设置了一个开关，可切断交流电源输入，彻底关机。

ATX 经历了 ATX 1.01、ATX 2.01、ATX 2.02、ATX 2.03 及 ATX 12V 多个版本的革新，目前在市场占据主流位置的是 ATX 2.01、ATX 2.03 及 ATX 12V 版本。ATX 2.01 规范的辅助+5V 电流规定为 720mA，ATX 2.03 的辅助+5V 电流规定为 1A，可以实现网络唤醒等功能。由于 Intel 推出的全新核心的 Pentium 4 处理器的功耗相对较大，普通标准的 ATX 电源无法应

图 10-3　电源标签

付，Intel 制定了与之相适应的电源标准 ATX 12V，也就是经常说的 P4 电源。和普通 ATX 电源相比，P4 电源增大了+12V 的输出能力和辅助+5V 的电流，此外，还增加了一根 4 线（+12V）接头（专为 CPU 供电），具备+12V 输出能力。此外，随着串口 ATA 设备的逐渐普及，增加串口 ATA 电源接头的 ATX 电源产品也开始逐渐增多。

在电源的标签上会标明电源版本、输出电压与电流的大小和输出线的颜色、型号及功率等，如图 10-3 所示。

3．BTX 电源

BTX 电源适用于 BTX 主板，由于其口与 ATX 一致，所以可以互用。

10.1.4　电源的技术指标

1．电源输出接口

（1）主板电源输出口。

① 20Pin、24Pin 主板电源接口。ATX 电源为 20 针双排防插错插头，除提供±5V、±12V 电压和 Power Good（PG）信号外，还提供+3.3V 电压，增加了实现软开关机功能的电源开关信号 PS-ON。红色线为+5V 输出、黄色线为+12V 输出、橙色线为+3.3V 输出、蓝色线为-5V 输出、棕色线为-12V 输出、黑色线为地线、白色线为电源好信号 PG、紫色线为等待状态 SB+5V 输出、绿色线为电源软开关 PS-ON，如图 10-4 所示。24 针是 20 针的基础，增加了+12、+5V、+3.3V 及地四个口，多出的输出电压主要给 PCI 设备及南桥供电（主要是为功耗较高的显示卡供电）。一般 20Pin 电源也可以支持 24Pin 主板，但有可能造成供电不足，所以尽量避免这样做。

图 10-4　20Pin、24Pin 主板电源接口

② 4/8Pin CPU 供电接口。进入奔腾四时代后，CPU 的供电需求增加起来，+3.3V 无法满足主板 CPU 的动力需要，于是，Intel 便在电源上定义出了一组（2 路）+12V 输出，专门来给 CPU 供电。对于有些更高端的 CPU 来说，一组+12V 仍无法满足需要，于是带有两组+12V 输出的 8Pin CPU 供电接口也逐渐诞生，这种接口最初主要是为了满足服务器平台的需要，在今天，不少主板都为高端 CPU 设计了这样的接口。

现在，有的主板为 PCI-E 显示卡供电也采用 4/8Pin 供电接口，其参数与 CPU 供电接口一样。

（2）IDE、SATA 设备电源接口。IED 接口为 4 针扁 D 形接口，1 脚+12V、2 脚+5V、3、4 脚接地；SATA 设备电源接口有 5 个引脚，1 脚+12V、2 脚接地、3 脚+5V、4 脚接地、5 脚+3.3V。

2. 电源的功率

它表示电源部件提供电能的能力，单位为 W，有额定功率与最大功率，一般标出的都是额定功率。目前常用的 ATX 电源功率为 250W、300W、350W、400W、500W。

3. 纹波

电源输出的是直流电，但总有些交流成分在里面，纹波太大对主板和其他电路的稳定工作有影响，所以纹波越小越好。

4. 电磁兼容性

这一项是衡量电源好坏的重要依据。电源工作时会有电磁干扰，一方面干扰电网和其他电器，另一方面对人体有害。

10.1.5 电源的选购

电源的好坏直接关系到电脑各部件能否正常使用，它的选购是非常重要的。如果电源质量不好或者说是它的供电不足，那么电脑随时都有可能引发各种情况。CPU 是电脑的心脏，而电源就是电脑的动力源泉，选购一个好的电源或者说一个强劲的电脑动力源泉主要从以下几个方面考虑。

（1）电源的认证。目前市场上一些主流的品牌通过质量认证后都有防伪标识，这个在电源的外壳上就能看到，如通过了 VDE-0806 FCC CCEE 等标准这些标识，就会出现在电源的外壳上。

（2）电源的功率选择。在选购电源时，一般的标准都是输出功率越大越好，建议最好在 300 W 以上。在选购时还要注意电源盒内的风扇噪声是否过大、扇叶转动的是否流畅，千万不要有卡扇叶的现象，否则后果不堪设想。

（3）选择有较好市场信誉的品牌电源。市场上的电源产品种类繁多，而伪劣电源不但在线路板的焊点、器件等方面不规则，而且还没有温控、滤波装置，这样很容易导致电源输出不稳定。所以尽量选择在目前市场上享有良好声誉和口碑的电源产品，如国产的长城牌电源，银河电源及台湾在大陆投资生产的 SPI、DTK 电源等。

（4）要保证产品有过压保护功能。由于现在的市电供电极不稳定，经常会出现尖峰电压或者其他输入不稳定的电压，这种不稳定的电压如果直接通过电源产品输入到计算机中的各个配件部分，就可能使计算机的相关配件工作不正常或者导致整台计算机工作不稳定，甚至可能会损坏计算机。因此为了保证计算机的安全，必须确保选择的电源产品具有双重过压保护功能，以便有效抑制不稳定电压对各个配件的损害。

10.1.6 电源的常见故障与维修

电源是计算机所有部件正常工作的基础，反过来说，任何部件发生故障都要首先检查 PC 电源部件输出的直流电压是否正常。PC 电源由分立元件装配而成，可以进行元件级维修，但由于电源部件的价格低，考虑到维修的人工成本，也可以整体更换。

1. 电源故障分析

目前使用的计算机主要采用 ATX 电源，当这类计算机电源出现故障时，要从 CMOS 设置、Windows 中 ACPI 的设置及电源和主板等几个方面进行全面的分析。首先要检查 CMOS

设置是否正确，排除因为设置不当造成的假故障；其次，检查电源负载是否有短线，可以将电源的所有负载断开，单独给 ATX 电源通电，将 ATX 电源输出到主板插头上的 PS ON/OFF 线与地线短接，检查电源散热风扇是否运转，来判断电源是否工作，如果测试电源工作正常，则表明负载中有短路，通过检查负载上电源输入插座的电阻来判断，也可以通过为电源逐一增加负载来查找，当加上某负载，电源就不工作，则部件就可能有短路；最后，确定是电源本身有故障后，检测电源。

某些电源有空载保护的功能，需要连接负载才能通电，可以给电源连上一个坏硬盘（电机能运转）来作为负载，然后再通电。如果电源风扇转动正常，测试电源的各直流输出电压、+5V SB、PG 信号电压是否正常。如果电源没有直流输出，则打开电源外壳，观察电源内部的保险管是否熔断，有无其他烧坏或爆裂的元件。如果有烧坏的元件，找出短路的原因，如滤波电容短路、开关功率管击穿等；如果没有元件烧坏的现象，可通电检查 300V 直流高压是否正常，不正常则检查 220V 交流电压输入、整流滤波电路；正常则检查开关功率管、偏置元件、脉宽调制集成电路、直流滤波输出电路及检测反馈保护电路的电压和电阻等参数，根据电路原理进行检查和分析。

2. 电源故障检修实例

（1）通电没有显示，电源指示灯不亮，电源风扇不转。检查市电供电正常，拆下电源，打开电源盖，发现保险管被烧黑、保险丝熔断；检查输入滤波、整流电路元件正常，检查开关功率管，发现两个开关管被击穿，更换上相同型号的开关管再通电，即可正常工作。

（2）电脑使用了多年，硬盘容量变小，不够用，装上新硬盘，使用双硬盘时，找不到硬盘。只使用一个硬盘工作正常，说明硬盘及接口均正常，测量接上双硬盘时电源输出的+12V 电压只有 10.5V，无法正常驱动硬盘。这是由于电源是冒牌产品，输出功率不够，只要更换电源，即可正常开机。

10.2　机箱

随着人们对时尚的追求，在购买计算机时都会花更多的时间挑选适合自己的机箱。一款理想的机箱，除了能对硬件进行有效的保护外，其良好的散热系统、较强的防辐射能力、时尚的外观及用户界面的人性化等都是必不可少的。

10.2.1　机箱的分类

（1）按结构分，可分为 AT 结构（P2 以前）、ATX 结构（P2 至今）及 BTX 结构（P4 以后）三类。

① AT 机箱的全称为 BaBy AT，主要应用于早期 486 以前的计算机中，并且只能支持 AT 主板。早期 AT 主板上的 I/O（COM1、COM2、EPP）接口都要使用特殊的数据线，一端露在机箱外，一端连接在主板的接口上，现在已被淘汰。

② ATX 机箱是目前最常见的机箱，不仅支持 ATX 主板还可安装 AT 主板和 MicroATX 主板。ATX 主板将所有的 I/O 接口都做在主板背后，所以 ATX 机箱和 AT 机箱一个很显著的区别就是 ATX 机箱有一个 I/O 背板，而 AT 机箱最多背后留有一个大口键盘孔。ATX 结构的机箱也有高矮、大小及类型之分，针对某些公司推出的双处理器主板或集成 RAID 功能的大尺寸主板，机箱厂商为其设计了尺寸（主要是机箱的长度）更大的机箱来满足需求，而

对此未加考虑的机箱产品就不能正常安装这类大尺寸主板。

③ BTX（Balanced Technology Extended）机箱，其规范分为 3 种样式，即标准 BTX、Micro BTX 和 Pico BTX，分别支持各种不同尺寸的系统。这 3 种样式在主板的布局、宽度上是一样的，只是主板的长度和支持的扩展槽数量有所不同。它的新特点是出色的散热性能和模块设计及布局更科学的安装与固定方式，大量采用新型总线及接口，采用丰富多样的电源供给模式。BTX 机箱安装 BTX 主板，常见于品牌机中。

（2）按外形分，可分为立式，卧式，服务器用的机架式、塔式、刀片式。

立式机箱内部空间相对较大，而且由于热空气上升冷空气下降的原理，其电源上方的散热比卧式机箱好，添加各种配件时也较为方便，但因其体积较大，不适合在较为狭窄的环境里使用。卧式机箱无论是在散热还是易用性方面都不如立式机箱，但是它可以放在显示器下面，能够节省桌面空间，以前多被商用电脑所采用，在目前的市场上一般能见到的都是立式机箱，卧式机箱已经基本被淘汰。服务器用的机架式、塔式、刀片式适合于安装在机架上。

10.2.2　机箱的选购

在选购 PC 时最容易忽略的就是机箱，普遍都认为挑选好看的机箱即可，或尽量挑选便宜的机箱这都是不正确的。因为好的机箱也是非常重要的，它会直接影响计算机的稳定性、易用性和寿命等，没有好的机箱，计算机的其他配件再好也上不了档次。因此，有必要掌握一些机箱的选购知识，以保证选购的产品耐用、可靠。

1．机箱的材质

目前市面上的机箱多采用镀锌钢板制造，其优点是成本较低、硬度大、不易变形。但是也有不少质量较差的机箱为了降低成本，而采用较薄的钢板，这样使得机箱的强度大大降低，不能对机箱内的硬件进行有效的保护，而且还因为钢板的变形而给安装带来不少的麻烦。当然防辐射能力也大大降低，更有甚者，由于主板底座变形使得主板和机箱形成回路，导致系统不稳定。镀锌钢板也存在其缺点，即重量较大，同时导热性能也不强。为了解决这一问题，有的厂商开始推出铝材质的机箱。目前机箱的面板多采用 ABS 材料，这种材料的硬度和强度都很高，并具有防火特性。但是仍然存在一些劣质的机箱，为节省成本而采用普通的塑料顶替。同时，烤漆工艺也是值得考虑的地方，一款经过较好烤漆处理的机箱，其烤漆均匀、表面光滑、不掉漆、不溢漆、无色差、不易刮花；而烤漆较差的机箱则表面粗糙。

2．机箱的散热

随着硬件性能的不断提高，机箱内的空气温度同样也随之升高，特别是对于硬件发烧友来说，这个问题就更为明显——超频后的 CPU、主板芯片、顶级显示卡及多硬盘同时工作，使机箱温度升高。因此，厂商在设计机箱时，散热成为考虑的重要因素。目前市面上的机箱大多都在侧面和背面留有较多的散热孔，并预留安装风扇位置，让用户在需要时可以自行安装；有的机箱则配备散热风扇，较为高档的配有多达 3～4 个风扇或超大型散热风扇，如图 10-5 所示。

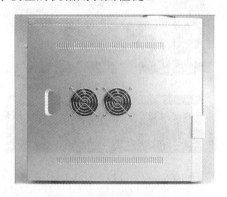

图 10-5　机箱侧面的风扇

3．机箱的内部设计

讲到机箱的内部设计，主要考虑的是坚固性，是否可以稳妥地承托机箱内的部件，特别是主板底座是否在一般的外力作用下发生较大的变形；扩展性，由于 IT 的发展速度相当迅速，有着较大扩展性的机箱可以为日后的升级留有余地，其中主要考虑的是其提供了多少个 5.25 英寸光驱位置和 3.5 英寸软驱或硬盘位置，以及 PCI 扩展卡位置。同时，防尘性也是一个值得考虑的问题。

4．机箱的制作工艺

机箱的制作工艺同样很值得注意，一些看起来很细微的设计，往往对使用者有很大的帮助。以前拆卸机箱时，恐怕都少不了必备的螺丝刀，而现在有些机箱就有几个螺钉，有的干脆采用卡子的形式。不仅机箱外部没了螺钉的身影，连机箱内部也看不见螺钉。以前安装卡时需要拧螺钉、拆挡板，而现在有的厂家设计的机箱采用了滑轨形式的塑料扣子，拔插板卡时只要轻轻地把塑料扣子扣开或者合住即可。在安装主板时，普通机箱的主板固定板上有若干固定孔，必须安装一些固定主板用的螺钉铜柱和伞形的塑料扣来固定主板，不仅安装和拆卸麻烦，甚至还可能引起主板短路。目前有些高档机箱的主板固定板采用弹簧卡子和膨胀螺钉组合形式来固定主板。膨胀螺钉可以根据使用环境的不同而改变自身的粗细、大小，用弹簧卡子固定主板，拆卸时只要扳开卡子就可以拿下主板而不用再拧螺钉。很明显，目前的高档机箱多数采用的都是镶嵌衔接式结构，告别了螺钉时代，同时也不会出现采用螺钉固定机箱时螺钉滑丝现象。

一个好机箱不会出现机箱毛边、锐口、毛刺等现象，而劣质机箱出现上述现象则是很正常的。好机箱一般在出厂前都要经过相应的磨边处理，把一些钢板的边沿毛刺磨平，棱角之处也打圆，相应地折起一些边角。安装这样的机箱时，绝对不用担心自身安全问题。好机箱背后的挡板也比较结实，需要动手多弯折几次才可卸掉，而劣质机箱后边的挡板用手一抠即可卸掉。此外机箱的驱动槽和插卡定位准确，不会出现偏差或装不进去的现象。这种问题在有些低价机箱上很常见，如现在的软驱插槽。一般为了美观，机箱软驱槽前面的塑料面板都设计成了弧型。好机箱的定位比较准，软驱安装好之后，软盘进出都很容易；而劣质机箱安装软驱之后，软盘经常会出不来，这都是驱动器槽定位不准造成的。在廉价机箱的 5.25 英寸驱动器槽处，是一个塑料的挡板；而高档机箱则全部采用金属挡板，不仅防尘，也起一定的屏蔽作用。在驱动器的安装方面，普通机箱采用的是螺钉固定；高档机箱则是滑轨固定，有弹簧片固定在光驱之类的设备上，然后顺着 5.25 英寸插槽插入即可，弹簧片会自动锁定在固定位置，拆卸也很容易。

图 10-6　前面板的音频和 USB 接口

5．机箱的特色

目前不少机箱都采用透明侧板，加上机箱内的冷光灯及发光的风扇，使得机箱从一个呆板的铁匣子变成一件装饰品。前置的 USB 接口和音频接口也已经不少见，目前大部分机箱都配备这样的接口，为用户使用提供方便，有的甚至还带有前置的 1394 火线接口。目前有不少机箱的内部带有温度探头，前面板都带有液晶屏显示机箱内的实时温度，这样可以为用户特别是超频爱好者提供很大的方便。前面板的音频和 USB 接口如图 10-6 所示。

市场上的机箱品种繁多，其中 ST 世纪之星、大水牛、广州金河田、百胜、航嘉、华硕、技展、七喜、爱国者等都是信誉较好的机箱生产厂家。世纪之星系列机箱给人的感觉不仅只是拥有华丽的外表，其内在的品质也十分优秀；大水牛的机箱属于经济家用性，很受欢迎；爱国者的机箱一向以豪华大方著称；技展和华硕的机箱在外表上看起来很大众化，但内在做工及选料上绝对是一流的。

10.3 键盘

键盘（KB，KeyBoard）是计算机系统最基本的输入设备，用户可以通过它输入操作命令和文本数据。键盘的外形如图 10-7 所示。

图 10-7 键盘的外形

10.3.1 键盘的功能及分类

1. 键盘的功能

键盘的功能是及时发现被按下的按键，并将该按键的信息输入计算机。键盘中有专用电路对按键进行快速重复扫描，产生被按键代码并将代码送入计算机的接口电路，这些电路被称为键盘控制电路。

在键盘上，按照按键的不同功能可分为 4 个键区，即主键盘区、功能键区、编辑控制键区、数字和编辑两用键区。主键盘区包括 26 个字母键、0～9 十个数字键、各种符号键及周边的空格键【Space】、回车键【Enter】、退格键【Backspace】、控制键【Ctrl】、更换键【Alt】、换档键【Shift】、大小写锁定键【Caps Lock】、制表键【Tab】、退出键【Esc】等控制键。功能键区包括【F1】～【F12】共 12 个键，对于不同的软件它们可以有不同的功能。编辑控制键区从上到下分为三个部分，最上面的三个键为编辑控制键、中间六个键为编辑键、下面四个键为光标控制键，上面的三个键分别是【Print Screen】为屏幕打印触发键、【Scroll Lock】为滚动锁定键、【Pause Break】为暂停/中止键，中间的六个键分别是【Insert】为插入键、【Delete】为删除键、【PageUp】为向前翻页键、【PageDown】为向后翻页键、【Home】键和【End】键，【Home】键和【End】键常用于一些编辑软件中，使鼠标指针回到当前行或所打开文件的最前面或最后面。下面四个键分别是【↑】、【↓】、【→】、【←】光标移动键。数字和编辑两用键区在键盘的最右边，通过【Num Lock】键对该区键用于输入数字还是作编辑控制键使用进行切换。在数字和编辑两用键区上面有三个指示灯，分别为【Num Lock】数字/编辑控制键状态指示灯、【Caps Lock】英文大小写锁定指示灯和【Scroll Lock】滚动锁定指示灯。有些新式键盘上还有一些其他键，如用于上 Internet 网的快捷键、多媒体播放的操作键及轨迹球等，这些功能键要安装相应的驱动程序才能使用。

2. 键盘的分类

（1）键盘按键数分为 84 键、101 键和 104 键等。84 键的键盘是过去 IBM PC/XT 和 PC/AT 的标准键盘，现在很难见到。104 键的键盘是在 101 键的键盘基础上为配合 Windows 9X 操作系统增加了三个键，以方便对"开始"菜单和窗口菜单的操作。104 键的键盘为目前普遍使用的键盘。

（2）依据键盘的工作原理分为编码键盘和非编码键盘。编码键盘是对每一个按键均产生唯一对应的编码信息（如 ASCII 码），显然这种键盘的响应速度快，但电路较复杂。非编码键盘是利用简单的硬件和专用键盘程序来识别按键的，并提供一个位置码，然后再由处理器将这个位置码转换为相应的按键编码信息，采用这种方式的速度不如前者快，但它最大的好处是可以通过软件编码对某些键进行重新定义，目前被广泛使用。

（3）按键方式的不同分为机械键盘、塑料薄膜式键盘、导电橡胶式键盘和无接点静电电容键盘四种。

① 机械键盘（Mechanical）采用类似金属接触式开关，工作原理是使触点导通或断开，具有工艺简单、噪音大、易维护的特点。

② 塑料薄膜式键盘（Membrane）内部共分四层，实现了无机械磨损。其特点是低价格、低噪音和低成本，已占领市场绝大部分份额。

③ 导电橡胶式键盘（Conductive Rubber）触点的结构是通过导电橡胶相连。键盘内部有一层凸起带电的导电橡胶，每个按键都对应一个凸起，按下时把下面的触点接通。这种类型的键盘是市场由机械键盘向塑料薄膜式键盘的过渡产品。

④ 无接点静电电容键盘（Capacitives）使用类似电容式开关的原理，通过按键时改变电极间的距离引起电容容量改变从而驱动编码器。其特点是无磨损且密封性较好。

（4）按键盘与主机连接的接口分为 5 芯标准接口键盘、PS/2 接口键盘、USB 接口键盘及无线键盘。5 芯标准接口键盘用于 AT 主板，现在已基本被淘汰；PS/2 接口键盘 USB 接口键盘用于 ATX 主板已成为目前主流键盘，随着 BTX 板已取消 PS/2 接口和 ATX 板上 USB 接口的增多，USB 接口键盘有取代 PS/2 接口键盘的趋势；无线键盘主要用于不适合键盘连线的场合，它要进入系统安装驱动程序后才能使用，并且键盘要经常更换电池。

（5）按连接方式可分为有线与无线键盘。无线键盘是指键盘盘体与电脑间没有直接的物理连线，通过红外线或无线电波将输入信息传送给特制的接收器。无线键盘又分为红外线键盘和无线电键盘，红外线键盘通过红外线传送数据，由于红外线有方向性和无穿透性，市场上很少见；而无线电键盘采用无线电技术，目前主要是采用蓝牙无线技术。所谓蓝牙（Bluetooth）技术，实际上是一种短距离无线电技术。蓝牙采用分散式网络结构，以及快跳频和短包技术，支持点对点和点对多点通信，工作在全球通用的 2.4GHz ISM（即工业、科学、医学）频段，其数据速率为 1Mb/s，采用时分双工传输方案实现全双工传输。无线键盘使用方便，给人们提供了一个新选择。

（6）按键盘的外形可分为标准键盘和人体工程学键盘。

① 标准键盘就是常见的 101 键盘和 104 键盘。

② 人体工程学键盘是在标准键盘上，将指法规定的左手键区和右手键区这两大板块左右分开，并形成一定角度，使操作者不必有意识的夹紧双臂，保持一种比较自然的形态，这种设计的键盘被微软公司命名为自然键盘（Natural Keyboard），对于习惯盲打的用户可以有效地减少左右手键区的误击率，如字母"G"和"H"。有的人体工程学键盘还有意加大常用键（如【Space】键和【Enter】键）的面积，在键盘的下部增加护手托板，给以前悬空的手腕以支持点，减少由于手腕长期悬空导致的疲劳。以上这些都可以被视为人性化的设计。微软人体工学 4000 键盘如图 10-8 所示。

图 10-8　微软人体工学 4000 键盘

10.3.2 键盘的选购

购买键盘时先要根据用途和经济条件决定买什么档次的键盘。目前市面上的键盘主要分为如下三个档次。

第一个档次是 50 元以下的键盘，目前市场上不少无名无姓的 OEM 键盘或者一些不知名的键盘都属此类。可以说，选购 50 元以下的键盘一定要考查它的质量，目前这类键盘质量都不是很好，多数键盘的键位字迹是印刷上去的，而不是激光雕刻的，字迹的耐磨性很差，使用一段时间后会出现字迹模糊脱落的现象。另外就是键盘的舒适度不是很好，键盘敲击时感觉比较僵硬，弹性不好，这类键盘主要适合对键盘要求不高的用户。

第二个档次是 50~150 元的键盘，这类键盘主要是一些国内比较正规的厂家生产或者国外的一些名品牌在中国投资生产的产品，如优派、明基、NEC 等一些大厂。虽然他们的产品暂时还无法跟罗技、微软这些键鼠专业厂商媲美，但在质量方面还是值得信任的。如果对键盘没有什么特别的要求，只是日常打字、聊天、写文章，这类键盘完全可以胜任。

第三个档次是 150~400 元的键盘，这类键盘主要是给键盘有特别需要的用户或玩家量身定做的，如键盘在画图和玩游戏时要求高精准度、可以无线上网玩游戏、人体工学设计、防水键盘、多媒体键盘等。目前市面上做键盘比较出名的厂家有罗技和微软两家，产品方面有罗技光点高手、无影手，微软自然键盘，爱国者的可随意更换盘符的战霸游戏键盘等。

不管是什么档次的键盘产品，在选购时可按照以下步骤进行测试。

（1）看手感。选择键盘时，首先就是用双手在键盘上敲打，由于每个人的喜好不一样，有人喜欢弹性小的，有人则喜欢弹性大的，只有在键盘上操练几下，才知道自己的满意度。另外，键盘在新买时的弹性要强于以后多次使用后的弹性。

（2）看按键数目。目前市面上最多的还是标准 104、108 键键盘，高档的键盘会增加很多多媒体功能键，设计在键盘的上方。另外，如【Enter】键和【Space】键最好选设计得大气点的为好，毕竟这是日常使用最多的按键。

（3）看键帽。键帽第一看字迹，激光雕刻的字迹耐磨，印刷上的字迹易脱落。将键盘放到眼前平视，会发现印刷的按键字符有凸凹感，而激光雕刻的键符则比较平整。

（4）看键程。很多人喜欢键程长一点的，按键时很容易摸索到；也有人喜欢键程短一点的，认为这样打字时会快一些。键程长一点的键盘适合对键盘不太熟悉的用户，键程短一点的键盘适合对键盘比较熟悉的用户。

（5）看键盘接口。目前键盘使用 PS/2 接口和 USB 接口，USB 接口键盘最大的特点就是可以支持即插即用，但是价格上要高于 PS/2 接口键盘。

（6）看品牌、价格。在挑选键盘时同等质量、同等价格的情况下应挑选名牌大厂的键盘，大厂品牌能给人一定的信誉度和安全感。

10.3.3 键盘的常见故障与维修

键盘在使用过程中，故障的表现形式是多种多样的，原因也是多方面的，有接触不良故障，有按键本身的机械故障，还有逻辑电路故障、虚焊、假焊、脱焊和金属孔氧化等故障。维修时要根据不同的故障现象进行分析判断，找出产生故障的原因，进行相应的修理。当然，如果故障太复杂就不如买一个新键盘实惠。

（1）开机时显示"Keyboard Error"（键盘错误）。这时应检查键盘是否插好、接口是否被损坏、CMOS 设置是否正确。

（2）键盘上一些键，如【Space】键、【Enter】键不起作用，有时需按无数次才输入一个或两个字符，有的键（如光标键）按下后弹不起来，屏幕上的光标连续移动，此时键盘其他字符不能输入，需再按一次才能弹起来。这种故障为键盘的卡键，不仅是使用很久的旧键盘，有个别没用多久的新键盘的卡键故障也有时发生。出现键盘的卡键现象主要是由以下两个原因造成的，一是键帽下面的插柱位置偏移，使得键帽按下后与键体外壳卡住不能弹起，此原因多发生在新键盘或使用不久的键盘上；二是按键长久使用后，复位弹簧弹性变得很差，弹片与按杆的摩擦力变大，不能使按键弹起，此种原因多发生在长久使用的键盘上。当键盘出现卡键故障时，可将键帽拔下，然后按动按杆，若按杆弹不起来或乏力，则是由第二种原因造成的，否则为第一种原因所致。若是由于键帽与键体外壳卡住的原因造成卡键故障，则可在键帽与键体之间放一个垫片，该垫片可用稍硬一些的塑料（如废弃的软磁盘外套）做成，其大小等于或略大于键体尺寸，并且在按杆通过的位置开一个可使按杆自由通过的方孔，将其套在按杆上后插上键帽，用此垫片阻止键帽与键体卡住，即可修复故障按键；若是由于弹簧疲劳、弹片阻力变大的原因造成卡键故障，可将键体打开，稍微拉伸复位弹簧使其恢复弹性，取下弹片将键体恢复，通过取下弹片，减少按杆弹起的阻力，从而使故障按键得到恢复。

（3）某些字符不能输入。若只有某一个键的字符不能输入，则可能是该按键失效或焊点虚焊。检查时，按照上面叙述的方法打开键盘，用万用表电阻挡测量接点的通断状态。若键按下时始终不导通，则说明按键簧片疲劳或接触不良，需要修理或更换；若键按下时接点通断正常，说明可能是因虚焊、脱焊或金屑孔氧化所致。若因虚焊引起，可沿着印刷线路逐段测量，找出故障进行重焊；若因金属孔氧化而失效，可将氧化层清洗干净，然后重新焊牢；若金属孔完全脱落而造成断路时，可另加焊引线进行连接。

若有多个既不在同一列，也不在同一行的按键都不能输入，则可能是列线或行线某处断路，或者可能是逻辑门电路产生故障。这时可用 100MHz 的高频示波器进行检测，找出故障器件虚焊点，然后进行修复。

（4）键盘输入与屏幕显示的字符不一致。此种故障可能是由于电路板上产生短路现象造成的，其表现是按某一键却显示为同一列的其他字符，此时可用万用表进行测量，确定故障点后进行修复。

10.4　鼠标

图 10-9　千姿百态的鼠标造型

鼠标（Mouse）是计算机的重要输入设备，它是伴随着 DOS 下的图形操作界面软件出现的，特别是 Windows 图形界面操作系统的出现，鼠标以直观和操作简单的特点被得到广泛使用。目前，在图形界面下的所有应用软件几乎都支持鼠标操作方式。千姿百态的鼠标造型如图 10-9 所示。

10.4.1　鼠标的分类及工作原理

1. 鼠标的分类

（1）按鼠标的工作原理可分为光电式鼠标和机械式鼠标。光电式鼠标根据光的反射定位，机械式鼠标根据滚球定位，其内部结构如图 10-10 所示。

（2）鼠标按接口分为串口鼠标、PS/2 接口鼠标、USB 接口鼠标和无线鼠标。串口鼠标多为 9 针 D 形插头，与多功能卡或主板上的串口 COM1 或 COM2 相连接，现在已很少使用。目前大多采用 PS/2 专用接口和 USB 接口鼠标。无线鼠标分红外线鼠标和无线电鼠标，红外线鼠标通过红外线传送数据，由于红外线有方向性和无穿透性，市场上很少见；而无线电鼠标采用无线电技术，可以对电脑进行遥控操作，使用方便，给人们提供了一个新选择。

机械式鼠标内部　　　　　光电式鼠标内部

图 10-10　光电式鼠标和机械式鼠标的内部结构

2. 鼠标的工作原理

（1）机械式鼠标的工作原理。机械式鼠标通过底部中间的塑胶圆球的滚动来带动纵向和横向两个轴杆和有光栅的轮盘转动，两个轮盘上的光栅孔对光电管信号的开通和阻断，使电路产生 X、Y 两列脉冲计数信号，代表上下和左右移动的坐标值，输送到计算机里进行光标位置处理。

（2）光电式鼠标的工作原理。光电式鼠标分带反射板和不用反射板两种。带反射板的光电式鼠标在移动时，发光二极管发出的光束被反射板上的栅格反射，由鼠标的光敏元件接收，根据反射光的强弱变化来判断鼠标的移动和当前 X、Y 坐标位置。它的分辨率较高、移动稳定，适合专业绘图。新的不带反射板的光电式鼠标会去照射移动时所在的表面，里面的红外线传感器会每隔一定时间做一次快照（Snapshot），接着处理器比较两张图片的位置来决定坐标的移动。第一代的光电式鼠标每秒可以做 1500 次扫描，目前的鼠标达到每秒 2000 次，而扫描更快的鼠标可达到每秒 6000 次。大部分市面上的光电式鼠标的分辨率都是 400DPI，也有的达到 800DPI，顶级产品可达到 2000DPI。但这种光电式鼠标不能在透明或半透明的界面上使用。

10.4.2　鼠标的技术指标

1. 鼠标的分辨率

鼠标的分辨率通常单位是 DPI 或 CPI，DPI（Dots Per Inch）意思是每英寸的像素数，CPI（Count Per Inch）意思是每英寸的采样率，即鼠标每移动一英寸能够从移动表面上采集到多少个点的变化。分辨率越高，鼠标所需要的最小移动距离就越小，也就是说 DPI 数值高的鼠标更适合高分辨率屏幕（游戏）下使用。目前，大部分的光电式鼠标的分辨率都达到了 800DPI，而且个别名牌鼠标还具有可以调控分辨率的功能。

2. 鼠标的刷新频率

光电式鼠标的刷新频率也被称为扫描频率或者帧速率，它反映了光学传感器内部的 DSP（数字处理器）对 CMOS 光学传感器每秒钟可拍摄图像的处理能力。在鼠标移动时，数字处理器通过对比所拍摄相邻照片间的差异，从而确定鼠标的具体位移。但当光电式鼠标在高速运动时，可能会出现相邻两次拍摄的图像中没有明显参照物的情况，若光电式鼠标无法完成正确定位，也就会出现常说的跳帧现象。而提高光电式鼠标的刷新频率就加大了光学传感器的拍摄速度，也就减少了没有相同参照物的概率，达到了减少跳帧的目的。描述刷新频率的单位是 FPS，也就是鼠标每秒扫描的帧数。FPS 越高越好，而且它和 DPI 无关。

3. 鼠标速度与鼠标加速

鼠标速度也就是 Windows 的鼠标速度设定。默认情况下，就是鼠标反映 1 点，Windows 移动 1 像素；在鼠标速度设定较高的情况下，则是鼠标反映 1 点，Windows 移动 2 个或 4 个等像素（根据速度的大小，成正比）。但是中间的像素是跳过的，因此指针在屏幕上的精确度也随之下降。Windows 的提高指针精确度其实是一个鼠标加速的选项。鼠标加速其实是系统造成的，与鼠标本身是没有关系的，鼠标硬件方面并没有所谓的加速和不加速的鼠标。

10.4.3 鼠标的常见故障与维修

鼠标的价格便宜，一般电路被损坏，购买新的比维修还要便宜，没有维修价值。但有些因为不干净或接触不良的故障也可进行修理。

鼠标的常见故障现象有鼠标指针移动不灵活、鼠标指针只能纵向或横向移动、找不到鼠标、鼠标指针不动、鼠标单击或右击无反应等。

造成的原因主要是由于灰尘使滚轴积有污垢，滚轴变形，电路器件被损坏，鼠标连接线断针、断线，鼠标按钮的微动开关被损坏，硬件冲突，病毒影响等原因。

处理方法如下：

（1）对机械式鼠标可将其拆开，清洗橡胶球、滚轴；光电式鼠标可清除发光管和光敏管上的灰尘。

（2）检查鼠标连接线中是否有断线，插头是否有短针、断针和弯针，并进行修复。

（3）检查鼠标内部电路和元器件是否有损坏、微动开关是否失效，更换坏的元器件即可。

（4）清除电脑病毒，检查是否有硬件冲突。

至此，计算机的硬件已全部讲完，为了进一步加强对计算机硬件的了解，可以组织学生去电脑市场进行一次硬件调研。

实验 10

1. 实验项目

计算机硬件市场调研。

2. 实验目的

（1）了解计算机硬件市场各主要部件的市场行情。

（2）熟悉计算机硬件价目单各项指标的含义。

（3）了解计算机硬件市场目前的流行部件及最新的发展趋势。

（4）锻炼购机、配置、装机的能力。

3. 实验准备及要求

（1）每个学生准备一支笔和一个笔记本。

（2）登录 zol.com.cn（中关村在线）网，对目前市场上电脑硬件的参数及价格做一个大致了解。

（3）由老师带队到当地最大的计算机硬件市场进行调研。

（4）调研时要边看边记，所做记录必须真实。

4. 实验步骤

（1）依据对本市计算机市场的初步了解，制订出市场调研计划。

（2）实施市场调研计划，并认真进行记录。

（3）整理记录，完成实验报告。

5. 实验报告

（1）写出调研的计算机硬件市场的名称和调研销售商的名称（至少五个）。

（2）根据调研情况写出一份 6000 元左右，你认为最优的台式机配置计划。

要求：①写出各主要部件的型号及单价。

　　　②写出选择各部件的理由。

　　　③你配置的电脑有何特点，最适合运行哪方面的软件，做哪方面的工作？

习题 10

一、填空题

（1）电源为主机各部件提供强劲的_____，是主机的_____来源。

（2）键盘和鼠标是计算机必不可少的_____设备，是人—机_____的重要工具。

（3）电源的作用是将_____电变换为+5V、-5V、+12V、-12V、+3.3V 等不同电压且稳定的_____电。

（4）电源的功率元件是工作在_____状态，它是依靠调节_____宽度来稳定输出电压。

（5）一款理想的机箱，除了能对硬件进行有效的保护外，其良好的_____系统、较强的防辐射能力、_____的外观及用户界面人性化等都是必不可少的。

（6）ATX 机箱是目前最常见的机箱，不仅要支持_____主板还可安装_____主板和MicroATX 主板。

（7）TX 机箱和 AT 机箱一个很显著的区别就是 ATX 机箱有一个_____背板，而 AT机箱最多背后留有一个大口_____孔。

（8）键盘是计算机系统最基本的输入设备，用户可以通过它输入_____命令和数据。

（9）键盘的功能是及时发现被按下的_____，并将该_____的信息送入计算机。

（10）按鼠标的工作原理可分为_____式鼠标和_____式鼠标。

二、选择题

（1）ATX 2.03 的辅助+5V 电流为（　　）。

A．1A　　　　　　B．720mA　　　　　C．1.5A　　　　　D．500mA

（2）ATX 电源为 20 针双排防插错插头，除提供±5V、±12V 电压和 Power Good 信号外，还提供（　　）电压。

A．+3.3V　　　　B．+2.5V　　　　　C．+4.3V　　　　D．-3.3V

（3）在键盘上，按照按键的不同功能可分为（　　）个键区。

A．2　　　　　　B．3　　　　　　　C．4　　　　　　D．5

（4）串口鼠标多为（　　）针 D 形插头。

A．7　　　　　　B．9　　　　　　　C．8　　　　　　D．10

（5）低档次的键盘是（　　）元以下的键盘。

A．100　　　　　B．80　　　　　　　C．60　　　　　　D．50

（6）ATX 电源主要增加了（   ）两路输出。

    A．-3.3V   B．+3.3V   C．+5V StandBy   D．+12V

（7）在个人计算机上的配置也仅有（   ）3 种电源类型。

    A．AT   B．ATX   C．BTW   D．BTX

（8）机箱的选购要注意的有（   ）。

    A．机箱的材质   B．机箱的散热   C．机箱的制作工艺   D．机箱的特色

（9）按键盘与主机连接的接口可分为（   ）。

    A．5 芯标准接口键盘   C．PS/2 接口键盘

    C．USB 接口键盘   D．无线键盘

（10）目前鼠标大多采用（   ）接口鼠标。

    A．PS/2   B．USB   C．1394   D．串口

三、判断题

（1）电源质量好坏不能直接决定计算机的其他配件能否可靠地运行和工作。   （   ）

（2）脉冲宽度调节是指根据对输出电压波动的监测，通过反馈信号来调节脉冲信号的宽度，达到稳定输出直流电压的目的。   （   ）

（3）挑一个好看的机箱即可。   （   ）

（4）开机时显示"Keyboard Error"（键盘错误）时键盘肯定没插好。   （   ）

（5）没有鼠标计算机无法在图形界中操作。   （   ）

四、简答题

（1）AT 电源与 ATX 电源有何不同？

（2）ATX 电源是否可以装到 BTX 机箱里，为什么？

（3）如何选购一个好电源？

（4）人体工程学键盘有何优点，为什么能提高输入速度？

（5）机械式鼠标和光电式鼠标有何异同？

第 11 章

上电自检、BIOS、CMOS 的概念及设置

本章主要讲述计算机上电自检的过程，BIOS、CMOS 的概念与 CMOS 参数的设置，清除 CMOS 参数的方法和 BIOS 程序升级。

11.1 计算机上电自检的过程

上电自检（POST，Power On Self Test）是计算机接通电源后，系统进行的一个自我检查的例行程序，是对系统几乎所有硬件进行的检测。

1. 上电自检的过程

主板在接通电源后，系统首先由上电自检程序来对内部各个设备进行检查。在按下启动键（电源开关）时，系统的控制权就交由 BIOS 来完成，由于此时电压还不稳定，主板控制芯片组会向 CPU 发出并保持一个 Reset（重置）信号，让 CPU 初始化，同时等待电源发出的 Power Good 信号。当电源开始稳定供电后（当然从不稳定到稳定的过程也只是短暂的瞬间），芯片组便撤去 Reset 信号（如果是手动按下计算机面板上的 Reset 按钮来重启机器，那么松开该按钮时芯片组就会撤去 Reset 信号），CPU 马上就从地址 FFFF0H 处开始执行指令，这个地址在系统 BIOS 的地址范围内，无论是 AWARD BIOS 还是 AMI BIOS，放在这里的只是一条跳转指令，跳到系统 BIOS 中真正的启动代码处。系统 BIOS 的启动代码首先要做的就是进行 POST，由于电脑的硬件设备很多（包括存储器、中断、扩展卡），因此要检测这些设备的工作状态是否正常。

POST 过程大致为加电→CPU→ROM→BIOS→System Clock→DMA→64KB RAM→IRQ→显示卡等。检测显示卡以前的过程称过关键部件测试，如果关键部件有问题，计算机会处于挂起状态，习惯上称为核心故障。另一类故障被称为非关键性故障，检测完显示卡后，计算机将对 64KB 以上内存、I/O 接口、软硬盘驱动器、键盘、即插即用设备、CMOS 设置等进行检测，并在屏幕上显示各种信息和出错报告。在正常情况下，POST 过程进行得非常快，几乎无法感觉到这个过程。

这一过程是逐一进行的，BIOS 厂商对每一个设备都给出了一个检测代码（POST CODE，开机自我检测代码），在对某个设置进行检测时，首先将对应的 POST CODE 写入 80H（地址）诊断端口，当该设备检测通过，则接着送另一个设置的 POST CODE，并对此设置进行测试。如果某个设备测试没有通过，则此 POST CODE 会在 80H 处保留下来，检测程序也会中止，并根据已定的报警声进行报警，BIOS 厂商对报警声也分别作了定义，不同的设备出现故障，其报警声也是不同的，可以根据报警声的不同，分辨出故障所在。

2. POST 提示信息的含义

POST 如发现有错误，将按两种情况处理，即对于严重故障（致命性故障）则停机，此时由于各种初始化操作还没完成，不能给出任何提示或信号；对于非严重故障则给出提示或声音报警信号，等待用户处理。通过 BIOS 自检功能，就可以方便地侦测出故障所在，以便正确地解决。POST 常见屏幕出错信息及造成的原因如下。

（1）CMOS battery failed（CMOS 电池失效）。说明 CMOS 电池的电力已经不足，更换新的电池即可。

（2）CMOS check sum error－Defaults loaded（CMOS 执行全部检查时发现错误，因此载入预设的系统设定值）。通常发生这种状况都是因为电池电力不足所致，所以应尝试换新的电池。如果问题依然存在，那就说明 CMOS RAM 可能有问题，最好送回原厂处理。

（3）Display switch is set incorrectly（显示开关配置错误）。较旧型的主板上有跳线可设定显示器为单色或彩色，而这个错误提示表示主板上的设定和 BIOS 里的设定不一致，重新设定即可。

（4）Press Esc to skip memory test（内存检查，可按【Esc】键跳过）。如果在 BIOS 内并没有设定快速加电自检，那么开机就会执行内存的测试，如果不想等待，可按【Esc】键跳过或到 BIOS 内开启 Quick Power On Self Test。

（5）Hard disk initializing【Please wait a moment…】（硬盘正在初始化，请等待片刻）。这种问题在较新的硬盘上根本看不到，但在较旧的硬盘上，其启动较慢，所以就会出现这个问题。

（6）Hard disk install failure （硬盘安装失败）。硬盘的电源线、数据线可能未接好或者硬盘跳线不当而出错（如一根数据线上的两个硬盘都设为 Master 或 Slave。）

（7）Secondary slave hard fail（检测从盘失败）。CMOS 设置不当（如没有从盘但在 CMOS 里设有从盘）；硬盘的电源线、数据线可能未接好或者硬盘跳线设置不当。

（8）Hard disk（s） diagnosis fail（执行硬盘诊断时发生错误）。这通常代表硬盘本身的故障，可以先把硬盘接到另一台电脑上试一下，如果问题一样，那只好送修。

（9）Floppy disk（s） fail 或 Floppy disk（s） fail（80） 或 Floppy disk（s） fail（40）（无法驱动软驱）。检查软驱的排线接错、松脱或电源线有没有接好，如果这些都没问题，则表明软驱被损坏。

（10）Keyboard error or no keyboard present（键盘错误或者未接键盘）。键盘连接线没插好，或连接线被损坏。

（11）Memory test fail（内存检测失败）。通常是因为内存不兼容或故障所导致。

（12）Override enable—Defaults loaded（当前 CMOS 设定无法启动系统，载入 BIOS 预设值以启动系统）。可能是在 BIOS 内的设定并不适合电脑（如内存只能运行 100MHz 但却让其运行 133MHz），这时进入 BIOS 设定重新调整即可。

（13）Press Tab to show POST screen（按【Tab】键可以切换屏幕显示）。有一些 OEM 厂商会以自己设计的显示画面来取代 BIOS 预设的开机显示画面，而此提示就是要告诉使用者可以按【Tab】键来对厂商的自定义画面和 BIOS 预设的开机画面进行切换。

（14）Resuming from disk，Press Tab to show POST screen（从硬盘恢复开机，按【Tab】键显示开机自检画面）。某些主板的 BIOS 提供了 Suspend to disk（挂起到硬盘）的功能，当使用者以 Suspend to disk 的方式来关机时，在下次开机时就会显示此提示消息。

（15）BIOS ROM checksum error-System halted（BIOS 程序代码在进行总和检查时发现错误，因此无法开机）。遇到这种问题通常是因为 BIOS 程序代码更新不完全所致，重新刷写主板 BIOS 即可。

11.2 BIOS、CMOS 的概念与 CMOS 参数的设置

在计算机组装及日常使用过程中，用户需要经常更换或添加新的配件。这项工作就需要通过 CMOS 设置程序来完成，尤其对于自己组装的计算机，正确地设置 CMOS 参数就显得格外重要。当系统配置与原 CMOS 参数不符合、CMOS 参数遗失或系统不稳定时，就需要进入 CMOS 设置程序，将硬件配置的变化及时在 CMOS 设置中做相应的修改；否则，由于硬件配置与系统 CMOS 参数不符会导致系统无法正常工作。因此，了解并能够熟练地设置 CMOS 参数，对于计算机用户来讲是非常重要的。

11.2.1 BIOS 的概念

BIOS（Basic Input Output System，基本输入/输出系统），包括系统的 BIOS 重要程序，以及设置系统参数的设置程序。这段程序存放在主板上的只读存储器（BIOS 芯片）中。BIOS 芯片一般为 EPROM 或 EEPROM 芯片也就是常说的 FLASH 芯片。

从外观上看，常见的主板 BIOS 芯片一般都插在主板上专用的芯片插槽里，贴有激光防伪标签，上面印有芯片的生产厂商、型号、容量及生产日期的信息，有长条形的 DIP 封装和小方形的 PLCC 封装，还有类似于内存芯片的 TSOP 封装。常见的版本有 AWARD、AMI 和 Phoenix 等。各种 BIOS 芯片如图 11-1 所示。

图 11-1　各种 BIOS 芯片

11.2.2 CMOS 的概念

CMOS（Complementary Metal Oxide Semiconductor，互补金属氧化物半导体）是一种制造大规模集成电路芯片的材料。CMOS RAM 是采用该材料制造的一块可反复读/写的芯片，其内容可通过 BIOS Setup 程序读/写，里面装的关于系统配置的具体参数，用来保存当前系统的硬件配置信息和用户对 BIOS 设置参数的设定。CMOS RAM 芯片由系统电源和主板上的电池供电，而且该种芯片的功耗非常低，即使系统断电，也可由主板上的一块纽扣电池供电，使其所保存的数据在几年内都不会丢失。CMOS RAM 只是一个计算机系统硬件配置及设置的信息存储器，用户可以根据当前计算机系统的实际硬件配置，通过修改 CMOS RAM 中的各项参数来调整、优化、管理计算机硬件系统。在早期的主板上使用的 CMOS RAM 是一个单独的芯片，现在的主板已把 CMOS RAM 集成到 I/O 芯片中。

11.2.3 BIOS 与 CMOS 的关系

BIOS 与 CMOS 是不相同的概念，不可混为一谈。CMOS RAM 中存储的是计算机配置信息，是数据信息，可以随时更改，其中的数据在主机电源关闭后仍继续保存或一直更新（如

日期和时间信息）；而 BIOS 是固化在 ROM 中的程序，一般情况下是不可更改的，断电以后也一直保存但并不工作。

CMOS 和 BIOS 也是有紧密联系的，若要修改 CMOS 中的各项参数则必须通过 BIOS 设置程序来完成，而 BIOS 设置程序固化在 ROM 中，是 BIOS 的一部分。因此 BIOS 设置程序也被人简称为 CMOS 设置或 BIOS 设置。BIOS 中的系统设置程序是完成参数设置的手段；CMOS RAM 是设定参数的存放场所，是结果。BIOS 设置与 CMOS 设置准确的说法应该是通过 BIOS 中的设置程序对保存在 CMOS RAM 中的系统参数进行设置或修改。

11.2.4　生产 BIOS 的常见厂家及进入 CMOS 设置的方法

1. 生产 BIOS 的常见厂家

（1）AWARD 公司，其 BIOS 设置程序进入 CMOS 设置的按键一般为按【Del】键或【Ctrl+Alt+Esc】组合键。

（2）AMI 公司，其 BIOS 设置程序进入 CMOS 设置的按键一般为按【Del】键或【Esc】键。

（3）MR 公司，其 BIOS 设置程序进入 CMOS 设置的按键一般为按【Esc】键或【Ctrl+Alt+Esc】组合键。

（4）COMPAQ 公司，其 BIOS 设置程序进入 CMOS 设置的按键一般为当屏幕右上角出现光标时按【F10】键。

（5）AST 公司，其 BIOS 设置程序进入 CMOS 设置的按键一般为按【Ctrl+Alt+Esc】组合键。

（6）PHOENIX 公司，其 BIOS 设置程序进入 CMOS 设置的按键一般为按【Ctrl+ Alt+S】组合键。

2. 进入 CMOS 设置修改 CMOS RAM 数据的方法

（1）使用 BIOS 设置程序。打开计算机电源开关，开始进行 POST。此时，按某些特殊键可以调用 CMOS 设置程序。不同的主板，方法不尽相同，一般进行 POST 时屏幕上有提示。除了上面提到的那些 BIOS 厂商的方法外，目前大致还有以下几种。

① 按【Del】键。绝大多数计算机是通过此种方式进入 CMOS 设置画面的。

② 按【F2】键。某些笔记本电脑和部分台式机采用此种方法。

③ 按【Ctrl+Alt+Esc】组合键。某些计算机采用此种方法。

（2）使用系统提供的软件。很多主板厂商都提供了对 CMOS RAM 进行设置的程序盘，在 Windows 的控制面板和注册表中已经包含了部分 BIOS 设置项。因此，安装此程序可以对 CMOS RAM 进行设置。

（3）使用可读/写 CMOS 的应用软件。这类软件提供了对 CMOS 的读、写、修改功能，可以对一些基本系统配置进行修改。

11.2.5　需要进行 CMOS 设置的场合

（1）用于新购买的计算机或新增的设备。新购买的计算机或新增设备时，需用户手工配置参数，如软驱、当前日期与时间等基本参数。

（2）系统优化时。CMOS RAM 中保存的默认值，如内存读/写等待时间、硬盘数据传输模式、缓存使用、节能保护、电源管理、开机启动顺序等参数，对系统来说并不一定是最优的，需多次试验才能找到最佳设置值。

（3）CMOS 数据意外丢失时。在电池失效、病毒破坏、人为误操作等情况下，常常会导致 CMOS 数据意外丢失，此时只能重新使用设置程序完成对 CMOS 参数的设置。

（4）系统发生故障时。当系统不能启动，发生故障时，首先最简单的方法就是对 CMOS 进行放电，重设 CMOS 参数。因为一旦由于病毒或人为因素造成 CMOS 参数改变，就有可能造成系统不能启动。

11.2.6 CMOS 参数的设置

1. CMOS 设置的注意事项

（1）不要改变未知的选项。有些选项关系到硬件的安全，过于冒险的设置将导致硬件的损坏。用户在进行某项设置前，必须搞清这些设置的内容，以免造成不必要的损失。

（2）尽量将各项参数设置得保守些。有时过高的参数不一定会导致死机，但极有可能导致系统工作不稳定。对于一般用户而言，相对保守的参数设置在不过多降低计算机性能的前提下，将充分保证系统的稳定性。

（3）遇到死机或黑屏的处理办法。若某项设置导致死机，用户一定要先将电源断开，然后清除 CMOS 数据，再启动系统后进行 CMOS 设置。这样可避免计算机处于不正常使用状态下对硬件造成的损坏。

2. CMOS 设置的操作

尽管不同计算机有着不同的 CMOS 设置界面，但总体设置项目和设置方法基本相似。知道其中一种设置方法后，其他的也就能够触类旁通。至于一小部分特殊的设置项，主板说明书上会有相应的说明。图 11-2 为技嘉 GA-EP43-US3L 主板 CMOS 的主界面如图 11-2 所示，它使用的 BIOS 是 AWARD Modular，但把 AWARD 公司名去掉了。

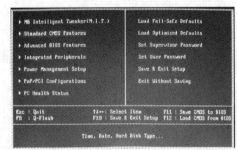

图 11-2 技嘉 GA-EP43-US3L 主板 CMOS 的主界面

（1）CMOS 设置的功能键的操作方法。现以 AWARD BIOS 为例介绍，其按键的功能如表 11-1 所示。在进入 CMOS 程序界面后，在每个界面中都会出现操作的提示。

表 11-1 AWARD BIOS 按键的功能

按　　键	功　　能
↑	向前移一项
↓	向后移一项
←	向左移一项
→	向右移一项
Enter	选中此选项
Esc	回到上一级菜单或退出
+/Page Up	增加数值或改变此选项
-/Page Down	减少数值或改变此选项
F1	请求帮助
F5	恢复选中项上次的设定值
F6	恢复选中项故障保护默认值
F7	加载设置默认值
F10	保存后退出

表 11-1 中列出了一些操作的功能键，但也有许多按键功能没有列出，下面介绍一些基本的操作方法及经验。

在设置时，可通过移动选择条的方式来选择要设定的项目，用【PageUp】键及【PageDown】键来修改其内容。在 BIOS 设置程序中，有部分设置项（如芯片组设置、中断通道设置、电源管理设置等），不仅要求用户有一定的计算机专业知识和实际操作经验，而且还要对芯片的实际参数有所了解，否则使用默认值。

（2）设置 CMOS 参数的类型。CMOS 设置程序分几个不同的品牌和版本，每种设置都针对某一类或几类硬件系统，主要有以下几种。

① 基本参数设置。基本参数设置包括时钟、显示器类型、启动顺序、硬盘参数设置、键盘设置、存储器设置等。

② 扩展参数设置。扩展参数设置包括缓存设定、安全选项、总线周期参数、电源管理设置、主板资源分配、集成接口参数设置等。

③ 其他参数设置。不同品牌及型号的主板 BIOS 功能各异，如 CPU 电压设置、双 BIOS、软跳线技术等。

（3）主菜单的含义。AWARD Modular CMOS 设置主菜单中各选项的含义如表 11-2 所示。

表 11-2　AWARD Modular CMOS 设置主菜单中各选项的含义

选　项	含　义
MB Intelligent Tweaker （M.I.T.）	频率/电压控制（技嘉主板独有）
Standard CMOS Features	标准 CMOS 设置
Advanced BIOS Features	高级 BIOS 设置
Integrated Peripherals	外部设备设定
Power Management Setup	电源管理设置
PnP/PCI Configurations	即插即用与 PCI 配置
PC Health Status	PC 健康状态
Load Fail-Safe Defaults	加载安全默认值
Load Optimized Defaults	加载优化默认值
Set Supervisor Password	设置管理员口令
Set User Password	设置普通用户口令
Save & Exit Setup	保存并退出
Exit Without Saving	不保存并退出

（4）MB Intelligent Tweaker（M.I.T.）选项。进入 MB Intelligent Tweaker（M.I.T.）选项，会出现如图 11-3 所示的界面，这一选项主要对 CPU 的电压、频率和内存、总线频率等进行调节和控制。因此，一般把这一选项称为频率/电压控制选项。这是技嘉主板独有的技术，适合电脑发烧友进行超频，但一般情况下，最好使用默认值，否则超频太高可能会使计算机工作不稳定，甚至烧毁部件。

（5）Standard CMOS Features（标准 CMOS 设置）选项。进入 BIOS 设置主界面后，选择"Standard CMOS Features"项后，按【Enter】键，即可进入标准 CMOS 设置界面，如图 11-4 所示。

在该界面中，可设置系统的一些基本硬件配置、系统时间、软盘驱动器的类型等参数。其中，关于内存的一些基本参数是系统自动配置的。

① 日期与时间的设置。标准 CMOS 设置的项目中，第一项就是设置日期与时间的。通

常用户需在第一次使用时进行设置。

图 11-3　MB Intelligent Tweaker（M.I.T.）界面　　　图 11-4　标准 CMOS 设置界面

a．Date（mm:dd:yy）。日期的设置格式是月/日/年，当用户设置完日期后，BIOS 会自动显示日期所对应的星期。

b．Time（hh:mm:ss）。时间的表示形式是时/分/秒，并且都用两位数来表示。

② 软盘驱动器的设置。在一般的 BIOS 设置程序中都能够设置两个软盘驱动器的格式及内容，并且只能设置为 MS-DOS 支持的类型。在实际设置中，要按照软盘驱动器安装使用的情况进行，否则进行 POST 时会出现问题。目前软驱已淘汰。

③ 硬盘驱动器设置。设置硬盘主要是设置硬盘的数量、类型及传输模式等内容。因 IDE 最多只能有两个接口，但这里有 5 个 IDE 接口，是与主板上的真实情况不相符的。实际上图 11-4 中的 IDE Channel 0～IDE Channel 3 都是 SATA 接口，只有 IDE Channel 4 是 IED 接口，因为这个版本的 BIOS 较老，显示不了 SATA 接口，现在新的 BIOS 都能正确显示主板上真实的 SATA 接口与 IDE 接口。

a．设置硬盘。选定图 11-4 中的硬盘，就会进入如图 11-5 所示的硬盘设置界面，在这里提供了磁盘容量、柱面数、磁头数、扇区和模式等磁盘信息。

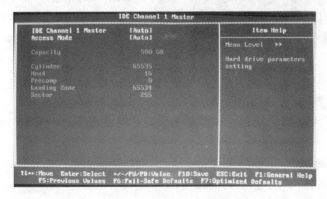

图 11-5　硬盘设置界面

选择"IDE Channel 1 Master"选项后，按【Page Down】键、【Page Up】键可以修改设置值，可选的参数有 Auto、Manual、None。如果设置为 Auto，则系统将自动检测以上各项参数，并将参数值显示在相应项的后面；如果设置为 None，则不使用该选项对应的接口；如果设置为 Manual，则需要人工输入硬盘的各项参数，这些参数一般在硬盘的标签上可以找到。这些参数如下。

A．Capacity（有的称 Size）：硬盘容量。此选项一般不必由用户设置，系统会自行计算。

B．Cylinder：硬盘的柱面数。

C．Head：硬盘的磁头数。

D．Precomp：硬盘的预写补偿，一般使用默认值。

E．Landing Zone：硬盘的磁头着陆区，一般使用默认值。

F．Sector：硬盘的扇区数。

b．Access Mode，设置硬盘的工作模式。硬盘的工作模式有 Normal 模式、Large 模式、LBA 模式、Auto 模式。由于 Normal 模式和 Large 模式支持的硬盘容量较小，一般不用。选用 Auto 模式，BIOS 会自动检测相关参数。

④ 设置出错选项。Halt On 是用来设置系统自检测试的，当检测到任何错误存在时，确定 BIOS 是否要停止程序运行。此选项的默认值为 All errors，一般不要更改。可供选择的项目如表 11-3 所示。

表 11-3　Halt On 出错选项含义

设　　置	说　　明
All errors	检测到任何错误时都停止运行
No errors	检测到任何错误时都不停止运行
All，But Keyboard	除了磁盘错误以外，检测到任何错误时都停止运行
All，But Disk	除了磁盘错误外，检测到任何错误时都停止运行
All，But Disk/Keyboard	除了磁盘和键盘错误外，检测到任何错误时都停止运行

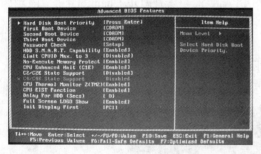

图 11-6　高级 BIOS 设置界面

⑤ 查看内存容量。在窗口的下方，可查看内存容量的相关参数。Total Memory 为系统内存总容量。

（6）Advanced BIOS Features（高级 BIOS 设置）。在 BIOS Setup 主界面中选择 Advanced BIOS Features，即可进入如图 11-6 所示的高级 BIOS 设置界面，其各个选项的说明如下。

① Hard Disk Boot Priority。Hard Disk Boot Priority 意为硬盘引导优先，如果计算机上装有多个硬盘可以设定硬盘优先引导启动。

② 设置系统引导顺序。选择开机启动顺序，可以设置第一、第二、第三设备，通常有以下选项可供选择。

a．First Boot Device：第一启动设备；

b．Second Boot Device：第二启动设备；

c．Third Boot Device：第三启动设备。

首先系统从第一启动设备的系统盘启动，只有第一启动设备没有启动盘时，才从第二启动设备的启动盘启动，第二启动设备没有启动盘就从第三启动设备的启动盘启动。可选择的启动设备有 Floppy、LS120、Hard disk、CD-ROM、ZIP、USB-FDD、USB-ZIP、USB-CD-ROM、USB-HDD、Legacy LAN 等。

③ Password Check。Password Check 意为密码检测，有 Setup 和 System 两个选项。当选 Setup 时，只有进入 CMOS 设置才要输入密码；当选 System 时，开机和进入 CMOS 设置都要输入密码。

④ HDD S.M.A.R.T. Capability。HDD S.M.A.R.T. Capability 意为硬盘的 S.M.A.R.T.能力，有 Enabled（启用）和 Disabled（禁用）两个选项。当设为 Enabled 时就启用了硬盘的 S.M.A.R.T. 功能。

⑤ Limit CPUID Max. to 3。Limit CPUID Max. to 3 意为限制执行 CPUID 指令返回数值大于 3，有 Enabled 和 Disabled 两个选项。CPUID 包括了用户计算机当前的信息处理器的信息，包括型号、信息处理器系列、高速缓存尺寸、时钟速度和制造厂等。CPU 执行 CPUID 指令后因返回数值大于 3 可能会造成某些操作系统误动作，开启 Limit CPUID Max. to 3，所以选项能将返回值限制在 3 以下，以避免问题产生。微软的 Windows 系列操作系统，NT4（含 NT4）以前 Limit CPUID Max. to 3 选项的默认值为 Enabled，XP 以后（含 XP）Limit CPUID Max. to 3 选项的默认值为 Disabled。所以，在 Windows 平台下进行超频的用户，请将此选项设置为 Disabled，以获得更好的超频效果。

⑥ No-Execute Memory Protect。No-Execute Memory Protect 是出现在英特尔平台 BIOS 的设置选项，中文译文为不可执行内存保护，有 Enabled 和 Disabled 两个选项。设为 Enabled 时是在内存中的某些关键段关闭执行权限，以防病毒恶意攻击。由于其对内存的某些关键段进行权限限制，因此在超频过程中会影响超频。

⑦ CPU Enhanced Halt(C1E)。CPU Enhanced Halt 中文意思为 CPU 增强的暂停，有 Enabled 和 Disabled 两个选项。CPU Enhanced Halt 是增强型空闲电源管理状态转换（C1E，Enhanced Halt State），它是一种可以令 CPU 省电的功能，开启后，CPU 处于空闲轻负载状态，可以降低工作电压与倍频，这样就达到了省电的目的。

⑧ C2/C2E State Support。C2/C2E State Support 中文意思为 C2/C2E 状态支持，有 Enabled 和 Disabled 两个选项。C2/C2E 是比 C1E 更深的节能状态，开启时能进一步调低 CPU 的电压与频率。

⑨ C4/C4E State Support。C4/C4E State Support 中文意思为 C4/C4E 状态支持，有 Enabled 和 Disabled 两个选项。它是比 C2/C2E State Support 还要深的节能状态，只有在 C2/C2E State Support 开启时，才能将其开启。它开启时能再进一步调低 CPU 的电压与频率。由于 C2/C2E 和 C4/C4E 从节能状态恢复到正常状态需要一些时间，一般情况下，这两个选项都是关闭的。

⑩ CPU Thermal Monitor 2（TM2）。CPU Thermal Monitor 2（TM2）中文意思为 CPU 热量监视 2，有 Enabled 和 Disabled 两个选项。开启时当 CPU 的核心温度升高到规定的阈值时，将降低 CPU 的频率和电压，预设值为 Enabled。

⑪ CPU EIST Function。CPU EIST Function 中文意思为 CPU EIST 功能，有 Enabled 和 Disabled 两个选项。EIST（Enhanced Intel SpeedStep Technology，增强型英特尔公司速度设置技术）是一种智能降频技术，它能够根据不同的系统工作量自动调节处理器的电压和频率，以减少耗电量和发热量。这样一来，就不需要大功率散热器散热，也不用担心长时间使用电脑造成的不稳定，而且更加节能。这个功能的默认值为 Enabled。

⑫ Delay For HDD（Secs）。Delay For HDD（Secs）是延迟硬盘读取时间，单位为秒。此选项提供设定开机时延迟读取硬盘的时间，选项值包括 0～15，预设值为 0。

⑬ Full Screen LOGO Show。Full Screen LOGO Show 中文意思为全屏 LOGO 显示，此选项提供选择是否在开机时全屏显示技嘉 LOGO。若设为 Disabled，开机画面将显示一般的 post 信息，预设值为 Enabled。

⑭ Init Display First。Init Display First 中文意思为初始化开机时的第一个显示卡，有 PCI 和 PEG 两个选项。当选 PCI 时，第一选择是 PCI 扩展槽上的显示卡，当 PCI 扩展槽上没有显

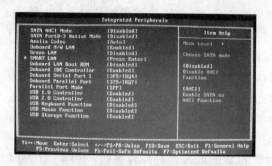

图 11-7　Integrated Peripherals（外部设备设定）界面

示卡时才会选择 PCI-E 扩展槽上的显示卡；反之选 PEG 时，首选 PCI-E 显示卡，然后才选 PCI 显示卡，预设值为 PCI。

（7）Integrated Peripherals（外部设备设定）。在 BIOS 主界面中选择 Integrated Peripherals，即可进入如图 11-7 所示的界面，用来设置集成主板上外部设备的属性，其中各个选项的说明如下。

① SATA AHCI Mode。SATA AHCI Mode 中文意思为串口硬盘的 AHCI 模式，有 Enabled 和 Disabled 两个选项。AHCI（Serial ATA Advanced Host Controller Interface，串行 ATA 高级主控接口），是在 Intel 的指导下，由多家公司（主要包括 Intel、AMD、戴尔、Marvell、迈拓、微软、Red Hat、希捷和 StorageGear 等著名企业）联合研发的接口标准。AHCI 描述了一种 PCI 类设备，主要是在系统内存和串行 ATA 设备之间扮演一种接口的角色，而且它在不同的操作系统和硬件中是通用的。AHCI 通过包含的 PCI BAR（基址寄存器）来实现原生 SATA 功能。如果在操作系统中已经开启了此模式，再在 BIOS 中开启此模式，那么 SATA 硬盘就会工作在 AHCI 模式下，在此模式下的 NCQ（Native Command Queuing，全速命令排队）技术才能使用。BIOS 中此模式的预设值为 Disabled。如果操作系统没有开启 AHCI Mode，而在 BIOS 中开启 AHCI Mode，可能会导致系统启动时找不到硬盘。

② SATA Port0-3 Native Mode。SATA Port0-3 Native Mode 中文意思为串口硬盘接口 0～3 的本地模式，有 Enabled 和 Disabled 两个选项。设置为 Disabled 时 SATA 控制器以 Legacy IDE 模式运行，默认值为 Disabled。以 Legacy IDE 模式运行时，将会使用固定的系统 IRQ。若要安装不支持 Native IDE 模式的操作系统，需将此选项设为 Disabled。设置为 Enabled 时 SATA 控制器以 Native IDE 模式运行，若要安装支持 Native IDE 模式的操作系统，可将此选项设为 Enabled。

③ Azalia Codec。Azalia 是一种高保真声卡技术，是基于 AC97 基础的最新改进方案，但并不兼容 AC97，属于一种软、硬混合的音频规范，具有高数据传输带宽、音频回放精确、多声道阵列麦克风音频输入、减少 CPU 的占用率、支持底层驱动程序等特点。Codec 是声卡的 A/D、D/A 转换电路芯片。Azalia Codec 有 Auto 和 Disabled 两个选项，设为 Auto 时自动检测 Azalia 音频芯片，设为 Disabled 时禁用 Azalia 音频芯片。

④ Onboard H/W LAN。Onboard H/W LAN 中文意思为在板上的硬件局域网，H/W 为 hardware，有 Enabled（默认值）和 Disabled 两个选项，分别表示开启或关闭主板上的局域网控制器。

⑤ Green LAN。Green LAN（绿色局域网），有 Enabled 和 Disabled（默认值）两个选项。选 Disabled 时，关闭 Green LAN 功能，此时不关闭网卡芯片的时钟频率，选 Enabled 时，开启 Green LAN 功能，无网络链接时自动关闭网络芯片，此时关闭网卡芯片的时钟频率，如 RJ-45 有网线连接将检测不到。

⑥ SMART LAN。SMART LAN（智能网卡），它只有一个选项 Press Enter（按【Enter】键），当按【Enter】键时，就会自动检测网卡接口网络的传输速率和网线的长度。技嘉宣称 SMART LAN 还有一个功能，如果一个拥有多网卡的主板，其中正在使用的那颗网络芯片如果出现了故障，网线可以完全不用动，SMART LAN 技术会使主板自动完成内部切换，使坏网卡接口的网线信号从内部自动切换到好网卡的芯片上，网络即可正常工作。

⑦ Onboard LAN Boot ROM。On Board LAN Boot ROM（从板上的网卡 ROM 芯片引导），有 Enabled 和 Disabled（默认值）两个选项，决定是否从板上的网卡 ROM 芯片引导系统。

⑧ Onboard IDE Controller。Onboard IDE Controller（在板上的 IDE 控制器），有 Enabled（默认值）和 Disabled 两个选项，分别表示开启/关闭在板上的 IDE 控制器。

⑨ Onboard Serial Port 1。Onboard Serial Port 1（在板上的串口 1），有 Disabled、3F8/IRQ4（默认值）和 2E8/IRQ3 三个选项。其作用就是关闭在板上的串口 1 或选取相应的地址号/中断号。

⑩ Onboard Parallel Port。Onboard Parallel Port（在主板上的并口），设置主板上的并行端口，常用的设置值有 378/IRQ7、278/IRQ5、3bc/IRQ7、Disabled，默认值为 378/IRQ7。

⑪ Parallel Port Mode。Parallel Port Mode（并行端口模式），设置并行端口工作模式，默认值为 SPP，并有如下设置项。

a. SPP（Standard Parallel Port）：标准并行端口工作模式。

b. EPP（Enhanced Parallel Port）：增强型并行端口工作模式。

c. ECP（Extended Capabilities Port）：扩展并行端口工作模式。

d. EPP+ECP：以上两种模式并用。

⑫ USB 1.0 Controller。USB 1.0 Controller（USB 1.0 控制器），有 Enabled（默认值）和 Disabled 两个选项，开启或关闭主板上的 USB 1.0 控制器。

⑬ USB 2.0 Controller。USB 2.0 Controller（USB 2.0 控制器），有 Enabled（默认值）和 Disabled（关闭）两个选项，开启或关闭主板上的 USB 2.0 控制器。

⑭ USB Keyboard Function。USB Keyboard Function（USB 键盘功能），有 Enabled（开启）和 Disabled（默认值）两个选项，开启或关闭接入的 USB 键盘。

⑮ USB Mouse Function。USB Mouse Function（USB 鼠标功能），有 Enabled（开启）和 Disabled（默认值）两个选项，开启或关闭接入的 USB 鼠标。

⑯ USB Storage Function。USB Storage Function（USB 存储功能），有 Enabled（默认值）和 Disabled（关闭）两个选项。设置为 Enabled 时，支持在 BIOS 的 POST 阶段检测 USB 的存储设备，如果要用 U 盘引导系统必须开启这个功能。

（8）Power Management Setup（电源管理设置）。在 BIOS Setup 主界面中选择 Power Management Setup，即可进入如图 11-8 所示的界面其各选项的功能说明如下。

图 11-8 电源管理设置主界面

① ACPI Suspend Type（ACPI 支持类型）。ACPI（Advanced Configuration and Power Management Interface，高级配置和电源管理接口），主要包括即插即用及一般包含于 BIOS 中的 APM（高级电源管理）中的功能；显示器、硬盘的电源管理控制；软关机功能，允许操作系统关闭电源；支持多种唤醒事件。ACPI Suspend Type 有两个选项，即 S3（默认值）和 S1。

a. S1（POS），S1 挂起模式：在此状态下 CPU 将不会执行指令，仍保持睡眠前的动作状态，而其他设备仍然供电，此时内存的内容保持不变，功耗小于 30W。

b. S3（STR），S3 挂起模式：在此状态下除了维持内存供电外，其他设备都停止工作。

② Soft-Off by PWR-BTTN（通过电源开关软关机）。Soft-Off by PWR-BTTN 用于设置软关机的方式，PWR-BTTN 为 Power Button（电源按钮）的缩写，默认值为 Delay 4 sec，其选

项如下。

a. Instant-Off：单击"关机"按钮时立即关闭。

b. Delay 4 sec：按下电源开关后延时 4s 后关机。若按下电源开关没有超过 4s，则系统会转入挂起状态，再次按下开关或任意键则可将系统从挂起状态唤醒。

③ PME Event Wake Up。PME Event Wake Up（电源管理事件唤醒），PME 是 Power Management 的缩写，有 Enabled（默认值）和 Disabled 两个选项，表示是否通过电源管理唤醒系统。

④ Power On by Ring。Power On by Ring（响铃开机）有 Enabled（默认值）和 Disabled 两个选项。当设为 Enabled 时，网络上的服务商可以通过 Modem 远程开启计算机。

⑤ Resume by Alarm。Resume by Alarm 直译为闹钟恢复，可以译为定时开机，有 Enabled 和 Disabled（默认值）两个选项。当设为 Enabled 时，可以设置开机的时间和日期。

Date（of Month）Alarm 项可设定开机日期，选项有 Everyday（每天）和 1～31 号的任意一天。

Time（hh:mm:ss）Alarm 项可设定开机时间，格式为时/分/秒。

⑥ HPET Support。HPET Support（HPET 支持）HPET（High Precision Event Timer，高精度事件定时器）是 Intel 制定的、新的、用以代替传统的 8254（PIT）中断定时器和 RTC 的定时器，它有 Enabled（默认值）和 Disabled 两个选项。

⑦ HPET Mode。HPET Mode（HPET 模式）有 32-bit mode 和 64-bit mode 两个选项，32 操作系统选择 32-bit mode 项，64 操作系统选择 64-bit mode 项。

⑧ Power On By Mouse。Power On By Mouse（鼠标开机）有 Disabled（默认值）和 Double Click（双击）两个选项。当选 Disabled 时，关闭鼠标开机功能；当选 Double Click 时，双击鼠标就能开机。

⑨ Power On By Keyboard。Power On By Keyboard（键盘开机）有 Disabled（默认值）、Password（密码）和 Keyboard 98 三个选项。当选 Disabled 时，关闭键盘开机功能；当选 Password 下面的 KB Power ON Password 启用时，可以设置 1～5 个字符的密码，在键盘上输入设置的密码就能开机；当选 Keyboard 98 时，如果键盘上有 Power key（电源键），按此键就能开机。

⑩ AC Back Function。AC Back Function 中的 AC 为 Alternating Current（交流电），AC Back Function 直译为交流电返回功能，意译为断电重启功能，它有 Soft-Off（安全关闭，默认值）、Full-On（全开）和 Memory（记忆）三个选项。当选 Soft-Off 项时，断电后再供电时计算机不会自动开机；当选 Full-On 项时，断电后再供电时计算机会自动开机；当选 Memory 项时，断电后再供电时计算机是否会自动开机取决于断电前计算机的状态，如果断电前计算机是开启的，来电时就会自动开机，如果断电前计算机是关闭的，来电时就不会自动开机。

（9）PnP/PCI Configurations（即插即用与 PCI 配置）。PnP（Plug and Play，即插即用）是指在安装新设备时，系统会自动进行检测和配置，但有些设备可能较老，系统不能自动识别，仍需用户手工设置。

在 BIOS Setup 主界面中选择 PnP/PCI Configurations，即可进入如图 11-9 所示的界面。

这个设置界面很简单，只有主板上的 PCI1 和 PCI2 两个插槽 IRQ（中断号）的选项，当选 Auto 时，由计算机自动安排中断号，此外还有 3、4、5、7、9、10、11、12、14、15 选项值，可以通过手动选择，配置中断号。

（10）PC Health Status（计算机健康状态）。在主菜单中选择 PC Health Status，可查看系

统状态监测参数，如图 11-10 所示。它主要有以下选项。

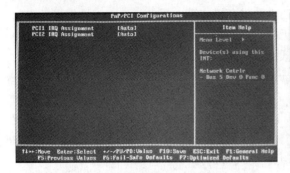 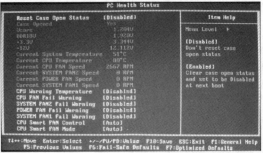

图 11-9　即插即用与 PCI 配置界面　　　图 11-10　计算机健康状态界面

① Reset Case Open Status。Reset Case Open Status（重设机箱开启状态），有 Disabled（预设值），不重新设定机箱被开启状态和 Enabled，重新设定机箱被开启状态两个选项。

② CPU Warning Temperature。CPU Warning Temperature（CPU 警告温度），有如下五个选项。

a．Disabled：不使用监控 CPU 温度警告功能为预设值。

b．60℃/140℉：监测 CPU 温度高于 60℃/140℉时警告。

c．70℃/158℉：监测 CPU 温度高于 70℃/158℉时警告。

d．80℃/176℉：监测 CPU 温度高于 80℃/176℉时警告。

e．90℃/194℉：监测 CPU 温度高于 0℃/194℉时警告。

③ CPU FAN Fail Warning。CPU FAN Fail Warning（CPU 风扇故障警告），有 Enabled 和 Disabled（默认值）两个选项。若设为 Enabled，CPU 风扇停转时发出警告。

④ SYSTEM FAN1/2 Fail Warning。SYSTEM FAN1/2 Fail Warning（系统风扇 1/2 故障警告），有 Enabled 和 Disabled（默认值）两个选项。若设为 Enabled，系统风扇 1/2 停转时发出警告。

⑤ POWER FAN Fail Warning。POWER FAN Fail Warning（电源风扇故障警告），有 Enabled 和 Disabled（默认值）两个选项。若设为 Enabled，电源风扇停转时发出警告。

⑥ CPU Smart FAN Control。CPU Smart FAN Control（CPU 智能风扇控制），有如下三个选项。

a．Auto（默认值）：CPU 智能风扇由 BIOS 控制。

b．Disabled：CPU 风扇总是以最高速度运行。

c．Enabled：CPU 风扇速度按 CPU 实际温度的变化而改变，温度升高风扇速度加快，温度降低风扇速度减慢。

⑦ CPU Smart FAN Mode。CPU Smart FAN Mode（CPU 智能风扇模式），此功能只有在 CPU Smart FAN Control 被启动时下才能使用，有如下三个选项。

a．Auto（默认值）：自动侦测所使用的 CPU 风扇并设定成最佳控制方式。

b．Voltage（电压）：直接调节 CPU 风扇的电压来控速，当使用 3-pin 的 CPU 风扇时可选择 Voltage 模式。

c．PWM（脉宽调制）：通过调节 CPU 风扇供电电路的 PWM 来控速，当使用 4-pin 的 CPU 风扇时可选择 PWM 模式。

无论是 3-pin 或 4-pin 的风扇都可以选择 Voltage 模式来达到智慧风扇控制功能。不过有些 4-pin 风扇并没有遵循 intel 4-wire fans pwm control 的规范，选择 PWM 模式反而无法有效降低风扇的转速。

（11）Load Fail-Safe Defaults（加载安全默认值）。安全默认设置是比较保守的参数设置，关闭系统大部分硬件的特殊性能，使系统工作在一种安全模式下，尽量减少因为硬件设备引起的故障，可以达到两个目的，即有利于系统的正常启动和有利于检测系统故障所在。

不同类型的 BIOS 设置程序，其安全默认设置的显示名称也不尽相同，但功能是一致的。在 AWARD BIOS 中，选定 Load Fail-Safe Defaults 后按【Enter】键，即可出现 Load Fail-Safe Defaults（Y/N）的提示框，按【Y】键装载，按【N】键不装载。

（12）Load Optimized Defaults（加载优化默认值）。优化默认设置是厂商出厂时的推荐设置，能够很好地与系统兼容，为系统的稳定运行提供必要的保障。如果对 BIOS 不是很了解，或者系统经常不是很稳定，那么这项设置是使用者的最佳选择。

在 AWARD BIOS 设置程序中，选择 Load Optimized Defaults 项后（在 AMI BIOS 中该项的名称为 Load High Performance Defaults），按【Enter】键，即可出现 Load Optimized Defaults（Y/N）的提示框，询问是否要载入 BIOS 的优化默认设置，按【Y】键装载，按【N】键则不装载。

（13）Set Supervisor Password（设置管理员口令）。Set Supervisor Password 是针对系统开机及 BIOS 设置做的防护，在 BIOS 设置的主界面中选择 Set Supervisor Password，输入口令即可。如果开机要密码还必须把高级设置中的 Password Check 设为 System。

（14）Set User Password（设置一般用户口令）。Set User Password 只针对系统开机时做的口令设置，在 BIOS 设置的主界面中选择 Set User Password，输入口令即可。如果开机要密码还必须把高级设置中的 Password Check 设为 System。用普通用户的密码进入 CMOS 设置，只能浏览，不能修改参数。

（15）Save & Exit Setup（保存并退出）。当用户完成了所有的更改设置后，选择该项，按【Enter】键，就会出现 Save to CMOS and EXIT（Y/N）的提示框，输入"Y"，并按【Enter】键，就会将原有的数据覆盖，新的设置参数将保存在 CMOS RAM 中，并退出 BIOS 设置程序；按【N】键返回主菜单。

（16）Exit Without Saving（不保存并退出）。选择该项后，按【Enter】键，就会出现 Exit Without Saving（Y/N）的提示框，输入"Y"，并按【Enter】键，则不保存任何更改，并退出 CMOS 设置程序；若按【N】键或【Esc】键，则回到主界面中。

11.3　清除 CMOS 参数的方法

只要计算机主板上的电池电压不消失，CMOS RAM 里保存的信息即使在断电的情况下也不会消失。所以为了使存储在 CMOS RAM 中的信息消失，必须使主板上的电池的电压消失。在整机断电的情况下，将计算机主板上对 CMOS RAM 供电端的正极与计算机主板上的内置电池或外接电池的正极断开一定的时间，即可对主板放电，从而使 CMOS RAM 中的内容因为得不到正常的供电而消失。

在具体进行 CMOS 参数清除操作时，可以根据不同的情况进行，具体有以下几种方法。

（1）跳线清除法。在主板上，有一组单独的 2 针或 3 针跳线，用来清除 CMOS RAM 的内容。该组跳线一般标注为 Clear CMOS，当需要清除 CMOS RAM 中的内容时，用一个跳线帽将该组跳线短接即可。

（2）短路放电法。此法是把 CMOS 供电电路的正负极短接。取下主板电池，用起子或电池外壳短接电池座正负极 2～3 分钟即可。

（3）用 DEBUG 命令法。调用 DEBUG 命令在 CMOS RAM 中写入一段数据，破坏加电自检程序对 CMOS 中原配置所做的累加和测试，使原口令失效，然后可以进入 CMOS 进行参数的设置。用程序法清除口令常可用以下两种方式。

在 DOS 命令行运行或在汇编语言中调用 DEBUG 程序，再按照下列格式输入完成后，重新启动计算机，即可清除口令，具体程序如下：

```
C:\>DEBUG
-O 70 10
-O 71 01
-Q
```

如果以上操作不能清除 CMOS 中的口令，还可以把 70 10 改成 70 16 、70 11，把 71 01 改成 71 16、70 FF 再试。

执行文件以清除 CMOS 中的口令，可以把上述 DEBUG 语句放在一个文件（如 DELCMOS.COM）中，以后若需清除 CMOS 中的口令，在提示符下运行 DELCMOS.COM 即可，具体程序如下：

```
C:\>DEBUG
-A 100
XXXX:0100 MOV DX, 70
XXXX:0103 MOV AL, 10
XXXX:0105 OUT DX, AL
XXXX:0106 MOV DX, 71
XXXX:0109 MOV AL, 01
XXXX:010B OUT DX, AL
XXXX:010C
-R CX
CX 0000
:0C
-N DELCMOS.COM
-W Writing 000C bytes
-Q
```

注意：用 DEBUG 命令清除 CMOS 口令时，必须在计算机能进入系统才行，因为只有在操作系统下才能调用 DEBUG 命令。如果在上电自检时就要输入口令，则此方法就行不通。

11.4　BIOS 程序升级（刷 BIOS）

早期的主板 BIOS 芯片中的固件程序是在芯片生产时固化的，因此只能写入一次，不能修改。现在的主板 BIOS 芯片一般用 FLASH ROM 来存放固件程序，由于 FLASH ROM 是一种 EEPROM 集成电路，因此，在一定的条件可以对 FLASH ROM 芯片中的固件程序进行升级重写，也就是俗称的刷 BIOS。

11.4.1　需要刷 BIOS 的场合

升级 BIOS、刷 BIOS 已成为计算机爱好者的一种时尚，到底为什么要刷 BIOS，哪些情况下要刷 BIOS？下面就来解决这个问题。

（1）获取新功能。随着计算机软、硬件技术的发展，不断有新的技术涌现，主板厂商为了改善主板的性能，总是在不断地更新主板的 BIOS 程序，以支持涌现的新功能。通过刷新

BIOS 达到增加新功能的目的，如增加一些新的可调节的频率与电压之类的选项等，或者是进行美化改造开机的 LOGO 等，还有最近为了安装 Windows 7 而更新 SLIC 等。

（2）消除旧 BIOS 的 BUG。主板 BIOS 存在 BUG，可能影响到电脑的正常运行，一般主板厂商在更新的 BIOS 中对旧版的 BUG 进行了修复，因此，可以通过刷新 BIOS 到新版本解决 BUG 问题。

（3）BIOS 损坏时。当病毒或其他原因造成 BIOS 程序损坏，不能启动计算机时，可用编程器重刷 BIOS，达到修复的目的。

11.4.2　刷 BIOS 需要注意的问题

升级 BIOS 并不繁杂，只要认真去做，应该是不会出现问题的，但在升级过程中一定要注意以下几点。

（1）一定要搞清 BIOS 刷新程序的运行环境，是 DOS 的一定要在纯 DOS 环境下运行，是 Windows 的，要在 Windows 环境下运行。

（2）一定要用与主板相符的 BIOS 升级文件。虽说理论上芯片组一样的 BIOS 升级文件可以通用，但是由于芯片组一样的主板可能扩展槽等一些辅加功能不同，所以可能产生一些副作用。因此，尽可能用原厂提供的 BIOS 升级文件。

（3）BIOS 刷新程序要匹配。升级 BIOS 需要 BIOS 刷新程序和 BIOS 的最新数据文件，刷新程序负责把数据文件写入 BIOS 的芯片里。一般情况下原厂的 BIOS 程序升级文件和刷新程序是配套的，所以最好一起下载。不同 BIOS 的刷新程序为 AWDFLASH.EXE（对 AWARD BIOS）；AMIFLASH.EXE（对 AMI BIOS）；PHFLASH.EXE（对 Phoenix BIOS）。另外，不同厂家的 BIOS 文件的扩展名也不同，AWARD BIOS 的文件名一般为*.Bin，AMI BIOS 的文件名一般为*.Rom。

（4）最好在硬盘上做升级操作。一些报刊建议在软盘上升级，由于软盘的可靠性不如硬盘，如果在升级过程中数据读不出或只读出一半数据，就会造成升级失败，因此，最好在硬盘上做升级操作。

（5）升级前一定要做备份，这样如果升级不成功，还有恢复的希望。

（6）升级时要保留 BIOS 的 Boot Block 块，高版本的刷新程序的默认值就是不改写 Boot Block 块。

（7）有些主板生产商提供自己的升级软件程序（一般不能复制），注意在升级前在 BIOS 中把"System BIOS Cacheable"的选项设为"Disabled"。

（8）写入过程中不允许停电或半途退出，所以如果有条件，尽可能使用 UPS 电源，以防不测。

（9）升级后有的软件可能不能运行，需要重装软件。因为有的软件与 BIOS 的参数密切相关，升级后软件没有及时改变这些参数，会导致软件不能正常运行。

（10）升级后的 CMOS 参数需要重新设置。由于升级后原来的参数已完全更改，如开机密码、启动顺序等参数都需要重新设置。

（11）升级程序带的参数一定要搞清楚才能用，否则会因某些参数使用不当，导致升级失败。

11.4.3　BIOS 升级的方法及步骤

BIOS 升级的方法有在 DOS 下用 BIOS 刷新程序升级，在 Windows 下用 BIOS 刷新程序升级和用编程器对 BIOS 重写三种。步骤一般是下载最新的 BIOS 刷新程序和 BIOS 文件，然后运行 BIOS 刷新程序进行升级，具体方法如下。

1. DOS 下 BIOS 升级的方法

最早的 BIOS 升级都是在纯 DOS 环境下进行的，这是由于 DOS 系统小，容易启动，对硬件要求不高。下面以 AWARD BIOS 升级为例，叙述在 DOS 下刷 BIOS 的步骤。

（1）准备刷新所需文件 AWDFLASH.EXE（刷新工具）和*.bin（新 BIOS 程序）（可以从主板厂商网站中下载）。

（2）准备 DOS 启动盘。可以准备软盘、U 盘和光盘的 DOS 启动盘。软盘的启动制作只要在 Windows 98 中单击"我的电脑"，在 3.5 软盘上单击鼠标右键，在弹出的快捷菜单中选择"格式化"选项，然后选择"仅复制系统文件并格式化"选项即可。如果是 U 盘，使用专用的 U 盘引导制作工具软件格式化引导 U 盘（部分厂家的 U 盘自身带有 DOS 启动功能）。光盘就要在刻录时制作成 DOS 启动盘。

（3）把两个新所需文件 AWDFLASH.EXE 和*.bin 复制到硬盘的 FAT32（因为 DOS 只支持 FAT 分区）分区的盘中，如 C 盘。

（4）启动 DOS 后进行 BIOS 刷新，在 DOS 提示符下执行"C:\>Awdflash *.bin/F"单击"确定"按钮后出现如图 11-11 所示的界面。*.bin 为新 BIOS 文件名，如输入的是"C:\>Awdflash 3vca.bin/F"，这样在"File Name to Program："框内就会自动将 3vca.bin 文件名填入，这时下方的提示框会提示"Do You Want To Save Bios（Y/N）"，询问是否保存目前主板上的旧 BIOS。

（5）保存旧 BIOS。如果要保存目前主板上的旧 BIOS 就按【Y】键，然后会在对话框内提示"File Name to Save:"，输入路径和需要保存的 BIOS 文件名（默认路径是启动盘所在盘符）后按【Enter】键，会出现旧 BIOS 保存进度条，如图 11-12 所示。

图 11-11　运行 Awdflash 3vca.bin/F 出现的界面

图 11-12　保存旧 BIOS 的界面

（6）刷新 BIOS。旧 BIOS 保存完成后，会在下方的提示框内提示"Are you sure to program（Y/N）"，询问是否刷新 BIOS。按【Y】键后，出现图 11-13 所示的界面，如果在刷新命令中添加了"/F"参数，则 BIOS 刷新进度条将全部变为白色（"/F"参数表示刷新时使用原来的 BIOS 数据，保持原来的设置不变，推荐使用此参数）。

图 11-13　刷新 BIOS 界面

（7）完成 BIOS 更新。刷新完毕后，关机或者重新启动计算机，按【Del】键进入 CMOS Setup Utility 中，选择"Load Setup Defaults"后，完成 BIOS 更新过程。

2. Windows 下 BIOS 升级的方法

现在许多主板厂商都提供了 Windows 下刷新 BIOS 的程序和 BIOS 文件，Windows 下的刷新程序更加直观，还有更多的选项，如清除 CMOS 参数和口令等。下面以 WINBOND 公司的 BIOS 芯片为例，说明升级 BIOS 的步骤。

（1）下载新的 BIOS 程序 WinFlash.exe 和新 BIOS 文件如该主板此文件为 FCG9123.BIN 到硬盘设定目录。

（2）运行 WinFlash.exe 得到如图 11-14 所示的界面。

（3）单击"文件"菜单项，如果要备份 BIOS，则选择"备份本机 BIOS"选项；如果要更新，则选择"打开"选项，找到下载的 FCG9123.BIN 文件并将其选中，如图 11-15 所示。然后再单击"文件"菜单项，选择"更新 BIOS"选项，或者直接从图表中选择更新，单击"更新"按钮开始更新 BIOS 系统。刷新完成后，会提示"主板 BIOS 已经成功更新！新版 BIOS 将在重启后生效。是否立即重新启动计算机？"单击"是"按钮重新启动系统，完成更新。

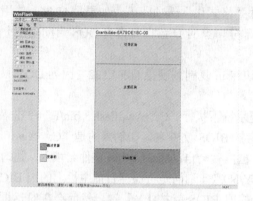
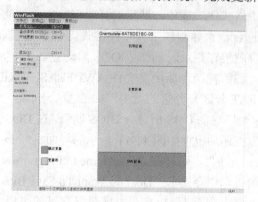

图 11-14　WinFlash 界面　　　　　图 11-15　WinFlash 的"文件"菜单项

3. 用编程器更新 BIOS

由于用编程器更新 BIOS 要把主板的 BIOS 芯片取下来，放到编程器的插座上，因此一般只用于刷 BIOS 程序不能更新时，或者由于断电等原因导致刷 BIOS 失败时才用编程器更新 BIOS，其方法如下。

（1）下载升级 BIOS 文件，把主板的 BIOS 芯片取下来，放到编程器的插座上，再把编程器和一台好的计算机相连，打开编程器的电源，在计算机中安装编程器的操作软件。

（2）器件选择。在进行任何操作前，都必须首先选择器件。单击操作软件工具栏上的"器件选择"按钮，弹出"选择器件"对话框。首先进行类型选择，在 EPROM、SPROM、EEPROM 等几种类型中选择所需的芯片类型，然后进行厂家选择，在厂家选择区中找到芯片对应的厂家名称并选中。如果芯片类型选择不当，因不同类型的芯片引脚工作电压不同，有可能烧毁芯片。选择芯片的厂家后，再进行器件选择，在器件型号选择区中找到所需的型号并选中。在全部选择完毕后，单击"确定"按钮完成器件选择操作。此时选定的型号作为当前型号在主菜单信息栏中列出，与其相应的其他信息也一并列出，如图 11-16 所示。选中芯片的类型和容量，随后要进行擦除、查空、读入文件、编程和校验操作。

（3）擦除。擦除主要是对电可擦除的器件而言的，目的是把芯片内的数据清空，使其处于空白状态。单击"擦除"按钮，弹出"器件操作"对话框，如果器件已正确放置，单击"确定"按钮开始查空操作，擦除界面如图 11-17 所示。

（4）查空。查空是要确认当前芯片中的数据信息是否全部为空，这需要单击"查空"按钮，弹出"查空操作"窗口，检查器件放置正确，单击"确定"按钮开始查空操作，系统开始对芯片进行空片检查，在检查过程中，滚动条不断显示检查单元的总数、百分比和字节总数，按【Esc】键可终止空检查操作。检查完毕后，如果器件为空白，则提示"查空操作顺利完成"，此时，缓冲区内的数据信息应显示为"FF"，也就是没有任何数据；如果数据信息不全为"FF"，会提示"地址××××××查空错误"，表示芯片中的部分代码清除不掉，该芯片的质量有问题。

图 11-16　"选择器件"对话框　　　　　　图 11-17　擦除界面

（5）读入文件。确认芯片已完成清空后，单击菜单栏中的"文件"项，在下拉菜单中选择"读入文件"选项，弹出文件格式选择菜单，共有四种格式可以选择，分别为二进制格式（Binary）、Intel Hex、Motorola HEX 格式和 JEDEC 格式，单击所需的格式，弹出"打开文件"对话框，选中所要读入的文件名后单击"打开"按钮，确认装入数据缓冲区的地址（默认地址为 000000，一般不需修改）和读入方式（默认方式为全部读入）后，单击"确定"按钮，从磁盘上把以前保存

的 BIOS 文件读入到内存中。该文件可以是利用编程器或 BIOS 刷新程序备份好的 BIOS 代码文件，也可以是直接从网上下载的升级文件。文件调入缓存后，计算机根据该文件调入缓存区的起始地址和文件长度，计算出文件在缓存区中的安放位置并提示。

（6）编程。单击"编程"按钮，弹出"编程操作"窗口，单击"确定"按钮开始编程操作，系统确认缓存的起始地址、长度和器件的起始地址后，把当前内存中的数据写入芯片中。屏幕提示编程进度，编程操作结束后，自动进行校验操作，如果某一操作失败，将提示错误信息，如图 11-18 所示。

图 11-18　提示错误消息

（7）校验。写入完毕后，为了保证数据的完整性和检验写入操作是否正确，可再单击"校验"按钮，弹出"校验操作"窗口，单击"确定"按钮开始校验操作。编程器的最大的特点是可自行调整烧录电压的参数 VCC、VCC±5%甚至最严格的 VCC±10%验证，在校验过程中，编程器读出芯片内容和缓存区内的数据进行对比，滚动条会不断显示完成校验的数据的百分比。如果数据校验通过，完全无误后，屏幕会出现"校验操作顺利完成"的字样。

以上操作可以修复升级失败的 BIOS 芯片，也可以制作 BIOS 备份芯片，将来如果 BIOS 被病毒破坏，只需换上备用的芯片或拔下芯片插到编程器上，调用原来备份的文件重写芯片即可。

编程器不但能刷主板的 BIOS，而且还能刷显示卡及其他设备的 BIOS，它实际上是 BIOS 复制与写入机器。只要 BIOS 芯片能插入编程器的插座，一般都能刷 BIOS。

实验 11

1. 实验项目
（1）CMOS 参数的设置。

（2）BIOS 程序升级。

2. 实验目的

（1）了解 CMOS 设置程序中各菜单的作用，掌握设置开机密码及启动顺序的方法。

（2）掌握 BIOS 刷新程序和 BIOS 文件的下载方法，了解 BIOS 程序的操作菜单及含义，掌握 BIOS 升级的步骤和方法。

3. 实验准备及要求

（1）一人或两人一组，配备能上互联网的计算机，准备记录的笔和纸。

（2）如果在 DOS 下升级 BIOS，准备一张 DOS 启动软盘或光盘。

（3）实验时每个同学独立操作，并做好记录。

（4）实验前老师要先做示范操作，讲解操作要领与注意事项，学生要在教师的指导下独立完成。

4. 实验步骤

（1）启动计算机，观察 POST 时的屏幕提示，按下相应功能键进入 BIOS 设置菜单。如果开机或进入 BIOS 有密码，先对 CMOS 放电，再重启计算机进入 BIOS 设置菜单。

（2）观察各主菜单及子菜单项，熟悉其含义及设置方法。

（3）把开机密码设置为每位同学的学号，开机顺序设置为光驱为第一启动盘。

（4）下载主板的 BIOS 刷新程序和 BIOS 更新文件。

（5）进入满足 BIOS 刷新程序的工作环境，运行 BIOS 刷新程序，熟悉其操作菜单。

（6）对 BIOS 进行升级操作。

5. 实验报告

（1）写明 BIOS 设置程序的主菜单和子菜单及作用。

（2）写出设置开机密码和光驱为第一启动盘的设置步骤。

（3）写明 BIOS 芯片的型号及更新文件的名称。

（4）写出升级 BIOS 的步骤。

习题 11

一、填空题

（1）上电自检是对系统几乎所有_____进行的检测。

（2）系统 BIOS 的启动代码首先要做的事情就是进行_____。

（3）CMOS 用来保存当前系统的_____配置信息和用户对 BIOS 设置_____的设定。

（4）BIOS 设置与 CMOS 设置准确的说法应该是通过_____中的设置程序对保存在_____中的系统参数进行设置或修改。

（5）若某项设置导致死机，用户一定要先将_____断开，然后清除_____数据。

（6）在 CMOS 设置时，可通过_____选择条的方式来选择要_____的项目。

（7）No-Execute Memory Protect 中文意思为_____，设为 Enabled 时，可防_____恶意攻击。

（8）为了使存储在 CMOS RAM 中的信息_____，必须使主板上电池的电压_____。

（9）写入 BIOS 的过程中不允许_____或半途_____。

（10）编程器可以修复升级_____的 BIOS 芯片，也可以制作_____备份芯片。

二、选择题

（1）当电源开始稳定供电后，芯片组便撤去 RESET 信号，CPU 马上就从地址（　　）处开始执行指令。

  A．FFFF0H   B．FFFF1H   C．FFFF2H   D．EEEE0H

（2）POST CODE 写入（　　）（地址）诊断端口。

  A．80H   B．70H   C．90H   D．80F

（3）设置系统参数的设置程序放在（　　）芯片中。

  A．CMOS   B．BIOS   C．RAM   D．CPU

（4）如果开机要密码除了设置管理员密码外，还必须把高级设置中的 Password Check 设为（　　）。

  A．Setup   B．Yes   C．System   D．No

（5）最早的 BIOS 升级都是在（　　）环境下进行的。

  A．Windows B．Linux   C．Unix   D．DOS

（6）Hard disk install failure 可能的原因有（　　）。

  A．硬盘坏   B．硬盘没接好 C．硬盘接线坏 D．硬盘没有格式化

（7）进入 CMOS 设置修改 CMOS RAM 数据的方法有（　　）。

  A．使用 BIOS 设置程序   B．使用系统提供的软件

  C．使用可读/写 CMOS 的应用软件 D．WinFlash

（8）CMOS 设置的注意事项有（　　）。

  A．不要改变未知的选项   B．尽量将各项参数设置得保守些

  C．遇到死机或黑屏先断电   D．能超频尽量超频

（9）HPET Mode 有（　　）。

  A．32 位 Mode B．16 位 Mode C．64 位 Mode   D．8 位 Mode

（10）BIOS 升级的方法有（　　）。

  A．在 DOS 下用 BIOS 刷新程序升级 B．在 Windows 用 BIOS 刷新程序升级

  C．在 CMOS 设置中升级 BIOS   D．用编程器对 BIOS 重写

三、判断题

（1）如果关键部件有问题，计算机会处于挂起状态，习惯上称为核心故障。 （　　）

（2）对于严重故障（致命性故障）则停机，此时由于各种初始化操作已完成，不能给出任何提示或信号。 （　　）

（3）BIOS 设置程序固化在 ROM 中，不是 BIOS 的一部分。 （　　）

（4）计算机开机密码可以用 DEBUG 命令清除。 （　　）

（5）编程器可以修复升级失败的 BIOS 芯片。 （　　）

四、简答题

（1）简述计算机的 POST 过程。

（2）BIOS 和 CMOS 的关系是怎样的？

（3）为什么要进行 CMOS 设置？

（4）试述设置开机密码的过程。

（5）为什么要进行 BIOS 升级，如何进行 BIOS 升级？

第12章

硬盘分区与格式化及操作系统
安装与优化

硬盘是电脑主要的存储媒介之一，在安装操作系统之前，需要对硬盘进行分区和格式化，然后才能使用硬盘保存各种信息。操作系统是控制程序运行、管理系统资源并为用户提供操作界面的系统软件集合。本章将讲述硬盘分区与格式化的概念，如何使用主流工具对硬盘进行分区，以及 Windows 7 系统的安装与优化。

12.1　硬盘分区与格式化

硬盘只有通过分区和格式化以后才能用于软件安装与信息存储，将硬盘进行合理的分区，不仅可以方便、高效地对文件进行管理，而且还可以有效地利用磁盘空间、提高系统运行效率。在安装多个操作系统时，也需要将不同的操作系统安装在不同的分区中，以满足不同功能和用户的需要。

12.1.1　分区与格式化的概念

新购买的硬盘并不能直接使用，必须对它进行分区和格式化后才能储存数据。如果把新买来的硬盘比喻成白纸，要把它变为写文章的稿纸，分区就好像给它规定可以写字的范围，格式化就好像给它画出写每一个字的格子。硬盘的格式化分为高级格式化与低级格式化。

在建立磁盘分区以前，必须对物理磁盘（Physical Disk）和逻辑磁盘（Logical Disk）有所了解。物理磁盘就是购买的磁盘实体，逻辑磁盘则是经过分区所建立的磁盘区。如果在一个物理磁盘上建立了 3 个磁盘区，每一个磁盘区就是一个逻辑磁盘，即物理硬盘上就存在 3 个逻辑磁盘。

硬盘分区有三种，即主磁盘分区、扩展磁盘分区和逻辑分区。一个硬盘可以有一个主分区和一个扩展分区，也可以只有一个主分区没有扩展分区，逻辑分区可以有若干个。主分区是硬盘的启动分区，它是独立的，也是硬盘的第一个分区，一般为 C 盘。分出主分区后，其余的部分可以分成扩展分区，一般是剩下的部分全部分成扩展分区，也可以不全分，那剩下的部分就浪费了。扩展分区是不能直接用的，它是以逻辑分区的方式来使用的，所以说扩展分区可分为若干逻辑分区。它们是包含与被包含的关系，所有的逻辑分区都是扩展分区的一部分。至于分区所使用的文件系统，则取决于要安装的操作系统。常见的操作系统能识别的文件系统如下。

纯 DOS（DOS 6.22 以下）：FAT16、DOS 7：FAT16\FAT32。

Windows 98：FAT16、FAT32。

Windows 2000、XP、Vista 和 Windows 7：FAT16、FAT32、NTFS。

Linux：EXT1、EXT2、EXT3。

低级格式化的作用是为每个磁道划分扇区，并根据用户选定的交错因子安排扇区在磁道中的排列顺序。将扇区 ID 放置在每个磁道上，并对已损坏的磁道和扇区做"坏"标记。高级格式化的作用是从逻辑盘指定的柱面开始，对扇区进行逻辑编号，建立逻辑盘的引导记录，文件分配表，文件目录表及数据区。它是在对硬盘分区的基础上进行的必不可少的工作。

12.1.2　硬盘的低级格式化

低格只能够在 DOS 环境下进行，低级格式化是一种损耗性操作，对硬盘寿命有一定的负面影响。低级格式化是在进行高级格式化之前的一项工作，每块硬盘在出厂时，已由硬盘生产商进行了低级格式化，因此通常使用者无需再进行低级格式化操作，只有在特殊的情况下才要求对硬盘进行低级格式化。

1. 低级格式化的原因

低级格式化工作已由硬盘厂家完成，新硬盘只需要进行分区和高级格式化。但是，也必须认识低级格式化，因为在必要时必须重复这项工作，即使它有可能对盘片上的磁介质造成损害。对硬盘进行低级格式化有以下几种情况：

（1）对使用了很长时间的硬盘，如果硬盘上出现很多坏道、坏扇区，会严重影响系统的稳定和数据的安全，这时可能丢失了扇区 ID，就必须考虑低级格式化。

（2）想通过改变交错因子来改善硬盘的数据传输速率，一般来讲也只有通过低级格式化才能达到目的。

（3）如果用分区的办法无法修复主引导记录和分区引导记录，这时只有进行低级格式化，才能在一块纯净的盘片上重建分区。

（4）硬盘上感染病毒，高级格式化不能消除时需要进行低级格式化。

2. 低级格式化的功用

（1）测试硬盘介质，并能标记、屏蔽坏扇区。

（2）为每个磁道划分扇区。

（3）安排扇区在磁道中的排列顺序。

3. 常用的低级格式化软件

（1）Lformat。Lformat 是专用的低级格式化软件。此软件精小、使用简单，能对大硬盘进行低格。

（2）磁盘管理工具 DM。磁盘管理工具 DM（Hard Disk Management Program）能对硬盘进行低级格式化、分区、高级格式化、磁盘校验、磁盘修复、分区合并等管理工作。该程序的功能强大，但操作较复杂。

12.1.3　硬盘分区

在使用硬盘时，是按照不同的区域存储数据的，硬盘分区就是划分区域的过程。划分好的每一个区域都称做分区。在分区的过程中，分区程序向 0 柱面 0 磁头 1 扇区写入主引导记录和分区记录表，并建立一个分区表链，向所有的逻辑驱动器写入链表记录。

1. 硬盘分区的特点

对于 DOS 和 Windows，硬盘分区可划分为主分区和扩展分区两种类型。

（1）主分区。一般用于安装操作系统的分区，包含操作系统启动所必需的文件和数据，并启动操作系统。

（2）扩展分区。扩展分区是在主分区以外的空间中建立的分区，它必须被分为一个或多个逻辑分区后才能使用，主分区和扩展分区的分布如图 12-1 所示。

2. 在对硬盘进行分区时，必须注意的问题

（1）硬盘上建立的第一个分区只能是主分区。

（2）一个硬盘最多可以分为四个主分区，一个扩展分区（相当于一个主分区）。图 12-1 中的分布相当于硬盘分了两个主分区，扩展分区可划分为 D～Z 的 23 个逻辑盘。

（3）主分区都可以作为活动分区，但同时有且只有一个分区是被激活的。活动分区的意义是在硬盘启动时，该分区的操作系统将被引导。例如，一般将 C 盘作为活动分区，所以硬盘启动时，会自动进入 C 盘的 DOS 或 Windows 系统。

（4）不同的分区可以安装不同的操作系统，从而起到相互间隔的作用。在硬盘上安装三个操作系统的布局如图 12-2 所示。

图 12-1　DOS/Windows 的硬盘分区布局　　　图 12-2　硬盘的多系统布局

3. 硬盘的分区格式

硬盘的分区格式常用的有四种，即 FAT16、FAT32、NTFS 和 Linux。

（1）FAT16。MS-DOS 和早期 Windows 9X 操作系统中最常见的磁盘分区格式，采用 16 位的文件分配表，能支持最大 2GB 分区，几乎所有的操作系统都支持这一格式。FAT16 分区格式有一个最大的缺点就是磁盘利用效率低。因为在 DOS 和 Windows 系统中，磁盘文件的分配是以簇为单位的，一个簇只能分配给一个文件使用，不管这个文件占用整个簇容量的多少，即使一个很小的文件也要占用一个簇，从而造成了磁盘空间的浪费。

（2）FAT32。这种格式采用 32 位的文件分配表，使其对磁盘的管理能力大大增强，并且突破了 FAT16 对每一个分区的容量只有 2GB 的限制。在 Windows 2000/XP 系统中，由于系统本身的限制，导致单个分区的最大容量为 32GB。采用 FAT32 格式分区的磁盘，由于文件分配表的扩大，运行速度比采用 FAT16 格式分区的磁盘要慢。另外，由于 DOS 6.22 及以下不支持 FAT32，因此采用这种分区格式后，就无法再使用 DOS 6.22 及以下的系统。

（3）NTFS。NTFS 文件系统格式具有极高的安全性和稳定性，在使用中不易产生文件碎片，它能对用户的操作进行记录，通过对用户权限进行非常严格的限制，使每个用户只能按照系统赋予的权限进行操作，充分保护系统与数据的安全。这种格式采用 NT 核心的纯 32 位 Windows 系统才能识别，用于 Windows 2000 以上的操作系统。

（4）Linux。Linux 与 Windows 一样作为操作系统，它的磁盘分区格式却完全不同。它包含两种磁盘分区格式，一种是 Linux Native 主分区，一种是 Linux Swap 交换分区。这两种分区格式的安全性与稳定性极高。Linux 的文件格式根据版本的不同可分为 EXT1、EXT2 和 EXT3。

4. 硬盘分区的常用工具软件

硬盘分区的工具软件有很多，常用的分区软件有 DOS 下的 FDISK 程序、Windows 自带的分区工具、DM、DISKMAN（DISKGENIUS）、分区魔术师 PM 等。

12.1.4 硬盘高级格式化

硬盘分区后还不能使用，要在每个分区内建立完整的存储系统后才能正常使用。建立存储系统的工作一般由 FORMAT 程序来完成，这个过程被称为高级格式化。在安装 Windows 操作系统时，安装程序提供了对磁盘分区与高级格式化的工具，因此，用它进行分区与格式化也极为方便。

1. 高级格式化的目的

（1）从逻辑盘指定的柱面开始，对扇区进行逻辑编号。

（2）在分区内建立分区引导记录，若用"FORMAT C:/S"则装入了 DOS 的 3 个系统文件（Command.com、Msdos.sys、Io.sys）。

（3）建立文件分配表 FAT。

（4）建立文件目录表和数据区。可以用"FORMAT/?"命令查看 FORMAT 命令的所有可用参数和格式化的方式，因参数不同会有不同的作用和结果。

2. 使用 FORMAT 时应注意的问题

（1）如果要将 DOS 装到主分区（一般为 C 盘），必须用以下命令格式化：

```
A:\FORMAT C:/S
```

该命令是在 C 盘上格式化并建立 DOS 系统文件，使该逻辑盘成为引导盘。

（2）对其余逻辑盘则只需执行以下命令：

```
A:\FORMAT [D:]
```

其中"[D:]"代表逻辑盘的盘符。

（3）DOS 6.0 以上版本的 FORMAT 命令仅创建 DBR、FAT、FDT，数据区的原有信息不会丢失，也就是说，经过 FORMAT 格式化的磁盘数据是可以用其他软件恢复的。

12.2 DM 的介绍及使用

DM 是由 Ontrack 公司开发的一款老牌的硬盘管理工具，在实际使用中主要用于硬盘的初始化，如低级格式化、分区、高级格式化等。由于其功能强劲、安装速度极快，绝大多数情况下硬盘分区及全部格式化不超过两分钟，成为用户装机之前的首选分区工具。由于各种品牌的硬盘都有其特殊的内部格式，针对不同硬盘开发的 DM 软件并不能通用，给用户的使用带来了不便。DM 万用版彻底解除了这种限制，可以用于任何厂家的硬盘。

12.2.1 DM 的功能

DM 提供简易和高级两种安装模式，以满足不同用户的各种要求。简易模式硬盘自动分区适合初级用户使用，DM 会根据用户硬盘的容量，预设分区方案，自动进行分区操作。高级模式主要针对高级用户而设计，可以由用户自己设定分区的个数及每个分区的参数，如分区大小、文件的分区格式是 NTFS 还是 FAT。DM10.0 版本可以支持 500GB 以上的大硬盘，可以实现 NTFS 格式，并支持鼠标操作。DM 支持硬盘的低级格式化，并且功能比许多 BIOS 附带的 Low Level Format 程序先进，甚至可以让某些 0 磁道出问题的硬盘"起死回生"。

12.2.2　DM 的特点

DM 适合于新硬盘，它重新擦写硬盘的原有数据，速度非常快。DM 不同于 FDISK 等分区工具，它不存在扩展分区的概念，所有分区依次逐个建立，第一个分区默认为主分区，自动激活，以后的分区则为逻辑驱动器。用 DM 进行分区及格式化，在速度上要明显优于 PQMagic、DiskGen，但 PQMagic 和 DiskGen 可以建立隐藏分区，而 DM 不能。DM 支持的对每个硬盘最大分区数为 16 个。DM 提供了可变的根目录项数（64、128、256、512、1024、2048）及可变的簇数（0.5K、1K、2K、3K、4K、8K、16K、32K、64K），这样用户对于不同的分区可以采用不同的分配簇数，大大提高了硬盘的利用率。

12.2.3　DM 的操作使用

DM 软件是一个高效率的磁盘管理软件，其主要功能有对硬盘分区、格式化（包括低级格式化）、磁盘清零、磁盘表面测试等。许多高级功能的使用必须在 DOS 提示符下输入 DM/M 才能生效。这里介绍 DM 基本功能的使用，有了这个基础，就可以自行学习高级功能。以 9.56 版为例，在 DOS 提示符下输入 "a:\DM" 后出现 DM 软件主界面，如图 12-3 所示。

DM 提供了一个自动分区的功能，完全不用人工干预，全部由软件自行完成，选择主菜单中的 "（E）asy Disk Installation" 即可完成分区工作。这种方式虽然方便，但是这样就不能按照意愿进行分区，因此一般情况下不推荐使用。此时可以选择 "（A）dvanced Options" 进入二级菜单，然后选择 "（A）dvanced Disk Installation" 进行分区的工作，如图 12-4 所示。

接着会显示硬盘的列表，如图 12-5 所示，直接按【Enter】键即可。

如果有多个硬盘，按【Enter】键后会提示选择需要对哪个硬盘进行分区的工作，然后是分区格式的选择，一般来说选择 FAT32 的分区格式，如图 12-6 所示。

图 12-3　DM 软件主界面

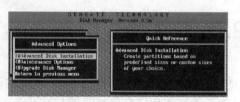

图 12-4　高级选项菜单

图 12-5　硬盘的列表

图 12-6　选择分区格式

接下来出现一个确认是否使用 FAT32 的窗口，这要说明的是 FAT32 与 DOS 的早期版本存在兼容性，也就是说在低于 DOS7.0 版本下无法使用 FAT32，然后弹出一个进行分区大小的选择，DM 提供了一些自动的分区方式，如果需要按照自己的意愿进行分区，则选择"OPTION（C）Define your own"选项，如图 12-7 所示。

图 12-7　选择分区方式

选择分区方式后就会提示输入分区的大小，首先输入主分区的大小，然后输入其他分区的大小。这个工作是不断进行的，直到硬盘所有的容量都被划分为止。完成分区数值的设定，会显示最后分区详细的结果，此时如果对分区不满意，还可以通过下面一些提示的按键进行调整，如【Del】键删除分区、【N】键建立新的分区。显示的分区结果如图 12-8 所示。

设定完成后要选择"Save and Continue"保存设置的结果，此时会出现提示窗口，再次确认设置。如果确定，则按【Alt+C】组合键继续；否则按任意键回到主菜单，如图 12-9 所示。

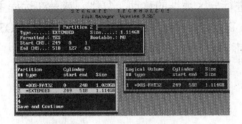

图 12-8　显示的分区结果

图 12-9　对分区进行确认

图 12-10　选择是否按照默认簇进行

对分区确认后出现提示窗口，询问是否进行快速格式化，除非硬盘有问题，否则建议选择"（Y）ES"选项。接着还有一个询问的窗口，询问分区是否按照默认的簇进行，选择"（Y）ES"选项。

最后出现的是最终确认的窗口，选择"（Y）ES"选项即可完成分区的工作，如图 12-10 所示。

此时，DM 就开始了分区工作，其速度很快，当然在这个过程中要保证系统不能断电。完成分区工作后会出现一个提示窗口，按任意键继续，接着就会出现重新启动的提示，这样就完成了硬盘分区工作。当然 DM 的功能还不仅如此，开始进入的是其基本的菜单，DM 还有高级菜单，只需要在主窗口中按【Alt+M】组合键即可进入其高级菜单，高级菜单中会多一些功能选项。要进行低级格式化必须进入高级菜单。

12.3　分区魔术师（PQMagic）的介绍及使用

PQMagic 全名是 PowerQuest Partition Magic（以下简称 PM），中文俗称硬盘分区魔术师，是著名的磁盘工具开发商 PowerQuest 出品的旗舰产品，专门针对硬盘分区设计，它具有功能强大、使用方便、可靠性高等特点。

12.3.1　PM 的功能

PM 可以在不损失硬盘中已有数据的前提下对硬盘进行重新分区、格式化分区、复制分区、移动分区、隐藏/重现分区、激活分区、从任意分区引导系统、转换分区（如将 FAT 转换为 FAT32）结构属性、磁盘分析和纠错等。它的功能非常强大，可以说是目前在这方面表现最为出色的工具。

PM 中还自带了几个实用的工具，对于一些有特殊需求的用户有极大帮助，在此进行简单的介绍。

（1）BootMagic。这是 PM 在安装时可选择安装的一个工具，安装后置于 Tools 菜单下，用于进行多系统的引导。

（2）DriveMapper。用于调整盘符，使程序和注册表所指向的原有盘符及时得到更新。

（3）PQBoot。用于改变系统主启动分区的工具，它通过修改主分区的活动标志（Active）来实现多分区启动，并且不会对 MBR 做任何修改，使用非常简便。

（4）PartitionInfo。用于显示包括硬盘主分区和扩展分区的引导记录在内的多种信息，可以把它提供的信息编成文档或打印出来，从而分析硬盘故障的症结所在。

（5）Remote Agent。针对网络用户进行硬盘分区远程管理的要求所提供的工具，可以在本地主机上通过它与安装有 PM 的远程主机间进行分区数据的移动、复制，或是在远程主机上建立、删除或检测分区。这一功能需要用 PM 的 Boot Disk Builder 来制作一张可以在 DOS 下使用 TCP/IP 协议和 Remote Agent 的软盘，并与网卡的驱动磁盘配合，在向导的指引下，即可轻松完成 Remote Agent 启动盘的制作。

12.3.2　PM 的特点

PM 作为一款功能强大而专业的磁盘管理工具，具有以下特点：

（1）浏览器风格的用户界面和以缩略图表示的硬盘分区更便于查看磁盘的情况。

（2）全新设计的分区复制向导，操作方便、功能强大，与 GHOST 有所不同的是它并不是制作成一个镜像文件，而是复制出一个完全相同的分区。虽然应用范围偏窄，但对于那些需要成批、快速装机的用户来说具有一定的使用价值。

（3）强大的反删除（Undelete）和撤销（Undo）功能，为操作的安全性提供了充分保证，从而避免了用户的误操作所带来的损失。

（4）提供了密码保护功能，从而避免了无关人员的误操作所造成的损失。

（5）独一无二的硬盘动态分区功能，在不破坏原有数据的基础上，可以任意调节各分区间的大小，彻底解决安装软件时磁盘容量不够的问题。

（6）支持多种文件系统格式，如 FAT16、FAT32、NTFS、Linux 的 EXT2 等。

12.3.3　PM 的操作使用

1. 注意事项

为了保证存储在磁盘上的数据安全，在使用 PM 对磁盘进行管理之前，应该记住如下事项。

（1）备份硬盘上的重要数据，而且最好不要备份在要进行操作的硬盘上，一旦发生意外，整个硬盘上的数据都可能丢失。

（2）运行 PM 前尽量退出其他应用程序，如果使用的是 DOS 版的 PM，则使用前要关闭第三方的磁盘缓冲程序。

（3）PM 正在操作时，千万不能非正常关机，也不能强行退出，否则，轻则丢失数据，重则硬盘无法自检，后果相当严重。

（4）一旦发现自己进行了误操作，如果还没有单击"Apply"（启用）按钮，则还有挽回的余地，只要执行撤销操作，再正常退出即可。

其实 PM 对于数据安全方面的设计已经卓有成效，因此只要胆大心细，完全可以做到真正的数据无损分区。

2. PM 的操作过程

下面通过对新装硬盘分区和划分逻辑盘来介绍 PM 的操作过程。

（1）启动 PM 之后在屏幕上出现的主菜单如图 12-11 所示。

（2）选择当前操作硬盘。在主菜单中，用鼠标单击"Disks"菜单项，然后在该选项的下拉子菜单中选择当前要操作的硬盘，本例中只有一个硬盘，故默认的硬盘就是本硬盘，显示的容量大小为 4096MB，并显示了硬盘当前分区的布局。

（3）建立主分区。选定当前要操作的硬盘后，再用鼠标单击"Operations"菜单项，然后在该选项的下拉菜单中选择"Create"（创建分区和逻辑盘）选项，如图 12-12 所示。

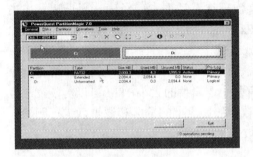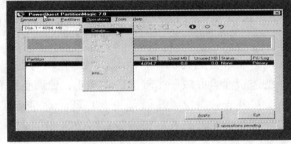

图 12-11　PM 主菜单　　　　　　　图 12-12　选择"Create"功能创建分区或逻辑盘

在选择"Create"选项后，将在屏幕上出现如图 12-13 所示的创建分区参数填写对话框"Create Partition"，在该对话框中，用户必须填写以下几项参数。

① 选择分区。单击"Create as"后的下拉按钮，在弹出的下拉菜单中有两个选项，即"Primary Partition"和"Logical Partition"，此处是创建主分区，故选择"Primary Partition"。

② 选择文件系统类型。单击"Partition Type"后的下拉按钮，在弹出的下拉菜单中有七个选项，如 FAT、FAT32 等，该实例是选择了"FAT"（即 FAT16）文件系统。

③ 确定分区大小。在"Size"项右边的框中输入主分区的容量。

④ 确定分区位置。该栏目有两个选项，指定所创建的分区（和逻辑盘）是位于硬盘空闲地区的开始处或者结束处。

以上四项参数填写完成并检查无误后，用鼠标单击"OK"按钮。已创建成功的主分区如图 12-14 所示（该例中是 C 盘）。

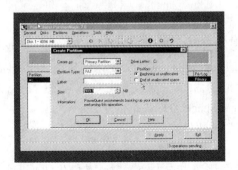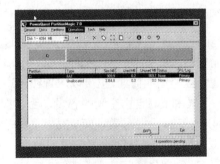

图 12-13　选择分区参数　　　　　　　图 12-14　已创建的主分区

（4）建立扩展分区中的逻辑盘。

① 在如图 12-14 所示的菜单中，用鼠标单击硬盘的剩余空间。

② 选定当前要操作的硬盘剩余空间后，再用鼠标单击"Operations"菜单项，然后在该选项的下拉菜单中选择"Create"选项。

③ 在选择"Create"选项后，将在屏幕上出现创建分区参数填写对话框"Create Partition"，该对话框中的内容与创建主分区时相同，不同之处在于该处是生成扩展分区中的逻辑盘，所以在图 12-13 的"Create as"项中需选择"Logical Partition"。

④ 将图 12-13 中的四项参数填写完成并检查无误后，用鼠标单击"OK"按钮。硬盘中如果还有剩余的空间，可继续创建扩展分区中的逻辑盘，创建方法同上，这里已将剩余的空间全部划为一个逻辑盘。至此，该硬盘的分区和逻辑盘的划分就完成了。

⑤ 完成全部设置操作。以上设置完成后，并未对该物理硬盘进行实际的分区和格式化操作。要完成以上全部设置操作，需要在确认所生成的逻辑盘设置后，在主界面单击"Apply"按钮，并且在随后出现的正式进行分区和格式化操作确认对话框中，经确认无误后，单击"Yes"按钮，如图 12-15 所示。在主界面中，单击"Exit"后，将出现一个提示框，单击"OK"按钮，重新启动系统以确认对物理硬盘的分区和格式化操作。

用户也许会遇到这样的情况，即想把现有的硬盘再划分出几个较小的逻辑盘；想把几个较小的逻辑盘合并成一个较大的逻辑盘；想调整现有几个逻辑盘的大小，PM 可以对硬盘进行动态分区和无损分区，也就是说，它可以对存储有数据的硬盘上的分区和逻辑盘进行删除、合并和调整容量，但并不影响硬盘各分区中的原有数据文件。

3. 分区容量大小调整的操作过程

（1）减小单个分区或逻辑盘的容量。

① 在 PM 主菜单中，选择"Partitions"中需要减小的逻辑盘，如 D 盘。

② 在 PM 主菜单中，选择"Operations"菜单项，并在其下拉菜单中选择"Resize/Move Partition"项，如图 12-16 所示。

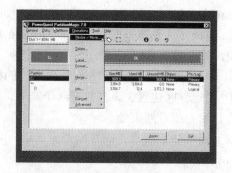

图 12-15　正式进行分区和格式化操作的确认对话框　　　图 12-16　改变分区或逻辑盘的容量

③ 在随后出现的如图 12-17 所示的分区或逻辑盘容量更改参数对话框的"New Size"中输入新址，该值不能小于 D 盘已被数据文件占用的容量空间。被划分出来的自由空间可以放置在该逻辑盘空间的前面，也可以放置在该逻辑盘空间的后面。如果放置在前面，需在"Free Space Before"框内填写自由空间的容量，否则应在"Free Space After"框内填写。

④ 对话框中的参数填写完成后，单击"OK"按钮结束。

（2）增大单个分区或逻辑盘的容量。

① 当单个分区容量小于 2037.6MB，并且该分区还有自由空间时，其操作同减小单个分区或逻辑盘容量的操作类似，在此不再讨论。

② 当单个分区容量大于 2037.6MB，并且采用 FAT16 文件系统时，如果该分区还有自由空间，此时要想扩大逻辑驱动器的容量，只有将 FAT16 分区转换为 FAT32 分区，因为 FAT16

文件系统的逻辑驱动器最大只能管理 2037.6MB。PM 本身就可以完成 FAT16～FAT32 的文件格式转换，并且速度快，而且在该逻辑盘上原来安装的数据文件不会丢失。

（3）分区间调整容量。

① 减少主分区，增大扩展分区的总量。在主分区中建立新的逻辑驱动器，创建后的逻辑驱动器将自动挡划为扩展分区的一部分，具体操作与减小单个分区或逻辑盘容量的操作相同。

② 增大主分区，减少扩展分区。在下拉菜单"Partitions"中选择扩展分区中的逻辑盘 D（如果扩展分区中有多个逻辑盘，则应选择第一个逻辑盘），执行"Operations"→"Resize/Move Partition"命令，在弹出的对话框的"New Size"中输入 D 盘的新址，被划分出来的自由空间，需在"Free Space Before"框内填写自由空间的容量，将其放置在该逻辑盘空间的前面。更改 D 盘容量的有关参数填写完成后，单击"OK"按钮结束。从扩展分区中被划分出来的自由空间如图 12-18 所示。

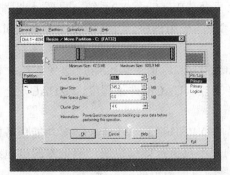 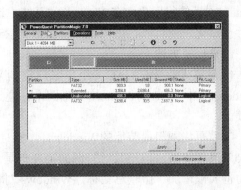

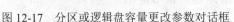

图 12-17　分区或逻辑盘容量更改参数对话框　　　图 12-18　从扩展分区划分出来的自由空间

再次在菜单中选择"Partitions"选项，然后在其下拉菜单中选择主分区中的逻辑盘（此例是 C 盘），执行"Operations"→"Resize/Move Partition"命令，在弹出的对话框的"New Size"中输入主分区 C 盘的新址，将被划分出来的自由空间加入 C 盘中。

更改主分区 C 盘容量的有关参数填写完成后，单击"OK"按钮结束。从扩展分区 D 盘中被划分出来的自由空间就被添加到主分区的 C 盘中。

最后单击"Apply"按钮，稍等片刻之后，分区将顺利扩容。

12.4　Windows 7 的安装

Windows 7是由微软公司（Microsoft）开发的桌面操作系统，核心版本号为Windows NT 6.1。由于微软宣布将在2014年取消对Windows XP的所有技术支持。因此Windows 7将是Windows XP的继承者，Windows 7 可供家庭及商业工作环境、笔记本电脑、平板电脑、多媒体中心等使用。

Windows 7 的设计主要围绕五个重点——基于应用服务的设计；用户的个性化体验；针对视听娱乐的优化；用户易用性改善的新引擎；针对笔记本电脑的特有设计。使用Windows 7 的用户在系统体验上将会明显的感觉到以下的特性：

（1）更易用。Windows 7做了许多简化用户操作的设计，如窗口半屏显示，快速最大化，系统故障快速修复等，这些新功能令Windows 7成为最易用的Windows操作系统。

（2）更快速 。Windows 7大幅缩减了Windows 的启动时间，在相同硬件配置下，Windows

7系统加载所耗费的时间只有Windows Vista的一半。

（3）更简单。Windows 7将会让搜索和使用信息更加简单，包括本地、网络和互联网搜索功能，直观的用户体验将更加高级，还会整合自动化应用程序提交和交叉程序数据透明性。

（4）更安全。Windows 7改进了基于角色的计算方案和用户账户管理，并且将数据保护和管理扩展到外围设备。

（5）更好的连接。Windows 7进一步增强了移动工作能力，无论何时、何地、任何设备都能访问数据和应用程序。无线连接、管理和安全功能会进一步扩展，从而在性能、功能方面得到优化，拓展了多设备同步、管理和数据保护功能。另外Windows 7会带来灵活的计算基础设施，包括胖、瘦、网络中心模型。

（6）更好的系统兼容性。微软已经宣称 Windows 7 将使用与 Vista 相同的驱动模型，即基本不会出现类似 XP 至 Vista 的兼容问题。通过使用微软新一代的虚拟技术——Windows virtual PC，使得用户能在Windows 7系统中运行免费合法Windows XP系统。只要处理器支持硬件虚拟化，就可以在虚拟机中自由运行只适合于XP的应用程序，并且即使虚拟系统崩溃，处理起来也很方便。

（7）更人性化的UAC（用户账户控制）。Vista的UAC可谓令Vista用户饱受煎熬，但在Windows 7中，UAC控制级增到了四个，通过这样来控制UAC的严格程度，令UAC安全又不繁琐。

（8）更华丽但最节能的Windows。 相对于之前的XP和Vista，Windows 7多功能任务栏的Aero效果更华丽，但是其对资源的消耗却是最低的。不仅执行效率更快，笔记本的电池续航能力也大幅增加。微软总裁称，Windows 7将成为最绿色，最节能的系统。

（9）支持触摸的Windows。Windows 7 原生包括了触摸功能，系统支持10点触控。

12.4.1 Windows 7 对硬件的要求

安装 Windows 7 对系统的最低配置需求如表 12-1 所示。

表 12-1 系统需求最低配置表

设 备 名 称	基 本 要 求	备 注
CPU	1GHz 及以上	最低内存是 512MB，小于 512MB 安装时会提示内存不足
内存	1GB 及以上	Windows 7 安装好后大约会使用 7GB 左右的空间，因此最好保证安装分区有 20GB 以上的可用空间
硬盘	20GB 以上可用空间	128MB 为打开 Aero 最低配置，如果不打开 64MB 也可以
显卡	有 WDDM1.0 或更高版驱动的集成显卡 64MB 以上	光盘安装系统时用。如果需要，可以用 U 盘安装 Windows 7，但是需要提前制作 U 盘引导盘
其他设备	DVD-R/RW 驱动器或者 U 盘等其他储存介质	需要通过联网/电话来进行激活授权，否则用户只能进行为期 30 天的试用评估
	互联网连接/电话	

12.4.2 Windows 7 的安装步骤

由于 Windows XP 用户无法直接升级到 Windows 7，而微软只为 XP 用户提供了称作"自定义安装"的升级方式，使用这种方式，XP 用户必须删除硬盘上的所有文件才能将当前电脑升级为 Windows 7，因此使用这种方式进行安装与"全新安装"在本质上没有任何区别。

目前 Windows 7 的安装有三种方式：光盘安装、硬盘安装与 U 盘安装。在这里我们主要介绍一下 Windows 7 的光盘安装与 U 盘安装。

1．Windows 7 的光盘安装

Windows 7 的版本很多，一般可以分为以下几种。

（1）Windows 7 简易版。Windows 7 简易版保留了 Windows 为大家所熟悉的特点和兼容性，并吸收了在可靠性和响应速度方面的最新技术进步。用户可以加入家庭组（Home Group），任务栏有不小的变化，也有 JumpLists 菜单，但没有 Aero。

（2）Windows 7 家庭普通版。可以使日常操作变得更快、更简单。 用户可以更快、更方便地访问使用最频繁的程序和文档。

（3）Windows 7 家庭高级版。支持 Aero Glass 高级界面、高级窗口导航、改进的媒体格式支持、媒体中心和媒体流增强（包括 Play To）、多点触摸、更好的手写识别等等。用户可以轻松地欣赏和共享您喜爱的电视节目、照片、视频和音乐，从而获得最佳的娱乐体验。

（4）Windows 7 专业版。提供办公和家用所需的一切功能。支持加入管理网络（Domain Join）、高级网络备份等数据保护功能、位置感知打印技术（可在家庭或办公网络上自动选择合适的打印机）等。Windows 7 专业版具备用户所需要的各种商务功能，并拥有家庭高级版卓越的媒体和娱乐功能。

（5）Windows 7 Enterprise（企业版）。提供一系列企业级增强功能 BitLocker，内置和外置驱动器数据保护 AppLocker，锁定非授权软件运行 DirectAccess，无缝连接基于 Windows Server 2008 R2 的企业网络；Virtualization Enhancements（增强虚拟化）；VHD 引导支持等等。

（6）Windows 7 旗舰版。集各版本功能之大全，不仅具备 Windows 7 家庭高级版的所有娱乐功能和专业版的所有商务功能，同时增加了安全功能以及在多语言环境下工作的灵活性。

下面简要介绍一下使用安装光盘来安装 Windows 7 的操作过程。

（1）将 Windows 7 安装光盘放入光驱，在电脑启动时进入 BIOS 并把第一启动设备设置为光驱，按【F10】键保存设置并退出 BIOS。电脑自动重启后出现如图 12-19 所示提示，请按键盘任意键从光驱启动电脑。

（2）按下任意键后，开始加载安装程序文件。如图 12-20 所示。

图 12-19　Windows 7 安装光盘启动界面　　　图 12-20　加载安装程序文件

（3）安装程序文件加载完成后出现 Windows 7 安装界面，因为 Windows 7 安装光盘是简体中文的，所以这里全部选择默认值，单击【下一步】按钮。如图 12-21 所示。

（4）出现许可协议条款，选中"我接受许可条款"复选框，单击【下一步】按钮。如图 12-22 所示。

（5）出现安装类型选择界面，因为我们不是升级安装，所以选择自定义（高级）选项。如图 12-23 所示。

（6）出现安装位置选择界面，在这里选择安装系统的分区，如果要对硬盘进行分区或格式化操作，单击"驱动器选项（高级）"。如图 12-24 所示。

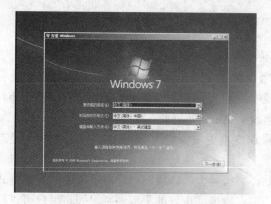

图 12-21　Windows 7 安装界面

图 12-22　许可协议条款界面

图 12-23　Windows 7 安装类型选择界面

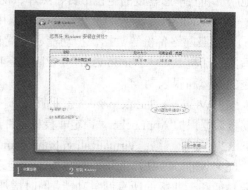

图 12-24　驱动器选项界面

图 12-25　分区选择以及格式化界面

（7）对硬盘进行分区，也可对分区进行格式化。如图 12-25 所示。

在这里需要注意，如果 Windows 7 安装在一个全新的硬盘上时，会自动分出一个 100MB 大小的系统保留分区，创建这个分区的几个主要原因（微软的解释）：

Bitlocker requires that the boot files and Windows files be separated.（BitLocker 的规定，引导文件和 Windows 文件要分开。）Also，this system partition may be used by utility software，such as backup problems， to support dualboot scenarios.（此外，此系统分区可以使用实用软件，如备份，支持双启动的情况。）Protect against deletion.（防止误删除。）If files saved on system partition， it is easy to lose the boot files due to a format when reinstalling the operation system on system partition.（如果启动文件保存在系统分区，很容易因为系统分区上的重装活动，而格式化丢失这些启动文件。）The drive received no drive letter as further protection against accidental deletion of the boot files.（该驱动器没有盘符可以很好的的阻止意外删除引导文件。）

出现这样的分区给我们带来的坏处：

不能使用 Ghost 版系统光盘来安装 Windows 7，仅能使用安装版进行一步一步地安装。安装完系统后，不能使用 Wingho、OneKey Ghost 等一键还原类的软件进行备份系统。

Norton Partition Magic 无法正常使用，如果你尝试修复这 100MB 分区，会导致已安装的 Windows 7 无法引导。带 100MB 分区的 Windows 7 激活很麻烦，总不成功。

解决方法：

将 Windows 7 引导文件复制到 C 盘，在运行文本框中输入"cmd"，在打开的对话框中键入"bcdboot c:\windows /s c:"这意味着将启动文件从 c:\windows 复制到 c:\，然后在分区软件（Diskgen）中将 c 盘设为活动，删除 100MB 隐藏分区即可。

继续开始我们的安装进程。选择好安装系统的分区后，单击【下一步】按钮。由于 Windows 7 在安装时会自动对所在分区进行格式化，所以这里可以无须对安装系统的分区进行格式化。Windows 7 开始安装，如图 12-26 所示。

（8）安装过程完成后，系统会自动重启，接下来会出现相关的用户信息设置。设置用户账号、设置账号密码，如果这里不设置密码（留空），以后电脑启动时就不会出现输入密码的提示，而是直接进入系统。如图 12-27 所示。

图 12-26　Windows 7 安装过程

图 12-27　用户设置界面

（9）设置系统更新方式，建议选择推荐的选项。如图 12-28 所示。

（10）设置电脑的日期和时间后，重新启动，将进入系统桌面。如图 12-29 所示。

图 12-28　设置系统更新方式

图 12-29　Windows 7 系统桌面

（11）系统安装完成后，别忘了对系统进行激活。如图 12-30 所示。

2．Windows 7 的 U 盘安装

现在主流的电脑，特别是笔记本已经不再将光驱作为标准配置提供，而现在的主板则支持从 USB 启动，因此这样的机器如果需要重装系统，可以通过带启动功能的 U 盘来进行 Windows 7 的安装。微软发布了一款自动转换工具 Windows 7 USB/DVD Download Tool，大大方便了这种操作过程。只需运行该程序，然后选择下载好的 Windows 7 的 ISO 文件，并选择制作 USB 闪盘或制作 DVD 光盘，程序便会自动为你制作好可启动的 Windows 7 安装 U 盘或刻录成 DVD 光盘了。工具下载如图 12-31 所示。

图 12-30　Windows 7 系统激活

图 12-31　Windows 7 USB/DVD Download Tool 下载页面

（1）将软件下载、安装到本地磁盘，运行后将会出现图 12-32 所示界面：

（2）选择需要安装的 Windows 7 ISO（镜像）文件，然后选择 USB device。如图 12-33 所示。

图 12-32　Windows 7 USB/DVD Download Tool 软件主界面　　　图 12-33　选择工具制作的介质

（3）在下拉菜单中选择 U 盘的类型。如图 12-34 所示。

（4）单击"Begin copying"后，系统开始格式化 U 盘，然后复制相关的启动文件，以及 Windows 7 的安装文件到 U 盘上。如图 12-35 所示。

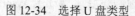

图 12-34　选择 U 盘类型　　　　图 12-35　windows 7 系统文件复制过程

制作完成后，在 BIOS 中设置启动项为支持从 U 盘启动，剩下的安装过程可以参考上节的光盘安装过程。

12.4.3 安装操作系统需要注意的问题

（1）对硬盘进行合理分区，选择适合的文件系统格式。在安装系统之前，首先应该对硬盘进行合理的规划。一般来说，操作系统会安装在硬盘的第一个分区上，由于 Windows 7 操作系统所具有的功能较多，因此其系统文件所占用的硬盘空间也相应增加；再考虑到应用软件和杀毒软件的安装，另外还要划出一部分空间作为系统运行所需的虚拟内存，建议 C 盘的空间至少要在 30GB 以上，这样可以保证系统流畅地运行。现在常用的文件系统格式一般为 FAT32 和 NTFS。

NTFS 具有更高效的文件读取速度，并且支持文件加密管理功能，为用户提供更高层次的安全保证。因此，NTFS 常用于服务器版本（如 Windows Server 2008）的系统中。由于 NTFS 在 DOS 下无法识别，这样如果系统崩溃，则很难通过常规手段对其进行恢复。因此对于普通用户建议使用 FAT32 系统文件格式；对于高级用户来说，NTFS 是最佳的选择。

（2）硬件驱动的安装。操作系统安装完成后，最重要的就是进行机器硬件的驱动程序安装，如果驱动程序安装不正确，将会给操作系统带来致命的问题。Windows 特有的蓝屏现象，其中绝大多数都是由于驱动程序安装不正确，或是安装了没有经过微软验证的驱动程序所造成的。因此，建议在选择驱动程序时尽量到官方网站中下载。

（3）安装系统补丁。由于操作系统是一个庞大而复杂的管理控制软件系统，因此其本身难免会存在各种漏洞，这些漏洞往往被病毒、木马、黑客等利用，从而影响用户系统的稳定与安全。补丁就是操作系统厂商对已发现的缺陷进行修补的程序。因此当安装完操作系统后，需要及时安装系统补丁程序，以增强系统的安全性，使系统更稳定。可以使用 Windows 7 系统自带的更新程序，也可以使用 360 安全卫士等第三方软件来对系统进行"打"补丁。

12.5 多操作系统的安装

随着计算机科学技术的不断发展，操作系统的更新速度也越来越快，从早期的 DOS、Windows 3.2、Windows 95、Windows 98、Windows 2000 到现在的 Windows XP、Vista、Windows 7，每个操作系统都有其各自的优势和劣势。

12.5.1 多操作系统的意义

（1）了解非主流和最新的操作系统。除了 Windows 7 系统，微软还不断推出新版本的操作系统，如目前流行的 Vista、Windows Server 2003 及最新的 Windows 8、Windows Server 2008。从 Vista 开始还分别推出了 X-32bit 和 X-64bit 两个版本。可能有些用户还想了解一些非主流的操作系统，如 Linux、BeOS 等。如果安装每个操作系统都需要格式化硬盘，就会很麻烦，因此在计算机中安装多操作系统就成了非常实际的选择。

（2）使用不同版本的应用软件。对应用软件有一定了解的用户都知道，有些软件只能在特定的操作系统下运行，有的只能在 Windows 7 下运行，有的则只能在 Windows Server 下运行，还有的只能在 Linux 下运行。如果计算机中只安装了一种操作系统，但使用的软件却不支持，那么就只能重装系统。

（3）保护系统和数据安全。在单机上安装多操作系统后，可以随意地在某一系统中试用各种最新版本的应用软件或进行软件测试，一般情况下不会影响到另一个操作系统的安全。这样即使其中的一个操作系统被损坏，也可以通过另外一个操作系统对数据进行备份，从而最大限度地保护了数据的安全。

12.5.2　多操作系统的原理

1. 系统引导过程

一般情况下，系统加电自检通过以后，硬盘被复位，系统 BIOS 会根据用户设置的启动顺序从软盘、硬盘、光驱、USB 设备进行启动。如果是硬盘启动系统，BIOS 会将主引导记录读入内存，然后将控制权交给主引导程序，检查分区表的状态，寻找活动的分区，最后由主引导程序将控制权交给活动分区的引导记录，再由引导记录加载操作系统，这样便完成了整个启动过程。

对于 Windows 2000/XP 操作系统来讲，都是通过 NTLDR 程序负责将其装入内存的。引导装入程序和多重引导都由一个具有隐含属性的初始化文件 BOOT.INI 控制，该文件包括了控制计算机可用的操作系统设置、默认引导的操作系统、默认等待的时间等信息。

对于 Windows 7 操作系统，是通过系统引导工具 Bootmgr 来加载系统的启动配置文件 C:\boot\bcd，这里的 bcd 不是基于文本的，而是基于数据库，这也是基于安全性的考虑，微软专门提供了一个修改 bcd 的应用程序 Bcdedit 来修改相应的参数。最后通过启动 winload.exe 来加载系统核心文件。

2. 如何实现多操作系统

通过对系统引导流程的分析，可以看出实现多操作系统有三种方法。

（1）设置物理硬盘的引导顺序。对于多硬盘用户来说，如果计算机中安装了多块硬盘，只需要在不同硬盘上安装相应的操作系统，然后在 BIOS 中指定硬盘的启动顺序即可。这种方法不存在任何兼容性问题，而且各个操作系统之间相互独立。

（2）修改主引导程序对于单硬盘用户来说，如果希望实现多操作系统并存，则需要通过修改主引导记录或者修改主分区第一个扇区引导代码的方法来实现，这些过程一般是由 Windows 或者第三方工具软件完成的。

（3）使用虚拟机。通过使用 VMware、Virtual PC 等工具软件从原有硬盘中划分出一部分空间和内存容量来创建虚拟机，然后在虚拟机中进行分区、格式化，安装操作系统等。这样做的好处是不会影响原有的系统，而且可以真正做到同时运行不同的操作系统。

12.5.3　多操作系统的实现方法

1. Windows XP/Windows 7

在这两者之间，没有原则上的先后顺序，既可以先安装 Windows XP，也可以先安装 Windows 7，但是需要注意的是，如果将双系统装在一个分区，则不便于系统维护，最好是分别装在不同的分区中。另外，如果先安装 Windows 7，后安装 Windows XP，则后装的 Windows XP 将会覆盖 Windows 7 的启动项，虽然可以恢复双系统启动，但是比较麻烦，需要借助修复软件修复，因此，建议先装低版本的系统，然后再装高版本的。

2. Windows 7/Linux

由于 Windows 7 与 Linux 之间存在着巨大的差异，因此要实现这样两个系统的共存，相对来说会比较复杂。安装顺序是先安装 Windows 7，然后再安装 Linux。在安装 Linux 的时候，需要注意配置系统引导所在分区，在"配置高级引导装载程序选项"中，如果选择将 grub 安装在 sda 盘上，则会覆盖 Windows 7 所写的引导记录，这样 Linux 将成为主系统，Windows 7 的初始引导将由 grub 来完成。如果 grub 出现问题，则 Windows 7 也无法启动。因此，一般选择将 grub 不安装在 sda 盘上。通过这样的方式安装的 Linux，需要第三方软件（如 easyBCD）来添加启动项。

12.6 系统优化

电脑使用者经常会有这样的疑问：一台 PC 经过格式化，新装上系统时，速度很快，但使用一段时间后，经常会出现电脑卡死、假死，网页打不开或者打开很慢、开关机需要 30 秒以上，以及运行大型程序后打开任何文件都很慢等情况。硬件没有改变过，为什么机器的性能却有这么大的变化？有什么方法可以在不重新安装系统的情况下，提高性能呢？在这里需要引入一个新的概念——"系统优化"。

12.6.1 什么是系统优化

系统优化原来是系统科学（系统论）的术语，现在常用作计算机方面的术语。通过对系统的优化，尽可能减少不必要的系统服务加载项以及自启动项；尽可能减少系统中不必要的进程；尽可能减少磁盘中的垃圾文件（缓存文件、软件删除留下的无用注册文件、磁盘碎片等）从而空出更多的磁盘资源供用户支配。系统优化可以提高系统的稳定性，而且基本对硬件无害。

12.6.2 系统优化的好处

在机器硬件没有变动的情况下，为什么感觉用过一段时间后，机器的性能明显下降，出现这种现象固然与系统中的软件增加、负荷变大有关系。但问题是，添加新软件并不是造成系统负荷增加的唯一原因，比如硬盘碎片的增加，软件删除留下的无用注册文件，都有可能导致系统性能下降。因此需要对系统资源、系统服务、垃圾文件进行优化和清理，只要随时对电脑系统进行合理的维护、优化，养成良好的使用习惯，就可以使电脑永远以最佳的状态运行。

12.6.3 如何进行系统优化

通过对造成系统性能下降的主要原因进行分析，可以从以下几个方面对系统进行优化。

1. 合理使用硬盘

怎样才能合理使用硬盘呢？根据本书前述有关硬盘的内容，了解到硬盘上分区的分布是从外圈向内圈的，越靠外的磁道上的单个扇区，其体积越大，换句话就是越靠外的磁道上单个扇区，其密度越小。由于硬盘是机械传动，所以磁头对其的寻找、读、写速度也就越快，C盘相对于 D 盘等要靠外，这就是 C 盘比 D、E 等盘要快的原因。在安装操作系统和应用软件的时候，需要合理选择相应的分区。一般来说，C 盘上只安装操作系统、Office 以及杀毒软件等必备的软件。各种应用软件、安装游戏、影音文件放在除 C 盘的其他分区里。定期对 C 盘进行磁盘碎片整理。另外可以使用优化软件将"我的文档"、"网页缓存"、"上网历史"、

"收藏夹"等经常要进行读、写、删除操作的文件夹设置到其他分区里来尽量避免其所产生的磁盘碎片降低硬盘性能。

2. 善待"桌面"

在电脑不断的使用过程中，会发现安装的应用程序越来越多，桌面上相关的快捷方式、各种文档、各种临时文件夹等越来越多，清爽的"桌面"变成了一个让人眼花缭乱的大"垃圾场"，甚至会让人觉得显示屏是不是应该再大点。这是个很坏的使用习惯，殊不知桌面上所有的内容，其实都是放在C盘上的，这样会造成系统资源占用过大而使系统变得不稳定。因此，需要合理规划桌面，对于不常用的快捷方式可以放在"开始菜单"或"任务工具栏"中。对于文档或临时文件，可以将其放在其他的磁盘分区中，桌面上只留下指向它的快捷方式即可。

3. 虚拟内存的设置

将虚拟内存设置成固定值已经是个普遍"真理"了，而且这样做是十分正确的，但绝大多数人都是将其设置到C盘以外的非系统所在分区上，而且其值多为物理内存的2~3倍。多数人都认为这个值越大系统的性能越好、运行速度越快。但事实并非如此，因为系统比较依赖于虚拟内存，如果虚拟内存较大，系统会在物理内存还有很多空闲空间时就开始使用虚拟内存了，那些已经用不到的东西却还滞留在物理内存中，这就必然导致内存性能的下降。因此建议虚拟内存的大小设置为内存的1至1.5倍。如果C盘足够大，建议将虚拟内存就设置在C盘，如果内存足够大，完全可以将其禁用。

4. 减少不必要的自启动程序，关闭不必要的系统服务

自启动程序指随操作系统一起启动的程序，系统服务指执行指定系统功能的程序、例程或进程，以便支持其他程序，尤其是底层（接近硬件）程序。因此，自启动程序、系统服务过多将严重的占用系统资源，甚至会造成严重的系统安全隐患。

5. 慎用"安全类"软件

"安全类"软件一般指实时性的防病毒软件和防火墙。那么在同一个系统内，是不是杀毒软件、防火墙装得越多，就越安全呢？其实不然，现在主流的杀毒软件在杀毒原理上其实是没有多大区别的，区别在于其使用的杀毒引擎、杀毒方式，因此，完全没有必要装过多的杀毒软件。这样不仅会占用大量的系统资源和CPU资源，而且有的杀毒软件之间还存在冲突，这样给系统的稳定性造成极大的隐患，因此安装一个防病毒软件就足以应付日常的防护需要。防火墙是主机与外部网络之间的安全功能模块，是按照一定的安全策略建立起来的硬件和软件的有机组成体，其目的是为主机提供安全保护，控制网络访问机制。由于防火墙是根据安全策略来对网络访问进行控制的，因此如果策略配置出现错误，不仅会带来相应的网络访问故障，而且还会带来极大的安全隐患。

12.6.4　系统优化软件的使用

由于对系统的优化会涉及注册表、系统服务、系统分区、系统文件等，对于普通用户，一旦不小心进行了错误的操作，不仅不能对系统进行优化，反而会造成系统崩溃。值得庆幸的是，现在出现了一大批具有图形界面、功能丰富的系统优化软件，其典型代表：国内有 Windows 优化大师、超级兔子、金山卫士、奇虎360安全卫士等；国外有 Advanced SystemCare（英国）、Toolwiz Care（新加坡）、TuneUp Utilities（德国）等。

下面分别对 Windows 优化大师、TuneUp Utilities 进行介绍。

1. Windows 优化大师

Windows 优化大师是一款功能强大的系统辅助软件，它提供了全面有效且简便安全的系统检测、系统优化、系统清理、系统维护四大功能模块及数个附加的工具软件。使用 Windows 优

化大师，能够有效地帮助用户了解自己的计算机软硬件信息；简化操作系统优化步骤；提升计算机运行效率；清理系统运行时产生的垃圾；修复系统故障及安全漏洞；维护系统的正常运转。

Windows 优化大师的主界面如图 12-36 所示。

主界面的左边是系统功能菜单，里面包含了"系统检测"、"系统优化"、"系统清理"以及"系统维护"四大功能模块。主界面的右边分别提供了"一键优化"以及"一键清理"功能，可以方便使用系统默认的基本配置对系统进行相应的优化处理。

在"系统检测"中，可以看到系统的环境信息和基本硬件信息。如图 12-37 所示。

图 12-36 Windows 优化大师主界面

图 12-37 系统检测信息

"系统优化"对系统中可以优化的部分进行了详细的分类，其中包括了设置磁盘缓存、虚拟内存、内存整理等。如图 12-38 所示。

设置系统自启动项。如图 12-39 所示。

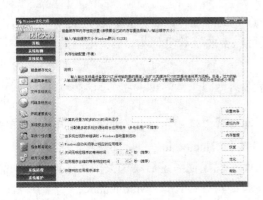

图 12-38 系统优化主界面

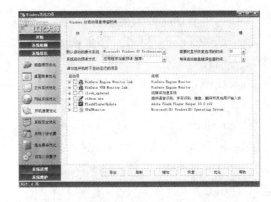

图 12-39 系统自启动项

设置系统服务。如图 12-40 所示。

"系统清理"用于对系统里的各种垃圾文件、垃圾信息进行清理。其中包括注册表信息、磁盘文件、DLL 文件、Active X/COM 组件、历史记录，系统补丁等。如图 12-41 所示。

"系统维护"用于对磁盘分区的检查与管理、磁盘碎片管理、智能驱动备分、系统文件的备份与恢复等。如图 12-42 所示。

2. TuneUp Utilities

TuneUp Utilities 是一款德国的重量级系统优化软件。使用创新技术"TuneUp Programs-on-Demand Technology"（程序停用管理技术）的 TuneUp Program Deactivator，通过将 PC 上需要占用大量资源的程序转入"待机"模式，而不是卸载它们，在其需要使用时即时激活、恢复其功能，从而带来系统更高的性能。TuneUp Utilities 的功能丰富，主要工具包括：系统改造/分析、系统加速、一键维护、磁盘检测与修复、注册表清理、文件还原/清理等。

系统安装好后，主界面如图 12-43 所示。

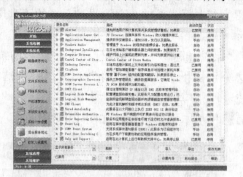

图 12-40　系统服务

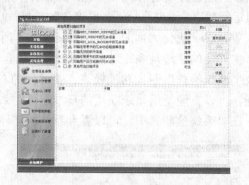

图 12-41　系统清理

图 12-42　系统维护

图 12-43　TuneUp 主界面

系统的主要功能分为系统状态、性能优化、计算机清理、问题修复、自定义 Windows。

TuneUp Economy Mode（节能模式）：该模式可以全面延长笔记本、平板电脑的电池寿命，降低电力消耗。

TuneUp Turbo Mode（加速模式）：通过向导模式禁用不必要的系统后台服务，将资源优化给前台正在使用的任务。

Flight Mode（飞行模式）：旅行中安全工作，并节省电池电量。其功能与手机中的飞行模式类似，用来关掉所有的无线连接设备，包括 WIFI 和 Bluetooth。

TuneUp Utilities 支持"一键维护"功能，从而实现优化系统启动和关闭程序的时间，优化清理注册表、清理浏览器、整理磁盘碎片和注册表结构等；单击"Maintenance"下的"Scan Now"，将对系统进行扫描；单击"弹出清单"下面的"Run maintenance"将对系统进行优化清理。如图 12-44 所示。

在"性能优化"功能菜单中，可以对开机启动项进行控制，并且可以配置应用程序"激活"功能（TuneUp Programs-on-Demand Technology）。另外，还可以对注册表，磁盘碎片以及系统启动和关闭进行相应的优化。如图 12-45 和图 12-46 所示。

"计算机清理"功能可以对硬盘中存储的文件进行相应的分析，找到损坏的文件、重复的文件，浏览器中的缓存文件等。如图 12-47 所示。

"问题修复"可以检测并修复硬盘错误，恢复误删除的文件，并且提供类似操作系统的资源管理器功能。如图 12-48 所示。

"自定义 Windows"功能，可以完美打造属于自己的 Windows 风格。包括自己的"开始"菜单、任务栏、图标、系统外观，甚至可以设置自己的登录界面。如图 12-49 所示。

图 12-44　一键维护菜单

图 12-45　开机启动选项

图 12-46　应用程序"激活"功能

图 12-47　计算机清理功能界面

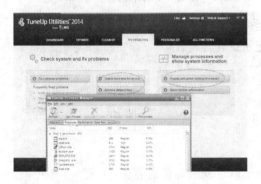

图 12-48　问题修复功能界面

图 12-49　"自定义 Windows"功能

实验 12

1. 实验项目

硬盘分区、Windows 7 操作系统的安装，使用 Windows 优化大师对系统进行优化。

2. 实验目的

（1）熟练运用 DM 对硬盘进行分区。

（2）熟练运用 PM 对分区容量进行调整、激活分区、隐藏分区、进行文件系统格式转换。

（3）掌握用光盘和 U 盘对 Windows 7 操作系统的安装方法。

（4）掌握通过软件对系统进行优化的方法。

3. 实验准备及要求

（1）DM、PM 工具盘各一张，Windows 7 安装光盘一张，Windows 优化大师及 P4 以上电脑一台。

（2）要求将硬盘分为四个分区，并设置第一个分区为活动分区。

（3）分别使用 Windows 7 安装光盘和手工制作的 Windows 7 安装 U 盘启动盘安装操作系统。

（4）在不损坏系统的情况下，将第二个分区与第一个分区合并，同时将第三个分区与第四个分区合并。

（5）使用 Windows 优化大师对系统进行优化，体会优化前后系统的性能改变。

4. 实验步骤

（1）使用 DM，将硬盘按要求进行分区，并进行高级格式化。

（2）设置机器从光驱启动，并使用 Windows 7 安装光盘进行系统安装。

（3）使用 Windows 7 U 盘启动盘进行系统安装。

（4）使用 PM 按要求对分区进行合并。

（5）使用 Windows 优化大师对系统的服务，自启动项等进行设置，对系统中的"垃圾"进行清理。

（6）整理记录，完成实验报告。

5. 实验报告

（1）分别使用 DM 与 PM 对系统进行分区，并且进行高级格式化。记录操作流程及完成操作所需的时间。

（2）分别使用 Windows 7 安装光盘和 Windows 7 U 盘启动盘进行两次系统安装，对两个安装好的系统进行比较，并进行详细记录。

（3）使用 PM 按要求对分区进行合并，并进入系统，观察合并前后的区别，记录操作流程。

（4）体会系统优化前后，系统性能的改变，记录优化过程。

习题 12

一、填空题

（1）硬盘只有通过_____和_____以后才能用于软件安装与信息存储。

（2）硬盘的格式化包括_____和_____。

（3）Lformat 是专用的_____格式化软件。

（4）硬盘在使用时，是按照不同的区域_____，_____就是划分区域的过程。

（5）硬盘的分区格式常用的有四种，即_____、_____、_____和_____。

（6）DM 提供_____和_____两种安装模式，以满足不同用户的各种要求。

（7）PM 具有独一无二的____功能，在不破坏原有数据的基础上，可以____各分区间的大小，彻底解决安装软件时的磁盘容量不够的问题。

（8）Windows 7 的两种安装方式分别为____和____。

（9）操作系统厂商对已发现的缺陷进行修补的程序简称为____。

（10）实现多操作系统的方法有____和____。

二、选择题

（1）对硬盘进行合理的分区，不仅可以方便、高效地对文件进行管理，而且还可以有效（   ）、提高系统运行效率。

　　A．利用磁盘空间　　　　　　　　　　B．增加磁盘空间

C．利用内存　　　　　　　　　D．提高磁盘读取速度

（2）高级格式化的作用是从逻辑盘指定的（　　　）开始，对扇区进行逻辑编号，建立逻辑盘的引导记录、文件分配表、文件目录表及数据区。

A．扇区　　　　　B．柱面　　　　　C．地址　　　　　D．零磁道

（3）一个硬盘最多可以分为（　　　）个主分区。

A．1　　　　　　B．2　　　　　　C．3　　　　　　D．4

（4）主分区都可以作为活动分区，但同时有且只有（　　　）个分区是被激活的。

A．1　　　　　　B．2　　　　　　C．3　　　　　　D．4

（5）（　　　）文件系统具有极高的安全性和稳定性，在使用中不易产生文件碎片，它能对用户的操作进行记录，通过对用户权限进行非常严格的限制，使每个用户只能按照系统赋予的权限进行操作，充分保护系统与数据的安全。

A．FAT　　　　　B．FAT32　　　　C．NTFS　　　　D．Linux

（6）DM 支持的对每个硬盘最大分区数为（　　　）个。

A．4　　　　　　B．12　　　　　C．8　　　　　　D．16

（7）PM 中自带了几个实用的工具，对于一些有特殊需求的用户极有帮助，（　　　）不属于其工具集。

A．BootMagic　　B．PQBoot　　　C．Remote Agent　　D．DiskInfo

（8）实现多操作系统的意义在于（　　　）。

A．提高系统利用率　　　　　　　B．使用不同版本的应用软件
C．保护系统和数据安全　　　　　D．了解非主流和最新的操作系统

（9）系统优化的方法有（　　　）。

A．设置虚拟内存　　　　　　　　B．减少自启动开始程序
C．关闭不必要的系统服务　　　　D．将操作系统升级到最高版本

（10）主流的系统优化软件有（　　　）。

A．Windows 优化大师　　　　　　B．金山卫士
C．TuneUp Utilities　　　　　　　D．AutoCAD

三、判断题

（1）DM 可以更改分区文件系统格式，并且能够隐藏分区。　　　　　　　　（　　　）
（2）PM 不能在不损失文件数据的情况下，实现分区合并。　　　　　　　　（　　　）
（3）硬盘不用分区、格式化就可以直接使用。　　　　　　　　　　　　　　（　　　）
（4）Windows7 安装光盘中集成了大量的硬件驱动和应用软件。　　　　　　（　　　）
（5）系统优化对系统没有多大的用处。　　　　　　　　　　　　　　　　　（　　　）

四、简答题

（1）什么是低级格式化和高级格式化？各有什么作用？
（2）试述硬盘分区的特点？
（3）DM 和 PM 都是磁盘管理软件，它们之间有什么不同点？
（4）Windows 7 安装对硬件的最低要求是什么？安装过程中有哪些需要注意的事项？
（5）为什么要进行系统优化？如何对系统进行优化？

第**13**章

计算机故障的分析与排除

计算机与其他许多家用电器一样，会出现受潮、接触不良、器件老化等现象。当计算机不能正常使用或在使用过程中频繁出现错误时，则说明计算机可能出现了故障。

13.1 计算机故障的分类

一般来说，计算机故障可以分为两个大类，即硬件故障和软件故障。

13.1.1 计算机硬件故障

计算机硬件故障包括板卡、外设等出现电气或机械等物理故障，也包括受硬件安装、设备或外界因素影响造成系统无法工作的故障。这类故障必须打开机箱进行部件更换或重新插拔之后才能解决。计算机硬件故障主要包括以下几个方面。

（1）电源故障。系统和部件没有供电，或者只有部分供电。

（2）元器件与芯片故障。器件与芯片失效、松动、接触不良、脱落，或者因为温度过热而不能正常工作，如内存插槽积灰造成计算机无法完成自检、显示卡风扇故障导致的开机没有显示等情况。

（3）跳线与开关故障。系统与各部件及印制板上的跳线连接脱落、错误连接、开关设置错误等构成不正常的系统配置。

（4）连接与接插件故障。计算机外部与内部各个部件间的连接电缆或者接插头、插座松动（脱落），或者进行了错误的连接。

（5）部件工作故障。计算机中的主要部件，如显示器、键盘、磁盘驱动器、光驱等硬件产生的故障，造成系统工作不正常。

13.1.2 计算机软件故障

计算机软件故障主要是因为软件程序引起的，主要包括以下几个方面。

（1）软件与操作系统不兼容。有些软件在运行时会与操作系统发生冲突，导致相互不兼容。一旦应用软件与操作系统不兼容，不仅会自动中止程序的运行，甚至会导致系统崩溃、系统重要文件被更改或丢失等。例如，在 Windows 系统中安装了没有经过微软授权的驱动程序，轻则造成系统不稳定，重则使系统无法运行。

（2）软件之间相互冲突。两种或多种软件和程序的运行环境、存取区域等发生冲突，则会造成系统工作混乱，系统运行缓慢、软件不能正常使用、文件丢失等故障。比较典型的例子是杀毒软件，如果系统中存在多个杀毒软件，很容易造成系统运行不稳定。

（3）由误操作引起。误操作分为命令误操作和软件程序运行所造成的误操作，执行了不该使用的命令，选择了不该使用的操作，运行某些具有破坏性的程序、不正确或不兼容的诊断程序、磁盘操作程序、性能测试程序等。如不小心对数据盘进行格式化操作从而造成重要文件的丢失。

（4）由电脑病毒引起。大多数病毒在激发时会直接破坏计算机的重要信息数据，所利用的手段有格式化磁盘、改写文件分配表和目录区、删除重要文件或者用无意义的垃圾数据改写文件、破坏 CMOS 设置等。另外病毒还会占用大量的系统资源，如磁盘空间、内存空间等，从而造成系统运行缓慢。计算机操作系统的很多功能都是通过中断调用技术来实现的，病毒会通过抢占中断，干扰系统的正常运行。大名鼎鼎的"熊猫烧香"病毒能够删除常用杀毒软件的相关程序、终止杀毒软件进程，能够破解 Administrator 的用户密码，能够自动复制与传播，并且删除扩展名为.gho 的系统备份文件。

（5）由不正确的系统配置引起。系统配置主要指基本 CMOS 芯片配置（BIOS 设置）和引导过程配置两种。如果这些配置的参数和设置不正确，或没有设置，计算机也可能会产生故障，如进不了操作系统、无法从本地启动硬盘等。

在计算机的实际使用中，软件故障最多，在处理这类故障时，不需要拆开机箱，只要通过键盘、鼠标等输入设备就能将故障排除，使计算机正常工作。软件故障一般可以恢复，但在某些情况下，软件故障也可以转换为硬件故障。硬件的工作性能不稳定，如硬盘、内存等出现不稳定故障，即在进行单独测试时性能正常，但在正常使用时却会无规律地出现蓝屏、死机、数据丢失等情况。这种类型的软故障经常重复出现，最后表现为硬故障，那么只能通过更换硬件才能排除。

13.2　计算机故障的分析与排除

对于在计算机使用过程中出现的各种各样的故障不必一筹莫展，更不需要一碰到问题就向别人求助，可以通过摸索和查询相关资料，分析故障现象，找出故障原因并加以解决。这样不仅可以提高使用计算机的兴趣，更会积累使用经验，提高排除计算机常见故障的能力。

13.2.1　计算机故障分析与排除的基本原则

1. 计算机故障的分析与孤立的基本方法

计算机故障的分析与孤立是排除故障的关键，其基本方法可以归纳为由系统到设备、由设备到部件、由部件到元器件、由元器件到故障点的层层缩小故障范围的检查顺序。

（1）由系统到设备。当计算机系统出现故障时，首先要综合分析，判断是由系统的软件故障引起的，还是由硬件设备故障引起的。如果排除是由系统本身的软件故障引起的，则应该通过初步检查，将查找故障的重点落实到计算机硬件设备上。

（2）由设备到部件。在初步确定有故障的设备上，对产生故障的具体部件进行检查判断，将故障孤立定位到故障设备的某个具体部件。这一步检查对于复杂的设备，常常需要花费很多时间。为使分析判断比较准确，要求维修人员对设备的内部结构、原理及主要部件功能有较深入的了解。例如，若判断计算机故障是由硬件引起的，则需要对与故障相关的主机机箱内的有关部件做重点检查；若电源电压不正常，就需要检查机箱电源输出是否正常；若计算机不能正常引导，则检查的内容更多、范围更广，如 CPU、内存、主板、显示卡等硬件工作不正常，也可能由于 CMOS 参数设置不当。

（3）由部件到元器件。当查出故障部件后，作为板级维修，据此可进行更换部件的操作。但有时为了避免浪费，或一时难以找到备件等原因，不能对部件做整体更换时，需要进一步查找部件中有故障的元器件，以便修理更换。这些元器件可能是电源中的整流管、开关管、滤波电容或稳压器件，也可能是显示器中的高压电路、输出电路的元器件等。由部件到元器件是指从故障部件（如板、卡、条等）中查找出故障器件的过程。进行该步检查常常需要采用多种诊断和检测方法，使用一些必需的检测仪器，同时需要具备一定电子方面的专业知识和专业技能。

（4）由元器件到故障点。对重点怀疑的器件，从其引脚功能或形态的特征（如机械、机电类元器件）上找到故障位置。现在，该步检查常常因为器件价廉易得或查找费时费事，从而得不偿失而放弃，但是若能对故障做进一步的具体检查和分析，对提高维修技能有很大帮助。

以上对故障检查、孤立的方法在实际运用中非常灵活，完全取决于维修者对故障分析判断的经验和工作习惯，从何处开始检查、采用何种手段和方法检查，完全因人而异、因故障而异，并无严格规定。

2. 计算机故障排除时应该遵循的原则

（1）先静后动的原则。先静后动包含两层意思，第一层是指思维方法，遇到故障不要惊慌，先静下心来，对故障现象认真地分析，确定维修方法和诊断方法，在此基础上再动手检查并排除故障；另一层是指诊断方法，先在静态下检查，避免在情况不明时贸然加电，从而导致故障扩大。例如，对某种设备的电路，先检查静止工作状态（静态工作点和静态电阻）是否正常，然后再检查信号接入后的动态工作情况。

（2）先软后硬的原则。在进行故障排除时，尽量先检查软件系统，排除软件故障，然后再对计算机硬件进行诊断。

（3）先电源后负载的原则。电源工作正常是计算机正常工作的前提条件，一般情况下，为了尽快弄清楚故障来自电源还是负载，可以先切断一些负载，检查电源在正常负载下的问题，待电源正常后再逐一接入负载，进行检查判断。

（4）先简单后复杂的原则。经初步判断故障情况较为复杂时，可先解决从外部易发现的故障，或经简单测试即可确定的一般性故障，然后集中精力，解决难度较大、涉及面较宽、比较特殊的故障。

13.2.2 故障分析与排除的常用方法

1. 计算机硬件故障分析与排除的方法

计算机硬件故障的分析与排除，主要包括以下几种方法。

（1）观察法。通过观察计算机硬件参数的变化情况及各种不正常的故障现象，以判断故障的原因及部位，可用手摸、眼看、鼻闻、耳听等方法作辅助检查。手摸是指触摸组件和元器件的发热情况，温度一般不超过 $40 \sim 50 \,^\circ\mathrm{C}$，如果组件烫手，可能由该组件内部短路、电流过大所致，应更换配件再检，看是否正常。眼看，主要是看故障现象、各设备的运行情况、看有无断线、插头松脱等。鼻闻是指闻设备有无异味、焦味，如果发现，立即对该设备断电检查。耳听是指听设备有无异常声音，一经发现，立即检查。

（2）替换法。若怀疑计算机中的某一硬件设备有问题，可采用同一型号的正常设备替换，观察故障现象是否消失，从而达到排除故障的目的。

（3）比较法。比较法是将正确的特征（电压或波形）与有故障的设备特征进行比较，若哪一个组件的电压或波形与正确的不符，根据功能图逐级测量，根据信号用逆求源的方法逐点检测分析，可以确诊故障部位。

（4）敲击法。机器运行时好时坏，可能是虚焊或接触不良造成的，对这种情况可用敲击法进行检查。例如，有的元器件没有焊好，有时能接触上，有时却不行，从而造成机器时好时坏，通过敲击振动使之彻底分离，再进行检查就容易发现故障。

（5）软件诊断法。现在有很多计算机硬件的测试软件，有测试系统整体性能的 SiSoftware Sandra 2007、有 CPU 的检测软件 CPU-Z、内存检测工具 MemTest、硬盘性能诊断测试工具 HD Tune。在排除硬件故障的过程中，利用这些测试工具，可以大大提高效率与准确性，达到事半功倍的效果。

2. 计算机软件故障分析与排除的方法

计算机软件故障的分析与排除，主要包括以下几种方法。

（1）安全模式法。安全模式法主要用来诊断由于注册表损坏或一些软件不兼容导致的操作系统无法启动的故障。安全模式法的诊断步骤为，首先使用安全模式（开机后按【F8】键）启动电脑，如果存在不兼容的软件，则在系统启动后将其卸载，然后正常退出即可。最典型的例子是在安全模式下查杀病毒。

（2）逐步添加/去除软件法。这种方法是指从维修判断的角度，使计算机运行最基本的软件环境。对于操作系统而言，就是不安装任何应用软件，再根据故障分析判断的需要，依次安装相应的应用软件。使用这种方法可以很容易判断故障是属于操作系统问题、软件冲突问题还是软、硬件之间的冲突问题。

（3）应用程序诊断法。针对操作系统、应用软件运行不稳定等故障，可以使用专门的应用测试软件来对计算机的软、硬件进行测试，如 3D Mark 2006、WinBench 等。根据这些软件的反复测试而生成的报告文件，可以轻松地找到由于操作系统、应用软件运行不稳定而引起的故障。

13.3 常见计算机故障的分析案例

13.3.1 常见计算机故障的分析流程

计算机故障千变万化、错综复杂，而寻找问题却只能循序渐进，这要求从外到内、从简单到复杂地进行分析和处理遇到的问题。当遇到问题时，具有清晰的思路是很重要的，如果脑子里一团乱麻，是无法冷静地判断故障点及故障发生的原因的。因此，具有一个清晰的故障分析流程，并能够根据实际情况灵活应用，将极大地提高排除故障的效率。下面简要阐述常见计算机故障及分析的流程。

1. 开机无内存检测声并且无显示

经常会碰到这样的问题，一般来说，CPU、内存、主板只要其中的一个存在故障，都会导致这样的问题产生。

（1）CPU 方面。CPU 没有供电，可先用万用表测试 CPU 周围的场管及整流二极管，然后检查 CPU 是否被损坏。CPU 插座有缺针或者松动也会表现为开机时机器点不亮或不定期死机，需要打开 CPU 插座面的上盖，仔细观察是否有变形的插针或触点。CMOS 里设置的 CPU 频率不正确，也会造成这种现象，如 CPU 超频。

（2）主板方面。主板扩展槽或扩展卡有问题，导致插上显示卡、声卡等扩展卡后，主板没有响应，因此造成开机无显示，如蛮力拆装 AGP 显示卡，导致 AGP 插槽裂开，从而导致出现此类故障。

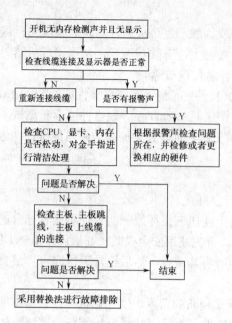

图 13-1　开机无内存检测声并且无显示故障的排除流程

另外，主板芯片散热不好也会导致该类故障的出现。主板 BIOS 中储存着重要的硬件数据，同时 BIOS 也是主板中比较脆弱的部分，极易遭到破坏。被 CIH 病毒破坏过的主板，会导致开机没有显示。

（3）内存方面。主板无法识别内存、内存被损坏或者内存不匹配，某些老的主板对内存比较挑剔，一旦插上主板无法识别的内存，主板就无法启动。另外，如果插上不同品牌、类型的内存并且它们之间不兼容，也会导致此类故障。在插拔内存时，应注意垂直用力，不要左右晃动；在插拔内存前，一定要先拔去主机电源，防止使用 STR 功能时内存带电，从而造成内存条被烧毁。

此故障的排除流程如图 13-1 所示。

2. 开机后有显示，内存能通过自检，但无法正常进入系统

这种现象说明是找不到系统引导文件，如果不是硬盘出了问题就是操作系统被损坏。检查系统自检时能否找到硬盘，如果提示硬盘错误，则可能硬盘有坏道，此时可以使用效率源等硬盘检测工具对硬盘进行检测、修复。如果找不到硬盘，则应该检查硬盘的连线与跳线，并且重新对 BIOS 进行设置，如果还是找不到，则说明硬盘已被损坏，此时只能更换硬盘。另外可以通过使用启动盘来尝试，如果可以通过启动盘进入硬盘分区，则说明操作系统存在问题，此时如果只是系统中的某几个关键文件丢失，可以通过插入安装盘，使用故障恢复控制台对系统进行恢复，否则重新安装操作系统即可；如果不能进入硬盘分区，则说明硬盘或者分区表被损坏，使用硬盘分区工具进行恢复，如不能恢复分区表，或不能分区，则说明硬盘已被损坏，此时需要更换硬盘。此故障的排除流程如图 13-2 所示。

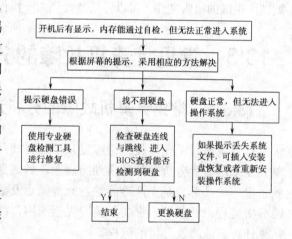

图 13-2　无法正常进入系统的故障排除流程

3. 硬盘故障

随着硬盘转速的提高及各种磁盘操作相关度很高的程序，如 BT、电驴等应用越来越普及，硬盘已经成为计算机中最容易出现故障的组件。另外，硬盘作为计算机中主要的存储设备，其中存放着大量的数据，一旦硬盘出现故障将会造成相当严重的后果。硬盘的故障分为软件故障和硬件故障两大类。软件故障一般是由于对硬盘的误操作、受病毒破坏等原因造成的，硬盘的盘面与盘体均没有任何问题，只需要使用一些工具和软件即可修复。如果硬盘发生了硬件故障，处理起来就相对比较麻烦。硬盘的物理坏道即为硬件故障，表明硬盘磁道产生了物理损伤，并且无法用软件或者高级格式化来修复，只能通过更改或隐藏硬盘扇区来解决。硬盘盘体上的电路板也是易发生故障的部分，这些故障一般是由静电电击造成的，因此在接触硬盘时，一定不要用手直接接触硬盘盘体上的电路板。如果电路板被损坏，那就需要到专业的维修处进行维修，切不可自己动手将其拆开。硬盘故障的排除流程如图 13-3 所示。

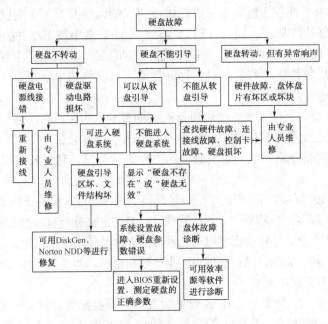

图 13-3　硬盘故障的排除流程

4. 死机故障

死机是令用户颇为烦恼的事情。死机时表现多为蓝屏，无法启动系统；画面定格无反应，鼠标、键盘无法输入；软件运行非正常中断等。造成死机的因素有很多，一般来说分为硬件与软件两方面。

（1）由硬件原因引起的死机。

① 散热不良。电源、主板、CPU 在工作中会散发出大量的热量，因此保持通风状况的良好非常重要。如果电源、主板、CPU 过热，会严重影响系统的稳定性。如果不注意散热，就可能导致硬件产品被烧坏或者烧毁。硬件过热需要先从机箱开始着手检查，然后再从 CPU 等设备开始，逐一排除分析。

② 灰尘。机器内如果灰尘过多也会引起死机故障。如果软驱磁头或光驱激光头沾染过多的灰尘，会导致读/写错误，严重的会引起电脑死机；如果风扇上灰尘过多，也会导致机器散热性能的急剧下降，从而导致系统不稳定，甚至造成机器死机。出现以上情况时，可以定期使用专用的吹灰机对风扇或者机箱进行整机清洁。

③ 软、硬件不兼容。某些硬件设备在安装了没有经过授权的驱动程序后，会导致机器自动重启，甚至不定期死机。

④ 设备不匹配。如果主板主频和 CPU 主频不匹配，或者是老主板在超频时将外频定得过高，将导致机器不能稳定地运行，从而导致频繁死机。

⑤ 内存条故障。内存条导致的死机主要是由内存松动、虚焊、内存芯片本身质量所致，应根据具体情况对内存出现的问题进行排除，一般需要排除内存条接触故障、内存条相互不兼容故障等。如果内存质量存在问题，则必须更换内存才能解决问题。

⑥ CPU 超频。超频提高了 CPU 的工作效率，同时也可能使其性能变得不稳定。由于 CPU 在内存中存取数据的速度本来就快于内存与硬盘交换数据的速度，超频使这种矛盾更加突出，加剧了在内存或虚拟内存中找不到所需数据的情况，从而导致异常错误，造成死机。

⑦ 硬件资源冲突。由于声卡或显示卡的设置冲突，引起异常错误。硬件设备的中断、DMA 或端口出现冲突时，可能导致驱动程序异常，造成死机。解决的办法是选择"安全模式"启动，然后在系统的"设备管理"中对资源进行相应的调整。对于驱动程序中产生异常错误的情况，可以通过修改注册表，找到并删除与驱动程序前缀字符串相关的所有键值。

⑧ 硬盘故障。硬盘老化或者由于使用不当造成的坏道、坏扇区等会经常导致死机。对于逻辑坏道，可以使用软件进行修复；对于物理坏道，只能将其单独划为一个分区，然后进行屏蔽，避免情况的进一步恶化。

⑨ 劣质硬件。少数不法商人，使用质量低劣的板卡、内存，有的甚至出售冒牌主板和打磨过的 CPU、内存，使用这种硬件组装起来的机器在运行时会很不稳定，并且会经常死机。用户可以使用专业的硬件测试工具对机器中的硬件进行测试，通过长时间的拷机，避免这种情况的发生。

⑩ 硬件环境。硬件环境的范围很广泛，包括电脑内部温度、硬件工作温度、外部温度和放置电脑房间的温度与湿度。虽然不一定要达到标准，但是也要符合基本的规定，不可以让电脑的硬件温度骤然下降或上升，这样会影响电子元器件的寿命及使用。所以对于硬件环境，要在平时多注意一些，不能太热、太潮，从而能够更安全地使用电脑，避免硬件环境导致的机器死机。

（2）由软件原因引起的死机。

① CMOS 设置不当。如果对 CMOS 设置参数中的硬盘参数设置、模式设置、内存参数设置不当，将会导致计算机死机或者无法启动。例如，将没有 ECC 功能的内存设置为具有 ECC 功能，将会导致内存错误而造成死机。

② 初始化文件被破坏。对于 Windows 9X 来说，由于系统启动时，需要读取 System.ini、Win.ini、注册表文件、Config.sys 和 Autoexec.bat 文件，所以只要这些文件中存在错误信息都可能造成系统在启动时死机，特别是 System.ini、Win.ini、User.dat、System.dat 这四个文件尤其重要。对于安装了多操作系统的机器，如果系统盘上的 Boot.ini 文件被破坏，将会导致其中的某些操作系统无法启动。

③ 动态链接库文件丢失。在 Windows 操作系统中，扩展名为.dll 的动态链接库文件非常重要，这些文件从性质上来讲属于共享类文件，也就是说，一个 DLL 文件可能被多个软件在运行时调用，在删除应用软件时，该软件的卸载程序会将所有的安装文件逐一删除，在删除的过程中，如果某个 DLL 文件正好被其他的应用软件所使用时，将会造成系统死机；如果该 DLL 文件属于系统的核心链接文件，那么将会造成系统崩溃。一般来说，用户可以使用工具软件（如超级兔子）对无用的 DLL 文件进行删除，从而避免这种情况的发生。

④ 硬盘剩余空间太少或磁盘碎片太多。在使用电脑的过程中，经常会有将大量文件放到系统盘的坏习惯，从而产生系统盘剩余空间太少的问题。由于一些应用程序运行时需要大量的内存、虚拟内存，当硬盘没有足够的空间来满足虚拟内存需求时，将会造成系统运行缓慢甚至死机。因此，用户需要养成定期整理硬盘、清除硬盘中的垃圾文件的习惯，并且利用系统自带的磁盘碎片整理工具对硬盘进行整理。

⑤ 计算机病毒感染。计算机病毒会自动抢占系统资源，大多数的病毒在动态下都是常驻内存的，这样必然会抢占一部分系统资源。病毒所占用的基本内存长度大致与病毒本身长度相当，通过强占内存，导致内存减少，使得一部分软件不能运行。除占用内存外，病毒还抢占中断，干扰系统运行，严重时将导致机器死机。另外，在对病毒进行查杀后，其残留文件在系统调用时，由于无法找到程序，可能造成一个死循环，从而造成机器死机。如果用户在使用过程中，发现系统运行效率急剧下降，系统反应缓慢、频繁死机，此时应该使用杀毒软件对系统进行杀毒，另外

还要清除系统中的临时文件、历史文件，防止病毒文件残留，做到对病毒的彻底查杀。

⑥ 非法卸载软件。一般在删除应用软件时，最好不要使用直接删除该软件安装所在目录的方法，因为这样会在系统注册表、服务项、启动项及 Windows 系统目录中产生大量的垃圾文件，久而久之，系统也会因不稳定而引起死机。在删除不需要的应用软件时，最好使用自带的卸载软件，如果没有，也可以使用专业的卸载工具，从而做到对应用软件的彻底删除。

⑦ 自启动程序太多。如果在系统启动过程中，随系统一起自启动的应用程序太多，将会使系统资源消耗殆尽，同时使个别程序所需要的数据在内存或虚拟内存中无法找到，从而出现异常错误，导致系统死机。在 Windows 9X、Windows XP 中，可以使用系统自带的 Msconfig 工具，对系统的启动项进行设置；而在 Windows 2000 系列中，可以通过修改注册表中的相应启动选项达到同样的目的。一般来说，系统启动时只要保留基本的系统服务、杀毒软件即可，其他的应用软件可以在需要时再运行。

⑧ 滥用测试版软件。一般来说，应该尽量避免或者少用应用软件的测试版本，因为测试软件并没有通过严格的测试过程，通常会带有 BUG，使用后可能会出现数据丢失的程序错误，如内存缓冲区溢出、内存地址读取失败等，严重的将造成系统死机，或者是系统无法启动。另外，一些测试版软件被黑客修改后，加入了病毒文件，从而给系统造成了严重的安全隐患。

⑨ 非正常关闭计算机。一般在关机时，不要直接关掉电源。系统在关机时首先会先结束登录用户打开的所有程序、保存用户的设置和系统设置，停止系统服务和操作系统的大部分进程，然后复位硬件，如复位磁盘的磁头、停止硬件驱动程序等，最后断开主板和硬件设备的电源。因此如果直接断开电源，轻则造成用户与系统文件损坏、丢失，引起系统重复启动或运行中死机；否则将会造成硬盘损坏。

死机故障的排除流程如图 13-4 所示。

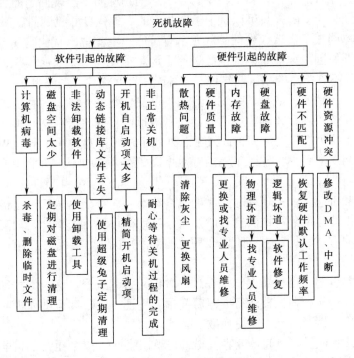

图 13-4　死机故障排除分析

5. 蓝屏故障

蓝屏死机（Blue Screen of Death）指的是微软 Windows 操作系统在无法从一个系统错误中

恢复过来时显示的屏幕图像。当 Windows NT 的系统内核无法修复错误时将出现蓝屏，此时用户所能做的只有重新启动操作系统，但这将丢失所有未存储的数据，并且有可能破坏文件系统的稳定性。蓝屏死机一般只在 Windows 遇到很严重的错误时才出现。这种情况的蓝屏死机一般出现在 Windows NT 及基于 Windows NT 的后续版本，如 Windows 2000 和 Windows XP 中，而在 Windows 9X 或 Windows ME 中发生蓝屏死机时，允许用户选择继续或者重新启动。一般虚拟设备驱动程序（VxD）不会随便显示蓝屏死机，只有当错误无法修复，并且只能通过重新启动来解决时才会显示蓝屏死机。另外，硬件问题（如硬件过热、超频使用、硬件的电子器件损坏及 BIOS 设置错误或其他代码有错误等）也可能导致蓝屏死机。

Windows 9X 下的蓝屏提示如图 13-5 所示。

Windows Vista/XP 下的蓝屏提示如图 13-6 所示。

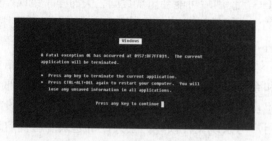

图 13-5　Windows 9X 下的蓝屏提示

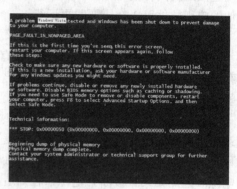

图 13-6　Windows Vista/XP 下的蓝屏提示

默认情况下，蓝屏的显示是蓝底白字，显示的信息标明了出现问题的类型和当前的内存值及寄存器值，经验丰富的人员可以从中了解故障的严重程度并找到问题所在。

产生蓝屏的原因很多，软、硬件的问题都有可能产生蓝屏，从代码反馈的含义中可以了解出现问题的主要原因，如不正确的函数运算、运算中反馈了无效的代码、系统找不到指定的文件或路径、找不到指定的扇区或磁道、系统无法打开文件、系统装载了错误格式的程序、系统无法将数据写入指定的磁盘、系统开启的共享文件数量太多、内存拒绝存取、内存控制模块地址错误或无效、内存控制模块读取错误、虚拟内存或主内存空间不足而无法处理相应指令、无法中止系统关机、网络繁忙或发生意外的错误、指定的程序不是 Windows 程序等。

蓝屏发生时会产生硬盘文件读/写、内存数据读/写方面的错误，因此用户可以从以下几个方面来处理蓝屏问题。

（1）内存超频引起。内存使用非正常的总线频率、内存延迟时间设定错误、内存混插等都容易引起计算机蓝屏现象，这类错误的发生没有规律可循，它不会因为某个应用程序的运行而出现。解决的方法就是让内存工作在额定的频率范围内，并且在使用内存时最好选用同一品牌、同一型号。

（2）硬件散热引起。当机器中的硬件过热时也会引起蓝屏。这一类故障，往往都会有一定的规律。例如，一般会在机器运行一段时间后才出现，表现为蓝屏死机或突然重新启动。解决的方法就是除尘、清洁风扇、更换散热装置。

（3）硬件的兼容性不好引起。兼容机也就是现在流行的 DIY 组装的机器，其优点是性价比高，但缺点是在进行组装时，由于用户没有完善的检测手段和相应的检测知识，无法进行一系列的兼容性测试，如将不同规格的内存条混插引起故障，由于各内存条在主要参数上的不同而产生了蓝屏。

（4）I/O 冲突引起。一般由 I/O 冲突引起的蓝屏现象比较少，如果出现，可以从系统中删除带"！"或"？"的设备名，然后重新启动就能够解决。

（5）内存容量不足、虚拟内存空间不足引起。有的应用程序需要系统提供足够多的内存空间，当主内存或虚拟内存空间不足时就会产生蓝屏。解决的方法是关闭其他暂时不用的应用程序，删除虚拟内存所在分区内无关的文件以增加虚拟内存的可用容量。

图 13-7　删除注册表中指定分支下的相应键值

（6）卸载程序引起。在卸载某程序后，系统出现蓝屏，这类蓝屏一般是由于程序卸载不完善造成的。解决方法是首先记录出错的文件名，然后找到注册表中指定的分支，将其中的与文件名相同的键值删除即可，如图 13-7 所示。

（7）DirectX 问题引起。DirectX 是由微软公司创建的多媒体编程接口。它是一个通用的编译器，可以让各种适用于 DirectX 的游戏或多媒体程序在各种型号的硬件上运行或播放，还可以让以 Windows 为平台的游戏或多媒体程序获得更高的执行效率。它具有强大的灵活性和多态性。DirectX 版本过高、过低，游戏与其不兼容或是不支持，辅助文件丢失，显示卡对其不支持等，都可能造成此故障。解决的方法是升级或重装 DirectX，尝试更新显示卡的 BIOS 和驱动程序或升级显示卡。

（8）病毒或黑客攻击。当系统中毒后，病毒体会占用大量的系统资源，从而导致系统崩溃、蓝屏，而黑客一般都是利用系统漏洞开发相应的攻击程序对系统进行攻击，如针对内存缓冲区溢出漏洞的攻击就经常会造成系统蓝屏。解决的方法是安装杀毒软件、定时更新病毒库。针对网络攻击，可以安装个人防火墙程序、及时更新系统补丁，360 杀毒软件与 360 安全卫士结合使用是一个不错的选择。

（9）硬盘、光驱读/写错误。程序调用的文件丢失、破坏或者发生错误，光驱无法读取文件与数据时都会发生蓝屏现象，遇到这些问题时，首先要查毒，然后进行磁盘扫描和整理。当光驱出现读取问题时，则与激光头老化或光盘质量有关。

蓝屏故障的排除流程如图 13-8 所示。

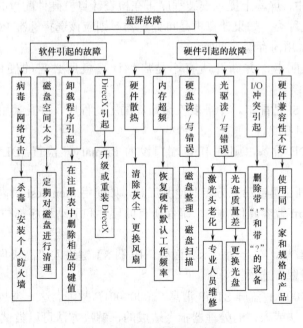

图 13-8　蓝屏故障排除分析

6. Windows 2000/XP 蓝屏 STOP 消息故障

（1）Windows 2000/XP 蓝屏 STOP 消息 0x0000000A 故障。这一类故障一般是由硬件驱动程序使用了不正常的内存地址造成的。如果没有安装新的硬件设备，可以尝试以下步骤。

① 如果操作系统可以启动，通过检查"事件查看器"窗口中显示的信息，确定引起问题的设备或驱动程序，如图 13-9 所示。

② 关闭或禁用一些新安装的驱动程序，并删除新安装的附加程序。

③ 拆下一些新安装的硬件，包括内存、硬盘、适配器、调制解调器等。

④ 确保已经更新了硬件驱动程序，以及刷新主板到最新的 BIOS 版本。

⑤ 运行由计算机制造商提供的硬件诊断工具，尤其是内存检查。

⑥ 检查 Microsoft 兼容硬件列表，确保所有的硬件和驱动程序都与 Windows 2000/XP 系统兼容，可以登录 Microsoft 官方网站在线查询，如图 13-10 所示。

图 13-9　"事件查看器"窗口信息

图 13-10　在线查询

⑦ 在 BIOS 中禁用内存缓存功能。

⑧ 重新启动计算机，在启动提示界面处，按【F8】键进入"高级启动"选项，然后选择"最后一次正确的配置"选项。

如果安装了新的硬件设备，可以尝试以下步骤。

① 在安装过程中，屏幕上提示安装程序正在检查计算机硬件配置时按【F5】键，根据提示选择合适的计算机种类。如果计算机是单处理器，则应该选择标准 PC。

② 在 BIOS 中禁用内存缓存功能。

③ 拆下所有适配卡，并断开所有不是启动计算机所必需的硬件设备，再重新安装 Windows 2000/XP 系统。

④ 如果配有 SCSI 适配卡，则需要安装最新的驱动程序，并且禁用同步协商功能，检查终结头和设备的 SCSI ID。

⑤ 如果配有 IDE 设备，则将 IDE 端口设为 Primary，检查 IDE 设备的 Master/Slave 设置。

⑥ 运行系统诊断工具或第三方专业检测工具，如使用 MemTest 对内存进行相应的检测。

⑦ 检查 Microsoft 兼容硬件列表，确保所有的硬件和驱动程序都与 Windows 2000/XP 系统兼容。

⑧ 重新启动计算机，在启动提示界面处，按【F8】键进入"高级启动"选项，然后选择"最后一次正确的配置"选项。

（2）Windows 2000/XP 蓝屏 STOP 消息 0x0000001E 故障。这一类故障一般是由内核模式进程试图执行一个非法或未知的处理器指令造成的，解决方法可以尝试以下步骤。

① 检查磁盘空间大小，以保证磁盘还有足够的空间。

② 禁用蓝屏 STOP 消息中显示出来的相关驱动程序，并且立即禁用所有新安装的驱动程序。

③ 如果所使用的显示卡驱动程序不是 Microsoft 提供的，应切换到标准 VGA 驱动程序或者由 Windows 2000/XP 所支持的合适的驱动程序。

④ 确保刷新主板到最新的 BIOS 版本。

⑤ 重新启动计算机，在启动提示界面处，按【F8】键进入"高级启动"选项，然后选择"最后一次正确的配置"选项。

（3）Windows 2000/XP 蓝屏 STOP 消息 0x0000002E 故障。这一类故障一般是由系统内存中的奇偶校验错误造成的，解决方法可以尝试以下步骤。

① 运行系统诊断工具或第三方专业检测工具，尤其是对内存进行相应的检测。

② 在 BIOS 中禁用内存缓存功能。

③ 使用安全模式进入系统，如果安全模式可以启动计算机，应更改 VGA 驱动程序；如果还不能解决问题，尝试使用其他的 VGA 驱动。

④ 确保刷新主板到最新的 BIOS 版本。

⑤ 拆下一些新安装的硬件，包括内存、硬盘、适配器、调制解调器等。

⑥ 重新启动计算机，在启动提示界面处，按【F8】键进入"高级启动"选项，然后选择"最后一次正确的配置"选项。

（4）Windows 2000/XP 蓝屏 STOP 消息 0x00000023 和 0x00000024 故障。这一类故障一般是由严重的驱动器碎片、超载的文件 I/O、第三方的驱动器镜像软件或者一些防病毒软件出错造成的，解决方法可以尝试以下步骤。

① 禁用系统中所有的防病毒软件或者相关的备份程序，以及所有的碎片整理应用程序。

② 运行"CHKDSK/F"检查磁盘驱动器。

③ 重新启动计算机，在启动提示界面处，按【F8】键进入"高级启动"选项，然后选择"最后一次正确的配置"选项。

（5）Windows 2000/XP 蓝屏 STOP 消息 0Xc0000221 故障。这一类故障一般是由驱动程序或系统 dll 已经被损坏造成的，解决方法可以尝试以下步骤。

① 插入系统安装盘，运行"故障恢复控制台"，如图 13-11 所示，并且允许系统修复任何检测到的错误。

② 如果在内存添加到计算机后，立即发生错

图 13-11　Windows 故障恢复控制台

误，那么可能是由分页文件被损坏、新的内存有故障或不兼容造成的，可以删除 Pagefile.sys 文件，或移除新安装的内存。

③ 重新启动计算机，在启动提示界面处，按【F8】键进入"高级启动"选项，然后选择"最后一次正确的配置"选项。

7. 重启故障

运行中的计算机突然重新启动，一般是硬件系统出现严重稳定性问题的表现。软件的兼容性问题可能产生重启现象，但更多的突然重启则与 CPU 的稳定性、电源供应系统和主板质量有关。产生这类故障现象时，首先要检查 CPU 的情况，然后再测量电源输出电压是否稳定，

接下来对硬件的连接进行检查，最后再采用替换法进行检查。造成突然重启的因素有很多，一般来说分为硬件和软件两个方面。

（1）软件原因引起的重启故障。

① 病毒破坏。最典型的例子就是能够对计算机造成严重破坏的冲击波病毒，该病毒发作时会进行 60s 倒计时，然后重启系统。另外，如果计算机遭到恶意入侵，并放置了木马程序，这样对方就可以通过木马对计算机进行远程控制，使计算机突然重启。如果发生这样的情况，只能使用杀毒软件对病毒、木马进行查杀，然后安装操作系统相应的补丁。如果实在清除不了就只能重新安装操作系统。

② 系统文件损坏。当系统文件损坏时，如在 Windows XP 下的 Kernel32.dll 文件被破坏或者被改名的情况下，系统在启动时会因无法完成初始化而强迫重新启动。对于这种故障可以使用"故障恢复控制台"对损坏或丢失的系统文件进行恢复。

③ 计划任务设置不当。如果在系统的"计划任务栏"里设置了定时关机，那么当定时的时刻到来时，计算机将自动关机。对于这种故障，直接删除相关的计划任务即可。

（2）硬件原因引起的重启故障。

① 市电电压不稳。一般家用计算机的开关电源工作电压范围为 170～240V，当市电电压低于 170V 时，计算机就会自动重启或关机。一般市电电压的波动是感觉不到的，所以为了避免市电电压不稳造成的机器假重启，可以使用 UPS 电源或 130～260V 的宽幅开关电源来保证计算机稳定工作。

② 计算机电源的功率不足。这种情况经常会发生在为主机升级时，如更换了高档的显示卡、新增加了大容量硬盘、增加了刻录机等。当机器全速运行时，如运行大型的 3D 游戏、进行高速刻录、双硬盘对拷数据等都可能会因为瞬时电源功率不足引起电源保护而停止输出，从而造成机器重启。

③ 劣质电源。由于劣质电源 EMI 滤波电路不过硬，有的甚至全部省去，就很容易受到市电中的杂波干扰，导致电流输出不够纯净，从而无法确保计算机配件的稳定运行。另外，劣质电源使用老旧元器件，导致输出功率不足，从而导致计算机无法正常启动。

④ CPU 问题。CPU 内部部分功能电路被损坏或二级缓存被损坏时，虽然计算机可以启动，并且能够正常进入桌面，但是当运行一些特殊功能时，就会重启或死机，如播放视频文件、玩 3D 游戏等。一般可以通过在 BIOS 中屏蔽 CPU 的二级缓存来解决，如果问题依然存在，就只能使用好的 CPU 进行替换排除。

⑤ 内存问题。内存条上的某个内存芯片没有完全被损坏时，很有可能在开机时通过自检，但是在运行时就会因为内存发热量过大导致功能失效而造成机器重启。一般可以使用替换排除法，对故障部位进行快速定位。

⑥ 机器上的 RESET 键质量有问题。当 RESET 开关弹性减弱或机箱上的按钮按下去不易弹起时，就会出现因偶尔的触碰机箱或在正常使用状态下主机突然重启。当 RESET 开关不能按动自如时，一定要仔细检查，最好更换新的按钮。

⑦ 散热问题。CPU 风扇长时间使用后散热器积尘太多、CPU 散热器与 CPU 之间有异物等情况导致 CPU 散热不良，从而温度过高导致 CPU 硬件被损坏，造成机器重启。另外，当 CPU 风扇的测速电路被损坏或测速线间歇性断路时，因为主板检测不到风扇的转速就会误以为是风扇停转而自动关机或重启。

重启故障的排除流程如图 13-12 所示。

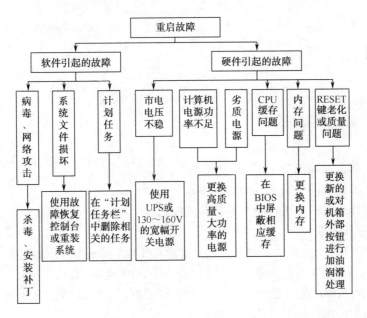

图 13-12　重启故障的排除流程

13.3.2　计算机故障的综合案例分析

1．故障现象

一台在两年前组装的兼容机，最近经常无法启动，偶尔能够启动并进入系统，但却会频繁死机。

2．故障分析与排除

根据故障现象，初步判断为硬盘出现问题或是由于病毒造成的。将好的机器作为从盘，然后进入操作系统，将病毒库更新到最新，最后对整个硬盘进行查杀，整个过程没有发现任何病毒，所以故障并不是由病毒引起的。接下来使用效率源硬盘修复工具对故障机的硬盘进行全盘扫描与检查，并没有发现坏道，整个过程中硬盘也没有发出异响，说明故障机的硬盘本身没有任何问题。

检查数据线或电源线是否存在问题，更换一条全新的数据线重新接到计算机上，并更换一个电源的四针梯形插口，重新开机。如果故障依然存在，则可能是电源输出功率不足，更换全新的长城 300W 电源，但故障依然存在。

排除电源出现问题的可能，下一个可能的目标就是内存，将故障机的内存替换到好的机器上，使用一切正常，因此内存也没有问题。最后只能仔细观察主板，其中硬盘接在 IDE1 接口上，光驱接在 IDE2 接口上，试着将硬盘接到 IDE2 接口上，开机后机器正常启动并进入系统，没有出现死机的现象，这样就找到了故障点，就出在 IDE1 接口上，拆下主板，仔细观察发现，IDE1接口背面有好几处都布满了灰尘，其中 IDE1 接口的焊接点几乎被灰尘覆盖，将灰尘清理后，固定好主板，装好各配件，重新启动计算机，能够顺利进入系统，不再出现死机现象。

3．故障总结

灰尘是电脑的隐形杀手，堆积的灰尘不仅会妨碍散热、损坏元器件，还会在天气潮湿时造成电路短路的现象，从而造成系统的不稳定。

实验 13

1. 实验项目

计算机故障的分析与排除。

2. 实验目的

（1）了解计算机故障的分类。

（2）熟悉计算机故障分析与排除的基本原则。

（3）提高对计算机故障进行分析和排除的能力。

3. 实验准备及要求

（1）十字螺丝刀一个、软件工具盘一张（包括 CPU-Z、MemTest、效率源、DISKGEN 等）、300W 电源一个、128MB 内存一条、80GB 硬盘一个、P3 电脑一台。

（2）仔细观察故障现象，运用计算机故障分析与排除的基本原则，对故障进行详细分析。

（3）精确找到故障点，对故障进行排除。

（4）详细记录故障分析与排除过程。

4. 实验步骤

（1）两人为一组，互相设置故障。

（2）根据故障现象，运用计算机故障分析与排除的基本原则，对故障进行初步判断。

（3）依据自己的判断对故障进行排除。

（4）整理记录，完成实验报告。

5. 实验报告

（1）详细写出计算机故障现象。

（2）使用手中的工具对故障进行排除。

要求：

① 写出故障分析的思路。

② 根据分析的思路，提出故障排除的方法。

③ 详细记录排除故障的过程。

习题 13

一、填空题

（1）计算机故障分为_____和_____。

（2）计算机软件故障主要是由_____引起的。

（3）计算机硬件故障包括_____和_____等出现电气或机械等物理故障。

（4）系统配置主要指_____和_____两种。

（5）软件故障一般可以进行_____，但在某些情况下，软件故障也可以转换为_____。

（6）_____是指系统与各部件上及印制板上的跳线连接脱落、错误连接、开关设置错误等构成不正常的系统配置。

（7）_____是指两种或多种软件的_____、_____等发生冲突，从而造成系统工作混乱，系统运行缓慢、软件不能正常使用、文件丢失等故障。

（8）不小心对数据盘进行格式化操作所引起的数据丢失，属于由_____引起的软件故障。

（9）现在有很多计算机硬件的测试软件，SiSoftware Sandra 2007 是_____测试工具、CPU-Z 是_____测试工具、MemTest 是_____测试工具、HD Tune 是_____测试工具。

（10）_____主要用来诊断由于注册表被损坏或一些软件不兼容导致的操作系统无法启动的故障。

二、选择题

（1）计算机故障分为硬件故障和（　　　）。
    A．操作系统故障   B．软件故障
    C．主板故障   D．硬盘故障

（2）下面（　　　）不属于计算机硬件故障。
    A．硬盘发出异响   B．主板显示芯片过热
    C．CPU 针脚断裂   D．计算机中毒

（3）下面（　　　）不属于计算机软件故障。
    A．系统盘被格式化   B．硬盘出现坏道
    C．Windows 系统崩溃   D．安装声卡驱动后，系统不能正常运行

（4）计算机故障分析与排除的基本原则是（　　　）。
    A．先硬后软，先复杂后简单
    B．先软后硬，先复杂后简单
    C．先硬后软，先简单后复杂
    D．先软后硬，先简单后复杂

（5）在对计算机故障进行分析与排除的过程中，其基本检查顺序中的第二步是（　　　）。
    A．由系统到设备   B．由元设备到部件
    C．由部件到元器件   D．由元器件到故障点

（6）（　　　）不会引起计算机软件故障。
    A．计算机病毒   B．误操作
    C．软件冲突   D．进入安全模式

（7）（　　　）不属于计算机硬件故障的分析与排除方法。
    A．观察法   B．比较法
    C．软件诊断法   D．安全模式法

（8）计算机出现软件故障时可以使用（　　　），对其进行分析与排除。
    A．更换硬盘   B．更换电源
    C．安全模式法   D．安装系统补丁

（9）在使用逐步添加/去除软件法排除计算机软件故障时，应使用（　　　）的软件运行环境。
    A．最复杂   B．最基本
    C．最安全   D．最稳定

（10）下面的选项中，（　　　）是内存检测工具。
    A．SiSoftware Sandra 2007   B．CPU-Z
    C．3DMark 2006   D．MemTest

三、判断题

（1）计算机故障只有硬件故障。   （   ）

（2）如果计算机主板发生硬件故障可以使用软件将其修复。   （   ）

（3）病毒程序能够造成计算机系统出现软件故障。   （   ）

（4）在对计算机故障进行分析与排除时，应该采用先软后硬、先简单后复杂的原则。

                                                              （   ）

（5）灰尘不会引起计算机故障。   （   ）

四、简答题

（1）计算机故障有哪些分类，各自有何特点？

（2）引起计算机硬件故障的原因是什么？

（3）引起计算机软件故障的原因是什么？

（4）对计算机硬件故障进行分析与排除的方法有哪些，在排除过程中要注意哪些事项？

（5）请举例说明如何通过使用软件测试工具找到相应的故障点？

第 **14** 章

数据安全与数据恢复

数据安全与数据恢复是计算机服务业以后长期的发展方向，将在计算机信息服务中占据越来越大的比重。随着计算机技术的日益普及，计算机在各行各业中得到了广泛的应用。随着信息化、电子化进程的发展，在计算机中存储的数据越来越成为企事业单位日常运作核心决策发展的依据。由于网络的发展、电子商务的兴起，网络安全也越来越引起人们的重视，归根到底网络安全的核心也就是如何保证数据的安全。有机构研究表明，丢失 300MB 的数据对于市场营销部门就意味着 13 万元人民币的损失，对于财务部门就意味着 50 万元人民币的损失，对工程部门来说损失可达上百万元人民币，而企业丢失的关键数据如果 15 天内仍得不到恢复，该企业就有可能被淘汰出局。因此计算机中存储的关键数据一旦丢失或受损，将会带来灾难性的后果。因此如何保证数据的安全及如何在数据损失以后最快地对其进行恢复，已经成为计算机行业最热门、最有发展前景的课题。在这一章将对数据安全与数据恢复的一些行之有效的方法进行深入的探讨。

14.1　数据安全的措施

14.1.1　数据安全的物理措施

数据安全的物理措施主要包括人员安全、数据中心的场地安全及对数据进行分散保存几个方面。

（1）人员安全。对接触重要数据的人员，首先要对人员的筛选进行把关，要挑选思想作风好、诚实肯干、对事业忠诚的人。在现实中，由于用人不当造成数据受损的例子不胜枚举，如银行系统中的计算机犯罪绝大多数都是内部员工所为。其次要加强计算机操作人员的技术培训，很多数据丢失都是由于操作不当造成的。最后，要建立严格、完善的数据管理规章制度，对不同性质（重要、普通）的数据授予不同的权限，使得最重要的数据只能由少数人来操作，从而降低数据被损坏的概率。

（2）数据中心的场地安全。重要的数据中心要远离噪声源、振动源。因为振动和冲击可能造成元器件变形、焊点脱落、固件松动等现象，从而导致计算机故障，使得数据丢失。数据中心要加强防火、防地震、防水等措施，同时要防止电磁辐射和防雷，接地线要牢固可靠，另外还要加强数据中心的安全保卫工作，以防数据被窃取。

（3）重要数据要分散存储。为了防止战争、自然灾害等突发事件对数据造成毁灭性的损害，对重要数据要多做几个备份，并且存放在不同的建筑物内，甚至不同的城市。对于个人用户而言，重要的数据要注意备份到光盘或 U 盘上，以防止硬盘失效带来的数据丢失或损坏。

14.1.2 基于硬件的数据保护

基于硬件进行硬盘数据保护的方式主要分为两大类。

1. 硬盘自身保护措施

硬盘生产厂商为了保证硬盘数据的安全，都是从硬盘内部采取数据保护措施的。

（1）消灭硬盘内的尘埃。尘埃是硬盘的第一大杀手，因此，现在的硬盘工厂为了保证硬盘的质量，其空气净化质量标准不断提高，如三星公司用生产内存所要求的环境净化标准来生产硬盘，即每立方米的灰尘数少于 10 个，也就是所谓的 10 级净化。

（2）采用抗振减颤减噪技术。三星硬盘采用 SSB 和 Impac Guard 两大独有专利抗振技术，确保硬盘在遭受外力撞击时，最大限度地保护硬盘不受侵害；采用 NoiseGuard 技术，通过选用一种比较理想的振颤吸收化合物材料减小振颤，避免受到区域振颤效应的影响；采用 Silent Seek 寻道技术，兼顾了寻道效率和噪声问题，使得噪音减低了约 4dBA。

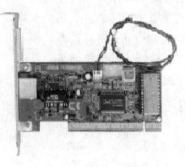

图 14-1　海光蓝卡

2. 采用硬盘还原卡

硬盘还原卡也被称为硬盘保护卡，它能够保护指定的硬盘数据不被恶意修改、删除、格式化等操作，只要计算机重新启动，所有受保护的数据都可以复原。还原卡保护硬盘的关键就是拦截 BIOS 中的 INT 13H 中断向量，它使用硬件芯片插在主板上与硬盘的 MBR 协同工作。下面以海光蓝卡为例介绍如何使用硬盘还原卡来保护数据。

海光蓝卡是由北京海光科技公司开发，目前流行的硬盘数据保护还原卡。它是一种高度集成化的纯硬件产品，是一块 Plug&Play（即插即用）的 PCI 卡，内置 10/100M 网卡模块和硬盘保护模块，如图 14-1 所示。

利用海光蓝卡，可以对硬盘数据进行有效的保护，主要体现在如下方面。

（1）能够有效地对系统盘进行保护。海光蓝卡对系统盘的复原方式分为每次、手动、不使用、每月、每周、每天等。所谓每次，就是每次重新开机都会对系统盘进行复原；每天则是指使用当天不会对硬盘进行复原，在第 2 天的第一次开机时对硬盘进行复原，其他的设置选项可以以此类推。当系统盘被保护后，只有输入管理员密码，才能对系统盘的保护模式进行修改，从而防止由于人为操作不当或黑客系统攻击造成的系统崩溃，同时也能从根本上消除电脑病毒对系统的危害，因为一旦感染了病毒，重新开机后即可清除。硬盘保护模式设置界面如图 14-2 所示。

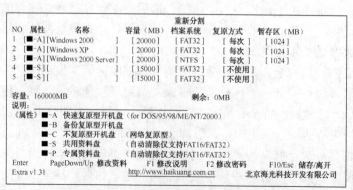

图 14-2　海光蓝卡硬盘保护模式设置界面

（2）能在同一台计算机上安装多种操作系统，并实现多重启动。海光蓝卡可以将一个硬盘划分为多个独立、互相分隔的区域，每一个区域都能安装不同的操作系统，并为每个操作系统设置不同的密码。这样如果几个人共用使同一台电脑，每个人分别从自己的系统进入，就能保证个人的重要数据不被别人查看和修改。开机系统选择菜单界面如图14-3所示。

图 14-3　开机系统选择菜单界面

14.1.3　基于软件的数据保护

目前，基于软件的数据保护技术有很多种，主要分为以下几类。

（1）采用硬盘软件锁，直接对硬盘分区进行保护，其作用类似于还原卡，如还原精灵。还原精灵通过夺取主板南桥芯片的 IO 控制权，控制硬盘的 INT 13H 中断，并且改写硬盘的 MBR，在操作系统加载前就部分实现了系统的还原功能。

（2）采用驱动的形式加入操作系统的内核模块来实现还原功能，如冰点。它的加载优先级非常高，而且加载之后的当前系统不能停止、不能禁用也不能删除。冰点并没有使用自带的硬盘驱动程序替换原来系统中的硬盘驱动，它和硬盘原来的驱动是一种上下级的关系，也就是说所有对硬盘的访问首先得经过它的过滤，然后再提交给硬盘原来的驱动处理，从而达到还原的目的。

（3）美国 Phoenix 公司开发的一套 FirstWare Recover Pro 电脑系统还原软件，具有永久还原点、动态还原点和出厂还原点三种备份方式，可以使普通用户在因为系统崩溃、不正确地安装程序、意外删除文件甚至格式化硬盘之后，快速地恢复系统。

（4）利用软件来修改操作系统的注册表，限制用户的部分操作权限，就好像在操作系统外加了一层外壳，从而达到不允许用户任意添加、删除操作系统和各种软件的目的，如早期的美萍电脑安全卫士。

（5）在现有的硬盘空间中开辟一块镜像分区来存放镜像文件，并且此分区通过特殊处理不能由操作系统访问，如联想推出的 RecoveryEasy 技术。该技术采用极其保密和安全的硬盘底层特性，备份速度很快，方便实用，兼容目前所有的操作系统。

14.1.4　数据备份的方法

所谓数据备份就是将数据复制到另外一个地方，形成冗余，从而当数据丢失或被损坏时可以进行快速恢复。可以根据要备份数据量的大小，选择不同的方法。对于电子文档，如文本文件与 Word 文档，这些文件的容量都是比较小的，一般小于 1MB，因此只要用 WinZip 压缩，并存放到光盘上即可。数据容量在 1MB～1GB 的数据可以使用 WinRAR 分卷压缩后存入光盘，也可以存到 U 盘等闪存盘上，如果能够上网，还可以将数据存放到网上邮箱或网络硬盘中。数据容量在 1～100GB 的数据，此时有多种选择，如 USB 硬盘、双硬盘、USB 电子硬盘、刻录到 DVD 光盘等。在这几种方法中刻录光盘最为安全，因为光盘的数据可以保存几十年都不会丢失。

使用直接复制的方法对数据进行备份，不仅传输速度太慢，而且由于没有经过压缩，效率极低，因此一般都使用软件进行备份，如 HD、WinZip、WinRAR 和 GHOST 等。而 GHOST 不但能备份分区，甚至可以对整个硬盘一起备份，功能十分强大。

14.1.5 使用 GHOST 备份数据

1. GHOST 概述

GHOST 软件是美国著名软件公司 Symantec 推出的硬盘复制工具。GHOST（General Hardware Oriented Software Transfer，面向通用型硬件传送软件）能在短短的几分钟里恢复原有备份的系统，还电脑以本来面目。GHOST 分为个人（单机）版和企业（多用户）版两个版本，个人版有 GHOST 2002、GHOST 2003 等，它主要包括一个主程序 ghost.exe、ghostpe.exe 和辅助程序 GDISK，主要用于分区与格式化硬盘。Ghostxp 浏览器，主要用于浏览、修改 GHOST 映像文件中的文件。GHOST Boot Wizard 启动盘制作向导可以制作各种条件下的 GHOST 启动盘。GHOST 企业版有 GHOST 8.0 和 GHOST 11.5 等，与一般的备份和恢复工具不同的是，GHOST 软件备份和恢复是按照硬盘上的簇进行的，这意味恢复时原来的分区会完全被覆盖，已恢复的文件与原硬盘上的文件地址不变，而有些备份和恢复工具只起到备份文件内容的作用，不涉及物理地址，很有可能导致系统文件的不完整，这样当系统受到破坏时，恢复不能达到系统原有的状况。在这方面，GHOST 有着绝对的优势，能使受到破坏的系统"完璧归赵"，并能一步到位。它的另一项特有的功能就是将硬盘上的内容克隆到其他硬盘上，这样，可以不必重新安装原来的软件，省去了大量时间，这是软件备份和恢复工作的一次革新。可见，它为 PC 的使用者带来的便利就不用多说了，尤其对大型机房的日常备份和恢复工作省去了重复和繁琐的操作，节约了大量的时间，也避免了文件的丢失。

2. GHOST 的特点

GHOST 支持 FAT16、FAT32、NTFS、HPFS、UNIX、NOVELL 等多种文件系统，磁盘备份可以在各种不同的存储系统间进行。在复制过程中自动分区并格式化目标硬盘，可以实现网络克隆（多用户版）。GHOST 在备份文件时有两种方式，即不压缩方式和压缩方式。GHOST 特有的压缩方式是带地址的压缩方式，而且压缩率相当高，可以达到 70%。它的安全和可靠性很好，提供了一个 CRC 校验用来检查复制盘与源盘是否相同，另外，备份文件可以使用密码保护以增加安全性。GHOST 所产生的备份镜像文件也可以保存在多种存储设备中，如 JAZ、ZIP、CD-ROM 等，GHOST 还提供将一个盘或者分区的映像进行多卷存储的功能。GHOST 采用图形用户界面，使得软件的使用简单明了，而且对于硬件的要求很低。

3. GHOST 的操作方法

GHOST 的启动画面如图 14-4 所示。单击"OK"按钮后，将进入 GHOST 的主菜单，如图 14-5 所示。在 GHOST 主菜单中，有如下几个选项。

（1）Local。本地操作，对本地计算机上的硬盘进行操作。

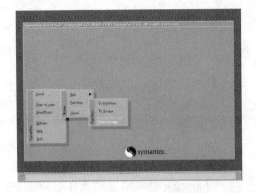

图 14-4　GHOST 的启动界面　　　　　　图 14-5　GHOST 的主菜单

（2）Peer to Peer。通过点对点模式对网络计算机上的硬盘进行操作。

（3）GhostCast。通过单播、多播或者广播的方式对网络计算机上的硬盘进行操作。

（4）Options。使用 GHOST 时的一些参数选项，一般使用默认设置即可，但这些参数如果与 ghost.exe 配合可实现许多功能，如自动备份、一键恢复等。下面介绍几个常用参数。

① -rb：本次 GHOST 操作结束退出时自动重启，这样，在复制系统时即可放心离开。

② -fx：本次 GHOST 操作结束退出时自动回到 DOS 提示符。

③ -sure：对所有要求确认的提示或警告一律回答"Yes"，此参数有一定危险性，只建议高级用户使用。

④ -fro：如果源分区发现坏簇，则略过提示强制复制，此参数可用于尝试挽救硬盘坏道中的数据。

⑤ @filename：在 filename 中指定 txt 文件。txt 文件中为 GHOST 的附加参数，这样做可以不受 DOS 命令行 150 个字符的限制。

⑥ -bootcd：当直接向光盘中备份文件时，此选项可以使光盘变成可引导，此过程需要放入启动盘。

⑦ -span：分卷参数，当空间不足时提示复制到另一个分区的另一个备份包。

⑧ -auto：分卷复制时不提示就自动赋予一个文件名继续执行。

⑨ -crcignore：忽略备份包中的 CRC error，除非需要抢救备份包中的数据，否则不要使用此参数，以防数据错误。

⑩ -ia：全部映像，GHOST 会对硬盘上所有的分区逐个进行备份。

⑪ -ial：全部映像，类似于-ia 参数，对 Linux 分区逐个进行备份。

⑫ -id：全部映像，类似于-ia 参数，但包含分区的引导信息。

⑬ -quiet：操作过程中禁止状态更新和用户干预。

⑭ -script：可以执行多个 GHOST 命令行，命令行存放在指定的文件中。

⑮ -span：启用映像文件的跨卷功能。

⑯ -split=x：将备份包划分为多个分卷，每个分卷的大小为 x 兆。这个功能非常实用，用于大型备份包复制到移动式存储设备上，如将一个 1.9GB 的备份包复制到 3 张刻录盘上。

⑰ -Z：将磁盘或分区上的内容保存到映像文件时进行压缩，其中-Z 或-Z1 为低压缩率（快速）；-Z2 为高压缩率（中速）；-Z3～-Z9 的压缩率依次增大（速度依次减慢）。

⑱ 在 DOS 命令行方式下，输入"Ghost/?"可以看到 GHOST 的一些参数配置，对 GHOST 的使用提供了方便。

⑲ Quit：退出 GHOST 程序。

4. Local 项的功能

一般在对硬盘数据进行备份时，只会用到"Local"这一项，因此下面对其进行详细阐述。在"Local"选项中包括以下几项。

（1）Disk（硬盘）。表示对本地的整个硬盘进行操作。

① To Disk 是将整个本地硬盘的数据完全复制到本地的第二个硬盘上。

② To Image 是将整个本地硬盘的数据压缩后生成镜像文件。

③ From Image 是将备份的镜像文件恢复到本地硬盘上。

（2）Partition（分区）。表示对本地硬盘上的单个分区进行操作。

① To Partition 是将本地硬盘其中的一个分区数据完全复制到该硬盘的另外一个分区上。

② To Image 是将本地硬盘其中的一个分区数据压缩后生成镜像文件。

③ From Image 是将备份的镜像文件恢复到本地硬盘上指定的分区中。

（3）Check（检查）。Check 可以检查复制的完整性，有两个选项，即 Check disk 和 Check image files，它是通过 CRC 校验来检查文件或者复制盘的完整性的。

5. 使用 GHOST 对系统进行备份

下面详细介绍使用 GHOST 对分区进行备份的操作流程。

（1）进入 GHOST，执行"Local"→"Partition"→"To Image"命令，如图 14-6 所示。

（2）选择本地硬盘，如图 14-7 所示。

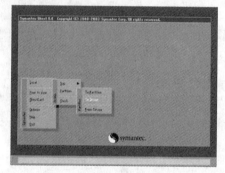

图 14-6　分区备份菜单

图 14-7　选择本地硬盘

（3）选择相应的分区，如图 14-8 所示。

（4）选择存放镜像文件的位置，并且输入其文件名，如图 14-9 所示。

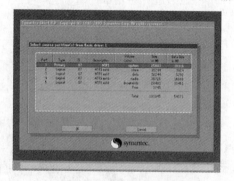

图 14-8　选择相应的分区

图 14-9　选择镜像文件的存放位置并输入其文件名

（5）选择压缩比例，其中"No"选项表示不压缩、"Fast"选项表示低压缩、"High"选项表示高压缩，如图 14-10 所示。压缩率越高，制作出来的备份文件的容量越小，但所用的时间也就越长。

6. GHOST 的使用技巧

实现 GHOST 自动运行的方法，即 GHOST 的图形操作，步骤太多，使用不方便，利用 GHOST 的参数和 Ghost.exe 的命令，可方便地实现许多复杂的操作。实现 GHOST 无人备份/恢复的核心参数是-clone，其使用语法为：

```
    -clone, mode= (operation), src= (source),
dst=(destination),[sze(size),sze(size)......]
```

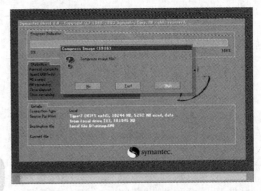

图 14-10　选择压缩比例

此参数行较为复杂，并且各参数之间不能含有空格。其中 operation 意为操作类型，值可取 copy（磁盘到磁盘）、load（文件到磁盘）、dump（磁盘到文件）、pcopy（分区到分区）、pload（文件到分区）、pdump（分区到文件）。

source 意为操作源，值可取驱动器号，从 1 开始；或者为文件名，需要写绝对路径。

destination 意为目标位置，值可取驱动器号，从 1 开始（驱动器 1 一般为 IDE1 的主盘，驱动器 2 为从盘，1：1 为驱动器 1 的第一个分区，1：2 为驱动器 1 的第二个分区，以此类推）；或者为文件名，需要写绝对路径；@cdx、刻录机、x 表示刻录机的驱动器号，从 1 开始。

如果把这些命令，放到 DOS 的批处理文件中，就能实现自动运行。例如，要把 C 盘最高压缩为一个 JSZX.GHO 文件存到 D 盘根目录，可建立一个文件 CTOD.BAT，内容为：

```
@echo off
prompt $p$g
GHOST -CLONE, MODE=Pdump, SRC=1:1, DST=D:\jszx  -z9 -BATCH
```

若 C 盘系统坏，要恢复 C 盘，并恢复完后自动开机，以建立一个 DTOC.BAT 的批处理文件，内容为：

```
@echo off
prompt $p$g
GHOST -CLONE, MODE=PLOAD, SRC=d:\jszx:1, DST=1:1  -rb -BATCH
```

如将本地磁盘 1 复制到本地磁盘 2，可用命令：

```
ghostpe.exe -clone, mode=copy, src=1, dst=2
```

将本地磁盘 1 上的第二分区复制到本地磁盘 2 的第一分区，命令为：

```
ghostpe.exe -clone, mode=pcopy, src=1:2, dst=2:1
```

如果制作一张 DOS 启动盘，把以上命令放入 AUTOEXEC.BAT 自动批处理中，只要开机时插入启动盘，一切都能自动完成。如果按键盘上的某个键就能调用上面的批处理，就可以实现一键恢复。

14.2　计算机病毒的防治

在当今这个信息时代，计算机的应用已经深入社会的各个领域，从国际政法、外交、国防、财政金融，到家庭和个人生活都与计算机紧密关联。计算机的安全问题已经成为人们非常关注的问题。近几年来，在计算机安全方面最引人注目的是计算机病毒（CV，Computer Virus）。据不完全统计，计算机病毒每年在全世界造成的损失超过十几亿美元，计算机病毒属于计算机犯罪的手段之一，对计算机安全构成了极大危害。

14.2.1　计算机病毒概述

计算机病毒一词最早由美国计算机病毒研究专家 F.Cohen 博士提出。病毒一词是借用生物学中的名词，通过分析、研究计算机病毒，人们发现它在很多方面与生物病毒有相似之处。

1. 计算机病毒的定义

计算机病毒是指编制或在计算机程序中插入的，破坏计算机功能或毁坏数据，影响计算机使用，并能自我复制的一组计算机指令代码，即是能够自身复制传染而起破坏作用的一种计算机程序，它们具有以下特性。

（1）传染性。计算机病毒是一个技巧性很强的程序，是一系列指令的有序集合。它可以从一个程序传染到另一程序，从一台计算机传染到另一计算机，从一个计算机网络传染到另一个计算机网络或在网络内各系统之间传染、蔓延，同时使被传染的计算机、计算机程序、计算机网络成为计算机病毒的生存环境及新的传染源。

计算机病毒的传染性是其重要的特征，它只有通过其传染性，才能完成对其他程序的感染，附在被感染的程序中，再去传染其他的计算机系统或程序。一般来说，只要具有传染性的程序代码都可以称为计算机病毒，这也是确认计算机病毒的依据。

（2）流行性。一种计算机病毒出现之后，由于其传染性，使得一类计算机程序、计算机系统、计算机网络受其影响，并且这种影响广泛分布在一定的地域和领域，表现出它的流行性。

（3）繁殖性。计算机病毒传染系统后，利用系统环境进行自我复制，数量不断增多、范围不断扩大，并且能够将自身的程序复制给其他的程序（文件型病毒），或者放入指定的位置，如引导扇区（引导型病毒）。

（4）表现性。计算机系统被传染后，会表现出一定的症状，如屏幕显示异常、系统速度变慢、文件被删除、Windows 不能启动等。计算机病毒的表现还有很多特征，其主要的特征是影响计算机的运行速度。

（5）针对性。一种计算机病毒并不传染所有的计算机系统和计算机程序，如有的传染 Apple 公司的 Macintosh 机，有的传染扩展名为.com 或.exe 的可执行文件，也有的传染非可执行文件。

（6）欺骗性。计算机病毒在发展、传染和演变过程中可以产生变种，如小球病毒在我国就有十几种变种，它们用欺骗手段寄生在文件上，一旦文件被加载，就会出现问题。

（7）危害性。病毒的危害性是显而易见的，它破坏系统、删除或者修改数据、占用系统资源、干扰机器的正常运行等。

（8）潜伏性。计算机病毒在传染计算机后，病毒的触发需要一定的条件，感染慢慢地进行，起初可能并不影响系统的正常运行，当条件成熟时（4 月 26 日的 CIH 病毒），才会表现出其存在，这时病毒感染已经相当严重了。

2. 计算机病毒的分类

计算机广泛应用于政治、经济、军事、科技、文化教育及日常生活的各个方面，因此，病毒的传播范围非常广，危害也非常大。一般把 PC 病毒划分为引导型病毒、文件型病毒和混合型病毒（既感染引导区又感染文件的病毒）。

按寄生方式来分，计算机病毒程序可以归结为四类。

（1）操作系统型病毒（Operating System Viruses）。这类病毒程序作为操作系统的一个模块在系统中运行，机器启动时，先运行病毒程序，然后才启动系统，所以也被称为引导型病毒，如小球病毒、大麻病毒等。

（2）文件型病毒（File Viruses）。文件型病毒攻击的对象是文件，并寄生在文件上，当文件被装载时，先运行病毒程序，然后才运行用户指定的文件（一般是可执行文件）。常见的有Jerusalem、Yankee Doole、Traveller、邮差、欢乐时光、Liberty等，它们增加被感染的文件字节数，并且病毒代码主体没有加密，也容易被查出和解除。

（3）复合型病毒。这是一种将引导型病毒和文件型病毒结合在一起的病毒，它既感染文件又感染引导扇区，常见的有 Flip/Omicron、Plastique（塑料炸弹）、Ghost/One_half/3544（幽灵）、Invader（侵入者）等。解除这类病毒方法是首先从软盘启动系统，然后调用杀毒软件，杀掉 C 盘上的病毒，这样既可以杀掉引导扇区病毒，又能杀掉文件病毒。

（4）宏病毒。宏病毒是一种危害极大的病毒，它主要是利用软件本身所提供的宏能力来设置病毒，所以凡是具有宏能力的软件都有宏病毒存在的可能，如 Word、 Excel 、Amipro 等。

3．计算机病毒的传播途径和来源

计算机病毒的传播首先要有病毒的载体。编制计算机病毒的计算机是病毒第一个传染载体，由它作为传播途径主要有以下三种方式：

（1）通过不移动的计算机硬件设备，如 ROM 芯片、专用的 ASIC 芯片、硬盘等。

（2）通过可移动式存储设备，如软盘、U 盘、光盘等。

（3）通过计算机网络。

计算机病毒的主要来源有带病毒的程序或被病毒感染了的文件。在网络信息时代，计算机得到普及，人们通过各种方式取得对自己有帮助的信息，如安装软件、复制数据、发送或接收邮件、上网查找或下载资料、局域网内共享资料等，一旦感染了带病毒的程序或接收被病毒感染了的文件，这台计算机就会被感染，从而也成为新的病毒传染源。

14.2.2　计算机病毒防治的基本方法

计算机病毒的感染是通过两条基本途径进行的，第一是在网络环境下通过网络数据的传播；第二是在单机环境下通过可移动存储器的信息传播。不管计算机病毒用何种途径传播，都必须非常重视，因为计算机病毒所造成的危害无法估计的。

防治计算机病毒的入侵，必须从切断计算机病毒传播途径出发，采用各种技术手段和相应的使用管理措施，基本方法有下列几条。

（1）宣传教育，惩治病毒制造者。这是最主要的一条，要大力宣传计算机病毒的危害性，病毒所导致的经济危害不会低于一些刑事犯罪活动，对于病毒的制造者要依法进行处理。信息数据是当今人类最重要的财富之一，而病毒攻击的对象往往是非常有用的信息数据。有些数据是不可恢复的，一旦被破坏就将永远消失，对社会生活造成不可估量的损失。

（2）尽量减少计算机的交叉使用。交叉使用计算机容易把计算机病毒从一台被传染的计算机传染给另一台计算机，形成交叉感染。

（3）安装防毒卡或防病毒软件。计算机上可以安装防毒卡或防病毒软件来保护系统不受病毒的侵害，对一些服务器要打好系统安全补丁，不留系统漏洞，这样才能使防病毒软件更好地发挥作用。

（4）系统备份。为了有效、快捷地恢复系统，建议用户对系统进行备份（如 GHOST），如果计算机感染了病毒，系统将不能使用，那么在对系统分区格式化，并进行了杀毒之后，就可以很快地把系统备份复原。

（5）系统区与工作数据保存区分离。系统被破坏了就不能再使用，必须重装系统，如果不小心格式化了系统分区，并且平时的工作数据资料都存放在此分区，那么会造成很大损失。

因此把系统分区和工作数据保存区分离，不仅可以很好地合理使用硬盘空间，避免不必要的损失，还有利于快速恢复系统。

（6）建立必要的规章制度。对于一个公共使用的计算机环境，必须建立一套切实可行的规章制度，计算机一律实行自行启动，严格控制外来的软盘、U 盘和光盘。总之，在公共环境下，不要随意使用软盘、U 盘等。

（7）充分掌握病毒知识。对于计算机的使用者来说，都应该积极了解和掌握各种病毒的特点、功能、发作原理、攻击性，特别是现在各种新的流行病毒越来越多，要做到知己知彼，防患于未然。

（8）正确使用防病毒工具软件。之所以有防病毒软件，是因为有计算机病毒的存在，病毒总是产生在先，而诊治手段在后，这种状态在近期内难以彻底解决，因此计算机病毒到处泛滥。常用的杀病毒软件有江民 KV 系列、瑞星 RAV 系列、诺顿系列、卡巴斯基系列、360 安全卫士等，能正确使用这些防病毒软件，对查杀病毒、恢复数据有很大的帮助。

14.2.3 常用杀毒软件的使用技巧

1. 杀毒软件的选择技巧

由于计算机病毒的泛滥，杀毒软件层出不穷，那么如何进行选择呢？根据多年的使用经验和实际试用，总结出以下几点。

（1）不占用大量的系统资源。在使用计算机时都想保证计算机能有更高的运行速度，如果计算机的硬件配置本身不高，那么再装上一款资源占用量大的杀毒软件，则一定会影响计算机的正常使用。因此喧宾夺主的杀毒软件，查杀能力再好，一样是没有意义的。

（2）防御和杀毒能力。一款好的杀毒软件必须拥有好的防御功能和强大的杀毒能力，能防患于未然，并且针对出现的新病毒能够做到及时查杀。

（3）杀毒速度。杀毒速度主要是指全盘查杀所需要的时间。不同的杀毒软件其查杀速度是不同的，如 NOD32 查毒速度奇快，内存占用很小；卡巴斯基因为其病毒库非常大，所以查杀速度很慢。

（4）升级能力。杀毒软件的升级能力是指其病毒库的更新速度，再好的杀毒软件，如果其病毒库更新的速度慢，也会导致其对新出现的病毒无能为力，这样也失去了其存在的意义。

2. 360 安全卫士的使用技巧

下面介绍一款优秀的国产杀毒软件 360 杀毒及其辅助工具 360 安全卫士的使用技巧。

（1）360 杀毒。360 杀毒无缝整合了国际知名的 BitDefender 病毒查杀引擎，以及 360 安全中心自行研发的云查杀引擎。云查杀引擎抛弃了传统杀毒软件引擎+特征库的架构，取消了用户电脑中的本地特征库，而是与服务端的 360 云安全数据中心组成全球最大的云安全体系。只要用户上网，云查杀引擎就能实时和云安全数据中心的 5000 台服务器无缝对接，利用服务端最新木马库对电脑进行扫描和查杀。扫描过程主要由服务器承担运算，很少占用用户电脑资源，因此即使是对网上最新出现的木马，360 杀毒也能在几分钟内立即具备防御和查杀能力。

① 下载 360 杀毒安装文件，安装完成后出现主界面，如图 14-11 所示。

② 单击右上角的"设置"按钮，将进入系统设置界面，如图 14-12 所示。

在"常规设置"中，可以配置 360 杀毒的启动方式、是否自动上传发现的可疑文件，并且提供了 360 杀毒软件自身的保护，定时杀毒方便在需要时，自动对系统进行扫描、查杀。

③ 选择"病毒扫描设置"选项，进入相关的设置界面，如图 14-13 所示。

在"病毒扫描设置"界面中，可以选择程序监控的文件类型、发现病毒时的处理方式，以及系统提供的各种其他防护选项。

④ 选择"嵌入式扫描"选项，进入相关的设置界面，如图 14-14 所示。

图 14-11　360 杀毒主界面

图 14-12　系统设置界面

图 14-13　病毒扫描设置界面

图 14-14　嵌入式扫描设置界面

在嵌入式扫描设置界面中，可以选择对聊天软件扫描，即对通过聊天软件（如 QQ、MSN 等）所收到的文件进行扫描。另外，现阶段 U 盘也是传播病毒的一个主要载体，因此在 U 盘防护选项中，提供了强大、全面的 U 盘扫描和查杀功能。

⑤ 选择"升级设置"选项，进入相关的设置界面，如图 14-15 所示。

在对病毒库的升级设置中，可以分别选择自动升级、升级提醒和定时升级，对于特殊网络还可以通过设置代理服务器的方式对 360 杀毒系统进行升级。

⑥ 选择"免打扰模式"选项，进入相关的设置界面，如图 14-16 所示。

图 14-15　升级设置界面

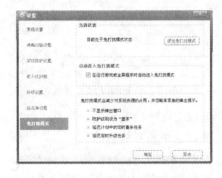

图 14-16　免打扰模式设置界面

免打扰模式的功能主要是在系统运行大型应用程序或全屏程序时，减少对系统资源的占用，将杀毒软件对系统应用的影响降到最低。

（2）360 安全卫士。360 安全卫士是一款功能强大的上网必备安全软件，它拥有查杀木马、清理插件、修复漏洞、电脑体检等多种功能，并独创了木马防火墙功能，依靠抢先侦测和云端鉴别，可全面、智能地拦截各类木马，保护用户的账号、隐私等重要信息。360 安全卫士自身非常轻巧，同时还具备开机加速、垃圾清理等多种系统优化功能，内含的 360 软件管家还可帮助用户轻松下载、升级和强力卸载各种应用软件。

① 360 安全卫士的主界面如图 14-17 所示。

系统会自动扫描相关的安全项目，为电脑进行体检，并根据结果进行打分。

② 选择"清理插件"选项，进入相关的设置界面，如图 14-18 所示。

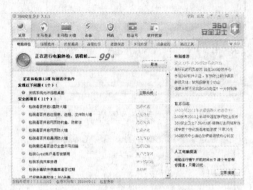

图 14-17　360 安全卫士的主界面　　　　　　　　图 14-18　清理插件设置界面

360 安全卫士会列出安装在系统中的所有插件，其中包括恶评插件、其他安全插件，用户可以根据自己的需要进行清理。

③ 选择"修复漏洞"选项，进入相关的设置界面，如图 14-19 所示。

360 安全卫士会列出操作系统没有更新的所有补丁，用户可以根据自身需要进行选择安装，一般建议更新所有列出的补丁。

④ 选择"清理垃圾"选项，进入相关的设置界面，如图 14-20 所示。

图 14-19　修复漏洞设置界面　　　　　　　　图 14-20　清理垃圾设置界面

用户可以选择删除系统临时文件、回收站中的文件、Windows 预读文件等，从而节约硬盘空间、提高系统的开机速度。

⑤ 选择"系统修复"选项，进入相关的设置界面，如图 14-21 所示。

360 安全卫士会扫描出所有活动的木马，以及修改过系统设置的相关插件列表，用户可以根据需要进行清除，或者将某些正常插件设置为信任，从而减少不必要的重复扫描。

⑥ 木马是一种基于远程控制的黑客工具，具有隐蔽性、非授权性等特点。一般它会潜伏在计算机系统中，盗取用户账号、密码等重要信息，给用户的信息安全带来极大的隐患。

木马查杀功能，通过使用 360 云查杀引擎，提供了强大、快速的木马查杀，如图 14-22 所示。

图 14-21　系统修复设置界面　　　　　　　　图 14-22　木马查杀功能界面

　　木马防火墙由 8 层系统防护和多层应用防护组成，应用 360 独创的亿级云防御结合智能主动防御，为用户提供全面的木马主动防御。用户可以根据自身的需要进行相关的设置，如图 14-23 所示。

　　⑦ 现在的网络金融服务非常发达，同时一旦用户遭遇网络钓鱼等陷阱，则财产安全将会遭到严重的威胁，360 安全卫士提供的网盾功能，将最大限度地防止这类事情的发生，如图 14-24 所示。

图 14-23　木马防火墙设置界面　　　　　　　图 14-24　网盾功能界面

14.3　数据恢复

　　硬盘作为计算机外存储器的一部分，在计算机使用中担任重要的角色，因为其存储容量大，使得很多计算机用户把数据都存放在硬盘上，往往硬盘里数据的价值远远高于硬盘本身的价值，一旦硬盘数据受损，要千方百计地想办法恢复数据，尽量减少损失。目前，数据恢复是计算机行业中最赚钱、最有前途的事业，只要学好数据恢复功能，有时只要输入几条简单的指令，就能为企业挽救几万、几十万甚至上百万的经济损失。

14.3.1　数据恢复概述

1. 数据恢复的定义

　　数据恢复技术，顾名思义，就是当计算机系统遭受误操作、病毒侵袭、硬件故障、黑客攻击等事件后，将用户的数据从各种无法读取的存储设备中拯救出来，从而将损失减到最小的技术。

2. 数据恢复的方式

　　数据恢复的方式可分为软件恢复方式与硬件恢复方式，如图 14-25 所示。

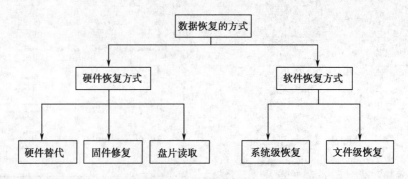

图 14-25　数据恢复的方式

　　硬件恢复方式可分为硬件替代、固件修复和盘片读取三种恢复方式。硬件替代就是用同型号的好硬件替代坏硬件达到恢复数据的目的，如硬盘电路板的替代、闪存盘控制芯片更换等。固件是硬盘厂家写在硬盘中的初始化程序，一般工具是无法访问的。固件修复就是用硬盘专用修复工具，如 PC3000 等，修复硬盘固件，从而恢复硬盘数据。盘片读取就是在 100 级的超净工作间内对硬盘进行开盘，取出盘片，然后用专门的数据恢复设备对其进行扫描，读出盘片上的数据。

　　软件恢复方式可分为系统级恢复与文件级恢复。系统级恢复就是操作系统不能启动，利用各种修复软件对系统进行修复，使系统工作正常，从而恢复数据。文件级恢复，就只是存储介质上的某个应用文件被损坏，如 DOC 文件被损坏，用修复软件对其进行修复，恢复文件中的数据。

　　3. 数据恢复的技术层次

　　数据恢复技术发展到目前为止，有如下几个技术层次。

　　（1）软件恢复与简单的硬件替代。用网上能够找到的数据恢复软件，如 EasyRecovery、Recover、Lost&Found、FinalData、Disk Recover 等，恢复误删除、错误格式化、分区表被损坏但又没有用其他数据覆盖的数据，这些软件对这种数据恢复的成功率达 90%以上，但前提是在 BIOS 中能够支持硬盘。如果 BIOS 不能找到硬盘，可以采用简单硬件替代的方法，如同型号的好硬盘的电路板替代坏硬盘的电路板，再检查 BIOS 能否识盘，同样对闪存盘，可用同型号的控制芯片将其替代。目前电子市场上大多数所谓的数据恢复中心，基本上都是采用这种方法，但这种方法处在数据恢复的最低层次。

　　（2）用专业数据恢复工具恢复数据。目前最流行的数据恢复工具有俄罗斯著名硬盘实验室——ACE Laboratory 研究开发的商用专业修复硬盘综合工具 PC3000、HRT-2.0 和数据恢复机 Hardware Info Extractor HIE-200 等，PC3000 和 HRT-2.0 可以对硬盘坏扇区进行修复，还可以更改硬盘的固件程序；HIE-200 可以对硬盘数据进行硬复制。这些工具的特点都用硬件加密，必须购买。目前市场上拥有这些工具的数据恢复中心寥寥无几。

　　（3）采用软、硬件结合的数据恢复方式。用数据恢复的专门设备对数据进行恢复的关键在于恢复时用的仪器设备。这些设备都需要放置在超净无尘工作的间里，而且这些设备内部的工作台也是级别非常高的超净空间。这些设备的恢复原理也大同小异，都是把硬盘拆开，把磁碟放进机器的超净工作台上，然后用激光束对盘片表面进行扫描，因为盘面上的磁信号其实是数字信号（0 和 1），所以相应地反映到激光束发射的信号上也是不同的。这些仪器就是通过这样的扫描，一丝不漏地把整个硬盘的原始信号记录在仪器附带的电脑里，然后再通过专门的软件分析来进行数据恢复。可以说，这种设备的数据恢复率是相当惊人的，即使是位于物理坏道上面的数据和由于多种信息的缺失而无法找出准确的数据值，都可以通过大量的运算，在多种可能的数据值之间进行逐一代入，结合其他相关扇区的数据信息，进行逻辑合理性校验，从而找出逻辑上最符合的真值。这些设备只有加拿大和美国生产，不但价格昂贵，而且由于受有关法律的限制，进口非常困难。不过国内少数数据恢复中心，采用了变通的办法，就是建立一个100级的超净实验室，然后对盘腔损坏的硬盘，在此超净实验室中开盘，取下盘片，安装到同型号的好硬盘上，同样可达到数据恢复的目的。

（4）恢复的终极方式——深层信号还原法。以上所讲的数据恢复都有一个前提，即数据没有被覆盖。对于已经被覆盖的数据和完全低格、全盘清零、强磁场被破坏的硬盘，仍然有最终极的数据恢复方式，即深层信号还原法。从硬盘磁头的角度来看，同样的数据，复制进原来没有数据的新盘和复制进旧盘覆盖掉原有数据是没有分别的，因为这时候磁头所读取到的数字信号都是一样的。但是对于磁介质晶体来说，情况就有所不同，以前的数据虽然被覆盖了，但在介质的深层仍然会留存着原有数据的"残影"，通过使用不同波长、不同强度的射线对这个晶体进行照射，可以产生不同的反射、折射和衍射信号。这就是说，用这些设备发出不同的射线去照射磁盘盘面，然后通过分析各种反射、折射和衍射信号，就可以帮助"看到"在不同深度下这个磁介质晶体的"残影"。根据目前的资料，大概可以观察到4~5层，也就是说，即使一个数据被不同的其他数据重复覆盖4次，仍然有被深层信号还原设备读出来的可能性。当然，这样的操作成本无疑是非常高的，也只能用在国家安全级别的用途上，目前世界范围内也没有几个国家可以拥有这样的技术，只有极少数规模庞大的计算机公司和不计成本的政府机关能拥有这种级别的数据恢复设备，而且这样的设备，主要都是被美国人掌握。

除了以上这些数据恢复的方式外，数据恢复的难易程度还与设备和操作系统有关。单机的硬盘和 Windows 操作系统的数据恢复相对简单，而服务器的磁盘阵列和 UNIX 等网络操作系统的数据恢复就比较复杂，因而数据恢复的费用比单机高得多。

14.3.2 使用工具软件修复硬盘及恢复分区表的方法

下面以 DiskGenius 为例，介绍如何使用工具软件修复硬盘及恢复分区表。

DiskGenius 是一款完全的国产免费软件，虽然是一款基于纯 DOS 的软件，但却拥有完整的简体中文界面，整个软件的大小只有 143KB，非常方便携带。DiskGenius 不仅具有强大的硬盘分区功能，其中包括建立主分区、建立扩展分区和逻辑分区、选择分区文件系统格式、激活主分区等，而且它还具有强大的硬盘检测和分区表恢复功能。

当进行分区修复的操作时，首先为了操作的安全性，建议先用工具菜单里面的"备份分区表"进行分区表的备份，一旦发生意外，即可用备份文件来恢复分区表。然后，选择工具菜单里的"重建分区表"选项，按软件提示确认，并建议备份分区表，选择分区表重建方式如图 14-26 所示。

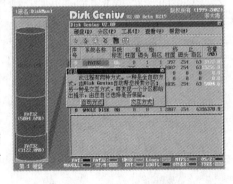

图 14-26 选择分区表重建方式

软件会提示选择重建的方式，分别为自动方式和交互方式，可以根据自己的实际情况进行选择。如果对硬盘分区的大小情况比较了解，可以选择"交互方式"；普通用户可以选择"自动方式"，软件会自动做好重建工作。完成之后，丢失的分区就会出现在左边的显示条中，存盘退出后进入系统，就会找到丢失的分区，并且里面的文件不会丢失。

14.3.3 用数据恢复软件恢复数据

数据恢复软件有很多，如 FinalData、DataExplore 数据恢复大师、EasyRecovery、Recover My Files 等。

1. 使用软件恢复硬盘数据的原理

丢失的文件数据之所以可以被修复，首先需要了解文件在硬盘上的数据结构和文件存储的原理。新的硬盘需要进行分区、格式化等步骤后才能正常使用。一般硬盘会被分为主引导扇区、操作系统引导扇区、文件分配表、目录区和数据区五部分。

在文件数据恢复的过程中，起重要作用的就是文件分配表和目录区。为了安全起见，系统通常会存放两份相同的 FAT，而目录区中的信息则定位了文件数据在磁盘中的具体保存位置，其中包括了文件的起始单元（最重要的信息，文件在磁盘中存储的具体物理位置）、文件属性、文件大小等。在对文件进行定位时，操作系统会根据目录区中记录的起始单元，并结合文件分配表，得到文件在磁盘中的具体位置和大小。实际上，硬盘文件的数据区尽管占用了绝大部分空间，但如果没有文件分配表和目录区，它是没有任何意义的。

一般所做的删除操作，只是让系统修改文件分配表中的前两个代码，相当于做了"已删除"标记，同时将文件所占簇号在文件分配表中的记录清零，以释放文件所占用的空间。因此当删除文件后，硬盘的剩余空间就随之增加。其实文件的真实内容还保存在数据区中，只有当写入新的数据时才会被覆盖，在覆盖之前的原数据是不会消失的。对于硬盘分区和格式化，其原理和文件删除类似，对于硬盘分区只是改变了分区表的信息，而分区格式化只是修改了文件分配表，都没有将数据从数据区中真正删除，因此利用硬盘数据恢复工具可以实现对已删除文件的恢复。

2. 使用软件恢复硬盘数据的实例

下面以 EasyRecovery Pro 6.0 专业版和 R-STUDIO 为例，来介绍通过使用软件对硬盘数据进行恢复。

（1）EasyRecovery。EasyRecovery 是一款非常强大的硬盘数据恢复工具，它能够恢复丢失的数据及重建文件系统。它不会向原始驱动器写入任何东西，通过在内存中重建文件分区表使数据能够安全地传输到其他的驱动器中。使用它可以从被病毒破坏、误删除或格式化的硬盘中恢复数据。运行 EasyRecovery Pro 6.0 专业版，其主界面如图 14-27 所示。

通过观察其运行主界面，发现它对数据的恢复主要包括以下几个方面，即 Disk Diagnostics（磁盘诊断）、Data Recovery（数据恢复）、File Repair（文件修复）、Email Repair（邮件修复）、Software Updates（软件更新）、Crisis Center（救援中心）。

其中的文件修复指对某一种类型的文件进行修复，主要包括 AccessRepair、PowerpointRepair、WordRepair 和 ZipRepair，如图 14-28 所示。

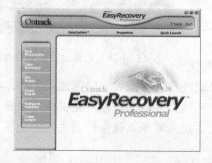

图 14-27　EasyRecovery 主界面

图 14-28　文件修复包括的功能界面

这里主要介绍如何利用软件的 Data Recovery 功能，来对丢失的数据进行恢复。Data Recovery 功能主要包括 AdvancedRecovery（高级选项自定义数据恢复功能）、DeletedRecovery（查找并恢复已删除的文件）、FormatRecovery（从一个已格式化的卷中恢复数据）、RawRecovery（不依赖任何文件系统结构的数据恢复）、ResumeRecovery（继续从一个以前保存的数据恢复进程）、Emergency Diskette（创建可引导的紧急引导软盘），如图 14-29 所示。

① AdvancedRecovery。在数据恢复窗口中选择高级恢复后，软件将开始运行扫描系统，从而检测系统中存在的硬盘数及硬盘的分区数，出现如图 14-30 所示的窗口后，选择要恢复的硬盘分区，同时还可以选择高级选项中的恢复选项，选择要恢复文件的损失情况，即数据损坏、文件类型损坏、无效文件、已删除文件及无效文件名。默认情况下 EasyRecovery 对这些文件都进行扫描，如图 14-31 所示，单击"OK"按钮，开始扫描，扫描过程如图 14-32 所示。

图 14-29　数据恢复包括的功能界面

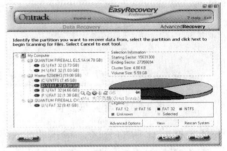

图 14-30　磁盘及分区信息窗口

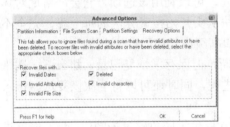

图 14-31　选择需要恢复的文件类别

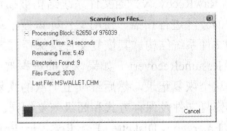

图 14-32　扫描过程

扫描完毕后，从左侧文件目录中找到并选中该文件夹，如 PHOTO，右侧的文件区即显示 PHOTO 文件夹中的文件，并且为选中状态，用户还可以具体选择其中的某一个文件，如图 14-33 所示。另外用户可以根据文件名进行查找，或者查看要恢复文件中的具体内容。单击"Next"按钮，可以进行恢复目标路径选择，即本地路径、FTP 服务器及是否把要恢复的数据文件创建为 Zip 文件、是否创建恢复报告，如图 14-34 所示。

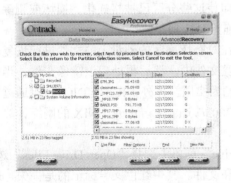

图 14-33　选择要恢复的文件夹

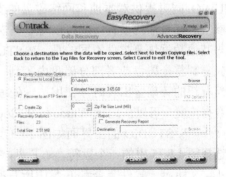

图 14-34　恢复目标路径选择

单击"Next"按钮后，需要恢复的文件将被复制到指定的文件路径中。

② DeletedRecovery。可以用来恢复某一类或某一个文件。在数据恢复窗口中选择"DeletedRecovery"选项，删除恢复窗口如图 14-35 所示。

用户可以选择一个分区中的所有文件，或所有某一类型的文件（如*.doc），或直接输入一个具体的文件名。其查找与恢复的方式同高级恢复一样。

③ FormatRecovery。用来修复被格式化分区中的所有文件。在数据恢复窗口选择"FormatRecovery"选项，格式化恢复窗口如图 14-36 所示。

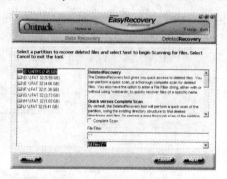  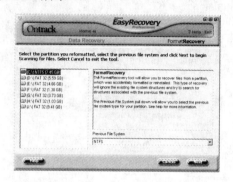

图 14-35　删除恢复窗口　　　　　　　　图 14-36　格式化恢复窗口

选择被格式化后的分区，单击"Next"按钮之后，软件会查找该分区中的所有文件，其恢复文件及保存方式和高级恢复相同。

④ RawRecovery。当文件系统结构被损坏时，可以利用该选项，它会严格地对坏文件系统结构的分区进行扫描，使用文件标识搜索算法从头开始搜索分区的每个簇，完全不依赖于分区的文件系统结构。其恢复文件及保存方式和高级恢复相同。

⑤ ResumeRecovery。如果恢复的进程被中断，但保存了恢复记录，那么下一次恢复时可以调出这个恢复记录，然后继续上一次的恢复进程，同时还可以再一次恢复这一记录中的文件。其恢复文件及保存方式和高级恢复相同。

⑥ Emergency Diskette。EasyRecovery Pro 6.0 提供了应急磁盘的制作，当不能够进入操作系统时，可以利用创建的紧急引导软盘进行引导，引导启动之后，会出现一个与 Windows 系统下一样的交互窗口，其处理方式和 Windows 系统下一样。

（2）R-STUDIO。R-STUDIO 是一个功能强大、节省成本的反删除和数据恢复软件。它采用独特的数据恢复新技术，为恢复 FAT12/16/32、NTFS、NTFS5（由 Windows 2000/XP/2003/Vista 创建或更新）、Ext2FS/Ext3FS（Linux 文件系统）以及 UFS1/UFS2（FreeBSD/OpenBSD/NetBSD 文件系统）分区的文件提供了最为广泛的数据恢复解决方案。R-STUDIO 同时提供对本地和网络磁盘的支持，即使这些分区已被格式化、损坏或删除，只需对参数进行灵活的设置，就可以对数据恢复实施绝对控制。

与其他数据恢复软件不同的是，R-STUDIO 在对有坏扇区的硬盘上的文件进行恢复时，会首先复制整个磁盘或者部分磁盘内容到一个镜像文件中，然后再处理该镜像文件，当硬盘上不断有新的坏扇区出现时，使用这一处理方式尤为实用。另外，R-STUDIO 可以通过网络进行数据恢复，可以从运行 Windows 98/2000/XP/2003/Vista、Linux 及 UNIX 的网络计算机上恢复文件。R-STUDIO 的主界面如图 14-37 所示。

选择图 14-35 中的一个盘符，如 F 盘，在"Drive"菜单中选择"Open Drive Files"选项，如图 14-38 所示，软件会查看 F 盘中所有的目录和文件。其中红色叉号标记的是丢失、删除或操作系统下无法访问的临时文件夹，如图 14-39 所示。

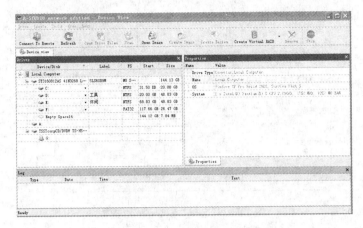

图 14-37　R-STUDIO 的主界面

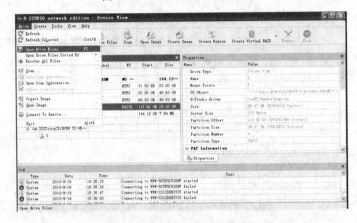

图 14-38　选择"Open Drive Files"选项

图 14-39　F 盘中所有的目录和文件

　　在图 14-39 中，"Sorted by"后面的"Real"、"Extensions"、"Creation Time"、"Modification Time"、"Access Time"表示对数据按类型、创建时间、修改时间等进行分类。这个功能可以更加精确地找到想要恢复的文件。选择需要的文件，单击鼠标右键，在弹出快捷菜单中选择"Recover"选项，即可开始恢复需要的文件，如图 14-40 所示。

　　在出现的"Recover"对话框中，可以选择文件保存的路径。恢复过滤选项包括恢复文件、恢复目录结构、选择性恢复数据流、恢复文件自带的安全方案（如加密压缩、恢复文件扩展属性等），如图 14-41 所示。

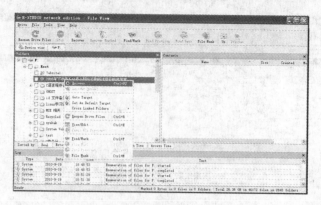

图 14-40　选择"Recover"选项

R-STUDIO 还自带扫描功能，扫描设置选项如图 14-42 所示，可以选择扫描的起始位置、扫描的结束位置、文件系统的类型、工程进度保存路径等。扫描的结果如图 14-43 所示。

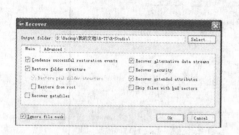

图 14-41　"Recover"对话框

图 14-42　扫描设置选项

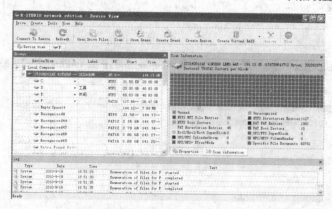

图 14-43　扫描的结果

图 14-41 中不同的颜色代表不同文件系统的关键扇区，如引导扇区、子文件目录树、文件分配表、主控文件表等；最下方有日志，可以记录发生的错误或特殊事件；在左侧出现的彩色标记代表寻找到的分区的完整度，绿色代表正常、红色代表文件系统破坏严重。

在有坏扇区的硬盘上恢复数据时，经常会因为对坏扇区的读取能力不强而造成死机和中断。R-STUDIO 通过制作磁盘镜像文件，成功地解决了这一难题。磁盘镜像制作控制台如图 14-44 所示。

在图 14-44 中可以选择镜像保存的路径、是否对镜像进行压缩、选择压缩比、为镜像文件设置密码等。

当使用 R-STUDIO 对网络上的硬盘进行恢复时，首先需要将 R-STUDIO Agent 安装到目标主机上，然后通过"Connect to Remote Computer"对话框进行远程连接，如图 14-45 所示。

图 14-44　磁盘镜像制作控制台　　　　图 14-45　"Connect to Remote Computer"对话框

实验 14

1. 实验项目

数据备份与数据恢复。

2. 实验目的

（1）熟练掌握 GHOST 的使用。

（2）了解、熟悉 DiskGenius 的功能。

（3）熟练掌握使用 DiskGenius 对硬盘分区进行恢复的操作流程。

（4）了解、熟悉 EasyRecovery Pro 的功能。

（5）熟练掌握使用 EasyRecovery Pro 对硬盘数据进行恢复的操作流程。

3. 实验准备及要求

（1）十字螺丝刀一把、硬盘数据排线一根、工具软盘一张（含 GHOST、DiskGenius 和 EasyRecovery Pro）、分区表及文件丢失的硬盘一个、P3 电脑一台。

（2）用 GHOST 的命令方式，将第 1 硬盘的第 1 分区（C 盘）以最高压缩比备份到 D 盘，映像文件名为自己的姓名。

（3）将目标硬盘安装到计算机中作为从盘。

（4）分别使用 DiskGenius 和 EasyRecovery Pro 对硬盘分区和数据进行恢复。

（5）详细记录操作流程。

4. 实验步骤

（1）用 GHOST 的命令方式将 C 盘备份到 D 盘。

（2）使用 DiskGenius 找到丢失的分区。

（3）使用 EasyRecovery Pro 找到分区中丢失的文件。

（4）整理操作流程记录，完成实验报告。

5. 实验报告

（1）用 GHOST 的命令方式将 C 盘备份到 D 盘的命令行。

（2）写出使用 DiskGenius 对硬盘分区进行恢复的操作流程。

（3）分别使用以下三种方式，对硬盘数据进行恢复，并且比较恢复后的结果。

① AdvancedRecovery；

② DeletedRecovery；

③ FormatRecovery。

习题 14

一、填空题

（1）随着计算机服务业的飞速发展，_____和_____ 将在计算机信息服务中占据越来越大的比重。

（2）数据安全的物理措施，主要包括_____、_____和_____这三个方面。

（3）冰点采用_____的形式加入操作系统的_____来实现还原功能。

（4）所谓_____就是将数据复制到另外一个地方，形成冗余，从而当数据丢失或损坏时可以进行快速恢复。

（5）GHOST 在备份文件时，有两种方式，即_____和_____。

（6）一般把 PC 病毒划分为_____、_____和_____。

（7）复合型病毒是一种将_____和_____结合在一起的病毒，它既感染文件又感染引导扇区。

（8）DiskGenius 具有强大的硬盘检测和_____功能。

（9）对数据恢复的方式可分为_____恢复方式与_____恢复方式。

（10）EasyRecovery Pro 可以通过建立_____，当操作系统不能启动时，也能轻松恢复丢失的数据。

二、选择题

（1）下列选项中，（　　）不属于数据安全的物理措施。

    A．人员安全　　　　　　　　　　　B．数据中心的场地安全

    C．数据分散存放　　　　　　　　　D．网络安全

（2）下列选项中，（　　）不属于海光蓝卡对系统盘的复原方式。

    A．每天　　　　B．每次　　　　C．不使用　　　　D．每小时

（3）基于软件的数据保护，可以分为（　　）类。

    A．2　　　　　B．3　　　　　C．4　　　　　D．5

（4）数据备份所使用的载体很多，（　　）相对来说，最为保险。

    A．硬盘　　　　B．软盘　　　　C．U 盘　　　　D．光盘

（5）GHOST 特有的压缩方式，它是带地址的压缩方式，而且压缩率相当高，可以达到（　　）。

    A．50%　　　　B．60%　　　　C．70%　　　　D．100%

（6）下列选项中，（　　）不属于计算机病毒的特性。

    A．传染性　　　B．繁殖性　　　C．针对性　　　D．不可消灭性

（7）下列选项中，（　　）可以用来对硬盘数据进行恢复。

    A．3DMark2006　　　　　　　　　B．DiskGenius

    C．FinalData　　　　　　　　　　D．MemTest

（8）（　　）采用硬盘软件锁，直接对硬盘分区进行保护，起作用类似于还原卡。

    A．还原精灵　　　　　　　　　　　B．冰点

    C．联想的 Recover Easy　　　　　　D．海光蓝卡

（9）（　　）是一种危害极大的病毒，它主要是利用软件本身所提供的宏能力来设置病毒。

A．操作系统型病毒   C．复合型病毒

C．宏病毒   D．文件型病毒

（10）如果分区的文件系统格式丢失，使用 EasyRecovery Pro 进行恢复时，一般选择（   ）。

A．AdvancedRecovery   B．DeletedRecovery

C．FormatRecovery   D．RawRecovery

三、判断题

（1）DiskGenius 只能修复硬盘的物理坏道。   （   ）

（2）计算机病毒不能够自我复制，而且不可消灭。   （   ）

（3）GHOST 中的 Check 选项通过 CRC 校验来检查文件或者复制盘的完整性。（   ）

（4）交叉使用计算机，容易把计算机病毒从一台被传染的计算机传染给另一台计算机，形成交叉感染。   （   ）

（5）在使用 EasyRecovery Pro 进行数据恢复时，如果进程中断，则不能进行恢复。

（   ）

四、简答题

（1）为了保证数据的安全，必须采取哪些措施？

（2）数据备份的方法有哪些？

（3）使用 GHOST 备份数据有哪些优势？

（4）何谓计算机病毒，常见的计算机病毒有哪些？

（5）EasyRecovery Pro 6.0 的主要功能有哪些，如何恢复误格式化的数据？

第15章
引导工具光盘的制作

　　随着互联网的普及，使得计算机上网率越来越高，受到病毒和木马攻击的概率也越来越大，导致软件故障率进一步加大。现在计算机发生的故障至少80%是软件故障，而软件故障要找到原因是很困难的，有时即使找到了原因，也不一定能修复，可以说修复软件故障耗时耗力，得不偿失。对付软件故障最有效、最直接的办法就是格式化系统盘和重装操作系统。能够快速熟练地重装系统、排除计算机软件故障，已经成为一般单位衡量计算机维护、维修人员水平的重要标准。要做到快速熟练地重装系统，必须要根据本单位计算机的配置和应用情况制作个性化的工具盘，来对计算机进行分区、安装系统、系统备份和使用工具软件进行各种维护、维修，这样可以大大提高计算机维护、维修的效率，很好地在单位树立起电脑维修专家的形象。可以对同一类的计算机配置，安装好系统和常用软件及单位必须要用的软件后，做成GHOST映像启动盘，当同事的电脑系统被损坏，只要插入光盘，重启电脑，出现制作的个性化菜单选项，选定其中一个选项几分钟就能将其修复。本章将讲述引导光盘和引导菜单的制作方法，为了熟练地掌握引导工具盘的制作，对必须掌握的虚拟机、UltraISO、DOS、WinImage、EasyBoot、nMaker等工具软件进行介绍和讲述，最后讲述了Winpe3.0光盘的制作过程。本章是本书的特色和重点，希望读者能够认真学习和掌握，对工作和生活会有所帮助。

15.1　制作引导工具光盘简介

　　引导工具盘就是从计算机维修的实际出发，把一些常用的维修工具软件，如常用操作系统的安装软件、常用操作系统的万能GHOST映像文件、硬盘分区维修工具软件、数据恢复软件等全部集成到一张光盘上，并根据需要设置光盘启动的主菜单和多重分菜单。当光盘启动计算机时，出现各菜单选项，通过各选项方便地进入各种工具软件和系统的安装软件。

15.1.1　制作引导工具光盘的意义

　　（1）避免了携带大量的工具和系统盘，提高了维修效率。由于各台计算机安装的操作系统不同，重装系统时要携带系统安装盘或万能GHOST盘，也由于各台计算机出现的软件故障各不相同，维修时还要带各种工具软件盘，如要分区就要带分区工具软件、要修复硬盘就要有硬盘修复软件等。有时要带十几张光盘，不但携带不方便，而且在维修时要花很多时间找各种工具盘。这样既费时费力，又手忙脚乱，还容易出错。如果把这些工具软件全部集成到一张光盘上，并根据需要设置光盘启动的主菜单和多重分菜单，只要按一个键就能进入需要启动的工具软件，这样不但操作轻松，而且还节省了时间，大大地提高了维修效率。

（2）有利于树立起计算机维修行家里手的形象。如果别人的计算机系统崩溃了，要重装系统，你刚好做了这种机型的 GHOST 映像文件，并将其放于引导工具盘上，使进入某个菜单选项能够自动地把这个映像文件还原到硬盘的启动盘 C 盘。这样只要用引导工具启动计算机，选定菜单项，3～5 分钟就能自动完成重装系统操作。如果另一位维修人员，遇到同样的问题，他按一般的步骤，先格式化 C 盘，用一个小时装好操作系统、驱动及补丁，再用一个小时装好常用软件和单位上的专用软件，完成重装任务要用两个小时。之所以有如此大的差距，实际上只是把安装系统及软件的工作做到了前面，并且放到了一般人认为技术含量很高的引导工具盘中。

（3）有利于应聘计算机维修岗位。现在用人单位招聘计算机维修技术人员时，一般在面试环节中都会设置计算机软件方面的故障，这些故障一般都能用工具软件修复，如启动系统时提示找不到系统盘，故障原因可能是修改了硬盘引导记录，或者把引导分区隐藏或没有设为活动分区。如果做好了启动界面精美的引导工具盘，选定菜单进入硬盘修复工具 DiskMan 和 PM 就能很快地修复这个故障。这样面试考官一定会对你刮目相看，加深印象，成功聘用的机率就会大大提高。

15.1.2　制作引导工具光盘需要的条件

要熟练、成功地制作引导工具光盘必须掌握一些启动光盘的原理、操作系统软件和工具软件的使用方法。

1. 光盘的启动原理

光盘的启动原理主要是指光盘引导的规范，单重启动 CD-ROM 和多重启动 CD-ROM 的原理及过程。

2. 操作系统

主要掌握 DOS 的启动文件和启动过程及常用命令，批处理的常用命令及建立方法。这是由于许多硬盘工具软件必须在 DOS 下运行，而要使光盘启动自动运行这些工具软件，必须了解 DOS 的启动，熟悉 DOS 的命令，建立批处理自动运行工具软件。

如果要在 Windows 安装过程中自动加载一些硬件驱动，还要对 Windows 的安装过程和加载驱动的文件和过程很清楚。

3. 工具软件

做启动光盘离不开工具，使用合适的工具会达到事半功倍的效果，因此必须掌握如下工具。

（1）虚拟机软件（VMware）。用于测试制作完成的光盘引导镜像文件，不用刻盘就测试光盘能否启动，以减少光盘的损耗。同时虚拟机软件还可能用于在一台计算机中安装 Linux，Windows 及 DOS 等多个系统。

（2）UltraISO。可启动光盘镜像制作工具，生成标准的 ISO 文件，还能提取和修改 ISO 中的文件。

（3）WinImage。用于制作 DOS 工具的启动镜像 IMG 文件，还能提取和修改 IMG 中的文件。

（4）EasyBoot。光盘启动菜单制作工具，可以制作精美的主菜单和子菜单。

（5）N 合 1 制作工具软件（nMaker）。它可以把多个操作系统的安装文件制作在一个启动光盘中。

15.1.3　光盘引导的工作原理

随着刻录机价格的暴降和刻录软件的更加容易使用，要刻录一张普通光盘，早已不是难事，但要刻录可启动光盘，却并不简单，特别是制作含菜单选项的引导光盘更非易事。

1. 启动光盘的由来

可启动 CD-ROM（或称可引导光盘）的概念早在 1994 年（辉煌的 DOS 年代）就已被提出，当时 CD-ROM 还是 PC 的一个昂贵的附属设备（CD-ROM 加声卡在当时被称为多媒体套件，带多媒体套件的电脑被称为多媒体电脑），而且在 DOS 平台下实现光盘引导还存在一些技术上的困难，即要在载入 DOS 之前就必须检测到 CD-ROM，这在当时从软件上是无法实现的，唯一的解决方法就是修改电脑主板上的 BIOS（或是 SCSI 与 IDE 控制器上的 BIOS），使之在硬件级而不是软件级首先识别 CD-ROM，并自动加载 CD-ROM 上的启动引导器（存放在 CD-ROM 上特定区域的一段特殊代码，用以控制 CD-ROM 的启动）。

1995 年 1 月 25 日，Phoenix Technologies 与 IBM 联合发表了可启动 CD-ROM 格式规范，Bootable CD-ROM Format Specification1.0 即 El Torito 规范，该规范中定义了可启动 CD-ROM 的数据结构与映像数据的配置及光盘制作的一些详细说明。实际上，该规范也隐含地制定了能够读取可启动 CD-ROM 光盘的 BIOS 的规范，使得符合 El Torito 规范的可启动 CD-ROM 在电脑上能够正常启动。随后，Phoenix 又独自或联合其他厂家相继发布了一系列支持可启动 CD-ROM 的规范和标准，其中值得一提的是 1996 年 1 月 11 日 COMPAQ、Phoenix 与 Intel 联合发布的 BIOS 启动规范（BIOS Boot Specification）1.01，该规范为 BIOS 厂家提供了制造支持可启动 CD-ROM 的 BIOS 标准。

自从 El Torito 规范推出之后，采用单重启动映像的可启动 CD-ROM 大量涌现，El Torito 规范也成为事实上的工业标准。但可启动 CD-ROM 仍遵循 ISO 9660 的规范，简单地说，普通 CD-ROM+启动功能=可启动 CD-ROM。

2. 引导光盘的工作原理

BIOS 首先检查光盘的第 17 个扇区，查找其中的代码，若发现其中的启动记录卷描述表（Boot Record Volume Descripter），它就根据表中的地址继续查找启动目录（Booting Catalog），找到启动目录后，再根据其中描述的启动入口（Boot Entry）找到相应的启动磁盘映像（Bootable Disk Image）或启动引导文件，找到启动磁盘映像后，读取其中的数据，并执行相应的启动操作。

相对于单重启动 CD-ROM 而言，多重启动 CD-ROM 的启动目录中包含多个启动入口，指向多个启动磁盘映像。启动映像配置图如图 15-1 所示。

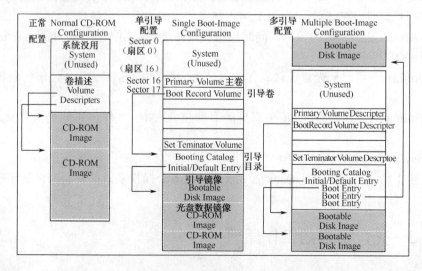

图 15-1　启动映像配置图

图 15-1 中描述的多重启动配置是 El Torito 规范所描述的多重启动映像配置，但由于多重启动 CD-ROM 在实际工作中的应用较少，目前大多数主板的 BIOS 对此支持得不完善。在这类主板上，用遵循 El Torito 规范所制作的多重启动 CD-ROM 往往只能引导第 1 个（默认启动出口所指向的）启动映像。

为了解决这个问题，又相继研究出了一些办法来实现 CD-ROM 的多重启动，目前最流行的办法是非模拟（软盘、硬盘）式 BIOS 模拟法。其工作原理与 El Torito 规范所描述的单重启动映像配置原理基本相同，只是默认启动的不是软盘映像，而是 1 个启动引导文件，该启动引导文件引导光盘启动，再由它去查找其他的启动磁盘映像或引导文件，根据配置文件列出启动选项供用户选择。EasyBoot 采用的就是这种方法。

15.2　虚拟机软件的使用

虚拟机（Virtual Machine）是在电脑上用硬盘和内存的一部分虚拟出若干台机器，每台机器可以运行单独的操作系统而互不干扰，这些"新"机器各自拥有自己独立的 CMOS、硬盘和操作系统，可以像使用普通机器一样对它们进行分区、格式化、安装系统和应用软件等操作，还可以将这几个操作系统联成一个网络。在虚拟系统崩溃之后，可直接将其删除而不影响本机系统，同样本机系统崩溃后也不影响虚拟系统，可以在重装后加入以前做的虚拟系统。同时，它也是唯一的能在 Windows 和 Linux 主机平台上运行的虚拟计算机软件。虚拟机软件不需要重开机就能在同一台电脑使用好几个 OS（操作系统），不但方便而且安全。虚拟机在学习技术方面能够发挥很大的作用。

虚拟机软件可以在一台电脑上虚拟出很多的主机，只要真实主机的配置足够即可。这里学习虚拟机主要是为了用虚拟机直接引动光盘映像，检验菜单和启动项是否成功，及时修改引导光盘出现的问题。这样就不用每次修改都要刻录光盘，既节省了光盘盘片，又节约了时间。

15.2.1　虚拟机软件简介

虚拟机软件可以在一台电脑上模拟出来若干台 PC，每台 PC 可以运行单独的操作系统而互不干扰，可以实现一台电脑同时运行几个操作系统，还可以将这几个操作系统连成一个网络。

目前 PC 上的虚拟机软件有如下两种。

（1）VMware 是 VMware 公司的产品，可以从该公司网站 http://www.vmware.com 中下载最新的版本。

（2）Virtual PC 是由 Connectix 出品的，也可以从该公司网站中下载最新的版本。

这两个软件的功能类似，主要是主机与虚拟机互访方法不同，这里主要介绍 VMware。

15.2.2　使用虚拟机的好处

（1）要在一台电脑上装多个操作系统，如果不使用虚拟机，有两个办法。一是安装多个硬盘，每个硬盘装一个操作系统，此方法比较昂贵；二是在一个硬盘上装多个操作系统，此方法不够安全，因为硬盘 MBR 是操作系统的"必争之地"，可能造成几个操作系统"同归于尽"。使用虚拟机软件既省钱又安全，对想学 Linux 和 UNIX 的人来说很方便。

（2）虚拟机可以在一台机器上同时运行几个操作系统，有了虚拟机只需要一台电脑，即可调试 C/S（Client/Server）、B/S（Browser/Server）的程序。

（3）使用虚拟机可以进行软件测试。有些软件因为有 BUG，运行时可能导致死机，甚至系统崩溃，因此用虚拟机测试，即使系统崩溃也是虚拟机中的系统崩溃，而不是物理计算机上的操作系统崩溃。并且，使用虚拟机的"Undo"（恢复）功能，可以马上恢复虚拟机在安装软件之前的状态。

（4）使用虚拟机可以测试光盘引导文件是否有错误，能及时对引导镜像进行修改，节省了大量的时间和碟片。

15.2.3 虚拟机对硬件的要求和运行环境

（1）虚拟机的硬件要求。虚拟机是将两台以上电脑的任务集中在一台电脑上，所以对硬件的要求比较高，主要是 CPU、硬盘和内存。目前的电脑 CPU 多数是 P4 以上，硬盘都是几十 GB 以上，这样的配置已经完全能满足要求。关键是内存，内存的需求等于多个操作系统需求的总和，要求至少 512MB 以上，否则运行会很慢。现在的内存价格很便宜，一般都能达到 1～2GB。但是还是建议尽量减少虚拟机的数量，以减轻对硬件资源的占用。

（2）虚拟机的运行环境。VMware 可运行在 Windows（WindowsNT 以上）和 Linux 操作系统中；Virtaul PC 可运行在 Windows（Windows 98 以上）和 MacOS 操作系统中。

运行虚拟机软件的操作系统叫 Host OS（主操作系统），在虚拟机里运行的操作系统叫 Guest OS（客户或从操作系统）。

15.2.4 虚拟机软件 VMware 的特点

VMware Workstation 是 VMware 公司设计出品的专业虚拟机，适合个人电脑使用，运行效率远远高出 Virtaul PC。VMware Workstation 也是一款功能强大的桌面虚拟计算机软件，提供用户可在单一的桌面上同时运行不同的操作系统，并进行开发、测试、部署新的应用程序的最佳解决方案，可以虚拟现有任何操作系统，而且使用简单。它的特点如下：

（1）支持的 Guest OS。VMware 支持的 Guest OS 有 MS-DOS、Windows3.1、Windows9X/Me、WindowsNT、Windows2000、WindowsXP、Windows7、Windows.Net、Linux、FreeBSD、NetWare6、Solaris x86。

不支持的 Guest OS 有 BeOS、IBM OS/2 and OS/2 Warp、Minix、QNX、SCO Unix、UnixWare。

（2）VMware 模拟的硬件。VMware 模拟出来的硬件包括主板、内存、硬盘（IDE 和 SCSI）、DVD/CD-ROM、软驱、网卡、声卡、串口、并口和 USB 口，但 VMware 没有模拟出显示卡。VMware 为每一种 Guest OS 提供一个叫做 vmware-tools 的软件包，来增强 Guest OS 的显示和鼠标功能。

（3）VMware 模拟出来的硬件是固定型号的，与 Host OS 的实际硬件无关。例如，在一台机器里用 VMware 安装了 Linux，可以把整个 Linux 复制到其他有 VMware 的机器里运行，不必再安装。

（4）VMware 可以使用 ISO 文件作为光盘直接启动，如从网上下载的 Linux ISO 文件，不需刻盘，可直接安装。

（5）VMware 为 Guest OS 的运行提供了三种选项。

① persistent（保存）。Guest OS 运行中所做的任何操作都即时存盘。

② undoable（不能做的）。Guest OS 关闭时会询问是否对所做的操作存盘。

③ nonpersistend（不保存）。Guest OS 运行中所做的任何操作，如果不进行存盘，那么就不会起任何作用。对于进行软件测试或试验，这是非常有用的功能。

（6）VMware 的网络连接设置方式。VMware 的网络连接设置方式是指虚拟机和真实主机及其他的虚拟机进行通信的连接模式，它是当虚拟机系统装好后在网络配置中设置的。其模式主要有如下几种：

① Bridged（桥接）方式。用这种方式，Guest OS 的 IP 可设置为与 Host OS 在同一网段，Guest OS 相当于网络内的一台独立的机器，网络内其他机器可访问 Guest OS，Guest OS 也可访问网络内其他机器，当然与 Host OS 的双向访问也不成问题。

Bridged 方式的拓扑结构如图 15-2 所示。

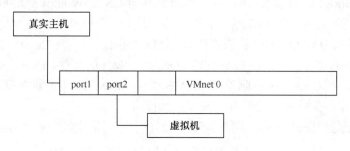

图 15-2　Bridged 方式的拓扑结构

如果真实主机在一个以太网中，那么这种方法是将虚拟机接入网络最简单的方法。虚拟机就像一台新增加的、与真实主机有着同等物理地位的电脑，桥接模式可以享受所有可用的服务，包括文件服务、打印服务等，并且在此模式下将获得最简易的从真实主机获取资源的方法。

② Host-only 模式。Host-only 模式的拓扑结构如图 15-3 所示。

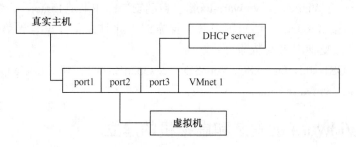

图 15-3　Host-only 模式的拓扑结构

Host-only 模式用来建立隔离的虚拟机环境，在这种模式下，虚拟机与真实主机通过虚拟私有网络进行连接，只有同为 Host-only 模式下并且在一个虚拟交换机的连接下才可以互相访问，外界无法访问。Host-only 模式只能使用私有 IP，IP、gateway（网关）、DNS（域名服务器）都由 VMnet1 来分配。

③ NAT 模式。NAT 模式的拓扑结构如图 15-4 所示。

NAT（Network Address Translation，网络地址传输）模式可以理解成为方便地使虚拟机连接到公网，代价是桥接模式下的其他功能都不能享用。凡是选用 NAT 模式的虚拟机均由 VMnet8 提供 IP、gateway、DNS。

NAT 模式的 IP 地址配置方法为 Guest OS 先用 DHCP 自动获取 IP 地址，Host OS 中的

VMware services 会为 Guest OS 分配一个 IP，之后如果想每次启动都用固定 IP，则在 Guest OS 里直接设定这个 IP 即可。

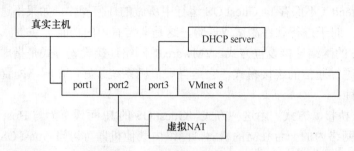

图 15-4　NAT 模式的拓扑结构

一般来说，Bridged 模式最方便好用，但如果 Host OS 是 Windows 2000 的网线没插好，网络很可能不可用（大部分用 PCI 网卡的机器都如此），此时就只能用 NAT 模式。

（7）VMware 用 Host OS 的文件来模拟 Guest OS 的硬盘。一个 Guest OS 的硬盘对应一个或多个 Host OS 中的文件，如果在 Guest OS 中写入 100MB 的文件，Host OS 中的虚拟硬盘文件就增大 100MB。在 Guest OS 中删除这 100MB 文件，Host OS 中的虚拟硬盘文件不会减小，再次在 Guest OS 中写文件时，这部分空间可继续使用。

vmware-tools 里还提供 shrink 功能，可以立刻释放不用的空间，减小 Host OS 中虚拟硬盘文件的容量。

为了减少硬盘空间的浪费，避免经常使用 shrink，更好的做法是在 Guest OS 中挂上另外一个硬盘存放不常用的文件，如安装文件等，用完之后可以把这块硬盘重新进行分区格式化。

（8）vmware-tools。vmware-tools 能增强 Guest OS 的显示和鼠标功能。vmware-tools 自带在 VMware 中，安装 Guest OS 时，VMware 的状态栏里就会提示未安装 vmware-tools，鼠标单击提示即可安装，也可通过菜单安装，即执行"settings"→"vmware tools install"命令。

如果 Guest OS 是 Windows，vmware-tools 会自动安装；如果是 Linux，安装后 vmware-tools 的安装文件会被挂接（mount）到光驱中（虚拟方式，此时光驱并没有光盘），进入光驱的 mount point，把文件复制出来安装即可。

对某些 Guest OS，如 Solaris x86、NetBSD 1.x、OpenBSD 2.x 和 Caldera OpenLinux 1.3 等，VMware 并没有提供 vmware-tools。

15.2.5　VMware 的安装和虚拟机的建立

1．VMware 的安装

（1）VMware 的版本。在安装 VMware 之前，一定要弄清安装 VMware 的目的、需要安装何种版本的 VMware。VMware 的主要版本和功能如下。

① VMware Player：只能运行虚拟机，不能创建虚拟机。

② VMware Workstation：针对桌面用户的产品，可以创建和运行虚拟机，只能在本机操作。

③ VMware Server（Vmware GSX Server）：针对企业用户的初级产品，可以创建和运行虚拟机，可以通过 Web 来操作。

④ VMware ESX Server：针对企业用户的高级产品，可以创建和运行虚拟机，价格昂贵。它和 VMware Server 的区别在于，VMware Server 只能寄居于另一个操作系统（Host OS）中，然后再在 VMware Server 内部创建虚拟机并安装操作系统（Guest OS），这样所有的操作都要

经过 Host OS,再加上 Host OS 本身也要消耗大量的系统资源,因此效率不高;而 VMware ESX Server 不需要 Host OS,它自带一个非常简洁高效的 OS 层,专门为虚拟机服务,因此效率极高。

（2）VMware 的安装。虽然 VMware 的版本众多,但对个人用户来说,只安装 VMware Workstation 即能满足要求。目前最新的 VMware Workstation 版本为 7.1.1,先从网上下载官方英文版,再下载中文破解补丁即可。其安装方法与安装其他的软件类似,只要运行安装程序,按提示安装即可。

2. VMware 虚拟机的建立

（1）运行 VMware Workstation 7.1.1 程序,出现如图 15-5 所示主界面。

图 15-5　VMware Workstation 7.1.1 程序主界面

（2）选择"新建虚拟机"选项（或执行"文件"→"新建"→"虚拟机"命令）,将出现如图 15-6 所示的新建虚拟机向导界面。

这里有"标准"和"自定义"两个选项,选中"标准"单选按钮只要几个简单步骤就能建立一个虚拟机;而选中"自定义"单选按钮则可以更改适配器、虚拟磁盘的类型,指定与旧版本的兼容性等。

（3）选择操作系统的安装方式。单击"下一步"按钮,就会出现操作系统的安装方式选择,如图 15-7 所示。

图 15-6　新建虚拟机向导界面　　　图 15-7　操作系统的安装方式选择

① 安装盘。如果系统是光盘的安装盘,把安装盘放入光盘,可以选择此方式。
② 安装盘镜像文件（iso）。如果安装盘是 IO 镜像文件,可以选择此方式。
③ 我以后再安装操作系统。如果不想在建立虚拟机时就装系统,可以选择此方式。
（4）如果先不安装系统,则选中"我以后再安装操作系统"单选按钮,单击"下一步"

图 15-8　操作系统选择界面

按钮，将出现操作系统选择界面，可以选择"客户机操作系统"类型和"版本"，如图 15-8 所示。

① Microsoft Windows。Windows 系列操作系统的可选版本有 Windows 7、Windows 7 x64、Windows Vista、Windows Vista x64 Edition、Windows XP Home Edition、Windows XP Professional、Windows XP Professional x64 Edition、Windows 2000 Professional、Windows NT、Windows Server 2008 R2 x64、Windows Server 2008、Windows Server 2008 x64、Windows Server 2003 Standard Edition、Windows Server 2003 Standard x64 Edition、Windows Server 2003 Enterprise Edition、Windows Server 2003 Enterprise x64 Edition、Windows Server 2003 Small Business、Windows Server 2003 Web Edition、Windows 2000 Server、Windows 2000 Advanced Server、Windows Me、Windows 98、Windows 95、Windows 3.1。

② Linux。Linux 系列操作系统的可选版本主要有 Ubuntu、OpenSUSE、Asianux Server3、CentOS、Debian、Fedora、Mandrake Linux、Novell Linux、Oracle Enterprise Linux、Red Hat Linux、Tubo Linux、Sun Java Desktop System、SUSE Linux、Other Linux 2.2.x-2.6.x Kernel Linux 等。

③ Novell NetWare。Novell NetWare 系列操作系统的可选版本有 NetWare5、NetWare6。

④ Sun Solaris。Sun Solaris 系列操作系统的可选版本有 Solaris8、Solaris9、Solaris10。

⑤ VMware ESX 的可选版本有 ESX Server4。

⑥ 其他。其他可选操作系统有 MS-DOS、FreeBSD、Other（没有列出的操作系统）。

（5）虚拟机名称和安装位置的选择。

如果要使用虚拟机来启动引导光盘的 ISO 文件，可以选 Windows 系列操作系统，在图 15-8 中选择安装"Windows XP Professional"单击"下一步"按钮，得到如图 15-9 所示的虚拟机名称和安装位置的选择界面。该界面有如下两个选项。

① 虚拟机名称。可以对虚拟机命名，默认为选择的操作系统的名称。

② 位置。可以自由选择虚拟机在硬盘中的安装位置。由于虚拟机占用的硬盘空间比较大，一般都选把虚拟机安装在有大的可用容量的盘中，默认位置为 C:\Users\wen\Documents\Virtual Machines\Windows XP Professional。

（6）虚拟机硬盘容量的选择。在图 15-8 中单击"下一步"按钮，就会出现如图 15-10 所示的虚拟机硬盘容量的选择界面。

图 15-9　虚拟机名称和安装位置的选择界面

图 15-10　虚拟机磁盘容量的选择界面

容量大小可根据虚拟机安装的操作系统与应用软件的多少来确定。如果只引导 ISO 文件，只要选一个小于 10GB 的值即可。"单个文件存储虚拟磁盘"项只有在选择位置为默认位置时才能选，否则只能选"拆分到多个文件的虚拟磁盘"项。即使选择安装虚拟磁盘到其他位置，但仍要在默认位置写入一些文件。

另外这里还能计算 Pocket ACE（Assured Computing Environment，特定计算环境）的大小。Pocket ACE 可以直接在一个便携式 USB 介质设备（如闪存记忆棒、便携式硬盘、Apple iPod）上捆绑和部署 ACE 软件包。最终用户可以直接从 USB 设备运行其 ACE 客户端虚拟机，从而实现了无与伦比的可移动性和灵活性。

VMware ACE 是一个全面的企业解决方案，企业可以使用它在安全、集中管理的虚拟机中部署标准化的客户端 PC。每个 ACE 包含一个完整的客户端 PC，其中包括操作系统和所有应用程序。台式机管理员使用 ACE 中的动态策略配置功能通过设备和网络访问控制来锁定端点，从而保护了机密的公司数据。

（7）定制硬件。在图 15-10 中单击"下一步"按钮，就会出现如图 15-11 所示的定制硬件界面。

单击"定制硬件"按钮可以进入"硬件"对话框，如图 15-12 所示。单击"完成"按钮，虚拟机完成建立，虚拟机建立界面如图 15-13 所示。定制硬件可以在这一步进行设置，也可以在虚拟机完成建立后设置。

图 15-11　定制硬件界面

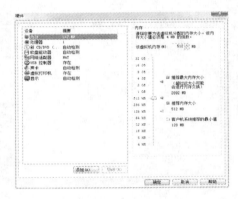

图 15-12　硬件设置界面

虚拟机默认的硬件设置如下。

① 内存。可以设置虚拟机内存的大小，尽量不要超过物理主机的内存。

② 处理器。可以设置虚拟机 CPU 的数量和核心数，还可以设置虚拟化引擎的优先模式。

③ 新 CD/DVD（IDE）。可以设置是否打开虚拟机电源就连接，还可以设置 CD/DVD 是选物理的光驱还是 ISO 文件。如果要测试引导文件 ISO，这里就要选择 ISO。

④ 软盘驱动器。设置同光驱一样，也可以设置是物理软驱还是镜像文件。

图 15-13　虚拟机建立界面

⑤ 网络适配器。可以设置连接状态是否打开虚拟机电源就连接，还可以设置与物理主机的网络连接方式。

⑥ USB 控制器。有"启动 USB 2.0 高速驱动器支持"、"自动连接新的 USB 设置"和"显示所有 USB 输入设备"三个设置选项。

⑦ 声卡。在设备状态设置中，可以设置是否打开虚拟机电源就连接；在连接设置中，有"使用默认主机声卡"、"指定主机声卡"两个选项。

⑧ 虚拟打印机。可以设置是否打开虚拟机电源就连接。

⑨ 显示。可以设置是否用 3D 图形加速，使用主机显示器设置、指定显示器设置，可以选择指定显示器设置虚拟机的显示器数量和分辨率。

除了这些默认的硬件外，还可以添加和移除硬件。

（8）完成虚拟机建立。这里有虚拟机名称、状态、客户机（虚拟机）操作系统、位置、版本等信息显示，还有命令、设备、选项等操作项目。

15.2.6 在虚拟机中安装操作系统的方法

建立好虚拟机后，可在虚拟机上安装操作系统。

如果安装盘是一个引导工具盘的 ISO 文件，将"设备"选项中的"CD/DVD（IDE）"设置为"使用 ISO 镜像文件"，如图 15-14 所示。

单击"确定"按钮，返回如图 15-13 所示的界面。在"命令"选项中选择"打开该虚拟机电源"选项，虚拟机开始启动，检测完虚拟机硬件后，启动 ISO 引导光盘的启动菜单，如图 15-15 所示。

图 15-14 "CD/DVD（IDE）"的设置

图 15-15 启动 ISO 引导光盘的启动菜单

选择"安装 WindowsXP SP3"选项，进入 Windows XP 的安装界面，其安装过程和在物理主机上的安装过程一样，这里不再赘述，经过 40 分钟左右系统即可安装成功，如图 15-16 所示。

图 15-16 操作系统安装成功

15.3 UltraISO 软碟通介绍

UltraISO 软碟通是 EZB Systems 公司出品的一款功能强大而又方便实用的光盘映像文件制作/编辑/转换工具，它可以直接编辑 ISO 文件和从 ISO 文件中提取文件和目录，也可以用 CD-ROM 制作光盘映像或者将硬盘上的文件制作成 ISO 文件。同时，也可以处理 ISO 文件的启动信息，从而制作可引导光盘。使用 UltraISO 可以随心所欲地制作、编辑、转换光盘映像文件，配合光盘刻录软件烧录出自己所需要的光碟。UltraISO 独有的智能化 ISO 文件格式分析器可以处理目前几乎所有的光盘映像文件，包括 ISO、BIN、NRG、CIF 等，甚至可以支持新出现的光盘映像文件。使用 UltraISO 可以打开这些映像，直接提取其中的文件进行编辑，并将这些格式的映像文件转换为标准的 ISO 格式。

15.3.1 UltraISO 的功用

（1）浏览光盘映像并直接提取其中的文件。

目的：直接提取光盘映像的内容，无需刻录成光碟或安装虚拟光驱软件。

方法：直接打开并提取文件或文件夹即可（UltraISO 支持 27 种常见光盘映像格式）。

要点：提取文件可以用提取到功能再指定目的目录；也可以在界面下方的"本地"浏览器中选择路径并直接拖放。

（2）将光盘制作成 ISO，保存在硬盘上。

目的：备份光盘内容，用于虚拟使用或以后刻录。

方法：使用制作光盘映像功能，选择光驱，单击"制作"按钮即可。

要点：UltraISO 采用逐扇区复制方式，因此可以制作启动光盘的映像，刻录后仍然能启动。但是，UltraISO 不支持音乐光碟、VCD 光碟和加密游戏碟的复制。

（3）将已经解开在硬盘上的文件制作成 ISO。

目的：用于刻录或虚拟使用。

方法：新建 ISO 文件，将文件或目录从界面下方的"本地"浏览器拖放到上方的"光盘"浏览器，最后保存即可。

要点：UltraISO 可以制作 10GB 的 DVD 映像文件，如果是 CD-R 要注意顶部的"大小总计"，避免容量超出限制。另外，制作 DVD 映像建议选择"UDF"，制作 CD 映像建议选择"Joliet"。

（4）制作启动光盘。

目的：制作可以直接启动的系统光盘。

方法：文件准备同上，关键是设定正确的引导文件，其中 Windows 98 使用 setup.img、Windows NT/2000/XP 使用 w2ksect.bin。如果没有，可以下载配套工具 EasyBoot，在安装目录 disk1ezboot 下有这两个文件。另外，UltraISO 可以直接从启动光盘提取引导文件（bfi），或者将可启动软盘制作为引导文件（.img）。

要点：如果要制作 N 合 1 启动光盘，需要用 EasyBoot 制作图形化中文启动菜单，将 ezboot 目录加入光盘根目录，引导文件选用 loader.bin 即可。另外，制作 N 合 1 要注意选择"优化文件"选项，可以将 1.5G 的 Windows 2000 3 合 1 优化到 700M 左右。

（5）编辑已有的光盘映像文件内容。

目的：编辑已有的光盘文件，添加或删除部分内容。

方法：打开映像文件，进行添加、删除、重命名等操作，保存即可。

要点：对标准 ISO 文件，UltraISO 可以直接保存；其他格式可选择 ISO、BIN 或 NRG 格式。注意直接保存 ISO 时，尽管删除了文件，但 ISO 大小可能没有变化，用"另存"可压缩其中未用的空间，光盘映像文件才会变小。

（6）光盘映像格式转换。

目的：将无法处理的格式转换为 ISO、BIN 或 NRG 格式，供刻录、虚拟软件使用。

方法：使用转换功能，选择映像文件，指定输出目录和格式，单击"转换"按钮即可。

要点：一次选择多个文件，可用批量转换功能。

（7）制作、编辑音轨文件。

目的：制作自己喜爱的音乐光碟。

方法：用 Nero、ISOBuster 等工具从音乐 CD 中提取.WAV 格式的音轨文件，用 UltraISO 制作成.NRG 格式的映像文件，再用 Nero 刻录。

要点：.WAV 文件必须是 CD 质量的格式（16bit/2channel/44.1kHz）。

（8）UltraISO 配套工具。

EasyBoot 启动：可制作多重启动光盘中文菜单。

SoftDisc 自由碟：将 UltraISO 与 Nero 刻录软件、Daemon-Tools 虚拟光驱软件集成在一起使用。

15.3.2 用 UltraISO 提取和修改 ISO 镜像中文件的方法

首先从网上下载 UltraISO 并安装好，然后将其运行，出现其主界面，如图 15-17 所示。

（1）提取 ISO 镜像中的文件。在 UltraISO 主界面中，执行"文件"→"打开"命令，选择要打开的 ISO 文件，单击"确定"按钮即可打开 ISO 文件，然后选择要提取的文件或文件夹，单击鼠标右键就会出现"提取"、"提取到"等选项，如图 15-18 所示。如果选择"提取"选项，则所选文件就提取到软件的默认文件夹 C:\Documents and Settings\wen\My ISO Files 中；如果选择"提取到"选项，则所选文件就可提取到指定的文件夹。

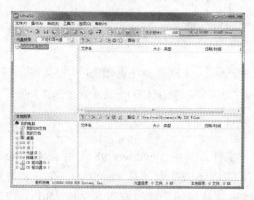

图 15-17 UltraISO 主界面

图 15-18 UltraISO 提取文件界面

（2）ISO 镜像中文件的修改。如果只要对 ISO 镜像中的文件重命名或删除，在图 15-18 中选定该文件，然后执行"操作"→"重命名"或"删除"命令即可。

如果要修改 ISO 镜像中文件的内容，则先要把选定的文件提取出来，然后用相关软件修改后，执行"操作"→"添加文件"命令，将修改后的文件添加到 ISO 中，覆盖 ISO 镜像中的原文件即可。

15.4 DOS 介绍

DOS（Disk Operating System，磁盘操作系统）包括 MS-DOS、PC-DOS、DR-DOS、FreeDOS、PTS-DOS、ROM-DOS、JM-OS 等，其中以微软公司最早开发的操作系统 MS-DOS 最为著名。虽然现在 DOS 已被淘汰，但是因其短小精悍、简单扼要、占用资源少，很多维修软件，如维修硬盘的 MHDD、系统克隆的 GHOST 等都必须工作在 DOS 下。因此，我们有必要掌握 DOS 的一些基本功能。

15.4.1 DOS 的启动过程和启动文件

DOS 系统启动时，要先从启动盘中读取两个系统文件 IO.SYS 和 MSDOS.SYS，然后在启动盘的根目录下寻找并执行 CONFIG.SYS、COMMAND.COM、AUTOEXEC.BAT 三个文件。其中 IO.SYS、MSDOS.SYS 和 COMMAND.COM 这三个文件缺一不可，否则电脑将无法正常启动。其启动过程如图 15-19 所示。

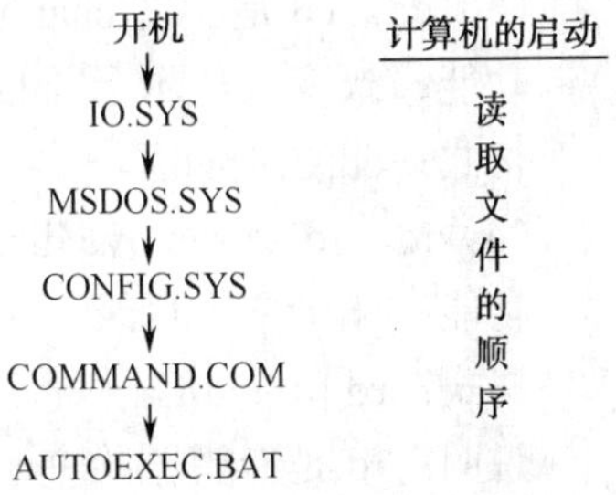

IO.SYS、MSDOS.SYS、COMMAND.COM 是三个系统文件，不能对其修改，而 CONFIG.SYS 和 AUTOEXEC.BAT 这两个文件用来配置系统运行环境和自动执行一些命令，它

图 15-19　DOS 的启动过程

们对电脑的运行性能及许多设备的驱动起到了至关重要的作用，可以根据自己的需要对其内容进行修改。AUTOEXEC.BAT 叫做自动批处理文件，它是批处理文件的一种，因为 DOS 启动时会自动运行它，所以叫做自动批处理文件，可以把自己每次启动电脑时都要运行的程序放在里面。如果电脑在根目录下找不到这两个文件，也是可以运行的，但有许多复杂的软件和设备将无法正常工作，如光驱、声卡及一些应用程序等。

15.4.2 DOS 的常用命令

DOS 下的电脑只能识别一些特殊英文语句的含义，这些计算机能识别的特殊英文语句叫做 DOS 命令。只有输入这些命令，电脑才会识别，否则会提示"Bad command or file name"。

1. DOS 命令的分类

DOS 命令分为内部命令和外部命令。内部命令都集中在根目录下的 COMMAND.COM 文件里，电脑每次启动时都会将这个文件读入内存。也就是说在电脑运行时，这些内部命令都存储在内存中，用 dir 命令是看不到这些内部命令的。

外部命令都是以一个个独立的文件存放在磁盘上的，它们都是以.com 和.exe 为后缀的文件，它们并不常驻内存，只有在电脑需要时才会被调入内存。

2. DOS 的常用命令及作用

（1）dir。dir 是英文单词 directory（目录）的缩写，主要用来显示一个目录下的文件和子目录。

功能：显示指定磁盘、目录中的文件和子目录信息，包括文件及子目录所在磁盘的卷标、文件与子目录的名称、每个文件的大小、文件及目录建立的日期时间，以及文件子目录的个数、所占用总字节数及磁盘上的剩余总空间等信息。

格式：dir [C:][path][filename][.ext][/o][/s][/p][/w][/a]。

说明：dir 是 DOS 命令中最常用的命令。斜杠表示后面的内容是参数。DOS 参数最常用的有四个，其参数意义为/p 显示信息满一屏时暂停显示，按任意键后显示下一屏；/o 排序显示，o 后面可以接不同意义的字母；/w 只显示文件名目录名，每行五个文件名，即宽行显示；/s 将显示目录及子目录的全部目录文件。

注意：格式的符号约定，C:盘符，Path 路径，Filename 文件名，.ext 扩展名，Filespec 文件标识符，[ ]方括号中的项目是可选项，用户可以根根据需要不输入这些内容，{ }大括号表示其中的项目必选一项，|竖线表示两侧的内容可取其一，/表示后面有可选的参数。

（2）md。md 是英文 make directory（创建目录）的缩写。

功能：创建一个子目录。

格式：md[C:]path。

（3）cd。cd 是英文 change directory（改变目录）的缩写。

功能：改变或显示当前目录。

格式：cd[C:][path]。

（4）rd。rd 是 remove directory（删除目录）的缩写。

功能：删除空子目录。

格式：rd [d:]path。

说明：rd 是专门删除空子目录的命令但不能删除非空目录和当前目录。

（5）copy。copy：在英文中是复制的意思。

功能：复制一个或一组文件到指定的磁盘或目录中。

格式：copy [C:][path][filename.ext][C:][path]filename.ext。

（6）del。del 是英文 delete（删除）的缩写。

功能：删除指定磁盘、目录中的一个或一组文件。

格式：del[C:][path]filename.ext。

（7）ren。ren 是英文 rename（重新命名）的缩写。

功能：对指定磁盘、目录中的一个文件或一组文件更改名称。

格式：ren[C:][path]filename1[.ext]filename2[.ext]。

（8）type。

功能：在屏幕上显示文本文件内容命令。

格式：type[C:][path]filename.ext。

（9）format。

功能：磁盘格式化。

格式：[C:][path]format drive[:/S]。

当使用了这个参数/S 后，磁盘格式化并装入操作系统文件，使之变为引导盘。

（10）deltree。

功能：删除目录树。

格式：[C:][path]DELTREE[C1:][path1][[C2:][path2][…]]。

（11）sys。

功能：传递系统文件命令。将 DOS 的两个隐含的系统 IO.SYS 和 MSDOS.SYS 传送到目标磁盘的特定位置上，并将 COMMAND.COM 文件复制过去，完成后，目标盘成为 DOS 的启动盘。

格式：[C:][path]SYS[C1:][path]。

（12）edit。

功能：编辑一些程序和批处理文件。

（13）cls。

功能：清除显示器屏幕上的内容，使 DOS 提示符回到屏幕左上角。

格式：cls

（14）ver。

功能：显示正在运行的 DOS 系统版本号。

格式：ver。

（15）更多的 DOS 命令及功能如表 15-1 所示。

表 15-1　DOS 的一些命令及功能

命　　令	功　　能	命　　令	功　　能
attrib	设置文件属性	move	移动文件、改目录名
ctty	改变控制设备	more	分屏显示
defrag	磁盘碎片整理	prompt	设置提示符
doskey	调用和建立 DOS 宏命令	set	设置环境变量
debug	程序调试命令	smartdrv	设置磁盘加速器
emm386	扩展内存管理	setver	设置版本
fc	文件比较	subst	路径替换
fdisk	硬盘分区	vol	显示指定的磁盘卷标号
lh/loadhigh	将程序装入高端内存	xcopy	复制目录和文件

15.4.3　DOS 的批处理

批处理方式是将 DOS 命令或可执行的文件名按执行顺序逐条编好，建立一个磁盘文件，文件的扩展名规定用.BAT，这样的文件叫做批处理文件。批处理文件实际上是一组可执行命令的组合，任何文字编辑软件都可以建立。批处理文件的组成虽然比较简单，但其用处非常大，使用也比较广泛，特别是要使引导光盘启动进入一个指定的程序，必须建立一个自动批处理文件。因此，DOS 系统虽然已被淘汰，但批处理还是系统高手必备的知识。

（1）echo 命令。打开屏幕显示或关闭请求显示功能或显示消息。如果没有任何参数，echo命令将显示当前屏显设置。

语法：echo {on | off} message。

（2）@命令。表示不显示@后面的命令。

（3）goto 命令。指定跳转到标签，找到标签后，程序将处理从下一行开始的命令。

语法：goto label（label 是参数，指定所要转向的批处理程序中的行）。

（4）rem 命令。注释命令，在 C 语言中相当于/*--------*/，它并不会被执行，只是起注释的作用，便于阅读和日后修改。

（5）pause 命令。运行 pause 命令时，将显示消息：Press any key to continue . . .

（6）call 命令。从一个批处理程序调用另一个批处理程序，并且不终止父批处理程序。

语法：call [[Drive:][Path]FileName [BatchParameters :][label arguments]]。

参数：[Drive:][Path]FileName。指定要调用的批处理程序的位置和名称。FileName 参数必须具有.bat 或.cmd 扩展名。

（7）start 命令。调用外部程序，所有的 DOS 命令和命令行程序都可以由 start 命令来调用。

（8）choice 命令。使用此命令可以让用户输入一个字符，从而运行不同的命令。使用时应该加/c:参数，c:后应写提示可输入的字符，之间无空格。它的返回码为 1、2、3、4……

（9）if 命令。if 表示判断是否符合规定的条件，从而决定执行不同的命令，有三种格式。

① if "参数" == "字符串" 待执行的命令。参数如果等于指定的字符串，则条件成立，运行命令，否则运行下一句（注意是两个等号），如 if "%1"=="a" format a:，if {%1}=={} goto noparms，if {%2}=={} goto noparms。

② if exist 文件名待执行的命令。如果有指定的文件，则条件成立，运行命令，否则运行下一句，如 if exist config.sys edit config.sys。

③ if errorlevel / if not errorlevel 数字待执行的命令。如果返回码等于指定的数字，则条件成立，运行命令，否则运行下一句，如 if errorlevel 2 goto x2。DOS 程序运行时都会返回一个数字给 DOS，被称为错误码 errorlevel 或返回码，常见的返回码为 0、1。

（10）for 命令。for 命令是一个比较复杂的命令，主要用于参数在指定的范围内循环执行命令。在批处理文件中使用 for 命令时，指定变量请使用%%variable。

15.4.4 DOS 中的 CONFIG.SYS 文件

CONFIG.SYS 是可以对系统进行配置的文件，其基本命令如下。

（1）files=[数字]。表示可同时打开的文件数，一般可选择 20～50，上限值为 255。

（2）buffers=[数字]。表示设置磁盘缓冲区的数目，通常设置为 20～30，默认值一般为 15。

（3）device 和 devicehigh。加载一些内存驻留程序，用于管理设备，如内存管理程序、光驱驱动程序等。

（4）lastdriver。lastdriver 规定用户可以访问的最大驱动器符数目，也就是 DOS 所能识别的最后驱动器符（字母）。如果设定的驱动器符数目小于本机上的实际驱动器数，则 lastdriver 命令会被忽略掉。默认的最大驱动器符数目比本机的实际驱动器数目多一个。

（5）rem。它和批处理文件中的 rem 含义相同，即注释。

15.5 WinImage 介绍

WinImage 是一款功能强大的映像编辑软件，能制作的映像文件的类型有两种，一种是 IMA 格式的普通映像文件格式，另一种则是 IMZ 格式的超压缩文件格式，IMZ 格式比 IMA 格式在压缩比例上更高。WinImage 和 GHOST 一样是一套可将文件或是文件夹制成 Image 文件的程序，然后完整复制到另一硬盘的工具。它与 GHOST 不同的是，它可直接将镜像文件分割为数块存储至 A 磁盘中，另外程序提供制作与还原程序，使用起来相当方便。

15.5.1 WinImage 的基本功能

（1）把软盘保存为映像文件。WinImage 可以将软盘内容以磁盘映像文件的形式保存在硬盘上，这样即使软盘被损坏（软盘很容易被损坏）也可以随时恢复。

将软盘（如 Windows 98 启动盘）插入软驱中，启动 WinImage，选择磁盘下的"使用磁盘 A:"，再选择"读取磁盘"选项，这时 Windows 98 盘中的内容就会显示在 WinImage 窗口中。单击工具栏上的"保存"按钮即可弹出制作磁盘映像文件的对话框，在"文件名"栏中输入映像文件名，在"保存类型"栏中选择文件格式一定文件格式，其中 IMA 为普通映像文件格式，如 Win98.IMA，然后单击"保存"按钮即可。

（2）编辑映像文件。在 WinImage 中右击文件，在弹出的快捷菜单中选择"提取文件"、"删除文件"或"文件属性"选项，可以方便地将文件从映像文件中提取，删除，或修改文件名、时间等文件属性。执行"映像"→"加入"或"加入一个文件夹"命令可以在映像文件中添加内容。

（3）将映像文件写入软盘。单击 WinImage 工具栏上的"打开"按钮，将前面制作的映像文件 Win98.IMA 加载到 WinImage 中。单击"写入磁盘"按钮，即可将映像文件还原写入软盘中，这样 Windows 98 启动盘就制作成功了。

（4）用 WinImage 制作和查看 ISO。将光盘插入到光驱中，执行"磁盘"→"创建光盘 ISO 映像"命令，选择光驱并设置 ISO 文件的保存路径，最后单击"确定"按钮即可生成 ISO 文件。单击"打开"按钮，再选择 ISO 文件，即可查看 ISO 文件中的内容，可以提取 ISO 中的文件，但不能修改，也不能保存。生成的 ISO 文件可以被 Daemon Tools 等软件识别为虚拟光驱，可在 Nero Burning-Rom 中刻录为光盘。

（5）为映像文件加密。如果映像文件中保存了很重要的信息，那么可以用 WinImage 的加密功能。在保存或另存 IMA、IMZ 等文件时，单击"保存"下面的"密码"按钮，两次输入密码即可。此后生成的映像文件再用 WinImage 打开时，就需要输入密码才能查看。

（6）生成自解压格式。生成的 IMA、IMZ 映像文件只有安装了 WinImage 等软件的电脑才能识别。但如果打开 Win98.IMA 映像文件，执行"文件"→"创建自解压文件"命令，在向导中设置来源为已经载入的映像或硬盘中的映像文件并设置自解压界面的功能选项及密码即可。双击生成的 EXE 文件，就会弹出窗口，选中"写入软盘"复选框，确定后就能快速制作启动盘。

15.5.2 用 WinImage 制作大于 1.44MB 的 IMG 映像

制作引导工具光盘时，经常要用到大容量的.img 文件（大于 1.44MB 或 2.88MB）。用 WinImage 制作大容量的.img 映像很简单，但经常做出来的.img 文件在引导光盘中不能引导系统，关键就在于没有正确设置.img 文件的 C/H/S 参数，详细的步骤如下。

（1）首先产生一个标准的软盘格式映像文件。启动 WinImage，执行"文件"→"新建"命令，在"格式化选择"对话框的"格式"列表框中选中"1.44MB"单选按钮，然后单击"确定"按钮，如图 15-20 所示。

（2）更改引导扇区属性。执行"映像"→"更改引导扇区属性"命令，弹出"引导扇区属性"对话框，单击"Windows 95/98"按钮，然后单击"确定"按钮，如图 15-21 所示。

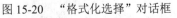

图 15-20　"格式化选择"对话框

图 15-21　"引导扇区属性"对话框

（3）更改映像格式。执行"映像"→"更改格式"命令，弹出"更改格式"对话框，选中"选择自定义映像格式"单选按钮，然后单击"确定"按钮，如图 15-22 所示。

（4）设置 C/H/S 参数，如图 15-23 所示。

图 15-22 "更改格式"对话框   图 15-23 设置 C/H/S 参数

C/H/S 参数三者相互关联与依赖，决定镜像磁盘的标准参数，其中一个有误，它们的关系就会不存在，造成引导不成功。

H=磁头：2、8、16……，小于等于 255；

S=每磁道扇区数：18、36……，小于等于 63；

C=磁道或柱面＝扇区总数/（磁头×每磁道扇区数），小于等于 1024，MS-DOS 模式下的软盘最大仅可读/写 255 磁头和 255 磁道或柱面。

注意：C 必须为整数，如果 C 不为整数，需重新计算容量或设置每磁道扇区数和磁头。网上有人说做出来的文件不能大于 128MB，实际上是不对的。

C/H/S 三个值必须是整数，文件系统（S）必须选择 FAT12/16。一般只要更改扇区总数即可，当不能引导时再更改别的参数。

按上述原则设置并进行保存后，再加入 IO.SYS、MSDOS.SYS、COMMAND.COM 系统文件就可以引导系统。

（5）存在的两个问题。

① WinImage 在保存时为 IMA 格式，而 IMA 和 IMG 文件只是扩展名不一样，其他的都一样，最后更改文件的扩展名即可，在 EasyBoot 中也能用 IMA 格式。

② 在用 WinImage 生成大于 2.88MB 的映像进行保存时，生成的映像文件空间不能完全分配，例如，要在 C 盘上生成一个 14MB 的映像文件，在设置完成并保存后，C 盘上这个 IMA 或 IMG 文件实际上可能只有几百 KB，文件属性如图 15-24 所示。

这是由 WinImage "设置"对话框"映像"选项卡中的"载入到内存的映像的大小限制（KB）"的默认设置造成的，如图 15-25 所示。这个值必须大于等于要生成的映像文件字节数（尽量足够大），如 14MB 的映像文件，该值就应该大于等于 14×1024KB。

图 15-24 文件属性   图 15-25 "设置"对话框

15.5.3 用 WinImage 制作 U 盘启动盘

现在的计算机都支持 U 盘启动，用 U 盘启动 DOS 可以做许多事，如系统备份、硬盘修复、清除病毒等。下面讲述制作启动 U 盘的具体方法。

（1）准备启动软盘的镜像文件。如果计算机上有启动软盘的镜像文件可以用 WinImage 直接打开；如果没有，可以自己制作，或从网上下载，http://www.xdowns.com/soft/6/boot/ 2006/Soft_33809.html 上有全中文 MS-DOS7.10 启动盘 2.1 版。

（2）启动安装好的 WinImage，并打开下载的镜像文件，界面如图 15-26 所示。

（3）在"磁盘"菜单下选择 U 盘所在的盘符，再选择"写入磁盘"选项，U 盘的选入与写入界面如图 15-27 所示。这里根据 U 盘不同的位置，选择会不一样，U 盘的盘符在"我的电脑"里查看便知。

图 15-26 打开下载的镜像文件界面

图 15-27 U 盘的选定与写入界面

注意： 写入磁盘时会把 U 盘格式化，U 盘里的文件会被删除，因此一定要做好备份。

写入进程完成后，就完成了 U 盘启动盘的制作，然后就可以在 U 盘里面加自己喜欢的工具了，如 DOS 下杀毒的 KV3000 和 GHOST 程序等。

15.6 EasyBoot 介绍

不管是 Windows 7 还是 Windows NT / 2000 / XP 的系统安装盘，仅能实现单一系统的初始安装，缺少调试维护、系统恢复、DOS 杀毒等工具。虽然市面上出现了一些系统工具光盘，但一般不符合工作的实际情况，无法满足需要。因此，制作个性化的系统工具盘十分必要。

用 EasyBoot 光盘制作工具正好可以解决这个问题，EasyBoot 是 EZB Systems 公司出品的一款优秀集成化中文启动光盘制作工具，它可以制作全中文光盘启动菜单、自动生成启动文件、制作可启动 ISO 文件。只要通过 CD-R/W 刻录软件即可制作完全属于自己的启动光盘。

15.6.1 EasyBoot 的功能

（1）全中文彩色界面。EasyBoot 能轻松生成可在纯 DOS 下显示的彩色中文菜单，让操作者一目了然。

（2）多引导映像支持。每个菜单项都可挂接一个操作系统的光盘引导映像来模拟原版光盘的启动过程，所以可以把 Windows 7 和 Windows XP 同时放在一张光盘上。

在硬盘上有专门存放启动数据的扇区，光盘也一样，每张自启动光盘也都有这样一块启动区域，内置特殊启动指令，如果想模拟原版系统盘的启动，只需将原版系统盘的启动区镜像成文件，挂接在某个菜单下，当用户选择这个菜单时，EasyBoot 就会自动调用该映像文件模拟启动，而且完全不用担心 DOS 下的内存占用问题。

（3）自定义背景和启动画面。EasyBoot 自定义的范围非常广，无论是文字、背景还是装饰条都能修改，还可以把公司的徽标做成启动画面出现在启动菜单之前。

（4）菜单倒计时定时启动。在整个系统安装过程中，一般会重启好几次，原版系统盘都有一项几秒钟不操作就自动从硬盘启动的功能，以免每次重启后还要人为修改 BIOS 启动顺序。而在 EasyBoot 中也可以通过设定默认菜单和倒计时启动来实现同样的效果。

（5）控制灵活，支持鼠标、键盘和快捷键。在启动菜单中，用户能使用鼠标、键盘、快捷键中的任意一种方法来执行菜单命令。

（6）内置硬盘启动、重启电脑的命令。EasyBoot 自身包含两个从硬盘启动和重新启动电脑的命令，便于实现特殊功能。

（7）光盘密码保护。设置了该功能后，每次 DOS 启动光盘时都要由用户提供口令才能使用（只有主菜单才支持密码保护）。

（8）支持主菜单和子菜单相互调用。菜单在 EasyBoot 中是以.ezb 格式的文件存放的，在制作菜单的界面中能够选择保存为主菜单还是子菜单，菜单之间可以使用 run xx.ezb 命令来互相调用。

（9）直接生成 ISO 文件，直接刻盘。既然是一个启动光盘编辑软件，EasyBoot 自然也包含刻录功能，它能方便地生成标准的 ISO 文件，直接刻盘。

注意： ISO 文件是一种能将光盘以镜像方式备份下来的文件类型，可直接刻盘，如果原光盘支持 DOS 启动，那么刻成的光盘也将能支持 DOS 启动。

（10）实时预览式编辑。编辑时可以实时预览到最终效果，操作非常容易。

15.6.2　EasyBoot 的工作原理

要学习 EasyBoot 的工作原理，先要了解光盘的启动过程。一个普通系统启动光盘的启动顺序为 CD-ROM 启动→执行光盘启动区指令→根据指令寻道至具体扇区→执行相关程序。而使用了 EasyBoot 后的启动顺序则略有改动，变为 CD-ROM 启动→执行光盘启动区指令（Ezboot 目录中的 loader.bin）→在当前目录调入所需程序和指定的菜单文件→显示菜单→根据用户对菜单的选择在当前目录查找并执行挂接的引导映像→使用映像模拟光盘启动→执行相关程序。

通过上面的讲述，对 EasyBoot 的工作原理有了大致的了解。简单地说，EasyBoot 就是提供了一个中文的菜单界面，然后通过用户选择不同的菜单而执行不同的引导映像来达到安装不同操作系统的目的。

15.6.3　EasyBoot 制作光盘启动菜单的方法

EasyBoot 制作启动光盘的菜单可分为文字文本菜单和图像文本菜单两种类型。用文字文本菜单制作方法制作的菜单比较呆板，最好不要采用。它的具体制作方法在 EasyBoot 的文件夹中有现成的模板，可以调用修改，这里就不再详细叙述，读者可以自己查看帮助文件。而图像文本菜单是目前比较常用的模式，采用图像文本，启动画面美观，目前使用得最多。下面介绍制作含有主菜单和次菜单，在主菜中有常用工具软件（此菜单选中进入次菜单）、Windows XP 安装盘、Windows XP 克隆到硬盘、Windows 7 旗舰版等菜单条的系统工具引导盘的具体制作方法。

1. 准备工作

（1）安装 EasyBoot。选择硬盘空间稍大的分区安装 EasyBoot，因为还要复制多个系统与许多工具文件，一般要求大于一张 DVD 的容量（如果是制作 DVD 启动光盘）。EasyBoot 默认安装目录为 C:\EasyBoot，用户也可以选择其他目录进行安装。安装程序自动建立以下目录。

C:\EasyBoot\disk1，启动光盘系统文件目录，相当于将来制作的光盘的根目录。

C:\EasyBoot\disk1\ezboot，启动菜单文件目录。

C:\EasyBoot\iso，输出 ISO 文件目录（可以在制作 ISO 时更改）。

（2）准备图片。准备一张作为启动主菜单背景画面的图片、一张 LOGO 图片（启动光盘出现的第一个图形界面）和一张次菜单背景画面的图片。启动主菜单背景画面，如图 15-28 所示。

图 15-28　启动主菜单背景画面

EasyBoot 要求的图像画面一般有如下要求。

大小：640×480（默认）；

像素：256 色（默认）；

格式：BMP。

但为了画面的美观，也可以修改为 800×600，64K 色（16 位）。屏幕分辨率可以设置得高一些，但是有些旧计算机启动过程中不能支持那么高的分辨率，会出现只有光标闪动而不出现启动画面的现象。因此，为了适应性广泛，建议选择 800×600 和 16 位。

有些图片的大小、像素和格式等参数，可用 Photoshop 等图形处理软件设置和修改。如果用采用图像文本的启动菜单，各个菜单条的布局和字体也可以用图形处理软件制作。

（3）准备引导镜像文件和要用到的文件放到相应的指定位置。

① 常用工具软件菜单选项文件的准备。常用工具软件菜单选项对应的是一个子菜单，里面包括 PQ、DM、GHOST 等其他工具软件选项。

a. 子菜单文件准备。子菜单的引导文件，可以把 C:\EasyBoot\disk1\ezboot 中的主菜单文件 CDMENU.EZB，复制出来，然后改名为 Z. EZB，作为次菜单文件再复制回原目录。同时把做的次菜单背景文件 Z.BMP 复制到 C:\EasyBoot\disk1\ezboot 目录中。

b. 复制镜像文件。次菜单选项中的镜像中的软件 DM、PQ 和 GHOST 都是在 DOS 下运行的软件，可以用 WinImage 把它们做成启动镜像（也可以从网上下载，再修改），分别命名为 DM.IMA、PQ.IMA 和 DOSTOOL.IMG 复制到 C:\EasyBoot\disk1\ezboot 目录中。

② Windows XP 安装盘菜单选项文件的准备。由于 Windows XP 和 Windows 7 在同一引导光盘上，因此属于多系统安装盘，只能有一个系统直接复制，否则将不能正常启动。Windows XP 引导镜像文件 WIXP.BIN 及安装文件都是 nMaker 制作的，把镜像文件 WIXP.BIN 复制到 C:\EasyBoot\disk1\ezboot，把由 nMaker 制作的 Windows XP 的安装文件目录 WIXP 和 SYS 复制到光盘的根目录 C:\EasyBoot\disk1 中。

③ Windows XP 克隆到硬盘菜单选项文件的准备。Windows XP 的万能克隆镜像文件可以到网上下载，如果针对单位的特定电脑，可以在电脑上安装好系统及所有必需的软件，再把系统盘

用 GHOST 制作成镜像文件 GHOSTXP.GHO。由于这个文件较大，一般为几百兆，如果把它和 GHOST 程序及启动文件用 WinImage 做成启动镜像容易出错，也不方便经常更换 GHOSTXP.GHO 文件。可以把启动文件做成镜像文件 GHOSTXP.IMA，放到 C:\EasyBoot\disk1\ezboot 目录中，在光盘的根目录中建立 GHOSTXP 目录把 GHOSTXP.GHO 镜像文件和 GHOST.EXE 程序放入其中，而在启动文件的自动批处理中调用此程序，完成自动恢复。启动镜像 GHOSTXP.IMA 中必须有 AUTOEXEC.BAT、COMMAND.COM、CONFIG.SYS、IO.SYS、MSDOS.SYS 等 DOS 操作系统的启动和配置文件，还要有光盘的驱动程序 shsucdx.com、IDE 光驱驱动 vide-cdd.sys 和 SATA 光驱驱动 gcdrom.sys，这些都可以从网上下载。

而自动批处理 AUTOEXEC.BAT 的内容如下

@echo off

mouse > nul

Shsucdx.com /D:mscd001 /L:x　　　（把光盘指定为 X 盘）

cls

echo.

echo.

x:\

CD　GhostXP　　　（进入到光盘根目录下的 GhostXP 目录）

ghost -clone，mode=pload，src=GHOSTxp.gho:1，dst=1:1 -sure –rb　　（运行 GHOST 程序，并把 GHOSTXP.GHO 镜像恢复克隆到第一硬盘第一分区，克隆完成后重启计算机）

CONFIG.SYS 中的内容如下。

device=VIDE-CDD.SYS /D:mscd001（加载 IDE 光驱驱动）

DEVICE=GCDROM.SYS /D:mscd001（加载 SATA 光驱驱动）

④ Windows 7 旗舰版菜单选项文件的准备。把 Windows 7 旗舰版放入光驱，然后用 UltraISO 提取其启动文件，并命令为 WIN7.BIF，再把它复制到 C:\EasyBoot\disk1\ezboot 目录中。把 Windows 7 安装光盘中的所有文件（如果要精简系统，可能只复制必要的安装文件）复制到制作光盘的根目录 C:\EasyBoot\disk1 中。

2．引导光盘的制作

（1）"文件"选项。

① 清除 EasyBoot 程序自带的文字文本菜单模板。由于要制作的是图像文本菜单，首先要把软件自带的文本方式的菜单模板删除，具体做法是，打开 EasyBoot 程序，删除"屏幕布局"、"文本显示"和"菜单条"选项中的所有参数。

② 设置启动背景图和 LOGO 图。打开 EasyBoot 程序，在"文件"选项中单击"新建"按钮，输入保存的启动画面和启动 LOGO 图片的文件名，选择用到的选项，按【Enter】键就可打开制作画面。由于图片是 800×600，64K 色（16 位）的，因此应先在 EasyBoot"文件"选项卡中的"选项"→"配置"里设置好，其他都不需要修改，如图 15-29 所示。

③ "文件"选项卡中的参数。

图 15-29　设置启动背景图和 LOGO 图

a．主菜单、子菜单：主菜单在光盘启动时自动加载，子菜单在主菜单或其他子菜单中用 run 命令加载。

b．缺省菜单条：光盘启动时默认选中的菜单条。

c．等待时间：进入启动画面等待一定时间后，自动运行缺省菜单，对无人安装很有用。后面的文本框用来设置密码，单击"P"按钮可设定光盘启动密码（只有主菜单才能设定启动密码）。输入空密码并单击"P"按钮，取消光盘启动密码。在光盘启动时，如果连续 3 次输入错误密码，系统会自动重新启动。

d．文件目录：为启动目录，将启动文件（DM.IMA、WIXP.BIN）等放入启动目录可减少根目录的文件数量。

e．显示 Logo：在光盘启动时显示 640×480 大小的 256 色图像文件，用户可设定文件名和显示时间。（注意，必须是 Windows BMP 格式，且不压缩）

f．背景图像：在光盘启动界面显示默认为 640×480 大小的 256 色图像文件，其大写可以更改。

g．快捷键操作方式：可选中"直接执行命令"或"仅选择菜单"单选按钮。

h．按键字母转换：可将输入字母转换为小写/大写，方便启动选择。

i．预览设定：菜单文件自动装载、预览屏幕打开/关闭等。

（2）"屏幕布局"和"文本显示"选项卡。"屏幕布局"和"文本显示"选项卡只对用文本方式制作菜单有作用，对于图像文本菜单，这两项只要清除所有参数即可。

在"文本显示"选项卡中可设定启动时显示的提示文字、文字的颜色和文字的坐标，但字体和大小是不能选择的，还可以通过"添加"按钮增加多条文字显示，但最好在背景图片中修改。

（3）"菜单条"选项卡。

①"菜单条"设置方法。在"菜单条"选项卡中需要设定所有菜单的名称文本、命令、坐标、快捷键。首先选中"使用图像文本"复选框，单击"添加"按钮，"启动界面预览图"中将出现一个虚线框，将它移动到文本菜单上，改变大小和位置，按【Enter】键确定，然后设定各个菜单所对应快捷键的数字。需要注意的是，菜单条的坐标范围不要相互重叠，否则会影响使用。

菜单命令格式为 run *.IMG，注意，在 run 后面有个空格，切记，后面的 IMG 文件名称一定要和放在 C:\EasyBoot\disk1\ezboot 文件夹中的名称一致。

在"高亮属性"和"正常属性"中设定喜欢的颜色。

本例的菜单命令如下。

菜单 1 命令：run z.ezb（进入子菜单）

菜单 2 命令：run wixp.bin（安装 Windows XP）

菜单 3 命令：run GhostXP.IMA（将 Windows XP 镜像恢复到 C 盘）

菜单 4 命令：run WIN7.BIF（安装 Windows 7）

菜单 5 命令：reboot（重新启动）

菜单 6 命令：boot 80（从硬盘启动）

"菜单条"选项卡的设置是其中最重要的设置，其中"菜单文本"项中的内容只对文本设置方式有作用，才能在启动画面中反映出来；但在图形方式中启动画面就是制作好的图片，此设置不起作用，但是可以解释命令的含义，便于修改。因此，在这个选项中填上解释命令的内容即可。

"快捷键"可以设置为数字，一般情况下把菜单 1 的快捷键数字设为 1，菜单 N 的快捷键数字设为 N，这样只要按相应菜单的数字键，就能迅速启动菜单。

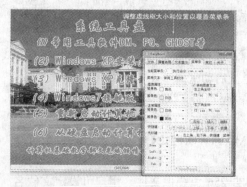

图 15-30 "菜单条"选项卡的设置

"菜单条"选项卡的设置如图 15-30 所示。

② 菜单命令的种类。"菜单条"所对应的命令可分为 4 类。

a. 执行映像命令 run xx.bin、xx.img、run xx.bif、xx.ima 等，用于调用引导映像文件模拟启动，xx 通代映像文件名，如 run DM.IMA、run WIXP.bin。

b. 执行菜单命令 run xx.ezb，用于主菜单和子菜单间的互相调用。

c. boot 命令。boot 80 从硬盘启动、boot 0 软盘启动、reboot 重新启动。

注意：如果 1 个菜单条执行多条命令，需用 "；" 隔开，如 cd boot；run WINXP.bin。

d. bcdw 命令是 EasyBoot 5.08 后增加的新命令，有如下三种运行方式。

i. bcdw 命令与 run 命令等价，如 bcdw xx.bin 等同于 run xx.bin。

ii. 可直接加载 iso 映象，如 bcdw xx.iso 。只有基于 DOS/Int 13 接口的系统的 ISO 文件才能加载，Windows 2000/XP/2003 和 Windows PE/Live Linux 等可启动 ISO 无法正常加载。

iii. 调用 BCDW.INI 配置文件，如 bcdw \ezboot\bcdw.ini（注意必须写上完整的 INI 文件路径）。

③ 快捷键：用户按指定按键可直接选择，执行，可以是 0～9、a～z、A～Z 等 ASCII 按键。

④ 设置为缺省：将当前菜单设置为启动默认菜单。

⑤ 光标键：在当前菜单上按【Up】、【Down】、【Left】、【Right】、【Tab】等光标键转向的菜单条，分如下 3 种情况。

a. 00 -- 缺省，【Up】、【Left】选择上一菜单项，【Down】、【Right】、【Tab】选择下一菜单项。

b. 99 -- 禁用，该种光标键没有作用。

c. 01-36 -- 直接跳转到相应菜单项。

（4）"其他"选项卡。

①"功能键"的设定。功能键是直接按键就执行运行命令，仅需定义功能按键和运行命令，启动时按功能键直接执行。

②"显示进度条"和"显示倒计时"的设置。在"其他"选项卡中还可以选中"显示进度条"和"显示倒计时"复选框，设置它们的"背景色"和"前景色"，并设置合适的坐标位置。"其他"选项卡如图 15-31 所示。

选中"显示进度条"复选框后，在光盘启动时会出现一个进度条，进度条移动的持续时间在"文件"选项卡的"等待时间"中设定，默认设定的等待时间是 30s。当光盘启动后，如果没采取任何操作，随着进度条运行到终点，电脑也会重新启动。当然如果不选中"等待时间"复选框，也就不需要设置进度条，电脑也不会重新启动。设置完成后，选择"文件"选项卡，单击"保存"按钮（这一步很重要，否则相当于没有设置）。

（5）设置子菜单。设置子菜单的方法与设置主菜单的方法一样，不再多述。

（6）制作 ISO 文件。以上工作全部做完，确认无误后，单击"制作 ISO"按钮。在"制作 ISO"对话框中还有个选项，即"隐藏启动文件夹"和"隐藏启动文件夹下的所有文件"，如果将其选中，启动文件夹 ezboot 在 Windows 资源管理器和 DOS 的 dir /a 命令下不显示，隐藏了 ezboo 目录，这是一种个人的产权保护。如果需要支持小写文件名，则选中"Joliet"复选框，需要指出的是，这样不影响光盘的启动和显示画面，如图 15-32 所示。

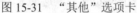

图 15-31　"其他"选项卡

图 15-32　"制作 ISO"对话框

"制作 ISO"对话框的相关说明如下。

① "优化光盘文件"，将相同内容的文件在光盘上只存储 1 次，主要用于做 N 合 1 光盘（可以大大节约光盘空间）。

② "DOS（8.3）"，将强制 ISO 9660 文件名为 DOS 8.3 格式，以便在 DOS 下访问。

③ "Joliet"，可保持文件名大小写，同时支持最多 64 个字符的文件名。

④ "设置文件日期"，将光盘所有文件日期改为设定值，制作出来的光盘更专业。

⑤ "隐藏启动文件夹"，可使启动文件夹 ezboot 在 Windows 资源管理器和 DOS dir /a 命令下不显示。

⑥ "隐藏启动文件夹下的所有文件"，功能同上，可隐藏启动目录 ezboot 下的所有文件。

（7）测试。制作好的引导光盘 ISO 文件，可以在虚拟机中直接加载启动，测试各个菜单条是否能正常启动，也可以做完一个菜单条就制作一个 ISO 文件，在虚拟机中测试。这样可以保证每一步菜单制作的正确性，以免最后做完后一次性测试，出现的问题可能很多，不易查找。

15.7　多操作系统安装工具盘的制作

由于在 EasyBoot 制作的光盘根目录下只能放一个 Windows 2000 以上的操作系统安装软件，因此要把几个操作系统安装软件放到一张盘中必须要用到多系统制作工具。本节将介绍 N 合 1 制作工具软件（nMaker）制作多系统工具光盘的方法。

15.7.1　nMaker 介绍

nMaker 原名为 Windows N in 1 Maker，是一款能把 Windows 2000、Windows XP 和 Windows Server 2003 等多个操作系统整合到一起的软件，但不能整合 Windows Vista 和 Windows 7。其附加工具还能生成光盘镜像文件。

15.7.2　制作多系统安装工具盘的方法

如果在一张光盘中有两个 Windows 2000 以上的操作系统，可用 EasyBoot 和 nMaker 软件共同完成。nMaker 软件具体整合系统的步骤如下。

（1）建立整合根目录和安装根目录。在不低于 5GB 的磁盘空间建立整合根目录 E:\tooldvd 和安装目录 E:\tooldvd\system（注意，在 E:\tooldvd 下，目录名可以自己命名），然后在 E:\tooldvd\system 目录下再建立几个安装源文件夹（名称必须为 4 个字节），如 2000、2003、WIXP 等。

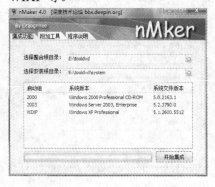

图 15-33　nMaker 集成系统界面

（2）准备集成安装版系统工作。分别将 Windows Server 2003、Windows XP、Windows 2000 光盘镜像 ISO 中的所有文件和文件夹，对应解压到 E:\tooldvd\system 下的 2003、WIXP、2000 目录下，或者把安装光盘的所有文件和文件夹复制到对应的目录下。

（3）集成系统。运行 nMaker 软件，在"集成功能"选项卡中先选择整合根目录"E:\tooldvd"，再选择安装目录"E:\tooldvd\system"，这时程序会自动识别系统版本，最后单击"开始集成"按钮即可。nMaker 集成系统界面如图 15-33 所示。

这时 E:\tooldvd 目录中会自动生成 ezboot 目录，里面存放着对应的系统引导文件（引导文件名对应着安装源文件夹名）。

（4）制作引导工具盘。制作引导工具盘有两种方法。

① 将 nMaker 中的文件复制到 ezboot 中。把 E:\tooldvd\ezboot 中 nMaker 生成的启动映像文件复制到 EasyBoot 软件的启动菜单文件目录 C:\EasyBoot\disk1\ezboot 中，把 E:\tooldvd 目录的其他目录及文件复制到 EasyBoot 软件的引导光盘根目录 C:\EasyBoot\disk1 下，然后按照 15.6.3 节所讲的方法制作引导光盘。

如在 15.6.3 节的例子里，只要求集成 Windows XP，这时可以只复制一个 Windows XP 系统到 nMaker 中集成，然后把 nMaker 生成的相应文件复制到 EasyBoot 的相关目录即可。也就是把 E:\tooldvd\ezboot 下的 WIXP.BIN 复制到 C:\EasyBoot\disk1\ezboot 下，把 E:\tooldvd 目录下的 WIXP 目录及 CDROM_IP.5、CDROM_NT.5、WIN51、WIN51IA、WIN51IP、WIN51IP.SP3 文件复制到 C:\EasyBoot\disk1 中。

② 把 ezboot 中的相关文件复制到 nMaker 生成的目录。将 EasyBoot 软件安装目录 C:\EasyBoot\disk1\ezboot 中的所有文件复制到 E:\tooldvd\ezboot 目录中，然后将 Back.bmp 替换为自己喜欢的背景图片。在安装了 EasyBoot 软件的情况下，双击 E:\tooldvd\ezboot 目录下的菜单文件 cdmenu.ezb，即可启动 EasyBoot 设置界面，按照 15.6.3 节所讲的制作方法即可以制作引导光盘。

15.8　WinPE 介绍及制作

WinPE 是 Windows PreInstallation Environment（Windows PE）的缩写，中文意思为 Windows 预安装环境，是带有有限服务的最小 Win32 子系统，基于以保护模式运行的 Windows 内核。也可以理解为一个 MINI 型的 OS 系统，常作为安装、故障排除和恢复工具，几乎所有 Windows 的基本功能在 WINPE 上全部可以实现。它包括运行 Windows 安装程序及脚本、连接网络共享、自动化基本过程以及执行硬件验证所需的最小功能。WinPE 可以制作成光盘启动盘或 U 盘启动盘，当计算机出现故障不能启动时，可以用 WinPE 启动盘启动，达到启动无操作系统的计算机、对硬盘驱动器分区和格式化、复制文件、修复计算机的目的。实际上 WinPE 是一个从光盘或 U 盘直接启动的 Windows 系统。

15.8.1 WinPE 的版本、主要功用及启动过程

1. WinPE 的版本编号

WinPE 1.x 表示基于 Windows XP 内核、WinPE 2.x 表示基于 Windows Vista 内核、WinPE 3.x 表示基于 Windows 7 内核、WinPE 4.x 表示基于 Windows 8 内核。x 表示操作系统版本，例如 SP1（带有 Service Pack 1），如 WinPE 1.3 表示基于 Windows XP SP3 内核的 PE、WinPE 3.1 表示基于 Windows7 SP1 内核的 PE、WinPE 4.0 表示基于 Windows8 内核的 PE。

2. WinPE 的主要功用

WinPE 有支持 NTFS 文件系统、TCP/IP 网络、32 位/64 位驱动、Win32 API、各种媒体 DVD/USB 等优点，而这些优点正是 DOS 系统所欠缺或不完善的。因此，WinPE 启动盘要比 DOS 启动盘功能强大很多。WinPE 的主要功能如下。

（1）格式化硬盘、分区、安装 Windows。当然，早期的 WinPE 能很好地支持早期的操作系统，对最新的 Windows 安装还是有些限制。

（2）自动或手动排除系统故障。其中自动是指 WinPE 可以自动启动并运行 Windows RE（恢复环境）。Win RE 就是在 Windwos 启动时按下【F8】键进入的恢复环境，RE 也是基于 WinPE 的可扩展恢复平台。手动是指当计算机不能启动时，可以用 WinPE 直接启动计算机，手工查找原因，修复系统文件，排除系统故障。

（3）系统恢复。该功能对 OEM 制作商和软件供应商（ISV）来说最为有用，比如品牌机出了问题，拿到维修处，可能只需要插入一个 WinPE 光盘（U 盘）然后敲几次【Enter】键就可以完全重建系统。对于用户来说 WinPE 一般可作为恢复盘使用。

（4）维修工具盘。WinPE 中，可以加入硬件检测、硬盘分区、数据恢复等工具软件，因此，可以按需求把 WinPE 制作成维修工具盘。

3. WinPE 的启动过程

WinPE 在特定媒体（如光盘或 U 盘）上加载启动扇区，系统将控制传递给 Bootmgr，Bootmgr 从启动配置数据（BCD）中提取基本的启动信息，并将控制传递给包含在 Boot.wim 文件中的 Winload.exe 文件，然后 Winload.exe 将加载相应的硬件抽象层（HAL），接着加载系统注册表配置单元和必要的启动驱动程序。Winload.exe 完成加载后，将会准备要执行内核 Ntoskrnl.exe 的环境，该环境将执行 Ntoskrnl.exe 文件，然后 Ntoskrnl.exe 完成环境设置。系统将控制传递给会话管理器（SMSS），SMSS 加载注册表的剩余部分，然后配置运行 Win32 子系统（Win32k.sys）的环境及其各种进程。SMSS 加载用于创建用户会话的 Winlogon 进程，然后启动服务和剩余的非必要设备驱动程序及安全子系统（LSASS）。Winlogon.exe 根据 HKEY_LOCAL_MACHINE\SYSTEM\Setup\CmdLine 注册表值来运行设置。Winpeshl.exe 将启动 %SYSTEMDRIVE%\sources\setup.exe 文件，前提是该文件存在，如果该文件不存在，Winpeshl.exe 将确定 %SYSTEMROOT%\system32\ winpeshl.ini 文件是否指定了某个应用程序。如果该文件未指定应用程序，则 Winpeshl.exe 将执行 cmd /k %SYSTEMROOT%\system32\startnet.cmd 文件。默认情况下，WinPE 包含启动 Wpeinit.exe 文件的 Startnet.cmd 文件。Wpeinit.exe 将加载网络资源并协调网络组件（如 DHCP）。当 Wpeinit.exe 结束时，将会出现命令提示符窗口，当命令提示符窗口出现时，原生的 WinPE 的启动进程结束。WinPE 的启动过程可简单理解为光盘启动→引导文件（例:pe.bif）→bootmgr→BCD→boot.wim→启动 PE。

15.8.2 WinPE 的制作

目前网上有各种现成的 WinPE 下载，各有特色，不过这些 WinPE 都是制作者根据自己的喜好加入各种程序制作的，有的甚至带有木马或后门，安全性得不到保证。最好的方法还是自己 DIY WinPE，可根据自己的需求加入需要的驱动和工具软件。下面将介绍基于 Windows 7 内核的 WinPE 3.0 的制作，WinPE 4.0 等制作方法类同，不再赘述。

1. WinPE 的来源及制作途径

（1）WinPE 的来源。WinPE 是缩小的 Windows 系统，来源于 Windows 的安装盘及 AIK 工具盘中 wim 的压缩文件，具体来源有如下三个文件。

① winpe.wim。源自 ADK/AIK，被称为"微软官方 PE"，是最为纯粹的版本，可以进入 CMD 命令提示符操作界面。

② winre.wim。源自系统安装光盘或 ISO 下的\Sources\install.wim\Windows\System32\Recovery\winre.wim 文件，可以进入恢复环境。

③ boot.wim。源自系统安装光盘或 ISO 下的\Sources\boot.wim，定制版的 WinPE，将启动 setup.exe，执行系统的安装。

以上三个文件有不同用途，但本质上都是 PE，均可使用，深度加工，制作更人性化、更符合要求的 WinPE。

（2）常见的 WinPE 制作途径。

① winpe.wim。可以用来制作 ADK/AIK 版的 winpe。安装 ADK/AIK 时自带 winpe.wim，可利用 DISM 来添加组件，但最终不会有桌面环境，只有 CMD 操作界面。

② winre.wim。可以用来制作 WinBuilder 版 winpe。缺少的文件可以直接从 install.wim 中复制，以获取需要的功能。

③ boot.wim。boot.wim 中的卷#1 WinPE 相当于 winpe.wim；卷#2 Windows Setup 相当于 winre.wim。

本书选择的制作途径为先用 AIK 制作 CMD 操作界面的 WinPE，然后再把它加上图形界面和必要的驱动和应用程序，变成适合自己的 WinPE。

2. 原生纯净版 WinPE 3.0 制作

（1）下载微软官方的 Windows® Automated Installation Kit （AIK） for Windows® 7。

到微软官方网上下载并安装 AIK，Windows 自动安装工具包，大小 1.72GB。AIK 是一个可用来自动部署 Windows 操作系统的工具和文档的集合，AIK 中的工具允许配置许多部署选项，并且可提供高度灵活性，其工具包主要包括表 15-2 中的 10 种工具。

表 15-2　AIK 工具包中的主要工具及用途

工　　具	用　途　描　述	备　　注
BCDboot.exe	初始化引导配置数据（BCD） 存储，可以在映像部署期间将引导环境文件复制到系统分区	
Bootsect.exe	更新硬盘的主启动扇区以便在 BOOTMGR 和 NTLDR 之间替换。从低版本 Windows 系统（XP/2003 等）上安装 Vista 或 Windows 7，或反过来（使用 Bootsect 还原计算机上的引导扇区）	
DiskPart.exe	该工具在 XP SP2/2003/Vista/Windows 7 上都有，此工具允许使用脚本或直接在命令提示符下输入命令来管理磁盘或分区	

工　具	用　途　描　述	备　注
Drvload.exe	命令行工具，用于将全新驱动程序添加到已启动的 WinPE 映像。它将一个或多个驱动程序（.inf 文件）作为输入项	
Oscdimg.exe	命令行工具，用于创建自定义 32/64 位版本 WinPE 光盘映像 ISO 文件	常用
Dism.exe	DISM 是部署映像服务和管理之意，可用来创建和修改 WinPE 3.0 或 Windows 7 映像的命令行工具	常用
ImageX.exe	命令行工具，主要是 OEM 或 ISV 用来快速部署，也可以与使用了 .wim 文件的其他技术一起使用	
Winpeshl.ini	WinPE 的默认界面是命令提示符。对此进行自定义，以便运行您自己的外壳应用程序	
Wpeinit.exe	启动时对 WinPE 进行初始化的命令行工具。Wpeinit 替换了先前 Windows XP 中 Factory.exe -winpe 命令支持的初始化功能	
Wpeutil.exe	允许在 WinPE 会话中运行各种命令的命令行工具	

这些工具的具体用法和详细参数可查阅 AIK 安装后的用户手册。

（2）准备工具软件。

① 虚拟机软件 VMware。制作过程中需要反复测试系统，所以这个是必须的。

② Windows 7 安装文件。要做图形版 WinPE 时必须要从 Windows 7 安装文件中拷贝驱动及系统文件。

③ WIM 压缩文件工具 WimTool。WinPE 的所有文件都压缩成一个 boot.wim 文件，用 Dism 也能压缩与解压缩，但 DISM 每次卸载（压缩）都会把装载（解压缩）目录清空，修改文件很不方便，而 WimTool 能够直接把 WIM 文件解压缩到一个目录或把一个目录压缩成一个 WIM 文件。

④ 注册表修改工具 Registry Workshop。在制作 WinPE 的过程中，经常要修改 WinPE 的注册表，而 Registry Workshop 是修改注册表的利器。

（3）构建 PE 环境。用管理员身份运行 AIK 的"部署工具命令提示"，由于制作的 WinPE 主要是用于维修，因此，要制作 32 位的 WinPE（因为有些旧电脑和程序不支持 64 位的系统），输入命令：copype.cmd x86 D:\winpe3.0，执行结果，如图 15-34 所示。

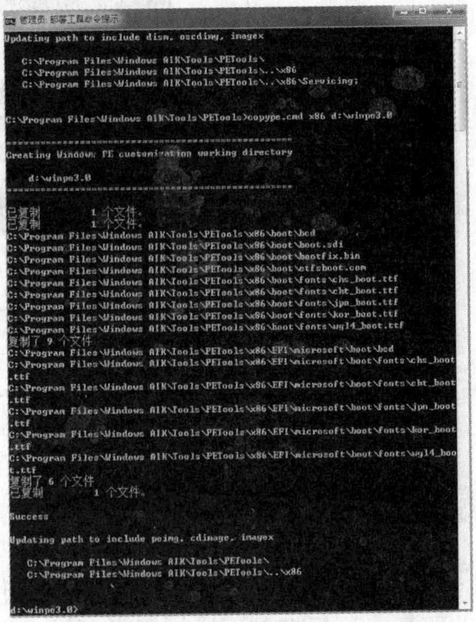

图 15-34　COPYPE 执行结果

这时 D:\ winpe3.0 目录下有 ISO、mount 两个目录及 etfsboot.exe、winpe.wim 两个文件。ISO 是制作 WinPE 光盘映象的目录，里面要有启动文件及系统压缩文件 boot.wim。因此，首先要把 winpe.wim 复制到 D:\winpe3.0\ISO\sources\ 目录下，并改名为 boot.wim。

输入命令：copy d:\winpe3.0\winpe.wim　d:\winpe3.0\iso\sources\boot.wim。

如果现在用 Oscdimg 命令把 ISO 压缩成 WinPE 启动光盘，就是微软提供的纯净 WinPE。

（4）纯净版 WinPE 的修改。如果想要对 WinPE 进行修改，先要用 DISM 命令或 WimTool 工具把 boot.wim 加载（解压）到 mount 目录，修改完成后再把 mount 目录卸载（压缩）成 boot.wim 即可。如要把 WinPE 的启动背景变成自己的图像，先加载 boot.wim 到 mount，可输入命令：

Dism /mount-wim /wimfile:d:\winpe3.0\iso\sources\boot.wim /index:1 /mountdir:d:\winpe3.0\ mount

该命令里有个注意的地方就是/index:1，该参数的意思是加载 boot 映像中的第 1 个索引。此时 mount 目录下有 Program Files、Users、Windows 三个目录，如果是可以直接运行的程序，要想加入 WinPE 中，只要放入 Program Files 目录下即可；要修改启动背景，只要把准备好的图片改成分辩率为 1024×768 的 BMP 格式的文件替换 d:\winpe3.0\mount\windows\system32\winpe.bmp 文件。然后把 mount 目录压缩为 boot.wim 可输入命令：Dism /unmount-Wim /MountDir:D:\ winpe3.0\mount /Commit

注意：卸载 mount 目录时要关闭打开的文件及目录，否则卸载不成功，只能用 WimTool 工具压缩了。Dism 卸载 mount 目录时将清空 mount 目录中的文件，如果再想修改 WinPE 又要装载 boot.wim 很不方便。

生成 WinPE 启动光盘 ISO 映像，可输入命令：

Oscdimg -n -m -o -bd:\ winpe3.0\etfsboot.com –t12/5/2013，11:22:33 d:\winpe3.0\iso d:\winpe3.0\winpe3.0.iso

这里 12/5/2013，11:22:33 是把 WinPE 中的所有文件都修改成这个时间。可以在 winpe3.0 目录下发现 winpe3.0.iso 这个文件，把这个文件用虚拟机或刻成光盘启动，其界面如图 15-35 所示。

图 15-35　修改背景的命令提示符版 WinPE 启动界面

启动的背景是自制图象，启动的结果是命令提示符。功用较少，使用不方便。当然生成 WinPE 启动光盘 ISO 映像也可以用前面讲过的 UltraISO 软件，但要提取 Windows 的启动文件。

3. 为原生 WinPE 3.0 集成桌面环境和常用软件

原生的 WinPE 还有很多使用或功能上不足，距离大部分人的日常维护使用习惯还有一定的距离。可根据需要增加"桌面模式"、驱动包、软件工具包等，把这几样东西都放进去，就和网络上流传的 WinPE 3.0 是一样的效果，甚至可能会更适合自己的要求。要增加桌面环境有两个思路，一是把 Windows 7 的默认 explorer 桌面移到 WinPE 环境中，其特点是制作的 WinPE 风格与 Windows 7 一致，但需要复制的文件较多，WinPE 较大；二是使用第三方的兼容 explorer，比如 BsExplorer，其特点是制作的 WinPE 界面风格与 Windows 7 相距较大，但 WinPE 较小。

（1）为原生 WinPE 3.0 集成桌面环境和常用软件的方法。

① 手工的方法。手工制作 WinPE 的方法，就是把 Windows 7 安装盘中 sources 目录中的 install.wim 文件解压出来，然后把将其中的 explorer 等大量程序和文件复制到 WinPE 中，再修改 WinPE 的注册表，使 explorer 等程序能够在启动时运行。这种方法比较繁杂，容易出错，不适合初学者。

② 使用工具软件的方法。目前主要制作 WinPE 的工具软件有 WinBuilder 和 Make_PE3，前者选项较多，比较复杂，甚至还需要手工复制文件；而后者选项较少，比较简易，不需要手工复制文件。下面讲述用 Make_PE3 制作 WinPE 3.0 方法。

（2）用 Make_PE3 制作 WinPE 3.0 方法。网上下载 Make_PE3，安装并运行，将出现图 15-36 所示的界面。图中：

图 15-36　Make_PE3 的工作界面

Windows 7 Source 是指 Windows 7 安装文件或系统文件所在的目录，Architecture 体系结构，是指 32 位还是 64 位的系统，System Locale 是指 Windows 7 的语言版本，Windows AIK Tools folder containing x86 folder 包含 X86 的 AIK 工具所在的目录，Target WorkFolder where pe3.iso is created 存放 pe3.iso 的目标工作目录。

Settings（设置）有三个选项。

Get Win7 files-and without AIK Make 7 pe.iso（没有 AIK 得到 win7 文件制作 pe.iso）。

Get Win7 files-and use AIK to Make 7 pe3.iso（使用 AIK 得到 win7 文件制作 pe3.iso）。

Use Collected Win7 files to Remake 7pe or pe3.iso（使用收集到的 win7 文件重作 pe 或 pe3.iso）。

Version（制作成的 WinPE 版本）有四个选项。

MIN-制成的 WinPE 体积最小，只有基本的功能，使用的是 BsExplorer 桌面。

BS-制成的 WinPE 有较多的功能，使用的是 BsExplorer 桌面。

EXP-制成的 WinPE 有较多的功能，使用的是 explorer 桌面。

Media-制作的 WinPE 带有 Windows 7 的媒体播放器，使用的是 explorer 桌面。

Adobe F 选项是指在 WinPE 中增加 Adobe Flash Play。

NetFrame 选项是指在 WinPE 中增加.NET Framework。

Reduce Size 选项：YES-通过删除文件的访问列表和优化 PE.TXT 的文件列表减少 WinPE 的 ISO 大小 20MB，NO-不减少 WinPE 的 ISO 大小。

根据需要选择好以上选项，然后单击"GO"按钮就能自动制作好 WinPE3.0。选择 EXP 选项生成的 WinPE 3.0 启动界面如图 15-37 所示。此界面与 Windows 7 的界面基本一样。

图 15-37　选择 EXP 选项生成的 WinPE 3.0 启动界面

（3）桌面版 WinPE 的修改。在 Make_PE3 的目标目录 winpe3_x86 下有 ISO 和 mount 目录，其结构与前面所述的 winpe3.0 目录一致，因此，可以先把 ISO\sources\boot.wim 文件装载到 mount 目录，根据需要修改 WinPE，修改完成后，再卸载即可。

①背景的修改与前面所述一样，此处不多讲。

②内置王码五笔输入法。找到安装王码五笔输入法的 windows\system32 目录，复制其下的 WINWB86.IME、WINWB86.MB 到\winpe3_x86\mount\windows\system32 文件夹下。

修改注册表，用 Registry Workshop 软件的"载入配置单元"载入 \winpe3_x86\ mount\windows\system32\config\SYSTEM 文件，并命键名称为 pe-sys，在注册表中加入：

[HKEY_LOCAL_MACHINE\pe-sys\ControlSet001\Control\Keyboard Layouts\E0100804]

"IME file"="winwb86.ime"

"Layout file"="kbdus.dll"

"Layout Text"="王码五笔输入法 86 版"

卸载 pe-sys。

用 Registry Workshop 软件的"载入配置单元"载入 \winpe3_x86\ mount\windows\system32\config\ DEFAULT 文件，并命键名称为 pe-def，在注册表中加入：

[HKEY_LOCAL_MACHINE\pe-def \Keyboard Layout\Preload]

"2"="E0100804"

卸载 pe-def

修改 PECMD.INI 文件。在\winpe3_x86\ mount\windows\system32\PECMD.INI 文件"_SUB LoadShell"段添加如下内容：

EXEC !%WS%\ctfmon.exe

CALL $imm32，ImmInstallIMEW，%WS%\winwb86.ime，王码五笔输入法 86 版。

用同样的方法也可以加入其它输入法。

打包 mount 目录，再制作成 ISO 映象，启动的效果如图 15-38 所示。

图 15-38　修改后的 WinPE 3.0 启动界面

可根据需要添加或删除 WinPE 中的程序和功能，制作成的 WinPE 3.0 还可以加入到前面讲的多重启动工具盘中，以方便计算机的维修。

实验 15

1. 实验项目

（1）安装 VMware，建立虚拟机并安装操作系统。

（2）用 UltraISO 编辑和制作 ISO 文件。

（3）用 WinImage、UltraISO 软碟通制作一张 DOS 启动光盘，使之启动进入 DOS 目录，并用虚拟机验证制作是否成功。

（4）用 EasyBoot 制作一张个性化的安装盘，要求有自己的启动 LOGO 和背景及菜单，在一级菜单下有"安装 XP"、"恢复克隆 XP 到 C 盘"、"DOS 工具软件"等选项；在 DOS 工具软件下的二级菜单要有"DM"、"DOS"等选项。制作完成后，用虚拟机验证是否成功。

（5）制作一张包含 Windows 7、Windows 2000、Windows Server 2003、Windows XP 的多系统启动安装光盘。

（6）制作一张 WinPE3.0 的启动盘，以满足维修的需要。

注意：本章作为本书的重点，实验项目比较多，可以分多次课完成。

2. 实验目的

（1）掌握虚拟机软件的安装和各种操作系统的虚拟机的建立方法，熟悉虚拟机操作系统的安装方法及主机与虚拟机互相访问的方法。

（2）掌握用 UltraISO 在 ISO 镜像中提取和增加文件的方法，能熟练地从光盘中提取引导文件和把光盘制作成 ISO 镜像文件。

（3）掌握用 WinImage 制作和修改 IMG 和 IMA 映像文件的方法，能制作带有 DOS 启动文件的 IMG 或 IMA 文件，并学会用 UltraISO 把它制作为 DOS 启动光盘的方法。

（4）掌握含有主、次菜单和系统安装盘、克隆盘及工具软件的引导光盘的制作方法。

（5）学会多操作系统引导光盘的制作方法。

（6）学会 WinPE3.0 启动盘的制作方法。

3. 实验准备及要求

（1）每人使用一台性能较高、至少有 20GB 硬盘空间、能上互联网、带有 DVD 刻录机的计算机。

（2）每人准备 3 张以上的 DVD 刻录光盘。

（3）独立完成每个实验项目，每个项目完成后请老师及时检查和讲评。

4. 实验步骤

（1）安装 VMware7.1。

（2）建立 Windows XP 系统的虚拟机。

（3）在虚拟机安装 Windows XP。

（4）安装 UltraISO。

（5）运行 UltraISO，打开一个 ISO 文件，进行提取和增加文件的操作。

（6）放入一张引导光盘到光驱，再用 UltraISO 提取其启动文件。

（7）把这张光盘用 UltraISO 制作成 ISO 文件。

（8）安装 WinImage 软件。

（9）用 WinImage 制作一个 DOS 的启动镜像文件。

（10）用 UltraISO 制作一张 DOS 的启动光盘镜像。

（11）安装 EasyBoot。

（12）准备制作引导工具盘的必要文件。

（13）运行 EasyBoot 含有主、次菜单和系统安装盘、克隆盘及工具软件的引导工具光盘。

（14）准备 Windows 2000、Windows Server 2003、Windows XP 文件，并放到相应目录。

（15）启动 nMaker4.0，并集成 Windows 2000、Windows Server 2003、Windows XP。

（16）把相应文件复制到 EasyBoot 的相关目录中。

（17）用 EasyBoot 制作一张包含 Windows 7、Windows 2000、Windows Server 2003、Windows XP 的多系统启动安装光盘。

（18）下载并安装 AIK 和 Make_PE3，准备 Windows 7 的安装文件，用 Make_PE3 制作 WinPE 3.0 的启动盘。

5. 实验报告

要求学生写出实验中遇到的难题及解决的方法，总结自己制作引导光盘的心得体会。

习题 15

一、填空题

（1）主要掌握 DOS 的启动文件和_____过程及常用命令，批处理的常用_____及处理的建立方法。

（2）虚拟机软件用于_____制作完成的光盘引导镜像文件，不用刻盘就测试光盘能否_____，以减少光盘的损耗。

（3）UltraISO 可启动光盘镜像制作工具，生成标准的_____文件，还能提取和修改中的文件。

（4）WinImage 用于制作_____工具的启动镜像 IMG 文件，还能_____和修改 IMG 中的文件。

（5）EasyBoot _____启动菜单制作工具，可以制作精美的主菜单和_____。

（6）nMaker 可以把_____操作系统的安装文件制作在_____启动光盘中。

（7）相对于_____启动 CD-ROM 而言，多重启动 CD-ROM 的启动目录中包含_____启动入口，指向多个启动磁盘映像。

（8）批处理方式是将 DOS 命令或可执行的文件名按执行_____逐条编好，建立一个磁盘文件，文件的扩展名规定用_____。

（9）WinImage 在保存时为_____格式，而_____和 IMG 文件只是扩展名不一样。

（10）EasyBoot 就是提供了一个中文的_____界面，然后通过用户选择不同的菜单而执行不同的引导_____来达到安装不同操作系统的目的。

（11）WinPE 可以制作成_____启动盘或 U 盘启动盘，当计算机故障_____启动时，可以用 WinPE 启动盘启动。

二、选择题

（1）BIOS 首先检查光盘的第（　　）个扇区。

    A. 17　　　　　　　　B. 15　　　　　　　　C. 5　　　　　　　　D. 1

（2）运行虚拟机软件的操作系统叫（　　）。

    A. Host OS　　　　　B. DOS　　　　　　C. Guest OS　　　　D. CLIEN OS

（3）UltraISO 支持（　　）种常见光盘的映像格式。

    A. 10　　　　　　　　B. 27　　　　　　　　C. 20　　　　　　　　D. 30

（4）EasyBoot 要求的图像画面格式为（　　）。

    A. JPG　　　　　　　B. GIF　　　　　　　C. BMP　　　　　　D. PDS

（5）IO.SYS、MSDOS、COMMAND.COM 是三个系统文件，是（　　）修改的。

    A. 可以　　　　　　　　　　　　　　　B. 有可能

C．在一定的条件下能　　　　　　　　　D．不能

（6）制作引导工具盘的意义主要有（　　　）。

    A．提高了维修效率　　　　　　　　　B．有利于树立起计算机维修行家的形象

    C．有利于应聘计算机维修岗位　　　　D．可以多带光盘

（7）目前 PC 上的虚拟机软件有（　　　）。

    A．VMware　　　　B．Virtaul PC　　　　C．NETware　　　　D．Virtaul TC

（8）DOS 系统启动时，要先从启动盘中读取的两个系统文件是（　　　）。

    A．CONFIG.SYS　　　　　　　　　　B．AUTOEXEC.BAT

    C．IO.SYS　　　　　　　　　　　　　D．MSDOS.SYS

（9）UltraISO 可以处理的光盘映像文件有（　　　）。

    A．ISO　　　　　　B．BIN　　　　　　C．NRG　　　　　　D．CIF

（10）nMaker 可以整合的系统有（　　　）。

    A．Windows 7　　　　　　　　　　　B．Windows 2000

    C．Windows Server 2003　　　　　　D．Windows XP

三、判断题

（1）普通 CD-ROM+启动功能=可启动 CD-ROM。　　　　　　　　　　　（　　　）

（2）虚拟机软件可以在一台电脑上模拟出来若干台 PC，每台 PC 可以运行单独的操作系统而互不干扰。　　　　　　　　　　　　　　　　　　　　　　　　　　　（　　　）

（3）call 命令从一个批处理程序调用另一个批处理程序，并且终止父批处理程序。

                                           （　　　）

（4）用 WinImage 不能制作大于 2.88M 的 IMG 映像。　　　　　　　　（　　　）

（5）EasyBoot 的"菜单文本"项中的内容只对文本设置方式有作用，才能在启动画面中反映出来；但在图形方式中启动画面就是制作好的图片，此设置不起作用。　　　（　　　）

（6）WinPE 3.0 只能手工制作。　　　　　　　　　　　　　　　　　　（　　　）

四、简答题

（1）为什么要学习引导工具盘的制作？

（2）学习引导工具盘的制作需要掌握哪些工具软件，这些工具软件有何作用？

（3）虚拟机可以与主机互访吗，如果可以，如何实现？

（4）UltraISO 的功用有哪些？

（5）写出用 EasyBoot 制作子菜单的方法。

（6）制作 WinPE 有哪些方法？

参 考 文 献

[1] 文光斌等. 计算机信息系统维护与维修. 北京：清华大学出版社，2004.

[2] 王国柱，武书彦，崔妙利. 计算机组装与维护. 北京：清华大学出版社，2009.

[3] 中关村在线（http://detail.zol.com.cn）网站上的最新计算机硬件资料.